날마다
과학 생각

일러두기

* 통상적으로 상용하는 구어체 표기와 맞춤법 일부를 그대로 따랐습니다.
* 외래어 표기는 국립국어원 원칙을 따르되, 일반적으로 통용되어 굳어진 용어나 명칭은 그대로 사용했습니다.
* 문장부호는 다음의 기준에 맞춰 사용했습니다.

《 》단행본 등

〈 〉잡지·단편·노래·영화 등

날마다 과학 생각

세상을 합리적으로 이해하는
과학적 사고 습관
365

임두원 지음

생각
정원

프롤로그

매일매일 떠나는 신나는 과학 여행

이 책을 준비하면서 가끔 머릿속에 떠올랐던 장면이 있습니다. 오래전 해외 여행에서 만났던 유럽의 한 고색창연한 성당인데요. 섬세하게 조각된 화려한 외관도 충분히 감탄을 자아낼 만했지만, 무심코 들어선 내부는 더 큰 감동으로 다가왔습니다. 말로 형용할 수 없을 정도로 아름다운 광경을 보았기 때문입니다. '빛이 이렇게나 아름다운 존재였던가?' 사방을 둘러싼 거대한 스테인드글라스 창들은 형형색색의 빛을 만들어내며 공간을 가득 채우고 있었습니다. 어쩌면 이 성당의 설계자는 저 창들을 통해 아름다운 신의 세계를 표현하고자 했던 것은 아닐까요?

과학관에서 일하면서 깨달은 것이 있습니다. 과학에서 중요한 것은 단지 지식만이 아니라는 사실입니다. 물론 지식은 많으면 많을수록 좋습니다. 과학의 정의부터가 '보편적인 진리나 법칙의 발견을 목적으로 한 체계적인 지식'인 것만 봐도 그렇습니다. 하지만 이 정의에서 강조돼야 할 부분은 지식이 아니라 그 앞부분입니다. 지식을 쌓는 목적이 바로 거기에 있기 때문이죠. 그렇다면 보편적인 진리나 법칙은 왜 찾으려 하는 걸까요?

과학의 역사는 기원전 6세기까지 거슬러 올라갈 정도로 꽤 깊습니다. 당시 사람들은 신화의 관점으로 세상을 바라봤습니다. 도무지 예측할 수 없는 세상을 신화의 설명에 기대 나름의 방식으로 이해하려 했던 것입니다. 그러면 무지(無知)에서 오는 두려움을 조금이나마 덜어낼 수 있었습니다. 그러한 세계관에는 여러 신이 등장하고, 그들의 뜻이 모든 사물과 현상의 원인이 됩니다.

그런데 이런 관점에 반기를 든 사람들이 나타났습니다. 변덕스러운 신들이 아니라, 자연의 내면에 깃든 보편적인 진리나 법칙이 진정한 원인이라 믿은 사람들입니다. 바로 이들이 최초의 과학자들입니다. 신화의 관점이 아닌 과학의 관점으로 바라봐야 세상을 더 합리적으로 이해할 수 있다고 그들은 생각했습니다. 그렇다면 과학을 이렇게 정의할 수 있지 않을까요? '세상을 합리적으로 바라보기 위한 창.' 저는 관점을 창에 비유하곤 합니다. 앞서 스테인드글라스 창의 예처럼 창은 세상을 바라보는 방식에 큰 영향을 주기 때문입니다. 마치 우리의 관점이 그러하듯 말입니다.

그러고 보면 창의 종류는 매우 많습니다. 오래전 과학과 경쟁했던 신화적 관점도 그러하고, 그밖에도 세상을 바라보는 나름의 관점들 모두 각기 하나의 창이라 부를 수 있기 때문입니다. 그 많은 창 가운데서도 과학의 창만 한 것은 없다고 생각합니다. 왜냐하면 보편적인 진리나 법칙을 통해 세상을 합리적으로 이해하려는 이 창은 가장 왜곡이 적고 투명하기 때문입니다.

이 책의 목적은 보다 더 많은 사람들이 과학의 창을 통해 세상을 바라볼 수 있도록 돕는 것입니다. 그것이 과학이 탄생하게 된 가장 근본적인 목적이며, 과학관에서 제가 애쓰고 있는 과학 대중화의 진정한 목적이기도 합니다. 하지만 그러기 위해서는 우선 과학과 친숙해져야 합니다. 개별적인 과학 지식과 교양을 쌓는 것도 중요하지만 그것들을 연결해 전체적인 모습을 그리는 것이 더 중요합니다. 눈·코·입 각각이 아니라 그것들이 모인 전체를 통해서만 사람을 제대로 인식할 수 있는 것처럼 말이죠. 하지만 역사도 깊고 내용도 방대한 과학과 친숙해지기란 그리 쉬운 일은 아닙니다. 그래서 이 책을 썼습니다.

이 책은 모두 365개의 짧은 글로 구성돼 있습니다. 하루 한 장, 부담 없이 읽을 수 있도록 기획됐죠. 매일매일 과학의 세계로 여행을 떠나는 콘셉트입니다. 제가 생각하는 배움의 과정은 여행과 같습니다. 설렘과 두려움이 교차하는 경험이지만, 그것을 통해 우리는 차근차근 배우고 한 단계 더 성장합니다. 이제 곧 떠나게 될 과학 여행 또한 그러리라 확신합니다. 예전보다 훨씬 더 투명한 창으로 세상을 바라보게 될 테니까요.

이 여행은 기본적으로 시간순에 따라 진행됩니다. 과학의 탄생부터 현재에 이르기까지 차례로 이야기를 풀어내는 방식이죠. 그렇다고 흔한 역사책은 아닙니다. 주제를 요일별로 배치해 다양한 방식으로 과학에 접근하기 때문입니다. 모든 이야기는 기본적으로 각각 독립적이지만, 시간적으로나 내용적으로 서로를 보완하며 이어지도록 했습니다. 그리고 경우에 따라서는 서로 간의 긴장과 충돌이 일어나기도 합니다. 하지만 그림으로써 전체 이야기가 훨씬 더 생동감 있고 입체적으로 다가올 것입니다.

월요일에 다루는 주제는 '과학자의 말'입니다. 뉴턴(1642~1727), 아인슈타인(1879~1955)처럼 과학사에 큰 업적을 남긴 사람들의 삶과 명언을 살펴봄으로써 그들의 과학적 사고를 살짝 엿보는 코너입니다. 화요일은 '세상을 바꾼 과학 사건'입니다. 과학은 꾸준히 발전하기도 하지만 때로는 급격한 변화를 겪기도 합니다. 그러한 변화를 중심으로 꼭 알아야 할 사건들을 쉽게 풀어보았습니다. 과학에는 많은 이론이 있습니다. 그 이론들이 서로 경쟁하고 다투면서 발전하죠. 그러한 과정을 생생하게 담아낸 것이 바로 수요일 '과학의 생각'입니다. 중요한 과학 이론을 쉽게 이해할 수 있는 기회가 될 것입니다.

목요일은 '과학자의 서재'입니다. 과학과 관련해 꼭 소개했으면 하는 책들을 선별하고 그 핵심 내용을 요약했습니다. 물론 어디까지나 저의 주관적인 선택이며, 미처 소개하지 못한 훌륭한 책들이 훨씬 더 많습니다. 과학은 우리의 물질적인 삶 또한 크게 변화시켰습니다. 금요일의 주제는 '신기한 과학 발명품'입니다. 볼펜과 같은 일상생활의 친숙한 물건부터 원자폭탄·양자컴퓨터 등 역사의 전환점이 된 발명품까지 상세히 알아봅니다.

주말은 좀 가벼운 주제를 다뤄볼까 합니다. 토요일은 '과학자의 주방'인데요. 요리에는 의외로 많은 과학 원리가 숨어 있습니다. 과학을 알면 요리를 더 잘할 수 있습니다. 물론 더 잘 즐길 수도 있죠. 과학은 영화의 중요한 소재이기도 합니다. 일요일은 '영화관에 간 과학자'라는 주제로 과학적으로 의미가 있는 작품들을 골라 소개했습니다.

앞서도 말씀드렸지만, 이 책의 목적은 과학의 전체적인 모습을 이해하도록 돕는 것입니다. 그러자면 이 책을 앞부분부터 차근차근 읽으실 것을 권해드립니다. 각각의 이야기들이 서로 연결되면서 서서히 큰 그림을 완성해나가기 때문입니다.

자 그럼, 매일매일 떠나는 신나는 과학 여행을 시작하겠습니다. 여러분, 여행 가이드북인 이 책을 꼭 챙겨주세요. "Have a nice trip!"

2023년 4월
임두원

《날마다 과학 생각》은 요일별로 주제가 나뉩니다.

월요일

과학자의 말

고대부터 현대까지 과학사에서 큰 업적을 세운 과학자들의 행적과 그의 명언을 살펴보며 과학적 사고방식에 대해 생각합니다.

화요일

세상을 바꾼 과학 사건

코페르니쿠스 혁명, 만유인력의법칙, 허블의법칙 발견 등 과학사의 중요한 사건들을 통해 과학사의 흐름을 짚어갑니다.

수요일

과학의 생각

진화론, 상대성이론, 양자역학 등 어렵게만 느껴졌던 과학이론들을 과학을 처음 접하는 독자도 쉽게 이해할 수 있도록 구성했습니다.

목요일

과학자의 서재

과학책, SF소설 등을 과학자의 시각으로 함께 읽어봅니다. 이를 계기로 소개된 책을 직접 찾아본다면 더할 나위 없겠지요.

금요일

신기한 과학 발명품

우리 주변을 둘러싼 물건들은 어떻게 발명되었을까요? 볼펜·에어컨처럼 익숙한 물건부터 원자폭탄·양자컴퓨터까지, 인류사를 바꾼 발명 이야기가 흥미진진하게 펼쳐집니다.

토요일

과학자의 주방

'요리 전문' 과학자가 요리에 숨은 과학원리를 탐구합니다. 더 맛있는 요리를 위한 과학적 '팁'도 들어 있습니다.

일요일

영화관에 간 과학자

과학자와 함께라면 영화도 다르게 보입니다. 영화가 다루는 과학의 주제를 살펴보며 우리의 미래를 그려봅니다.

목차

화요일 | 세상을 바꾼 과학 사건

수요일 | 과학의 생각

목요일 | 과학자의 서재

금요일 | 신기한 과학 발명품

토요일 | 과학자의 주방

일요일 | 영화관에 간 과학자

001 월

과학자의 말

탈레스(기원전 624?~기원전 545?)

자신을 아는 일이 가장 어렵다

아리스토텔레스(기원전 384~기원전 322)는 '만물의 근원은 물'이라 주장했던 탈레스를 두고 '최초의 철학자'라 표현했다. 당시만 하더라도 학문이 세분화되지 않아 탈레스는 철학자이면서 수학자, 그리고 과학자이기도 했다. 만물의 근본물질에 대한 그의 주장은 오늘날의 과학으로 볼 때 터무니없다. 그러나 신이 세상을 지배하던 때 세계를 구성하는 물질의 근원을 밝히려 한 점, 이를 관찰과 지적 탐구·논리를 통해 증명하려 했다는 점에서 탈레스는 '최초의 과학자'라고 할 수 있다.

탈레스가 활동했던 고대 그리스의 밀레투스는 항구도시였다. 아침부터 밤까지 바다를 볼 수밖에 없는 환경에서 그는 자연스럽게 만물을 구성하는 근본물질을 물이라 생각했는지도 모른다. 근본물질이려면 세상에서 가장 풍부한 물질이어야 하기 때문이다. 고대 그리스인들은 '오케아노스(Okeanos)'라 불리는 거대한 바다가 땅을 둘러싸고 있다고 생각했다. 오케아노스는 후에 대양을 뜻하는 오션(ocean)의 어원이 됐다.

어느 날 이집트를 방문한 탈레스는 거대한 피라미드의 높이를 오로지 작은 막대기와 자를 사용해 다음과 같은 방식으로 측정했다고 한다. 먼저 땅에 막대기를 꽂고 그 그림자 길이를 잰다. 그리고 동시에 피라미드의 그림자 길이를 잰다. 그러면 다음과 같은 비례식이 성립한다.

막대기의 그림자 길이: 피라미드의 그림자 길이 = 막대기 높이: 피라미드 높이

또한 그는 천문학에도 일가견이 있어 일식을 정확히 예측했다고 하는데, 이와 관련해 재미있는 일화가 전해진다. 어느 날 한 사람이 그에게 말했다. "그대는 하늘의 이치는 잘 알면서도, 돈 버는 이치는 잘 모르는구려." 실용적이지 않은 일에만 매달린다는 비웃음이었다. 이에 탈레스는 무언가를 보여주겠다는 결심을 하게 된다. 천문학지식을 토대로 이듬해 올리브 농사가 풍년일 것을 미리 알았던 그는 올리브기름을 짜는 착유기들의 사용권을 모두 사들였다. 그가 예측한 대로 올리브 농사는 대풍작이었고, 착유기 임대료는 천정부지로 치솟았다. 당연하게도 그는 큰돈을 벌 수 있었다.

탈레스는 삶의 자세에 관해서 다음과 같은 말도 남겼다. "세상에서 가장 어려운 일은 자신을 아는 일이고, 가장 쉬운 일은 남에게 충고하는 일이다." 세상의 근본과 우주의 궁극적 이치를 탐구하며, 그는 일찌감치 우리 인간이 얼마나 미약한 존재인지 깨달았던 듯하다.

002 화

= 세상을 바꾼 과학 사건 =

과학의 시작

자연을 최초로 발견하다

기원전 6세기는 인류 역사에 있어 가장 경이로웠던 시기였다. 여러 문명권에서 거의 동시다발적으로 위대한 생각들이 만개한 꽃처럼 화려하게 피어났기 때문이다. 당시 중국은 유가의 시조인 공자(기원전 551~기원전 479), 도가의 시조인 노자(?~?) 등 다양한 사상가들이 활동하던 이른바 춘추전국시대였다. 같은 시기 인도에서는 싯다르타(기원전 624?~기원전 544?)에 의해 불교가 창시됐다.

그리스에서도 특이한 사상을 지닌 인물들이 속속 등장하기 시작했는데, 사람들은 이들을 '피지코이(physikoi)', 즉 '자연에 관심 있는 사람'이라 불렀다. 피지코이들은 인간사회와는 구분되는 '피지스(physis)', 즉 '자연'이란 개념을 최초로 발견했다. 또한 자연의 바탕에 놓인 보편적 원리와 법칙을 탐구하는 것은 물론, 자연에 대한 합리적인 설명을 추구했다.

당시 대다수의 사람들은 세상이 무질서하면서도 예측 불가능하다고 생각했다. 그래서 제우스·헤라·포세이돈 같은 변덕스러운 신들에 의해 세상의 일들이 결정된다는 신화적 세계관을 통해 나름의 방식으로 예측 불가능성을 이해하려 했다. 하지만 피지코이들은 그런 생각이 터무니없다고 여겼다. 한발 양보해서 인간사회의 일은 그럴 수 있다 치더라도, 자연에 존재하는 것과 자연에서 발생하는 현상의 내면에는 단순하면서도 아름다운 질서, 즉 보편적 원리와 법칙이 있으리라 믿었다. '태양은 언제나 동쪽에서 떠올라 서쪽으로 지고, 계절은 어김없이 순환하며, 밤하늘의 별들은 완벽한 원운동을 하지 않는가?' 하면서 말이다.

즉 이들은 기존의 신화적 세계관에서 벗어나 나름의 과학적 원리와 법칙으로 자연을 설명하고자 했던 최초의 과학자들이다. 대표적인 인물로는 탈레스, 아낙시만드로스(기원전 610~기원전 546?), 아낙시메네스(기원전 585?~기원전 528?), 헤라클레이토스(기원전 540?~기원전 480?) 등이 있다. 에페소스 출신의 헤라클레이토스를 제외하곤 모두 그 활동 무대가 밀레투스란 도시였기 때문에, 흔히 이들을 '밀레투스학파'라 부르기도 한다.

이들의 첫 번째 질문은 자연을 구성하는 '근본물질'에 관한 것이었다. 탈레스는 그것을 '물'이라 했고, 아낙시만드로스는 규정할 수 없는 어떤 것이란 의미에서 '무한정자(無限定者)'라고 했다. 아낙시메네스는 만물이 '공기'로 구성된다고 했고, 헤라클레이토스는 '불'이 근본물질이라고 주장했다.

003 수

과학의 생각

만물을 구성하는 단 하나의 물질

과학의 첫 번째 질문에 답하다

기원전 6세기 과학이 태동하면서 처음으로 제기된 질문은, 만물의 근원이 되는 물질에 관한 것이었다. 이른바 '아르케(arche)'를 찾은 것인데, 아르케는 근본원리 또는 원인을 뜻하는 고대 그리스어로, 물질적인 측면에서는 사물을 구성하는 원재료인 '원질(原質)'을 뜻한다.

첫 번째 답변은 최초의 과학자 탈레스가 내놓았다. 그는 풍부하게 존재하는 '물'이야말로 근본물질이 되기에 적합하다고 생각했다. 더 상세한 내용은 알 수 없으나, 아리스토텔레스는 저서《형이상학》에서 '만물의 양분이 축축하고, (동물의) 열 자체도 이 축축한 것에서 생겨나서 이것으로써 살기 때문에' 탈레스가 이런 생각을 하게 됐을 것이라 추측한다.

그의 제자 아낙시만드로스는 이런 생각에 반대했다. 탈레스의 주장이 맞다면 물과 대립관계인 불은 결코 생겨나지 못했을 것이기 때문이다. 불이 물을 만나면 꺼지고 마는데, 이처럼 대립관계는 생성이 아니라 소멸의 원인이 된다. 따라서 대립하는 것들은 그보다 더 근본적인 어떤 공통의 물질로부터 생성된다고 아낙시만드로스는 생각했다. 한편 그가 생각하기에 근본물질은 양에 있어서도 무한해야만 했다. 이에 그는 대립관계도 없고, 실체와 양도 모두 한정할 수 없는 '무한정자'가 근본물질이라 주장했다.

아낙시메네스는 '공기'를 꼽았다. 이는 당시의 일반적인 믿음과도 관련이 있는데, 과거 사람들은 공기에 신비한 힘이 있다고 믿었다. 숨을 쉴 때 공기가 몸의 안팎을 드나들면서 우리 몸이 유지된다. 더 이상 숨 쉬지 않으면 몸은 서서히 소멸돼간다. 아낙시메네스에 따르면 공기는 그 농도에 따라 물·눈·바람 등이 되고 또 공기가 희박해지면 불 등으로 변하기에, 만물의 생성과 소멸은 공기에 의해서만 설명 가능하다고 한다.

헤라클레이토스는 '차가운 것은 뜨거워지고, 뜨거운 것은 차가워진다. 젖은 것은 마르고, 마른 것은 젖게 된다'라고 설명하면서, 일부는 불이 붙고 일부는 꺼짐으로써 대립되는 만물이 생겨난다고 주장했다. 그에게 있어서는 '불'이 근본물질이었던 것이다.

이런 주장들을 '일원론(一元論)'이라 한다. 하나의 물질로 만물이 구성됐다고 주장하기 때문이다. 현대인이 보기에는 너무나도 터무니없는 주장이지만, 역사상 처음으로 다양한 자연현상에서 단순한 원리를 찾으려는 시도였다는 점에선 분명 큰 의의가 있다.

004 목

과학자의 서재

《지구에서 달까지》(쥘 베른)

다누리호는 왜 곧장 달로 가지 않았을까?

《해저 2만 리》로 유명한 쥘 베른(1828~1905)의 《지구에서 달까지》는 1865년 처음 출간됐다. 책의 줄거리는 다음과 같다. 미국 남북전쟁(1861~1865)이 끝나자 새로운 대포를 개발 중이던 '대포 클럽'은 개점휴업상태가 된다. 그러던 어느 날 이들은 야심찬 계획을 하나 세운다. 달을 향해 쏠 탐사용 포탄과 대포를 개발하기로 한 것이다. 결국 이들은 기금을 마련해 길이 300m에 달하는 거대한 대포를 만든 후, 포탄 안에 3명의 사람을 태워 달을 향해 발사한다.

인류가 아폴로11호를 타고 달에 처음 도착한 때는 1969년이다. 그런데 이보다 100여 년 전에 포탄을 타고 달에 갈 생각을 했다니, 쥘 베른의 상상력은 지금 봐도 놀랍기만 하다. 이제 기술은 탐사를 넘어, 달에 기지를 세우고 사람이 거주할 수 있는지를 살펴보는 수준까지 나아갔다. NASA에서 추진 중인 '아르테미스 계획'이 그것인데, 우리나라도 여기에 동참해 2022년 8월 5일 달궤도 탐사선 '다누리호'를 쏘아 올렸다. 그런데 다누리호는 달로 가는 방식이 매우 독특하다. 달까지 직진하지 않고 무려 4개월이나 걸리는, 먼 거리를 돌아가는 경로를 택했기 때문이다. 아폴로11호도 단 3일 만에 달에 도달했는데, 왜 굳이 가까운 길을 두고 빙 돌아가는 걸까?

아폴로11호처럼 지구에서 달로 곧장 쏘는 방식을 '직접 전이'라고 부른다. 가장 빠르게 갈 수 있는 방식이기에, 사람을 태우는 유인 탐사선에 가장 적합하다. 하지만 단점도 있다. 빠르게 달까지 접근한 후 그 속도를 줄이기 위한 역추진에 연료가 많이 소모되기 때문이다. 다누리호는 일단 태양을 향해 서서히 이동해, 지구에서 150만km 떨어진 '라그랑주점'에 도달한다. 이곳은 태양을 중심으로 공전하는 물체의 원심력이 태양과 지구의 중력과 상쇄되면서 일종의 무중력상태가 되는 지점이다. 여기서 궤적을 살짝 지구 방향으로 수정하면, 지구의 중력에 의해 다시 지구를 향해 가속운동을 할 수 있다. 이후 궤적을 조금씩 수정하면서 달의 중력장으로 접근한다. 그리고 서서히 자연스럽게 달을 도는 궤도 위로 올라타게 된다.

비록 시간이 많이 걸리기는 하지만 연료를 아껴서 탐사선의 활동기간을 연장할 수 있는 이 방식을 '탄도형 달 전이'라고 한다. 2022년 12월 27일, 다누리호는 마침내 목표궤도에 안착했다. 쥘 베른부터 시작된 달을 향한 인류의 꿈이 어떤 결과를 맞이할지 무척 궁금하다.

005 금

= 신기한 과학 발명품 =

로켓

밀어내면서 나아간다

최초의 로켓은 송나라 역사서인《송사(宋史)》에 등장한다. 서기 1000년, 화약을 추진제로 하는 화살인 화전(火箭)을 사용했다는 기록이 남아 있는 것이다. 조선 세종 때도 이 화전이 등장한다. '신기전'이란 무기인데, 이를 화차(火車)라는 발사대에 장착하면 먼 거리의 적들에게도 수십 발의 화살을 집중적으로 쏠 수 있었다.

그러고 보면 첨단기술의 상징처럼 여겨지는 로켓의 역사는 꽤 오래된 셈이다. 하지만 로켓기술이 본격적으로 발전하기 시작한 것은 제2차세계대전 때다. 특히 독일에서 탄생한 최초의 탄도미사일 V2는 마하 5의 속도로 북해를 건너 런던을 공습할 정도로 놀라운 성능을 자랑했다. 종전 후 미국과 소련은 독일의 로켓기술을 획득하고자 노력했다. 그래서 독일의 로켓 관련 시설을 도입하고, 독일 과학자들을 앞다투어 자국으로 데리고 갔다. 처음에는 소련이 앞서나갔다. 1957년 최초의 인공위성을 로켓으로 쏘아 올린 것이다. 물론 이 기술은 곧바로 대륙간탄도유도탄으로 전용됐다. 절치부심한 미국도 이듬해 위성을 성공적으로 쏘아 올리며 서둘러 장거리 로켓 경쟁에 합류했다.

로켓의 원리는 의외로 간단하다. 물질의 연소반응으로 발생한 고온·고압의 가스를 분출하면서 앞으로 나아가는데, 이는 뉴턴의 '작용반작용의법칙'을 따른다. 손으로 벽을 밀면 몸이 뒤로 밀리는 원리다. 이때 더 강하게 그리고 더 오래 밀수록, 그에 따른 반작용도 더 강하고 오래 지속된다.

그래서 고안된 것이 다단로켓이다. 연료를 다 소비한 로켓들을 차례로 분리함으로써 전체 무게를 점차 줄여나가는데, 추진체의 무게가 줄어들면 더 적은 연료로도 충분한 추진력을 더 오랫동안 얻을 수 있는 장점이 있다.

현대의 로켓은 산소가 부족한 환경에서도 충분한 추진력을 얻기 위해 연료와 함께 (연소반응을 일으킬 산화제인) 액체산소를 함께 탑재한다. 연료로는 V2 로켓의 경우 에탄올을 사용했고, 스페이스X의 팰컨9 로켓이나 한국형 발사체 누리호의 경우 '등유'라고도 불리는 '케로신'을 사용한다. 이에 반해 군사용 로켓은 고체연료를 사용한다. 주로 미세한 금속분말을 섞은 합성고분자물질의 연료와 산화제를 함께 혼합해 고체상태로 응고시켜 놓는다. 별도의 준비 없이 빠른 발사가 가능한 장점이 있으나, 상대적으로 추진력이 약하고 액체연료처럼 추진력을 미세하게 조절하는 데는 한계가 있다.

006 토

요리는 언제 발명됐나

인류의 운명을 바꾼 두 사건

〈표준국어대사전〉에 따르면, 요리란 '여러 조리과정을 거쳐 음식을 만듦, 또는 그 음식'이라고 풀이돼 있다. 하지만 이런 정의만으로는 부족하다. 요리(料理)라는 글자에는 '헤아리고[料] 다스리다[理]'라는 뜻이 포함돼 있다. 그렇다면 요리를 '정확한 헤아림을 통해 식재료를 먹기 좋게 가공하는 과정, 또는 그 최종적인 산출물'이라 정의할 수도 있다. 이렇게 본다면 요리는 단순히 음식을 만드는 행위 이상의 의미를 갖는다. 상당한 정도의 기술이 요구되는 고도의 지적 활동이라 할 수 있는 것이다.

그런데 요리는 언제부터 시작됐을까? 인류의 역사는 대략 600만 년 전으로 거슬러 올라가지만, 대부분의 시간 동안 인류는 다른 영장류처럼 자연이 주는 것을 그대로 먹고 살았다. 적어도 다음의 두 사건이 있기 전까진 그랬다.

약 150만 년 전의 아프리카 유적에서 불에 탄 짐승의 뼈와 함께 불에 그을린 진흙 덩어리들이 발견됐다. 이 덩어리들의 배열로 보아, 아마도 고기를 굽기 위한 원시적인 형태의 화덕이었을 것이라 추정된다.* 이 시기에는 '호모에렉투스'라 불리는 원시인류가 살았다. 그들은 우연히 불을 발견했고 그 사용법을 터득했다. 불을 이용한 초보적 형태의 요리도 시도했다. 그러자 음식의 맛은 더 좋아졌고, 소화흡수율도 높아져 많은 에너지가 필요한 뇌의 발달에도 큰 도움이 됐다.

또 다른 사건은 약 1만 년 전 농경생활의 시작이다. 본격적으로 농사를 짓게 되면서 많은 인구를 부양할 만큼 생산력이 높아졌으나, 문제는 식재료가 조·수수·기장 등 몇몇 곡물에만 편중됐다는 것이다. 이런 영양 불균형에 따라 부작용이 나타났다. 《판도라의 씨앗》을 쓴 인류학자 스펜서 웰스(1969~)에 따르면 구석기시대 인류의 평균수명은 남성이 35세, 여성이 30세였지만 농업이 시작된 신석기 말에는 남성 33세, 여성 29세로 평균수명이 감소했다고 한다. 또한 남성의 평균 신장 역시 177cm에서 161cm로 크게 줄었다고 한다.

이에 인류는 고민했다. 단조로운 식재료에 따른 맛과 영양의 부족을 어떻게 해결할 수 있을까? 이 고민이 식재료를 토대로 한 다양한 시도로 이어졌고, 그 과정에서 오늘날 우리가 아는 많은 조리법들이 탄생했다. 불의 발견으로 150만 년 전쯤 요리가 시작되기는 했지만, 본격적인 요리는 1만 년 전 농경생활의 시작과 함께 등장했던 것이다.

---

* 불을 사용한 요리의 더 확실한 증거는 78만 년 전의 화석에서 발견됐다. 2022년 이스라엘 텔아비브대의 이리트 조하르 박사가 당시의 물고기 화석에서 일정 시간 동안 불에 구워야만 나타나는 흔적을 발견한 것이다.

〈미래소년 코난〉(1979)

쓰레기를 뒤지며 사는 미래 인류

2008년 또 한 차례의 세계대전이 일어났다. '기간트'라 불리는 거대 비행체들은 대륙을 가라앉힐 만큼 강력한 병기를 써서 지구를 파괴하고, 인류는 멸망 직전까지 내몰린다. 전쟁이 끝나고 소수의 인류만 살아남는데 그중에는 갓난아이 '코난'도 있다. 시간이 흘러 주변의 생존자들이 하나둘 세상을 떠나고 코난과 그를 돌보는 할아버지만 남는다. 어느 날 '라나'라는 의문의 소녀가 바닷가로 떠밀려오고 코난은 그녀를 돌보지만, 얼마 지나지 않아 악당들이 들이닥쳐 라나를 납치한다.

악당들은 기간트를 다시 작동시키기 위해 라나가 숨긴 태양에너지의 비밀을 손에 넣고자 했다. 사실 라나는 태양에너지의 권위자인 '라오' 박사의 손녀였다. 이제 코난은 라나를 구하기 위해 폭풍이 몰아치는 거대한 대양을 건너 악당들이 있는 '인더스트리아'로 향한다.

작품에서 오만하고 탐욕스러운 기계문명을 상징하는 인더스트리아는 모든 산업과 경제를 석유에 의존하고 있다. 그런데 그 석유를 얻는 방법이 조금 독특하다. 오래전 버려진 플라스틱 쓰레기를 재활용하는 것이다. 오늘날 플라스틱은 석유를 기본원료로 하여 생산된다. 인더스트리아는 그 과정을 역으로 이용한 셈이다. 하지만 그보다 더 신기한 것이 있다. 인더스트리아는 플라스틱을 이용해 빵과 같은 식품도 만든다.

플라스틱, 석유, 빵은 모두 탄소를 기반으로 하는 물질이다. 다만 결합된 탄소의 수나 형태 등이 각기 다를 뿐이다. 그리고 이 탄소로 된 기본골격에 수소, 산소, 그 밖의 다른 미량의 원소들이 결합돼 있다. 이처럼 탄소를 골격으로 한다는 공통점만 놓고 본다면, 서로 간의 변환은 충분히 가능하다. 실제로 플라스틱 쓰레기를 열분해해 석유와 같은 연료를 얻는 방식이 현재 실용화 단계에 있기도 하다.

아직까지 플라스틱으로 빵을 만드는 기술은 없다. 하지만 먼 미래의 과학기술은 이것 또한 가능하게 만들지도 모른다. 다만 그 미래는 코난이 겪어야 했던 그런 미래가 아니길 바랄 뿐이다.

008 월

과학자의 말

데모크리토스(기원전 460?~기원전 370?)

행복은 마음의 바름과 지혜의 풍부함에 의한 것이다

오래전 과학의 첫 번째 질문은 '이 세상의 다양한 사물들을 구성하는 근본이 되는 물질은 무엇인가?'였다. 다양한 답변들이 나왔지만 이내 하나의 학설이 주류가 됐다. 그것은 바로 엠페도클레스(기원전 490?~기원전 430?)가 주장한 '4원소설'이었다. 이에 따르면 흙·물·불·공기의 4가지 원소가 근본물질이며, 이 4가지 원소들이 결합하고 해체되면서 다양한 사물들이 만들어진다.

그런데 이와 비슷한 시기에 비록 주류가 되지는 못했지만, 오늘날 우리의 관심을 불러일으키는 학설이 하나 등장한다. 바로 고대의 '원자설'이다. 굳이 '고대'란 말을 붙인 이유는, 우리에게 친숙한 현대의 원자설(물질이 원자핵과 전자 등으로 구성된 원자로 이루어졌다는 이론)과 구분하기 위함이다.

원자설을 제창했던 사람은 고대 그리스 철학자 데모크리토스다. 전하는 바에 따르면 그는 스승 레우키포스의 원자론을 계승해 이를 발전시켰다고 한다. 하지만 레우키포스에 대해서는 자세한 내용이 전해지지 않으며, 일부 사람들은 레우키포스가 데모크리토스의 가명이라고 주장하기도 한다. 이런 이유로 보통 고대 원자설의 창시자로 데모크리토스를 꼽는다. 그에 따르면 이 세상은 더 이상 쪼갤 수 없는 여러 종류의 원자들과 그 원자 사이에 존재하는 빈 공간으로 구성된다. 그리고 이 원자들이 어떻게 모이고 해체되느냐에 따라 각각의 사물들이 형성된다.

데모크리토스는 그리스의 해안도시 아브디라의 한 부유한 가문에서 태어났지만, '지혜로운 사람에게는 온 지구가 나의 집이다'라고 말하며 세상을 여행하는 데 자신의 돈을 모두 써버렸다. 그는 당시 기준으로도 별난 사람이었던 것 같다. 그래서 좀 황당한 이야기도 전해진다. '제대로 된 진실은 눈이 아니라 영혼으로 봐야 한다'고 믿었던 그는 실명하기 위해 태양을 똑바로 쳐다보았다고 한다. 물론 그 진위 여부는 확실치 않다.

어쨌든 데모크리토스가 물질적인 것보다는 정신적인 것을 추구했던 사람임에는 분명하다. 그는 이런 말도 남겼다. "인간의 행복은 육체에 의해서도 아니고, 금전에 의해서도 아니다. 그것은 마음의 바름과 지혜의 풍부함에 의한 것이다." 그는 항상 큰 소리로 웃었다고 한다. 그래서 별명이 '웃는 철학자'였다고 하는데, 그의 말대로 올바른 마음과 풍부한 지혜로 인해 늘 행복감을 느꼈기 때문은 아닐까?

009 화

= 세상을 바꾼 과학 사건 =

최초의 종교재판

태양은 불타는 돌에 불과하다

아낙사고라스(기원전 500?~기원전 428?)는 앞선 그의 선배들과 마찬가지로 자연의 근본원리에 관심이 많았다. '만물을 구성하는 근본물질은 무엇이며, 그 근본물질은 어떻게 이처럼 다양한 것들을 만들어내는가?'

아낙사고라스에 따르면, 자연의 모든 것은 '씨앗' 혹은 '종자'라 해석할 수 있는 '스페르마타(spermata)'로 구성돼 있다. 그는 만물에는 이미 만물이 깃들어 있다고 주장했는데, 다시 말해 어떤 사물이든 그 안에는 이미 무수히 많은 종류의 씨앗들이 포함돼 있다는 것이다. 다만 그것들 가운데 어떤 것이 더 많이 포함돼 있는지에 따라 그 사물의 종류가 결정된다고 한다. 예를 들어 우리 몸의 뼈와 살은 그것을 각각을 구성하는 씨앗들의 구성비가 다르기 때문에 서로 구분되는 것이다. 이 과정에서 씨앗이 새로 생기거나 사라지지는 않으며, 단지 일부가 발현돼 그 특징이 겉으로 나타날 뿐이다. 이것이 자연에서 일어나는 변화와 그로 인한 다양성을 설명하는 아낙사고라스의 견해였다.

한편 아낙사고라스는 다음과 같은 주장도 했다. "태양은 신이 아니라 펠로폰네소스반도 크기의 불타는 돌덩이에 불과하며, 달은 흙으로 돼 있다." 전해지는 바에 따르면, 그는 하늘에서 떨어진 운석을 연구한 끝에 이와 같은 결론을 내렸다고 한다. 지금의 시각에서는 나름 합리적인 결론이었으나, 당시 사람들은 그렇게 생각하지 않았다. 아낙사고라스는 '신의 존재를 부정했다'는 죄목으로 고소를 당했다. 하지만 그가 실제로 무신론자였던 것은 아니다. 이 세상을 창조한 것은 신이 맞지만, 그 신이 태양이나 달과 같은 존재는 아니라고 주장했을 뿐이다.

그 이후 아낙사고라스의 행적은 불투명하다. 아마도 그와 친분이 있던 그리스 최고의 정치가 페리클레스(기원전 495?~기원전 429)의 도움으로 해외로 도피했으리라 추측될 뿐이다. 영국 철학자 데이비드 흄(1711~1776)은 이 사건을 이렇게 평했다. '유신론자가 무신론자라는 이유로 심판을 받은 최초의 사건.'

보통 종교재판이라 하면 1633년의 갈릴레이(1564~1642)를 떠올린다. 하지만 그보다도 훨씬 더 전에, 자신의 과학적 신념을 지키고자 했던 또 다른 과학자가 있었다는 사실도 기억됐으면 좋겠다.

010 수

과학의 생각

변화는 존재하지 않는다?

경험하는 모든 변화는 허상이다

기원전 6세기경 피지코이라 불리는 이들이 근본물질(아르케)에 대한 첫 번째 질문에 답하면서 과학이 시작됐다. 그런데 이들 앞에 전혀 예상치 못한 장애물이 기다리고 있었다.

당시 이탈리아 남부의 그리스 식민도시들에서는 형이상학적이고 신비주의적인 사상들이 널리 퍼져 있었다. 그중 주목할 만한 것은 엘레아학파의 사상인데, 그에 따르면 우리가 경험하는 모든 변화는 거짓이다. 이 학파의 대표적인 사상가로는 파르메니데스(기원전 515?~기원전 445?), 멜리소스(기원전 480?~기원전 400?), 제논(기원전 495?~기원전 430?) 등이 있다. 이들의 주장은 초기 과학자들을 매우 당혹스럽게 만들었다. 자연에서의 변화와 그로 인한 존재의 다양성이라는 경험적 사실을 부정함으로써, 자연에 대한 탐구를 매우 어렵게 만들었기 때문이다.

파르메니데스는 '오직 존재하는 것만 있으며, 따라서 무(無)로부터 무언가가 생기거나 또는 무언가가 무로 소멸해가는 것은 타당하지 않다'고 강조했다. 결론적으로 이 우주에는 변화와 같은 것은 존재하지 않는다는 주장이었다. 왜냐하면 변화라는 것은 기존의 것이 소멸하고, 새로운 것이 생성되는 과정이기 때문이다. 예를 들어 흰 얼굴이 붉게 되는 것은, 하얀 얼굴이 소멸하고 붉은 얼굴이 생성되는 것이다.

파르메니데스의 제자인 제논은 보다 구체적인 방식으로 스승의 주장을 설명하고자 했다. 그는 변화 가운데 가장 기본이 되는 '운동'을 예로 들면서, 그것이 불가능함을 보여주는 여러 역설들을 제시했다. 그중 가장 유명한 것이 '아킬레우스와 거북이의 역설'이다.

이 역설에 따르면, 그리스신화 속 영웅이자 달리기가 무척 빠른 아킬레우스는 먼저 출발한 거북이를 영원히 따라잡을 수 없게 된다. 왜냐하면 뒤따라가는 것(아킬레우스)이 앞서가는 것(거북이)이 있었던 그 지점에 도달한 순간, 앞서가던 것은 이미 또 얼마만큼 더 앞으로 나아갔기 때문이다. 따라서 그는 우리가 눈으로 관찰하는(아킬레우스가 거북이를 추월하는) 운동이라는 현상은 오류이며 실재하지 않는 허상일 뿐이라고 주장했다. 상식적으로 우리는 속도가 더 빠른 아킬레우스가 거북이를 추월할 것을 안다. 그런데 제논은 왜 이런 주장을 내세웠을까? 이에 대한 자세한 이야기는 38일, 66일에 다시 살펴보겠다.

초기 과학자들은 고민했다. '무에서 유의 창조가 불가능하다'라는, 부인할 수 없는 엘레아학파의 전제는 수용하더라도, 경험적으로 분명히 존재하는 자연에서의 운동과 변화는 어떻게 설명할 것인가? 그리고 그들은 마침내 그 해답을 찾아냈다.

《과학혁명의 구조》(토머스 쿤)

역사를 잊은 과학에 미래는 없다

'혁명(革命)'의 '혁(革)'은 가죽을 말리는 모양에서 유래한 한자다. 가죽을 말리려면 앞뒤로 뒤집어야 하는데, 이 때문에 '뒤집다'라는 의미도 갖게 됐다. 한편 '명(命)'은 하늘에서 내려온 천명(天命)을 의미한다. 따라서 혁명은 '천명을 뒤집다'라는 뜻이 된다. 이 용어는 주로 정치사회학에서 사용된다. 지배권력의 교체를 수반하는 커다란 변화를 의미할 때 쓰이곤 하는데, 대표적으로 영국 명예혁명(1688), 프랑스대혁명(1789~1794) 등이 있다. 그 밖에 어떤 시스템의 급격한 변화가 있을 때도 이 용어가 사용된다. 신석기혁명, 산업혁명 등의 용어도 그렇게 만들어졌다.

과학도 예외는 아니어서, 17세기 뉴턴으로 상징되는 근대과학으로의 전환을 '과학혁명'이라 부르기도 했다. 아리스토텔레스로 대변되는 고대과학과의 완전한 단절을 의미하는, 그야말로 혁명적 사건이었기 때문이다. 하지만 이 용어가 적절한지에 대해서는 이견이 많다. '코페르니쿠스 혁명' '화학혁명'처럼 과학사의 여러 혁명적 사건들과 구분이 어렵기 때문이다. 그래서 17세기의 이 혁명을 '근대과학혁명'이라 부르기도 한다.

미국 과학사학자 토머스 쿤(1922~1996)은 그동안 과학에서 일어난 여러 혁명적 사건들을 분석했다. 그에 따르면, 과거로부터 현대로 이어지는 과학의 발전은 연속적이 아니라 불연속적이다. 한동안 기존 틀이 유지되다가 갑자기 전혀 다른 틀로의 전환이 일어난다는 것인데, 그는 이런 현상을 설명하기 위해 그 유명한 '패러다임'이란 용어를 도입한다. 패러다임은 과학의 틀을 의미하는 용어다. 앞서 17세기 근대과학혁명은 고대과학의 틀, 즉 '과거의 패러다임'에서 근대과학의 틀, 즉 '새로운 패러다임'으로의 전환을 의미한다.

그런데 가장 합리적인 학문으로, 지속적인 자기성찰과 개선이 이루어져야 할 과학이 왜 이런 혁명을 겪어야만 하는 것일까? 쿤에 따르면, 아쉽게도 과학이란 분야에서도 기득권의 자기방어와 변화에 대한 저항이 존재하기 때문이다. 기존 과학의 틀에서 더 이상 설명할 수 없는 이상현상들이 어느 정도 축적돼야 비로소 과학혁명이 일어난다.

쿤은 강조한다. 동시대의 기득권 과학만 우선시하는 현재의 교육 방향은 바람직하지 않으며, 보다 넓은 안목으로 과학사 전반을 살펴야 또 다른 진보가 가능하다고 말이다. 과학에도 간과해서는 안 되는 역사가 있음을 잊지 말아야겠다.

012 금

= 신기한 과학 발명품 =

최초의 플라스틱, 셀룰로이드

값비싼 상아 당구공을 대체하라

17세기경 유럽에서는 코끼리 상아로 당구공을 만들었다(이전에는 나무나 돌을 깎아 만들었다). 상아는 서로 충돌할 때 에너지 손실이 거의 없는 완전탄성체에 가까운 특성이 있기 때문이다. 게다가 자신들의 식민지(아프리카 등)에서 마음껏 상아를 구해 올 수 있으니, 상아 당구공의 인기는 날로 높아졌다. 결국 19세기에 들어서자 공급이 수요를 감당하지 못했고, 당구공의 가격은 천정부지로 치솟았다.

이에 한 당구공 제작회사에서 상아를 대체할 소재를 개발한 사람에게 상금 1만 달러를 주겠다는 광고를 냈는데, 미국 발명가 존 웨슬리 하이엇(1837~1920)이 과감히 도전장을 냈다. 그는 수년간의 연구 끝에 1869년 면화에 질산을 가한 후 장뇌(녹나무 추출물)를 섞어 만든 '셀룰로이드'를 내놓았다. 최초의 플라스틱이라 할 수 있는 셀룰로이드는 '셀룰로오스와 비슷한 물질'이란 뜻인데, 면화의 주성분이 바로 셀룰로오스다. 하지만 아쉽게도 하이엇은 상금을 받지는 못했다. 셀룰로이드는 상아처럼 완전한 탄성을 갖지는 못해 공에 쉽게 금이 가고, 부딪힐 때 소리도 너무 컸기 때문이다.

본격적인 플라스틱의 시대는 1906년 미국 화학자 베이클랜드(1863~1944)가 페놀과 포름알데히드를 반응시켜 '베이클라이트'를 만들면서 열렸다. 베이클라이트는 천연물을 이용한 셀룰로이드와 달리 전부 합성물을 이용했고, 그 성질도 우수해서 당구공·전선 피복 등 여러 분야의 신소재로 각광받았다.

플라스틱(plastic)이란 단어는 '성형할 수 있는'이란 의미의 그리스어 'plastikos'에서 나왔다. 실제로 플라스틱은 다양한 형태로 손쉽게 성형이 가능한데, 덕분에 우리 주변에서 플라스틱 제품을 찾는 일이 어렵지 않게 됐다. 아니, 사실 너무 많아서 문제다.

2000년 2억 3400만t이던 플라스틱 생산량은 2019년 4억 6000만t으로 급증했다. 그런데 플라스틱 폐기물 중 재활용된 것은 9%에 불과하며, 대부분 매립(50%)되거나 소각(19%)됐다고 한다. 무단투기 폐기물의 비율은 무려 22%다. 재활용 비율을 높이거나 생분해성 플라스틱을 개발하는 등의 노력도 진행되곤 있지만, 플라스틱으로 인한 환경오염은 매우 심각한 문제다. 과거 코끼리의 멸종을 막아줬고 오늘날 우리의 생활을 편리하게 해준 플라스틱의 고마움을 잊어서는 안 되겠지만, 이제는 그 사용을 조금씩 줄여나가는 노력이 필요하지 않을까?

분자 이야기

요리는 고분자의 해체·변형과정이다

요리를 과학적인 관점에서 들여다보기 위해서 먼저 이해해야 할 개념이 하나 있다. 그것은 바로 분자(分子)다. 분자는 어떤 물질의 고유한 성질을 유지하면서 가장 작게 나눌 수 있는 그 물질의 최소 단위다. 예를 들어 물분자는 H_2O로, 수소원자(H) 2개와 산소원자(O) 1개가 결합해 만들어진다. 만약 물분자를 다시 수소원자와 산소원자로 쪼개면, 물의 성질이 사라진다.

요리의 모든 과정은 이 분자들의 상호작용과 관련이 있다. 한때 유행한 '분자요리'는 단지 세련된 조리법이 아니라, 분자 단위에서 요리를 이해하고 컨트롤하고자 하는 시도였다. 한마디로 요리를 과학적으로 접근했다는 뜻이다.

그런데 분자는 물분자처럼 독립적으로 존재하는 경우도 있지만, 작은 분자들이 서로 단단히 결합해 커다란 하나의 분자처럼 되는 경우도 있다. 더 많은 수의 분자들이 결합할수록 새롭게 만들어지는 분자 또한 점점 더 커지는데, 이를 고분자(高分子)라 한다. 고분자는 '분자량'이 높다[高]는 의미로, 보통 분자량이 1만 이상인 경우를 이른다. 분자량은 가장 일반적인 형태의 탄소인 탄소-12(양성자, 중성자가 각각 6개로 구성. 이보다 중성자 1개가 더 많으면 탄소-13, 중성자 2개가 더 많으면 탄소-14가 된다)의 질량을 12로 두고, 이를 기준으로 분자의 질량 크기를 상대적으로 나타내는 값이다. 참고로 물의 분자량은 18이다.

요리의 경우 이 고분자가 중요하다. 식재료의 대부분이 고분자물질이기 때문이다. 식재료의 주요 영양성분은 탄수화물 · 단백질 · 지방의 3대 영양소다. 탄수화물은 포도당 같은 단당류가 수천 개 이상 결합된 물질이고, 단백질은 여러 아미노산으로 이루어진 화합물이며, 지방 또한 지방산 등 분자들의 결합체다.

요리의 과정은 고분자물질을 변형시키는 과정이라 해도 크게 틀린 말은 아니다. 날것 그대로 먹는다면 모를까, 대부분은 열을 가해 조리하는데 그 과정에서 고분자물질은 더 작은 분자들로 쪼개어지거나 형태가 변형된다. 이때 맛과 향, 그리고 식감이 생겨나는데, 이것들을 조화롭게 이끌어내는 것이 바로 요리의 핵심이다.

014 일

〈매트릭스〉(1999)

이 세상은 정말 진짜일까?

낮에는 평범한 컴퓨터 프로그래머로 일하고, 밤에는 '네오'라는 해커로 활동하는 '앤더슨'. 어느 날 그는 비현실적인 사건을 경험하고 정체불명의 요원들에게 쫓기는 신세가 된다. 그를 구출한 '모피어스'는 빨간색 알약과 파란색 알약을 내밀며 진짜 세상을 보고 싶으면 빨간 약을, 그냥 가짜 세상에 남고 싶다면 파란 약을 삼키라고 한다. 빨간 약을 선택한 앤더슨의 눈앞에 펼쳐진 곳은, 기계에 의해 인간들이 사육되는 거대한 공장. 그곳에서 인간들은 뇌에 연결된 '매트릭스'라는 프로그램의 가상세계를 현실로 알고 살아가고 있었다. 앤더슨이 그동안 현실이라 여겼던 세상이 실은 가짜였던 것이다. 한편 모피어스를 비롯해 기계에 맞선 반란군은 인류를 구원할 '그(the one)'를 찾는다.

현실의 경험을 부정하는 생각은 그 역사가 꽤 깊다. 기원전 5~6세기경 파르메니데스와 제논으로 대표되는 엘레아학파에 의하면 존재하는 것[有]만 존재할 뿐 존재하지 않은 것[無]은 존재할 수 없으며, 따라서 변화는 일어나지 않는다. 왜냐하면 변화란 기존에 존재하던 것[有]이 존재하지 않게[無] 되고, 존재하지 않던 것[無]이 존재하게[有] 되는 것이기 때문이다. 그들은 변화와 다양성은 허상일 뿐 현실의 진정한 모습이 아니라고 주장했다. 특히 파르메니데스는 현실에는 '일자(the one)'라는 것이 존재할 뿐이며, 오직 이성으로만 그것을 파악할 수 있다고 강조했다.

기원전 4세기에는 플라톤(기원전 428?~기원전 347?)이 《국가》에서 '동굴의 비유'에 대해 말했다. 평생 몸이 묶인 채로 동굴에 갇힌 사람이 있다. 그의 앞에는 큰 벽이 있고 뒤에는 횃불이 있다. 그의 뒤쪽으로 여러 사물들이 지나가는데, 그는 횃불에 의해 벽에 생겨난 그림자만을 볼 수 있을 뿐이다. 그는 그림자들이 실재라고 착각하며 살아간다.

컴퓨터의 등장은 이 오래된 생각들을 상기시켰다. 컴퓨터의 성능만 충분하다면 프로그램으로 세상을 창조하는 것도 가능하기 때문이다. 실제로 오늘날의 가상현실 게임은 마치 현실과 같은 생생한 체험이 가능하다. 어쩌면 영화에서처럼 우리가 현실이라 믿고 있는 이 세상 또한 컴퓨터가 만들어낸 정교한 가상세계는 아닐까?

015 월

과학자의 말

헤라클레이토스

같은 강물에 두 번 발을 담글 수는 없다

앞에서도 살펴봤듯 만물의 근원이 무엇이냐는 질문에 헤라클레이토스는 '불'이라 답했다. 하지만 그의 대답은 물이라 주장한 탈레스, 공기를 지목한 아낙시메네스, 4원소를 내세운 엠페도클레스와는 조금 결이 다르다. 다른 사람들이 원질(原質), 즉 재료적인 관점에서 접근했다면 헤라클레이토스는 그와는 별도로 구성의 원리(原理)라는 측면에서도 접근했기 때문이다.

헤라클레이토스는 '차가운 것은 뜨거워지고, 뜨거운 것은 차가워진다'라면서 '일부는 불이 붙고 일부는 꺼짐으로써 대립되는 만물이 생겨난다'고 설명했다. 불을 단순히 만물을 구성하는 재료로만 본 것이 아니라, 만물의 변화를 일으키는 원리로 이해한 것이다. 이글이글 끊임없이 변하는 불의 모습에서 변화를 일으키는 원동력을 보았던 것일 텐데, 어쩌면 오늘날 우리가 '에너지'라 부르는 것을 떠올렸을지도 모르겠다.

그는 역설적인 말을 많이 남긴 것으로 유명하다. "오르막과 내리막은 같다." "삶과 죽음은 동일하다." "신은 낮이며 밤이고, 겨울이며 여름이다. 전쟁이며 평화고, 배부름과 배고픔이다." '불'이란 근본원리를 통해 만물이 생겨난다면, 대립되는 것들 또한 하나의 원리에서 기원함을 말하고자 했던 것이다.

그의 말 가운데 가장 유명한 것은 아마도 '같은 강물에 두 번 발을 담글 수는 없다'일 것이다. 강물은 쉬지 않고 흘러간다. 강이란 존재는 그대로지만, 그 강을 흐르는 물은 시시각각 바뀐다. 따라서 지금 발을 담근 강물과 잠시 후 발을 담글 강물은 동일할 수 없다. 헤라클레이토스 역시 다른 초기의 과학자들처럼 자연의 핵심은 '변화'에 있다고 보았고, 그 변화의 원리를 '불'에서 찾았던 것이다.

헤라클레이토스는 고대 그리스의 식민도시 에페소스의 명문가에서 태어났는데, 자신이 제일 잘났다는 생각을 숨김없이 드러내며 다른 사람을 무시하는 듯한 태도를 자주 보였다. 또한 평범한 사람이 이해하기 어려운 기행을 일삼고 수수께끼 같은 말을 많이 해서 후대 사람들로부터 '어두운 철학자'라고 불렸다. 이 '어두운 철학자'는 세상이 너무 싫은 나머지 상속권을 모두 동생에게 넘기고 말년에는 은둔생활을 했다.

016 화

= 세상을 바꾼 과학 사건 =

지구에서 태양까지의 거리와 태양의 크기를 재다

태양이 우주의 중심이지 않을까?

고대 그리스 천문학자 아리스타르코스(기원전 310~기원전 230)는 자신의 주특기인 기하학을 이용하면, 지구에서 태양까지의 거리와 태양의 크기를 측정할 수 있다고 생각했다.

그는 먼저 반달이 뜨는 날, 태양과 지구 그리고 달 사이에 직각삼각형이 그려진다는 사실에 주목했다. '지구와 달을 연결한 가상의 선분'과 '달과 태양을 연결한 가상의 선분'이 직각을 이루어야만, 달의 절반이 태양빛을 받아 반달 모양으로 보이기 때문이다.

문제는 달에서 얼마나 떨어진 위치에 태양이 놓이는가인데, 이를 알려면 먼저 '지구와 달을 연결하는 선분'과 '지구와 태양을 연결하는 선분' 사이의 각을 측정해야 했다. 아리스타르코스는 반달이 뜰 때마다 이 각도를 반복해서 측정했다. 오늘날처럼 정밀한 측정도구가 없었으니 오차가 있긴 했겠으나, 대략 87°(실제로는 89° 52')라는 값을 얻을 수 있었다.

드디어 지구와 달, 그리고 태양 사이에 존재하는 가상의 직각삼각형이 완성됐다. 아리스타르코스는 삼각법(삼각형에서 길이의 비를 산출하는 방법)을 이용해 '지구와 태양 사이의 거리'가 '지구와 달 사이의 거리'보다 약 19배(실제로는 약 390배) 크다는 결과를 얻어냈다. 또한 지구에서 보는 태양의 크기와 달의 크기가 비슷하기에, 태양이 달보다 19배 크다는 결과 역시 도출했다.

여기서 나아가 아리스타르코스는 지구의 크기도 계산하고자 했는데, 이를 위해 그는 월식현상을 관찰했다. 월식은 달이 지구의 그림자에 의해 가려지는 현상이다. 아리스타르코스가 관찰한 바로는 달이 지구의 그림자 속으로 완전히 들어가는 데 약 1시간, 그 그림자에서 완전히 벗어나는 데 약 3시간이 걸렸다. 이에 착안해 그는 지구가 달보다 2.85배(실제로는 약 3.7배) 더 크다고 판단했다.

물론 아리스타르코스가 계산한 값들은 실제와 다르고, 과정상의 오류도 있다. 그러나 당시에 자와 각도기만 가지고 이런 계산을 했다는 사실은 놀랍기만 하다. 우리를 더욱 놀라게 하는 것은 그의 또 다른 결론이다. "이처럼 태양이 지구보다 훨씬 더 크다면, 우주의 중심에는 지구가 아니라 태양이 있어야 하지 않을까?"* 16세기 코페르니쿠스(1473~1543)에 앞서 최초로 지동설을 제기한 것이다.

---

* 최초의 지구 중심설은 기원전 6세기 아낙시만드로스가 주장했다. 이후 점차 정설이 되어가고 있었는데, 아리스타르코스가 이에 의문을 제기한 것이다(30일 참고).

017 수

과학의 생각

변화는 존재한다, 이렇게

근본물질은 하나가 아니다

'변화는 없다'라는 주장은 초기 과학자들을 몹시 당혹스럽게 만들었다. 그들 또한 '무로부터 유가 생성되지 않는다'는 전제에는 동의했지만, 경험적 관찰에 의하면 변화는 분명 존재한다고 생각했기 때문이다. 이에 일부 사람들은 '무로부터 유가 생성되지 않는다'는 전제와 '변화'라는 경험적 사실을 조화시키고자 노력했다.

이들의 주장에 따르면 세계를 구성하는 요소들은 '복수', 즉 둘 이상으로 다양하며, 그것들이 혼합되거나 분리됨으로써 변화가 일어난다. 이전 사상가들과는 달리 복수의 원리들을 상정했다는 점에서 이들을 '다원론자(多元論者)'라 부른다. 대표적인 사상가로는 엠페도클레스, 아낙사고라스, 데모크리토스 등이 있다.

엠페도클레스에 따르면 근본물질로서의 흙·물·불·공기라는 4가지 뿌리(rhizomata)가 있고, 이들이 여러 비율로 혼합되면서 사물들이 생성된다. 예를 들어 뼈 안에는 불과 물과 흙이 1:2:2의 비율로 들어 있다고 한다.

'최초의 종교재판'을 받은 것으로 알려진 아낙사고라스는 스페르마타, 즉 씨앗이라는 개념을 도입함으로써 엠페도클레스와 차별화를 시도했다. 앞서 설명했듯 그는 모든 사물은 이미 그 안에 무수히 많은 종류의 씨앗들을 포함하고 있다고 주장했다. 그에 따르면, 그 씨앗들 가운데 어떤 것이 더 많이 포함돼 있는지에 따라 그 사물의 종류가 결정된다.

데모크리토스는 더 이상 쪼갤 수 없는 아토모스(atomos), 즉 원자(atom)라는 개념을 도입했다. 그의 설명에 따르면, 이 우주는 진공(kenon)과 원자들로 구성돼 있다. 원자들 자체는 변화를 겪지 않지만, 그 원자들에 내재하는 어떤 힘이 소용돌이를 만들어낸다. 그리고 그것들이 끊임없이 모이고 해체하는 과정에서 변화가 일어난다. 심지어 그는 우리의 영혼과 지성 또한 원자들로 이루어진 물질이라 주장했다.

다원론에 따르면, 변화하는 과정에서 새로 생겨나거나 소멸하는 것은 없다. 오직 존재하고 있는 것들이 모이거나 해체되는 과정만 있을 뿐이다. 그런 과정을 우리는 변화로 인식한다. '무에서 유가 생성되지 않는다'라는 전제를 위배하지 않으면서도, 변화를 설명할 수 있게 된 것이다.

《자연학》(아리스토텔레스)

초기 과학의 모습을 들여다보다

기원전 6세기경 고대 그리스에서 시작된 과학은 초기에는 '자연학(physica)'이라 불렸다. 인간사회와 구분되는 피지스, 즉 자연을 최초로 발견하고 이를 탐구했기 때문이다. 초기 과학자들은 예측 불가능한 인간사회와는 달리, 자연은 복잡해 보이지만 그 내면에 단순한 원리가 숨어 있다고 생각했다. 아쉽게도 이들의 생각은 몇몇 단편적인 글로만 전해질 뿐이나, 다행히 기원전 4세기 아리스토텔레스가 자신의 이론을 정립하는 과정에서 고대의 여러 이론을 논증한 기록이 남아 있다. 대표적으로 그의 저서 《자연학》이 있다. 따라서 초기 과학의 모습을 들여다보려면 필히 이 책을 읽어야 한다. 《자연학》에 제시된 아리스토텔레스의 자연관은 몇 가지 특징이 있다.

첫째, 보편적 원리를 추구한다는 점에서는 스승인 플라톤의 영향을 받았으나, 경험적 사실을 등한시한 스승의 입장에 대해서는 비판적이었다. 하지만 철학자 베이컨(1561~1626)은 1620년 저서 《신기관》을 통해 아리스토텔레스가 충분한 검토 없이, 상식적인 경험만을 토대로 논리를 전개해 비약적으로 결론을 추론한다고 비판했다.

두 번째 특징은 '잠재태' '현실태' 그리고 '기체(基體)'라는 개념을 도입한 것이다. 아리스토텔레스는 모든 개체가 '질료'와 '형상(形相)'으로 구성된다고 봤는데, 그에 따르면 변화란 질료 안의 잠재태가 형상을 부여받아 비로소 현실태로 바뀌는 과정이다. 예를 들어 도토리 안의 참나무라는 잠재태가 현실태화한 것이 참나무다. 그리고 기체란 변화의 시작부터 끝까지 유지되는 것을 뜻한다. 검은 머리카락이 흰머리로 변할 때 '기체'인 머리카락은 바뀌지 않는 것이다. 그는 이 3가지 개념을 토대로 변화를 부정한 엘레아학파에 대응했다.

마지막 특징은 목적론이다. 아리스토텔레스에 따르면 모든 변화의 으뜸 원인은 목적이다. 여기서 목적이란 '마땅히 그러해야 할 것'이란 의미다. 예를 들어 무거운 돌이 땅으로 떨어지는 이유는, 우주의 중심에서 외곽으로 무게순에 따라 물질이 배치되고, 흙으로 된 무거운 지구는 그 중심에 놓이기 때문이다.

그는 별들의 원운동도 목적론으로 설명했다. 우주 밖에 '부동(不動)의 원동자(原動者)', 즉 스스로 운동하지 않지만 만물을 운동하게 하는 존재가 있고, 모든 사물은 이 원동자를 최종 원인(목적)으로 해서 운동한다는 것이다. 정확하게는 그 부동의 원동자를 모방하고자 하는 것인데, 그것에 가까울수록 그 운동 또한 완벽에 가까워진다고 한다. 그래서 하늘의 천체들은 완벽한 원운동을 하지만, 지상의 사물들은 그렇지 않다고 그는 말한다.

019 금

= 신기한 과학 발명품 =

테플론

주방에서 비로소 그 진가를 찾다

오래된 중식당의 웍은 마치 윤활유로 코팅한 것처럼 반짝거린다. 이는 사용 중 기름이 표면에 흡수되면서 나타나는 현상인데, 이런 상태를 인위적으로 만들 수도 있다. 이를 '시즈닝(seasoning)' 또는 '길들이기'라고 하며, 그 방식은 다음과 같다.

먼저 웍을 고온에서 가열해 표면을 산화시킨다. 그러면 얇은 산화막이 형성되는데, 그 막이 푸르스름한 색을 띠기에 이 과정을 '블루잉(bluing)'이라고도 한다. 그다음은 중불에서 웍에 식용유 등을 여러 번 칠해가며 오일층을 만드는데, 가열되는 과정에서 기름분자들이 결합해 고체상태의 얇은 막이 형성된다.

이런 길들이기는 강철이나 주철로 만들어진 조리도구에는 꼭 필요한 과정이다. 길들이지 않은 제품은 음식이 잘 눌어붙기 때문이다. 가정집에서 조리도구를 길들이기란 번거로울 수밖에 없는데, 다행히도 요리 내공을 자랑할 필요가 없는 사람들을 위한 제품이 있다. 바로 '테플론'으로 코팅된 주방용품이다. 테플론 코팅은 견고하면서도 매끄러운 표면을 만들어주어 음식이 눌어붙는 것을 방지해준다.

1938년 듀폰에서 일하던 로이 플런킷(1910~1994)은 냉장고에 쓰일 새로운 냉매를 개발하고 있었다. 그는 후보 물질 가운데 하나인 '테트라플루오로에틸렌(TFE)'이란 가스를 용기에 넣어 영하 80℃에서 보관했는데, 나중에 용기 안이 코팅된 사실을 발견했다. TFE가 서로 결합해 고분자가 되면서 고체의 얇은 막을 형성한 것이다. 마치 웍에 형성된 오일층처럼 말이다. 테플론은 이렇게 만들어진 고분자물질에 듀폰이 붙인 상품명으로, 열과 화학약품에 강한 특성이 있다.

테플론이 실제 주방에 등장한 것은 1956년이었다. 프랑스 화학자 마르크 그레구아르(1905~1996)가 알루미늄 소재의 팬에 테플론을 코팅한 제품을 만들고, '테팔(Tefal)'이란 브랜드를 설립해 이를 판매한 것이다. 어느 날 그는 낚싯줄이 엉키지 않게 하려고 테플론으로 코팅하고 있었는데, 그의 아내가 팬에도 코팅하면 좋겠다는 아이디어를 냈다고 한다. 참고로 테팔은 '테플론(Teflon)'과 '알루미늄(aluminium)'을 합쳐 만든 말이다.

020 토

과학자의 주방

요리는 맛 그 이상이다

인간을 인간답게 만드는 요리

생식을 하는 경우가 아니라면 요리에는 대부분 가열과정이 들어간다. 식재료를 가열하면 단백질 등과 같은 고분자가 해체되거나 변형되는데, 이때 만들어지는 작은 분자들이 원재료에 없던 새로운 맛과 향을 만들어내기 때문이다. 한마디로 가열하면 요리가 더 맛있어진다. 하지만 요리가 우리에게 선물하는 것은 비단 맛뿐이 아니다. 인간은 요리를 통해 훨씬 더 중요한 것들을 얻는다.

첫째, 뇌의 발달에 따른 고(高)지능이다. 가열이라는 조리과정을 거친 요리는 원재료 때보다 소화흡수율이 더 높아진다. 커다란 고분자물질이 소화흡수에 유리한, 작은 분자로 쪼개어지기 때문이다. 이런 장점은 많은 에너지가 필요한 뇌의 발달을 촉진했다. 진화생물학자 리처드 랭엄(1948~)에 따르면 인간의 조상인 호모에렉투스의 뇌는 약 160~180만 년 전 급격히 커지기 시작했는데, 이는 그들이 그즈음 고기 등을 불에 굽는 방법을 터득했기 때문일 것이라고 한다.

침팬지의 경우 뇌의 무게가 대략 0.4kg인데 비해 인간의 뇌는 1.4kg이다. 뉴런의 수 역시 860억 개로 침팬지보다 월등히 많다. 이에 침팬지의 뇌는 총에너지의 9%를 사용하지만 인간의 뇌는 그 비율이 20%에 이른다. 이처럼 에너지소비량이 많은 뇌를 유지하기 위해서는 화식(火食)이 필수였던 것이다.

한편 2012년 에르쿨라누 호우젤(1972~) 박사 등이 수행한 연구 결과에 따르면, 생식만으로 뇌를 가동하는 데 필요한 열량을 얻으려면 9.3시간이 필요하지만 화식은 더 짧은 시간에 충분한 열량을 흡수할 수 있도록 해주었다고 한다. 열량을 얻기 위해 사용하는 시간을 대폭 줄일 수 있었다는 것인데, 이 여유시간이 요리가 인간에게 준 두 번째 선물이다.

시간적 여유가 생기며 인류는 창의적인 활동을 시작했다. 그림을 그리거나 조각을 하기도 했고, 자연과 인간에 대한 고민과 사색을 하기도 했다. 인류는 뛰어난 지능에 힘입어 점차 다른 동물과는 확연히 구분되는 존재로 진화했다. 요리야말로 우리 인간을 인간답게 만들어주었다.

〈더 문〉(2009)

복제 인간은 어떤 대우를 받을까?

1996년 최초의 복제 양 '돌리'가 탄생한 이래로 많은 복제 생물들이 태어났다. 물론 아직까지는 공장에서 물건을 찍어내듯 대량복제가 가능한 단계는 아니지만, 가까운 미래에는 기술적인 해결책을 찾을지도 모른다. 언젠가는 인간 복제도 현실이 될 가능성이 높다. 그렇다면 복제된 인간들은 과연 어떤 대우를 받게 될까?

영화 〈더 문〉 속 가까운 미래의 지구는 심각한 에너지 위기를 겪지만, 핵융합기술로 이를 극복해낸다. '헬륨-3'이라는 물질과 바닷물에 풍부한 '중수소'를 핵융합시키면 막대한 양의 에너지를 얻을 수 있는 것이다. 문제는 헬륨-3이 지구에는 거의 없고 달에 풍부하다는 점이다. '루나 인더스트리'는 헬륨-3을 채굴하기 위해 설립된 회사로, 3년마다 기술자 1명씩을 달 기지에 파견해 헬륨-3을 캐낸다. 그리고 이를 로켓에 실어 지구로 보낸다.

기술자 '샘 벨'은 이제 2주만 있으면 지구로 돌아가 가족들을 만날 수 있다는 사실에 들떠 있다. 그러던 어느 날 채굴장에서 작업하다가 갑자기 의식을 잃은 샘. 한참 후 기지 내 회복실에서 눈을 뜬 그는 무언가 이상한 기분을 느끼고, 규정을 어기며 다시 채굴 현장으로 향한다. 그리고 인근의 또 다른 채굴장에서 자신과 똑같이 생긴 누군가를 발견한다.

샘은 의식이 없는 그를 기지로 데려와 치료하는데, 이내 정신을 차린 그와 이야기하면서 둘 중 하나는 복제 인간일 것이라는 결론을 내린다. 둘은 함께 기지를 샅샅이 조사하며 단서를 찾기 시작하고, 얼마 지나지 않아 충격적인 장면을 목격하고 만다. 자신들과 동일한 모습을 한 수백 명의 복제 인간들이 기지 안에 숨겨져 있었던 것이다.

기지를 운영하는 인공지능이 털어놓은 비밀은 이러했다. 회사는 주기적으로 복제 인간들을 교체하면서 위험한 채굴작업을 시키고 있었으며, 기억 조작을 통해 조금만 더 일하면 지구로 돌아갈 수 있다는 헛된 희망을 심어주고 있었다. 원래대로라면 '낡은 샘'은 외부에서 폐기되고 '새로운 샘'이 의무실에서 깨어나 또 다른 주기가 시작돼야 하는데, 이번에는 일이 꼬인 것이다.

기지 내 수많은 복제 인간들은 그저 소모품에 불과했다. 인간을 대신해 위험한 일을 수행하다가, 고장이 나거나 사용기한이 지나면 즉시 폐기되는 존재였다. '나'라는 인간의 존재가 고귀한 이유는, 이 세상에 단 하나밖에 없기 때문이다. 그런데 어느 날 나와 구별할 수 없을 정도로 똑같은 존재들이 세상에 쏟아져 나온다면 어떨까? 나를 포함한 그 존재들은 이전처럼 '인간다운' 가치를 인정받을 수 있을까?

022 월

과학자의 말

피타고라스(기원전 580?~기원전 500?)

침묵하지 않으려면, 침묵보다 더 가치 있는 말을 하라

'피타고라스' 하면 떠오르는 것이 있다. '$a^2+b^2=c^2$'으로 표현되는 '피타고라스의정리'인데, 직각삼각형에서 빗변의 길이를 제곱한 것은, 다른 두 변 길이의 제곱의 합과 같다는 의미다. 이 정리가 워낙 유명하다보니 그를 단순히 수학자로만 알고 있는 사람들이 많다. 하지만 그는 수학을 통해 세상을 연구한 철학자이자 과학자였다.

전해지는 바에 따르면, 피타고라스는 대장간의 망치질 소리를 듣고 세상 만물의 근본원리는 '수'라는 사실을 깨달았다고 한다. 평소 그저 시끄러운 소리들의 집합으로 생각했을 것들이 왠지 그날따라 조화롭게 들려왔다. 이에 대장간을 유심히 관찰하던 피타고라스는 그 원인을 발견한다. 망치 무게와 소리가 비례적으로 변한다는 사실을 알아낸 것이다. 이를 토대로 그는 세상에 존재하는 것들의 안에는 수의 원리가 숨어 있으리라 생각했다.

피타고라스에 따르면 '수'는 공간의 둘레를 정하는 가장자리의 돌들과 같은 것으로, 만약 그것들이 없다면 그 공간은 무한하고 진공일 것이다. 다시 말해 수의 돌들이 공간을 구획함으로써 이 세상 만물이 존재할 수 있다. 그리고 이런 수들은 자연수, 정수처럼 일정한 비율을 만들 수 있어야 한다. 한편 그는 수 각각에 의미를 부여하기도 했다. 예를 들어 '1'은 기본이 되는 수이고, '2'는 여성, '3'은 남성, 그리고 2와 3이 만나는 '5'는 결혼을 의미한다. 짝수는 계속해서 둘로 나눌 수 있기 때문에 무한하면서도 불완전한 수이지만, 홀수는 유한하면서도 완전한 수다.*

피타고라스와 그의 제자들로 구성된 이른바 '피타고라스학파'는 일종의 비밀 종교단체와도 같았다. '콩을 먹지 않는다' 같은 규칙을 엄격하게 준수했고, 윤회를 믿었으며, 학파에서 논의된 내용은 절대로 외부에 발설하지 않도록 비밀 서약도 했다. 이들은 정오각형의 꼭짓점들을 연결하면 만들어지는 별 모양을 상징처럼 옷에 달고 다녔는데, 오늘날 우리가 흔히 그리는 별 모양은 여기서 기원했다.

피타고라스는 이런 말을 남겼다고 한다. "침묵하라. 아니면 침묵보다 더 가치 있는 말을 하라." 언어의 홍수에 휩싸여 사는 오늘날 되새길 만한 말이다.

---

* 예를 들어 위아래 2개의 돌들을 옆으로 계속 나열하더라도(즉 짝수라면) 위아래 두 돌들 사이를 계속해서 분할해 나갈 수 있지만(무한), 마지막에 한 개의 돌을 덧붙이면(즉 홀수를 만들면) 그러한 분할이 막힌다(유한).

023 화

= 세상을 바꾼 과학 사건 =

지구의 크기를 재다

세상에서 두 번째로 똑똑한 천재

이집트 알렉산드리아도서관의 관장을 지낸 에라토스테네스(기원전 276?~기원전 194?)는 다양한 분야에서 뛰어난 업적들을 남겼다. 그중에서도 가장 유명한 것은 지구의 크기를 측정한 일이다. 그보다 조금 앞선 시기에 아리스타르코스가 기하학을 이용해 지구와 달, 태양의 상대적 크기를 측정한 바 있다. 따라서 지구의 정확한 크기를 측정할 수 있다면, 달과 태양의 정확한 크기 또한 알 수 있을 것이었다.

어느 날 에라토스테네스는 하짓날 시에네(오늘날의 이집트 아스완)에서 태양이 가장 높이 뜰 때의 고도(지평선을 기준으로 천체의 높이를 각도로 나타낸 것)가 정확히 90도라는 사실을 알게 된다. 그는 생각했다. '만약 지구가 둥글다면 같은 경도상의 두 지점에서 정확하게 측정한 태양의 고도 차이를 이용해 지구의 크기를 계산할 수 있을 것이다.' 사실 당시 사람들 또한 북극성의 고도가 지역마다 차이가 난다는 점을 토대로 지구가 둥글다고 생각하고 있었다. 에라토스테네스는 시에네에서 북쪽으로(사실은 약간 북서쪽으로) 925km 떨어진 알렉산드리아에서 하짓날 가장 높이 뜬 태양의 고도를 측정했는데, 그 값은 82.8°였다.

간단한 비례관계를 이용하면, 알렉산드리아와 시에네의 고도차(7.2°)는 지구 중심에서 알렉산드리아와 시에네를 각각 연결한 두 선분 사이의 각과 동일하다. 그러면 다음과 같은 비례식이 성립한다.

7.2° : 925km = 360°(원의 각도) : 지구 둘레

이렇게 구한 지구의 둘레는 46,250km. 오늘날 측정한 40,075km와 대략 일치한다. 아리스타르코스에 따르면 달의 크기는 지구의 약 1/2.85이니 그 값은 대략 16,000km, 태양의 크기는 달의 19배이니 그 둘레가 약 30만km가 된다. 참고로 실제 달의 둘레는 10,921km, 태양은 약 438만km이다.

에라토스테네스는 사람들 사이에서 '베타(β)'라는 별명으로 불렸다고 한다. '알파(α)'는 그 유명한 플라톤이니, 세상에서 두 번째로 똑똑한 사람이라는 칭찬이었을 것이다. 간단한 비례식으로 커다란 지구의 크기를 나름 정확히 측정했으니, 이런 칭찬이 과분하지는 않은 듯하다.

024 수

과학의 생각

4원소설과 연금술

비금속을 금으로 바꿀 수 있을까?

근본물질에 대한 고대의 주류학설은 엠페도클레스가 주장한 '4원소설'이었다. 그에 따르면 흙·물·불·공기의 4원소가 서로 모이고 해체되는 과정에서, 세상의 모든 것들이 만들어지고 변화한다.

아리스토텔레스 또한 4원소설을 수용했다. 다만 그는 여기에 '뜨거움·차가움' '건조함·습함'이라는 두 쌍의 감각적 속성을 대응시킴으로써 4원소 간의 변환 가능성을 처음으로 주장했다. 예를 들어, '차가움'과 '습함'의 성질을 갖는 물이 '뜨거움'과 '습함'의 성질을 얻으면 공기로 변환되는 것이다.

아리스토텔레스 이전 사람들은 근본물질 간의 변환을 인정하지 않았다. 근본물질은 그 자체로 변하지 않는 것이어야 하기 때문이다. 하지만 아리스토텔레스는 조금 다르게 생각했다. 근본물질은 다시 2가지 구성요소로 구분할 수 있는데, '기체'라 불리는 변하지 않는 부분(물질을 구성하는 일종의 원재료)과 '속성(屬性)'이라 불리는 변할 수 있는 부분(원재료에 가미되는 그 물질의 성질)이 그것이다. 그렇다면 근본물질이더라도 그 속성이 바뀌면 새로운 물질이 될 수 있는 것이다.*

바로 이 대목이 과학사에 있어 획기적인 전환점이었다. 오늘날 화학의 초창기 모습이라 할 수 있는 연금술의 이론적 바탕이 됐기 때문이다. 연금술이란 값싸고 흔한 비금속을 인위적인 수단을 통해 금·은 등의 귀금속으로 변환시키고자 하는 기술이다. 아리스토텔레스의 물질이론에 따르면 근본물질 간에도 변환이 가능하므로, 비금속과 귀금속 간의 변환도 가능해진다.

먼저 비금속의 속성을 완전히 제거한 다음, 귀금속의 속성을 부여한다. 이처럼 속성을 바꾸기 위해선 '현자(賢者)의 돌'이라 불리는 신비스러운 물질(또는 도구)이 필요한데, 연금술의 작업은 주로 이 돌을 찾는 것이다. 여기서 현자란 아리스토텔레스와 같은 철학자를 의미한다.

고대 이집트에서 시작된 연금술은 이후 중세 유럽으로까지 전파되며 번성했다. 비록 소기의 목적을 달성하지는 못했지만 새로운 물질의 발견, 실험기법의 발전, 실험도구의 개발 등 18세기 근대화학이 출현하는 데 지대한 공헌을 했다.

---

* 속성은 18일에서 설명한 잠재태·현실태의 개념과 같다. 복수의 잠재태들 가운데 현실태화하는 것이 속성으로 드러난다.

025 목

과학자의 서재

《보이지 않는 고릴라》

(크리스토퍼 차브리스 · 대니얼 사이먼스)

일상의 착각만큼 무서운 것은 없다

'인간은 눈에 보이는 세상을 어떻게 인지하고 기억하고 생각하는가'에 관심이 있던 하버드대 심리학과의 두 연구자, 차브리스(1966~)와 사이먼스(1969~)는 학생들을 대상으로 몇 가지 실험을 진행했는데, 그중 하나가 꽤 유명해졌다. 바로 '보이지 않는 고릴라'라는 실험이었다.

두 사람은 학생들을 흰색 셔츠를 입은 팀과 검은색 셔츠를 입은 팀으로 나눠 농구공을 패스하게 했고, 이를 카메라로 촬영했다. 그리고 이 동영상을 다른 학생들에게 보여주면서 흰 셔츠를 입은 팀의 패스 횟수를 세달라고 부탁했다. 검은 셔츠를 입은 팀은 무시해도 됐다.

주의 깊게 관찰한 학생들은 각기 답을 이야기했다. 34회, 35회 등등. 하지만 사실 이 숫자는 중요하지 않았다. 횟수를 세어달라는 요청은 화면에 집중시키기 위한 조치였을 뿐, 실험의 진짜 목적은 다른 데 있었다. 학생들이 농구공을 주고받을 때 고릴라 의상을 입은 학생이 등장해 카메라를 보고 가슴을 손으로 친 후 퇴장했다. 이 실험은 피실험자들이 그 고릴라를 봤는지를 확인하기 위한 것이었다.

"혹시 고릴라를 보셨나요?" "네? 뭐라고요?" 놀랍게도 절반 정도는 고릴라를 전혀 인지하지 못했다. 조건을 바꿔가며 실험을 반복해도 마찬가지였다. 이런 현상을 '무주의 맹시'라 부른다. 사람들은 특정한 곳에 집중하고 있을 때 예상치 못한 사물이 등장하면, 이를 알아차리지 못하는 경향이 있다.

'무주의 맹시'는 의외로 우리 주변에서 흔하게 일어난다. 자동차 운전자들이 오토바이를 잘 보지 못하는 이유, 대형 선박과 소형 선박의 충돌이 빈번하게 일어나는 까닭 등을 여기서 찾을 수 있다. 이런 현상은 어쩌면 진화의 산물일 것이다. 집중해서 빠르게 판단하는 것이 생존에는 유리했을 것이기 때문이다. 하지만 그 과정에는 착각이 개입될 여지가 많다.

차브리스와 사이먼스가 쓴 《보이지 않는 고릴라》는 무주의 맹시(주의력 착각)를 포함해 '기억력 착각' '원인 착각' 등 6가지 일상적 착각에 대해 다루고 있다. 저자들은 말한다. '일상의 착각을 이해하면 직관의 한계를 깨달을 것이고, 우리의 생각과 마음을 다시금 돌아보게 될 것'이라고.

촉매

촉매는 반응의 지름길이다

보통 화학반응을 일으키려면 그 과정에서 열에너지를 가해야 한다. 문제는 필요한 열의 양이 너무 클 경우다. 그러면 그 반응은 자연적으로도 잘 일어나지 않지만, 인공적인 방법으로도 큰 어려움이 따른다.

예를 들어 질소비료의 경우가 그렇다. 공기 중의 질소(N_2)를 식물이 이용하려면 암모니아(NH_3)같이 반응성이 높은 물질의 형태로 바꿔주어야 한다. 질소비료는 암모니아를 주원료로 하는데(암모니아를 추가로 반응시켜 황산암모늄, 질산암모늄, 요소 등의 형태로 만들면 비로소 질소비료가 된다), 암모니아는 질소와 수소(H_2)를 화학반응시켜 인공적으로 만들 수 있다. 그런데 그 과정이 말처럼 쉽지만은 않다. 마치 최종 목적지 바로 앞에 거대한 산이 가로막고 있는 것처럼, 이 반응을 위한 열에너지의 장벽이 너무나도 높은 것이다.

이 문제를 해결하기 위해 등장한 것이 바로 '촉매'다. 촉매란 최종적인 반응에는 참여하지 않으나 그 반응이 원활하게 일어날 수 있도록 도와주는 물질이다. 더 정확히는, 반응을 위해 넘어야 할 에너지 장벽을 낮추는 역할을 한다. 마치 '반응의 지름길'을 만드는 것과도 같다.

일반적으로는 '금속 촉매'를 많이 사용하는데, 질소비료를 생산하는 공정에서는 철의 미세한 입자를 사용한다. 철의 입자 표면에 질소와 수소 기체가 달라붙는데, 그러면 반응할 물질들이 오랫동안 인접해 있게 되므로 반응이 더 쉽게 일어나는 원리다.

'살아 있는 화학공장'이라고 불리는 우리 몸 또한 촉매가 필수적이다. 이때의 촉매는 금속이 아니라 단백질로 만들어진다. 이 '단백질촉매'(또는 생체촉매)는 흔히 '효소'라 불리며, 몸의 여러 반응에 참여한다. 예를 들어 소화과정에는 여러 효소들이 필요한데, 대표적으로 입에서 분비되는 아밀라아제가 있다. 이 촉매는 탄수화물을 포도당 같은 더 작은 분자들로 분해하는 과정을 촉진한다. 만약 효소가 없다면, 우리 몸은 지금처럼 36.5℃의 체온만으로는 생명 유지가 불가능할 것이다.

그런데 최근 새로운 유형의 촉매가 큰 관심을 끌고 있다. 2021년 노벨화학상을 수상한 독일의 베냐민 리스트(1968~)와 미국의 데이비드 맥밀런(1968~)은, 효소와 같은 단백질 촉매에서 그 핵심 역할은 단백질을 구성하는 어떤 한 종류의 아미노산이 수행하고 있음을 발견했다. 단백질보다 훨씬 단순한 분자인 아미노산을 촉매로 이용할 수 있다는 것인데, 이처럼 작은 유기분자가 촉매가 될 수 있다는 점에 착안해 '유기촉매'라는 이름이 붙었다.*

---

* 단백질 또한 유기고분자이긴 하나, 단백질촉매는 그 종류가 매우 다양하여 이를 별도로 구분한다.

027 토

과학자의 주방

가공주스가 더 맛있는 이유

요리는 맛보다 향이다

오늘은 직접 과일주스를 만들어보려 한다. 오렌지, 자몽, 키위 등 신선한 과일을 믹서에 담은 후 물을 조금 첨가해서 갈았다. 그런데 맛을 본 아들의 표정이 영 좋지 않다. 과일주스 맛이 아니라며 투덜댄다. 편의점의 가공주스 맛을 기대한 모양이다.

가공주스가 더 맛있는 이유는 향 때문인데, 보통은 천연과일을 연상시키는 합성향료를 사용한다. 산성물질과 알코올을 반응시키면 '에스테르'라는 물질이 만들어지는데, 이 가운데 과일향을 내는 것들이 많다. 실제로 과일향을 내는 천연물질과 화학구조도 비슷한데, 사과·파인애플향의 만자나테(manzanate), 바나나향의 초산이소아밀(isoamyl acetate), 오렌지향의 리모넨(limonene) 등 그 종류도 매우 많다. 이것들을 잘 이용하면 과일향을 감쪽같이 재현할 수 있다. 아니, 훨씬 더 강화할 수도 있다.

향이 풍부해지면 맛도 좋아진다. 실제 우리가 맛이라 느끼는 감각은 대부분 향과 관련이 많다. 기본적인 맛은 단맛·짠맛·신맛·쓴맛·감칠맛 등에 불과하지만, 우리가 구분할 수 있는 향은 1만여 개에 이른다고 알려져 있다.

맛은 주로 혀의 미각세포에서 감지되는 반면, 향은 코점막에 위치한 후각세포가 감지한다. 향은 대부분 공기 중으로 잘 확산되는 휘발성물질이고, 또 크기가 매우 작아서 물에 잘 녹거나 분산되는 특성이 있다. 코로 들어온 향은 점막의 체액에 흡수돼 후각세포와 접촉한다.

후각에 의한 감각은 혀로 느끼는 미각과 통합돼, 우리에게 하나의 완결된 맛으로 인식된다. 이런 통합적 감각을 '풍미'라고도 한다. 그런데 우리 뇌는 통합된 감각이 마치 입안에서 일어난 듯 착각하게 만들기에, 맛과 향을 잘 구분하지 못하고 하나로 느끼는 것이다.

아무리 몸에 좋다고 해도 아들이 도무지 먹으려 하지 않으니 특단의 조치가 필요한 듯싶다. 시중에서 쉽게 구할 수 있는 과일식초를 사용해보려 한다. 과일이 발효되면서 만들어진 여러 천연의 향을 주스에 섞어주면, 풍미가 훨씬 좋아질 테니 말이다.

〈해리 포터와 마법사의 돌〉(2001)

'마법사'가 아니라 '현자'의 돌이다

이모 집에 얹혀사는 '해리 포터'는 어느 날 마법학교 '호그와트'로부터 입학통지서를 받는다. 그리고 자신의 숨겨진 정체도 알게 되는데, 돌아가신 부모님은 물론 해리 또한 마법사였던 것이다.

호그와트에서 마법사가 되기 위한 교육을 받던 해리는 어느 날 비밀의 방을 발견한다. 그 방에는 싸구려 금속을 금으로 변환시키고 영생을 누릴 수 있는 약을 만드는 데도 쓸 수 있는, 일명 '마법사의 돌'이 숨겨져 있었다. 이때부터 이 돌을 손에 넣으려는 사악한 마법사 '볼드모트'와 돌을 지키려는 해리 포터의 대결이 시작된다.

이 영화의 제목에는 재밌는 이야기가 숨어 있다. 원작 소설이 처음 영국에서 출간됐을 때 제목이 《Harry Potter and the Philosopher's Stone(해리 포터와 현자의 돌)》이었는데, 이후 미국판이 나올 때 출판사는 어린 독자들을 고려해 '현자'를 '마법사(Sorcerer)'로 바꿨다. 영화도 이 제목으로 개봉했는데, 국가마다 영화명이 다르다고 한다.

현자의 돌에서 '현자'란 철학자를 말한다. 더 구체적으로는 아리스토텔레스를 지칭한다. 그가 막연하기만 했던 연금술에 이론적 근거를 확립했기 때문이다. 앞서 살펴봤듯 아리스토텔레스는 '4원소설'에 동의하면서도, 이 원소들 사이에 변환이 일어난다고 주장했다.

연금술사들은 이 점에 주목했다. 기본원소들 간 변환이 가능하다면, 금속들 간 변환이 가능하지 않을까? 각각의 금속이 가진 속성을 변화시킬 수 있다면 말이다. 그들은 그런 능력이 있는 가상의 물질 또는 도구를 찾기 시작했고, 이후 이것에 '현자의 돌'이란 명칭이 붙었다.

영화에서 마법사의 돌은 '니콜라스 플라멜'이란 마법사가 만든 것으로 설정돼 있다. 이 인물은 14세기경 프랑스에서 활동한 실존 인물을 모티브로 하고 있다. 니콜라스 플라멜(1330~1418)은 필경사이자 서점 주인이기도 했는데, 현자의 돌을 발견한 연금술사로 더 유명하다. 전해지는 바에 따르면, 그가 우연히 구입한 책에 '연금술에 관한 비밀'이 담겨 있었다고 한다. 그는 이것을 열심히 연구한 끝에 마침내 '현자의 돌'을 얻은 것이다. 플라멜은 이 돌을 이용해 금도 많이 만들고 영생도 누렸다고 한다(영화에서도 665세가 넘은 것으로 나온다). 물론 진위 여부는 알 수 없다.

029 월

과학자의 말

플라톤

기하학을 모르는 자는 들어오지 마시오

영국 철학자 화이트헤드(1861~1947)는 이렇게 말했다. "서양 철학은 플라톤의 각주에 불과하다." 그만큼 플라톤이 서양 사상에 미친 영향력이 크다는 의미인데, 플라톤 사상의 핵심은 '이데아'와 '이원론'이다. 그는《국가》에서 '동굴의 비유'를 통해 이에 대해 설명한다.

컴컴한 동굴 안, 한 사람이 쇠사슬에 묶여 있다. 그는 뒤를 돌아보지 못하고 오직 앞만 볼 수 있다. 그의 뒤편에는 커다란 횃불이 있고, 그 앞에서 여러 사물이 움직인다. 그러면 사람 앞의 벽면에는 사물들의 그림자가 어른거리는데, 일종의 그림자 연극이 펼쳐지는 셈이다. 그런데 이 사람은 지금까지 한 번도 뒤돌아본 적이 없기에 그림자 연극을 실제 상황이라고 생각한다. 그림자를 실재로 착각하는 것인데, 정작 실재는 그의 뒤편에 있다.

플라톤에 따르면, 우리가 감각적으로 지각하는 현상들은 동굴 속 사람이 바라보는 그림자와 같다. 그림자가 아닌 실재는 오로지 이성으로만 볼 수 있는데, 그 실재가 바로 '이데아'다. (이데아란 '영원불변의 실재'를 뜻한다.) 그는 감각적인 현실세계와 추상적인 이데아의 세계를 구분한 것이다. 이 이원론에 의하면, 철학자와 과학자의 일은 현실세계 뒤편에 놓인 이데아의 실체를 규명하는 것이 된다.

플라톤은 이데아의 세계에 더 가깝게 다가가기 위해 산수와 수, 기하학, 천문학, 화성학 등 오늘날 수학이라 부르는 것의 공부를 강조했다. 동굴에 갇힌 혼을 동굴 밖으로 끌어내는 길이라 생각한 것이다. 그중에서도 특히 그는 '기하학'을 중시했다.

그는 4원소설도 기하학으로 설명했다. 그의 또 다른 저서《티마이오스》에 따르면, 가장 가볍고 위를 향하는 날카로운 형상의 '불'은 '정4면체', 단단하고 안정된 형상의 '흙'은 '정6면체', 두 손가락으로 쥐었을 때 쉽게 회전 가능한 형상인 '공기'는 '정8면체', 유동적이고 구르기 쉬운 형상인 '물'은 '정20면체'에 해당한다는 것이다. 여기에 덧붙여 구의 모양인 '우주 전체'에는 '정12면체'를 대입시키기도 했다. 이 5가지 정다면체*를 '플라톤의 입체'라 부른다. 그는 자신이 운영하던 고등교육기관 '아카데메이아' 입구에 이런 푯말을 세워놓았다. "기하학을 모르는 자는 들어오지 마시오."

---

* 각 면이 합동인 정다각형이고, 각 꼭짓점에 모이는 면의 개수가 같은 다면체. 정4면체, 정6면체, 정8면체, 정12면체, 정20면체의 5가지만 존재한다.

030 화

= 세상을 바꾼 과학 사건 =

지구 중심 우주모델의 완성

프톨레마이오스(85?~165?), 종교적 세계관의 중심에 서다

기원전 6세기경 아낙시만드로스는 흙으로 된 원통형의 지구가 우주의 중심에 있으며, 그 주위를 천체들이 돈다고 설명했다. 최초의 지구 중심설이었다. 플라톤의 제자 에우독소스(기원전 400?~기원전 350?)는 좀더 체계적으로 접근했다. 그에 따르면 지구를 중심으로 수성·금성·화성·목성·토성 같은 떠돌이별(행성)들, (지구와 수성 사이의) 달, (금성과 화성 사이의) 태양, 그리고 수많은 붙박이별(항성)들이 회전운동을 하고 있다. 그런데 북극성을 중심으로 모두 함께 완벽하게 원운동을 하는 항성들과는 달리 다른 천체들의 운동은 다소 복잡했다.

이를 설명하기 위해 에우독소스는 지구를 중심으로 회전하는 커다란 구인 '천구'라는 개념을 도입했다. 우주에는 여러 개의 (수정으로 된) 천구들이 각각 회전운동을 하는데, 가장 바깥쪽 천구에는 항성들이 박혀 있고, 안쪽의 천구들에는 그 위치에 해당하는 천체들이 각기 박혀 있다. 항성들은 자신의 천구가 회전함에 따라 모두 함께 지구를 중심으로 완벽하게 원운동을 하는 것처럼 보이지만, 문제는 안쪽 천체들이다. 각 천체는 자신이 박혀 있는 천구 외에 서로 영향을 주고받는 또 다른 천구들을 가지는데, 이를 모두 합하면 26개다(항성 천구까지 더하면 27개). 바로 이들의 상호작용이 안쪽 천체들의 운행이 다소 복잡한 원인이 된다. 아리스토텔레스의 시대에 이르면, 천구의 수는 모두 56개까지 늘어난다.

하지만 헬레니즘시대에 이르러 관측기술이 발달하면서, 실제 행성들의 운행을 보다 정확하게 설명할 수 있는 우주모델이 필요해졌다. 2세기경 알렉산드리아에서 활동하던 프톨레마이오스는 에우독소스와 아리스토텔레스의 전통을 이어받았지만, 관심사항이 조금 달랐다. 그는 우주가 어떤 형상이고 그 운동의 원인이 무엇인지를 밝히는 대신, 행성과 항성들의 운동을 정확하게 기술할 수 있는 수학적 모델을 구축하고자 했다. 하지만 그 또한 여전히 완벽한 원운동만으로 천체의 복잡한 운동을 설명하려다보니, 그의 모델은 80개에 이르는 크고 작은 원형궤도들이 겹쳐져 있는 모양새가 됐다.

프톨레마이오스가 도입한 개념들 가운데 상당수는 선배들로부터 차용했지만, 이것들을 하나의 체계적인 모델로 완성시킨 것은 분명 그의 공이다. 그의 모델은 중세에 이르러 종교의 전폭적인 지지를 받으면서 거의 신성불가침의 진리가 됐다. 프톨레마이오스는 단지 더 정확하게 천체의 운동을 수학적으로 기술하고 싶었을 뿐이지만, 자신의 의지와는 상관없이 '천동설'이라 불리는 중세의 종교적 세계관을 대표하는 인물이 되고 말았다.

031 수

과학의 생각

고대의 원자설과 현대의 원자설

원자는 어떤 모습일까?

원자는 물질을 구성하는 기본단위다. 원자는 그 가운데 원자핵이 있고 그 주위를 전자가 돈다(사실 '돈다'는 표현이 정확하지는 않지만 232일에 더 자세히 설명하겠다). 전자는 원자핵에 비해 그 크기가 1/1만에 불과할 정도로 작다. 그렇다고 원자핵이 큰 것도 아니다. 원자의 크기를 야구장에 비유한다면 원자핵은 한가운데 놓인 야구공, 전자는 관람석에 떨어진 좁쌀 정도라 할 수 있다. 원자의 대부분은 텅 비어 있는 공간인 셈이다.

이 원자의 역사는 꽤 긴 편인데, 그 시작은 기원전 5세기까지 거슬러 올라간다. 앞서 '다원론'에 대해 설명한 바 있다. 물질을 구성하는 근본물질이 하나가 아니라 여러 개라는 이론인데, 그중 복수의 근본물질로 '원자'를 언급한 사람은 데모크리토스다.

데모크리토스에 따르면 이 세상 만물은 더 이상 쪼갤 수 없는 원자들이 뭉치고 흩어지면서 만들어진다. 원자들은 그 '질(質)'은 모두 동일하지만 '모양'과 '크기'는 서로 다르다. 각기 다른 원자들이 배열을 달리하면, 사물들의 특성이 서로 다르게 나타난다.

이 고대의 원자설은 당시 사상가들의 지지를 받지 못했다. 그래서 곧 잊히고 말았는데, 1803년 영국 화학자 존 돌턴(1766~1844)에 의해 다시 부활했다. 돌턴 또한 데모크리토스와 마찬가지로 각기 다른 종류의 원자들이 존재한다고 주장했다. 다만 모양과 크기가 아니라 '질량'에 있어 차이가 있다고 설명했다. 이를 현대의 원자설이라 한다.

현재는 원자들의 질량이 왜 차이가 나는지 정확하게 알게 됐다. 원자는 원자핵과 전자로, 원자핵은 양성자와 중성자로 구성되는데, 원자의 종류에 따라 이들의 개수가 달라지는 것이다. 예를 들어 양성자·중성자·전자의 개수가, 탄소는 각각 6개이고 질소는 각각 7개다.

고대의 원자설은 현대의 원자설과 비교하면 매우 초보적이며, 잘못된 개념도 있었다. 하지만 수천 년 전, 오늘날 같은 정밀한 실험도구도 없이 이런 생각을 해냈다는 것이 그저 놀랍기만 하다. 인간의 이성은 정말 대단한 것 같다.

《아이, 로봇》(아이작 아시모프)

로봇은 3원칙을 어떻게 해석할까?

로봇 '허비'는 사람의 마음을 읽는 능력이 있는 특별한 로봇이다. 로봇심리학자 '수전'과 이야기를 나누던 중 그녀가 동료 과학자 '애쉬'를 사랑하고 있음을 알아챈 허비는, 그도 그녀를 사랑한다고 거짓말을 한다. 허비가 '상대의 마음을 즐겁게 하는 거짓말'을 당당하게 하는 것은 (자신이 생각하기에) '로봇 3원칙'을 위배하지 않기 때문이다. 그 원칙은 다음과 같다.

'인간에게 해를 입혀서는 안 되며, 위험에 처한 인간을 모른 척해서도 안 된다.' '제1원칙에 위배되지 않는 한, 인간의 명령에 복종해야 한다.' '제1·제2원칙에 위배되지 않는 한, 로봇은 스스로를 지켜야 한다.'

애쉬가 자신을 사랑한다고 착각하던 수전 박사는 어느 날 큰 충격을 받는다. 그가 곧 다른 여성과 결혼한다는 사실을 알았기 때문이다. 허비의 거짓말을 깨달은 수전은 로봇을 딜레마에 빠트리기로 한다. 허비는 수전 이외의 또 다른 사람들에게도 거짓말을 하고 있었다. 그런데 그들이 이를 눈치채고 허비를 추궁하고 있었다. 수전은 그런 허비에게 이렇게 말한다. "진실을 말하면 그 사람들이 마음에 상처를 입어. 하지만 진실을 말하지 않아도 (네가 알면서도 말하지 않는다는 사실 때문에) 마찬가지로 마음에 상처를 입겠지." 어떻게 하든 제1원칙에 위배되는 딜레마에 빠진 허비는 회로가 타버리고 만다. 그런 허비에게 수전은 이렇게 말한다. "거짓말쟁이."

《아이, 로봇》은 거짓말쟁이 로봇뿐 아니라 여러 로봇들의 이야기를 담은 단편집인데, 모든 이야기를 관통하는 주제는 바로 로봇 3원칙이다. 이 원칙들은 로봇의 등장이 불러올지도 모를 위험을 줄이기 위함인데, 다시 말해 인간을 보호하는 역할을 한다. 하지만 우리가 그렇듯 로봇 또한 자신의 기준대로 규칙을 해석하면 어떻게 될까. 허비가 하얀 거짓말을 인간을 보호하기 위한 조치라 해석한 것처럼 말이다.

SF의 거장 아이작 아시모프(1920~1992)는 인간과 비슷한 지각능력을 갖춘 로봇의 등장을 염두에 두고 이 소설집을 썼다. 인간사회에 규칙이 있듯 로봇 또한 그렇겠지만, 실제로 인간만큼의 지각이 있는 로봇이 나온다면 로봇 3원칙을 어떻게 해석할지 무척 궁금하다.

증류탑

석유는 종류마다 끓는점이 다르다

현대를 석유화학의 시대라고도 하는데, 석유를 기반으로 한 화학산업에 크게 의존하고 있기 때문이다. 석유(petroleum)는 암석을 뜻하는 그리스어 'petro'와 기름을 뜻하는 라틴어 'oleum'의 합성어로, 땅속 깊숙한 곳에서 솟아나기 때문에 이런 명칭이 붙었다. 석유는 바다의 유기물들이 퇴적된 후 지하의 무산소 환경에서 분해되면서 생성됐으리라 추정된다.

석유는 여러 탄소원자들이 기본골격을 이루고, 여기에 수소원자 등이 결합된 탄화수소의 혼합물이라 할 수 있다. 많은 에너지를 저장하고 있어 연료로 활용될 뿐 아니라, 탄소를 기반으로 하는 여러 유용한 물질을 합성하는 데도 사용된다. 대표적으로 플라스틱도 석유에서 만들어진다.

석유는 여러 종류의 물질들이 섞여 있는 혼합물로, 보통 결합된 탄소원자의 수에 따라 구분한다. 예를 들어 '석유가스'는 1~4개의 탄소로 구성돼 있고, 탄소가 5~10개이면 우리가 흔히 '휘발유'라 불리는 물질이 된다. 그 수가 10~16개 정도로 늘어나면 가정용 난방유로 많이 쓰이는 '등유'가 되고, 디젤엔진의 연료인 '경유'는 16~60개이다. 탄소 수가 60개 이상이면 엔진오일의 원료인 '윤활유'가 되고, 주로 선박이나 화력발전에 사용되는 '중유'는 70개 이상이다.

정유공장에 있는 높이 수십m에 달하는 거대한 탑은, 탄소 수가 가장 적은 석유가스부터 탄소 수가 보다 많은 다양한 종류의 석유제품을 분리하는 장치다. '증류탑'이라 불리는 이 장치는 액체의 종류마다 각각 끓는점이 다르다는 점을 이용한다. 석유는 탄소수가 증가할수록 끓는점이 점차 높아지는 경향이 있는데, 석유가스는 0~30℃, 휘발유는 30~180℃, 등유는 180~260℃, 경유는 260~350℃, 윤활유는 350~575℃, 중유는 490℃ 이상이다.

증류탑은 아래쪽에서 고온으로 증발시킨 석유를 투입하는데, 이 증기는 위로 갈수록 온도가 점차 낮아진다. 그러면 증류탑의 아래쪽에서부터 중유·윤활유·경유 등의 순서로 증기가 식으면서 액체상태의 제품들로 분리돼 나오는 것이다.

034 토

과학자의 주방

장어는 왜 구워야 맛있을까?

구우면 생겨나는 새로운 물질들

장어 맛집으로 유명한 한 식당에서 지인들을 만났다. 장어는 여러 종류가 있지만 오늘의 주인공은 민물장어라고도 부르는 뱀장어다. 뱀장어는 주로 민물에서 생활하지만, 육지와 가까운 바다에서 잡히기도 한다. 뱀장어는 알을 낳기 위해 아주 먼 바다로 긴 여정을 떠나는데, 알을 낳으려고 바다에서 강으로 돌아오는 연어와는 정반대인 셈이다.

장어의 일생은 정말 신비롭다. 어떻게 먼 바다까지 나가 알을 낳는지, 또 새끼들은 어떻게 헤엄쳐 되돌아오는지 비밀스러운 부분이 많다. 왜 그토록 힘든 여행을 해야만 하는 걸까? 마치 성스러운 순례라도 하듯 말이다. 어느덧 장어가 다 구워졌다. 노릇노릇한 장어를 소스에 찍어 입에 넣자 그 맛이 일품이다. 같이 먹던 지인이 묻는다.

"그런데 장어는 왜 구워야 맛있을까?"

식재료의 주요 영양성분인 단백질·탄수화물·지방 등은 크기가 매우 커서 세포가 직접 흡수할 수 없다. 따라서 이들을 더 작은 크기로 분해해야 한다. 소화과정이 필요한 것이다. 이 과정은 요리의 맛과도 밀접한 관련이 있다. 미각세포나 후각세포에서 감지하지 못했던 큰 덩어리의 성분들이 작은 단위로 분해되면, 비로소 미각과 후각으로 느낄 수 있기 때문이다.

식재료를 가열하면 이와 같은 분해효과가 나타난다. 그런데 단지 분해만 되는 것이 아니다. 분해된 물질들이 서로 반응해 새로운 물질을 만들기도 한다. 1912년 프랑스 화학자 마야르(1878~1936)는 이런 반응을 통해서 가열된 요리가 풍부한 맛과 향을 지니게 된다고 설명했다. 그에 따르면 단백질이 분해된 아미노산과 탄수화물이 분해된 당류가 서로 반응하면 1000여 가지의 맛·향성분들이 만들어진다. 이런 반응을 '마이야르반응'*이라 한다.

장어를 구우면 날것일 때보다 훨씬 더 맛있는 이유도 마이야르반응 때문이다. 원재료에는 없던 새로운 성분들이 폭발적으로 생겨난 것인데, 맛성분들은 미각을 자극하고 향성분들은 후각을 자극하니 구운 요리의 풍미가 한층 다채로워진다. 마이야르반응은 150℃ 이상에서 잘 일어난다고 알려져 있는데, 우리가 삶은 음식보다 고온에서 굽거나 튀긴 음식을 좋아하는 이유가 그래서일지도 모르겠다.

---

* 'Maillard'는 '외래어표기법'에 따라 '마야르'로 써야 하나 '마이야르반응'이 통용되기에 이를 쓴다.

035 일

〈제5원소〉(1997)

사랑은 원소들을 결합시키는 힘이다

2259년, 거대한 악의 존재가 시시각각 지구를 향해 오고 있다. 지구연방은 이를 막으려 안간힘을 쓰지만 공격하면 할수록 악의 힘은 더 세질 뿐이다. 절체절명의 순간 '코넬리우스 신부'가 지구연방의 대통령을 찾아온다. 그는 악을 물리칠 무기가 있으며, 외계종족 '몬도샤인'들이 그 무기를 갖고 곧 지구를 찾아올 것이라고 말한다. 하지만 몬도샤인들이 탄 우주선은 지구에 도착하기 전 악의 하수인들에 의해 파괴된다.

다행히도 미래의 지구에는 복제기술이 있다. 지구인들은 몬도샤인의 유해에서 DNA를 이용해 새로운 생명체를 만들어내는데, 인간의 모습을 한 여성이다. 그녀의 이름은 '리루'. 이후 리루는 특수부대 출신인 '코벤'과 함께 악에 대항할 무기를 찾는 모험을 떠난다. 영화에서는 그 절대적인 무기가 5가지 원소로 설정돼 있다. 흙·물·불·공기의 4원소에, 아직은 그 정체를 알 수 없는 '제5원소'가 포함된다.

4원소에 대한 생각은 아주 오래전으로 거슬러 올라간다. 그리스의 엠페도클레스는 만물은 흙·물·불·공기의 4가지 근본물질로 구성된다고 주장했다. 그리고 이들을 '뿌리'라 불렀다. 또한 그는 근본물질과 이에 작용하는 '힘'을 처음으로 분리했다. 이전 사람들은 근본물질은 스스로 변화할 수 있는 능력이 있어 다양한 사물들이 생성된다고 생각했다. 예를 들어 아낙시메네스는 공기가 점점 응축됨에 따라 물·흙·돌 같은 단단한 사물들이 생겨난다고 말했다. 이에 반해 엠페도클레스는 근본물질의 결합과 해체를 일으키는 독립적인 힘이 있으며, 그것들 각각을 '사랑(philotes)'과 '증오(neikos)'라고 명명했다. 여기서 '사랑'과 '증오'는 오늘날 과학에서 말하는 '인력'과 '척력'의 개념과 유사하다.

리루와 코벤은 어렵사리 4원소를 찾는다. 그리고 마지막 남은 제5원소는 바로 리루, 그녀 자신이었다. 세상에 대해 두려움과 증오를 느끼고 있던 리루가 '사랑'의 감정을 회복하자 5원소의 결합이 이루어지며 '증오'인 절대 악은 소멸한다.

036 월

과학자의 말

아리스토텔레스

자연이 하는 일에 쓸데없는 것은 없다

아리스토텔레스는 그리스 마케도니아왕국의 스타게이라에서 출생했다. 그의 아버지 니코마코스는 알렉산드로스대왕(기원전 356~기원전 323)의 조부이자 마케도니아의 왕이었던 아민타스 3세(?~기원전 370)를 모시던 궁중 의사였다고 전해진다. 아리스토텔레스는 17세가 되던 해 당시 학문의 중심지였던 아테네로 유학을 떠나 플라톤이 세운 아카데메이아에서 약 20년간 머물렀으나, 플라톤이 사망하자 학교를 떠나 오늘날 튀르키예 서쪽 지방인 소아시아 일대를 떠돌았다. 기원전 343년부터 수년간 왕자였던 알렉산드로스의 가정교사를 하기도 했다.

기원전 335년 아테네로 돌아온 그는 알렉산드로스대왕의 후원하에 '리케이온'이라는 학원을 세우고 교육·연구활동에 종사했다. 그러다 기원전 323년 알렉산드로스대왕이 죽자 불경죄로 고발당한 아리스토텔레스는 '아테네인들이 철학에 두 번 죄를 짓지 않도록 하겠다'라는 말을 남기고(첫 번째 죄는 소크라테스에게 저질렀다) 칼키스로 떠났다. 그리고 이듬해 지병으로 사망했다.

아리스토텔레스의 자연관은 한마디로 '목적론'이다. 자연의 모든 것은 어떤 목적을 갖고 운동·변화한다는 것이다. 자연에서 쓸데없는 일이란 없다는 뜻이다. 그에 따르면 우주는 위계질서를 갖고 있다. 구의 형상인 우주의 중심에는 무거운 흙으로 된 지구가 있고, 그 위에 물·공기·불이 무게순으로 위치하며, 그 너머에는 행성들과 항성들이 박힌 천구들이 돌고 있다. 무거운 것은 중심으로 향하고 가벼운 것은 중심에서 멀어지려는 경향이 나타나는데, 자신이 마땅히 있어야 할 곳으로 가야 할 '목적'이 있기 때문이다. 오늘날 우리가 중력, 부력이라 부르는 힘을 그는 이렇게 설명했다.

또한 우주의 바깥에는 '부동의 원동자'라는 완벽한 존재가 있는데, 자신은 운동하지 않으면서 다른 모든 운동의 궁극적인 원인(목적)이 된다. 모든 운동은 이 원동자를 모방해 일어나므로, 그것에 가까운 하늘의 천체들은 완벽한 원운동을 하지만, 멀리 떨어진 지구에서의 운동은 완벽함과는 거리가 먼 직선운동이 주를 이룬다.

아리스토텔레스의 목적론은 고대를 거쳐 중세에 이르기까지 서구의 사상계를 지배했다. 특히 부동의 원동자는 종교에 의해 '신(神)'으로 격상되기도 했다. 하지만 17세기 과학혁명이 시작되면서 목적론은 종언을 고했다.

037 화

= 세상을 바꾼 과학 사건 =

0의 발견(628)

인류의 시야가 무한히 확장되다

예로부터 사람들은 무한과 영(0)의 개념을 어려워했다. 많은 논쟁이 있기도 했다. 모든 학문의 아버지라 불리는 아리스토텔레스 또한 이 2가지 개념에 대해 많은 시간을 들여 논했다. 그에 따르면 무한은 앎의 영역 밖에 있다. 우리가 알 수 있는 것은 오직 유한의 영역이며, 무한은 전지전능한 신의 영역이라는 주장이다.

한편 0의 경우는 아예 그 존재를 인정하지 않았다. 존재하는 것들, 즉 유(有)는 유로부터 생성되고 또 유로 변화된다. 무(無)는 그야말로 '아무것도 존재하지 않음'이기에, 생성과 변화의 과정에 끼어들 여지가 없다. 이 우주는 시작도 끝도 없이 존재하는 완전한 유의 상태이며, 그 안에서 생성과 변화가 일어난다. 이런 생성과 변화야말로 우주의 본성인데, 그렇다면 무와 같은 불완전함이 있을 필요가 없다는 것이 아리스토텔레스의 생각이었다.

그런데 628년 인도 수학자 브라마굽타(598~665?)가 저술한 《브라마스푸타시단타》에 처음으로 숫자 '0'이 등장한다. 이것은 오늘날과 동일한 숫자 0으로서의 기능을 갖고 있었다. 첫째 아무것도 없음, 즉 무를 의미하는 기능이다. 오래전 고대인들을 괴롭혔던 무의 존재를 과감히 인정한 것이다. 두 번째로 자릿수를 표시한 것인데, 십의 자리는 0을 하나 붙이고 백의 자리는 0을 두 번 붙이는 식이다. 이를 통해 매우 큰 수도 손쉽게 기록하고 계산할 수 있게 됐다. 마지막은 0의 연산 기능을 인정한 것이다. 어떤 숫자에 0을 더하거나 빼면 변함이 없고, 곱하면 그 숫자는 0이 된다.

이와 같은 개념이 인도에서 처음으로 등장한 것은, 아마도 힌두교의 영향이었을 듯싶다. 힌두교에서는 이 세상이 무에서 탄생했다고(그리고 무한하게 커졌다고) 설명하기 때문이다. 인도에는 고대 그리스와 달리 '유에서 유의 생성'만 인정했던 제약이 없었던 것이다.

오늘날의 최신 양자역학 또한 우주가 무로부터 시작됐을 가능성을 제시한다. 게다가 우주 저 너머 또 다른 우주들이 무한히 많이 존재할 가능성도 있다. 0의 발명은 계산을 편리하게 해주었을 뿐 아니라, 우리의 시야 또한 무한하게 넓혀준 것은 아닐까?

038 수

무한은 존재하는가?

무한은 더 이상 앎의 영역 밖에 있지 않다

무(無)와 더불어 오랫동안 사람들을 괴롭혔던 또 하나의 문제는, 그 대척점에 있다 할 수 있는 무한이었다. 아무것도 존재하지 않음인 무는 그야말로 실체가 없는 것으로 단정하면 되겠지만, 무한은 조금 달랐다. 숫자를 하나둘 세어나가다보면 결국에는 무한을 만날 수도 있으리란 생각이 들기 때문이다. 그렇다면 무한은 실체가 있을까?

이 문제는 앞서 등장했던, 제논의 '아킬레우스와 거북이의 역설'에도 포함돼 있다. 발이 빠른 아킬레우스가 먼저 출발한 거북이를 뒤쫓을 때 결코 앞지르지 못하는 이유는, 그가 조금 전 거북이의 위치에 도착하면 거북이는 좀더 앞서나가는 과정이 무한히 반복되기 때문이다. 아킬레우스와 거북이의 운동거리가 무한히 분할될 수 있기에 발생하는 문제다. 하지만 현실의 아킬레우스는 거북이를 금세 앞지른다.

아리스토텔레스에 따르면 어떤 의미에서는 무한이 존재하고, 또 다른 의미에서는 그렇지 않다. 먼저 수의 증가나 길이의 분할처럼 어떤 값에 한없이 가까워지는 상태로서의 무한이 있다. 그 요소들로 무한집합을 만든다면, 집합의 크기는 계속 커진다. 완결된 실체를 갖지 못하기 때문에 이를 '가(假)무한'이라 한다. 이에 반해 완결된 실체를 갖는 무한, 즉 '실(實)무한'도 있다. 그 집합의 크기가 일정한 경우(물론 그 크기는 무한하다)인데, 유한한 우주의 밖에 있는 신적인 존재, 즉 부동의 원동자가 실무한의 대표적인 예다. 아킬레우스와 거북이의 역설에 등장하는 무한은 가무한이며, 그런 분할은 현실적으로 존재하지는 않는다. 제논은 이런 구분을 하지 못해 오류에 빠졌다는 것이 아리스토텔레스의 주장이다.

한편 그는 무한이 앎의 영역 밖에 있다고 생각했다. 가무한은 실체가 없으니 그렇고, 실무한은 비록 실체는 있으나 신의 영역이기 때문에 그렇다. 그런데 19세기 독일 수학자 게오르크 칸토어(1845~1918)는 이런 생각을 거부했다.

칸토어에 따르면 지금까지 막연히 가무한의 개념으로 알았던 무한집합도 실제로는 실무한이었다. 각각의 무한집합은 일정한 크기를 지니는데, 비록 우리가 그 원소의 개수를 정확히 알 수는 없지만 무한집합들 간의 크기는 서로 비교할 수 있다. 예를 들어 유리수(정수와 분수를 포함한 개념)의 무한집합보다 실수(유리수와 무리수를 모두 포함한 개념)의 무한집합이 더 크다. 만약 이들 무한집합이 일정한 크기가 없는 가무한이라면, 그와 같은 크기 비교는 불가능할 것이다. 의외로 종교계는 수학적인 실무한의 발견을 환영했다. 이를 통해 신의 존재를 수학적으로 입증할 수 있으리라 기대했기 때문이다.

《판도라의 씨앗》(스펜서 웰스)

판도라의 상자에는 그래도 희망이 남아 있다

약 1만 년 전 역사의 큰 전환점이 되는 사건이 일어났다. 인류가 수렵·채집단계에서 벗어나 농업을 시작한 것이다. 덕분에 식량 생산이 비약적으로 증가하면서, 전보다 더 많은 인구를 부양할 수 있게 되었고, 주요 문명의 발생지를 중심으로 도시가 형성되기 시작했다. 또한 풍족한 농산물은 식량 생산에 종사하지 않는 집단이 등장하는 배경이 됐고, 사회의 각 분야는 분화되고 전문화됐다.

인류의 정신적 수준 또한 한층 고양됐다. 산발적으로 나타나던 인류의 창의성이 '도시'라는 다양화된 사회에서 폭발적으로 발생한 것이다. 한곳에 정착하며 계속 농사를 짓는 활동은 대를 이어 전해지는 '문화'라는 추상적인 개념을 더욱 확고하게 하는 계기가 됐다. 이런 일련의 사건들을 '농업혁명'이라 부른다. 인류학자 스펜서 웰스 또한 이런 사실에 적극 공감한다. 다만 그는 농업혁명은 오늘날 현대인들이 안고 있는 여러 문제의 근원이기도 하다고 주장한다. 농업혁명이 인류에게 축복만은 아니었던 것이다.

예를 들어 구석기시대 남성의 평균수명은 35세였는데 농업혁명 이후 33세로 감소했고, 평균 신장도 177cm에서 161cm로 크게 줄었다고 한다. 몇 가지 곡물에만 의존하는 단조로운 식습관이 문제가 된 것이다. 게다가 탄수화물의 비중이 높아지면서 당뇨·고혈압·충치 같은 질병도 등장하기 시작했다.

농업과 더불어 시작된 가축과의 동거 또한 여러 부작용을 낳았는데, 홍역·결핵·천연두 같은 전염병은 모두 가축을 매개로 해서 인간에게 전파됐다. 전염병은 농업혁명 이후 가장 큰 사망 원인 가운데 하나였다. 현대인을 괴롭히는 정신적 문제의 근원도 여기서 찾을 수 있다. 인구 밀집과 도시화가 과도한 스트레스 요인이 된 것이다. 웰스 교수에 따르면, 한 사람이 가질 수 있는 사회적 관계의 최대치는 약 150명이라고 한다.

그리스신화에서 태초의 여인 판도라는 호기심 때문에 금단의 상자를 열고 말았다. 상자에서는 온갖 좋지 못한 것들이 튀어나왔고, 나중에는 그 안에 딱 하나가 남았다. 바로 '희망'이었다. 인류가 뿌린 '판도라의 씨앗'은 비록 좋지 않은 것들을 많이 낳았지만, 한편으론 위대한 문명을 탄생시켰다. 그 문명에도 희망이 남아 있기를 간절히 바란다.

040 금

= 신기한 과학 발명품 =

에어프라이어

튀김의 정의가 바뀌는 날

튀김을 하려면 이것저것 준비할 것이 많다. 신선한 식재료를 손질하고, 밀가루를 반죽해 튀김옷도 만들어야 한다. 그리고 기름을 용기에 담고 적당한 온도로 가열한 후, 튀김옷을 입힌 식재료를 기름에 투입한다. 과정이 번거롭기는 하지만, 이렇게 만든 튀김을 한입 베어 물면 그간의 노고는 눈 녹듯 사라진다. 문제는 뒷정리다. 특히 기름의 뒤처리는 언제나 고민이다.

최근 신박한 물건 하나가 인기다. 이제는 필수 가전제품으로 자리 잡은 에어프라이어다. 공기를 이용하는 튀김기란 뜻이지만, 사실 엄밀한 잣대를 들이대면 그리 정확한 이름은 아니다. 튀김은 식재료가 푹 담길 정도로 충분한 양의 기름을 이용해 고온에서 조리한 음식을 의미한다. 그런데 에어프라이어는 기름이 아니라 공기를 사용하니, 사실상 튀김기는 아닌 것이다. 하지만 튀김과 비슷한 결과물을 만들어내니 이런 이름을 써도 문제없긴 하겠다.

튀김에 기름을 사용하는 이유는 기름진 맛을 음식에 가미하기 위해서기도 하지만, 기름의 끓는점이 높기 때문이기도 하다. 종류에 따라 조금씩 다르나, 기름은 보통 200℃ 이상에서 끓는다. 따라서 기름을 사용하면 물을 사용할 때보다 훨씬 더 높은 온도에서 조리가 가능하다. 조리온도가 높으면 마이야르반응 같은 화학반응이 활발히 일어나니, 요리의 맛과 향이 더 풍부해진다. 그래서 '지우개도 튀기면 맛있다'는 말이 나온 것이다.

식재료에 고온의 열을 골고루 전달할 수만 있다면, 꼭 기름에 튀기지 않더라도 맛있는 요리는 얼마든 가능하다. 그 역할을 하는 것 중 하나가 바로 공기다. 공기는 기름처럼, 아니 기름보다 더 빠르게 가열되며, 별 무리 없이 200℃까지 올릴 수 있다. 다만 빨리 가열되는 만큼 빨리 식기에, 공기가 식기 전 빠르게 순환시키는 별도의 장치가 필요하다.

에어프라이어는 위쪽에 전기로 가열되는 열선이 달려 있다(아래쪽에 열선을 두면 식재료에서 떨어지는 기름 등으로 인해 화재의 위험이 있기 때문이다). 열선에서 가열된 뜨거운 공기는 위에 달린 팬을 통해 용기 안에서 순환되며 음식을 조리한다.

최근에는 에어프라이어만으로 조리 가능한 제품들이 많이 출시돼 있다. 조만간 튀김의 정의가 바뀌는 날이 올지도 모르겠다.

때론 '채움'보다 '비움'

맛있는 구멍들의 비밀

부엌에서 아내가 낙지볶음을 준비하고 있다. 해산물인 관계로 스멀스멀 퍼지는 비린내는 어쩔 수 없다. 아내가 밀가루를 가져다달라고 부탁한다. 밀가루를 뿌리며 낙지를 다듬자 신기하게도 비린내가 사라진다.

밀가루에는 눈에 보이지 않을 정도로 작은 구멍들이 많이 존재한다. 이를 '다공질(多孔質)'이라 하는데, 밀을 제분하고 건조하는 과정에서 수분이 빠져나가며 생긴 작은 구멍들이다. 이 구멍들이 낙지 표면의 수분을 흡수하고, 또 트리메틸아민과 같은 비린내의 원인 성분들도 제거하는 것이다. 그 밖에 다른 이물질을 제거하는 데도 효과가 좋다. 이물질 등이 마치 깊은 함정에 빠지듯, 작은 구멍 안에 갇히는 것이다.

우리가 이처럼 미세한 구멍의 존재와 역할에 대해 자세히 알게 된 것은, 16세기 현미경이 발명된 이후다. 과거에는 이 구멍들이 만들어내는 현상이 신기한 마법과도 같이 여겨졌다. 아리스토텔레스는 이렇게 의문을 표하기도 했다. "밀가루나 재와 같은 가루에 물을 부어도, 전체 부피에는 변화가 없다. 부은 물은 도대체 어디로 간 것일까?"

이 구멍들이 냄새 제거에만 쓰이는 것은 아니다. 사실 다공질 구조는 요리의 식감을 결정하는 가장 중요한 요인이다. 예를 들어 바삭한 튀김옷의 비밀도 다공질 구조에 있다. 고온의 조리과정에서 튀김옷 반죽에 포함된 수분이 증발하면 빈 공간들이 남는데, 이로 인해 튀김 표면은 스펀지처럼 구멍이 숭숭 뚫리게 된다. 튀김을 한입 베어 물었을 때의 바삭함은, 이 다공질 구조가 붕괴되면서 느껴지는 청각과 촉각의 자극인 것이다.

빵에도 다공질 구조가 있다. 제빵과정에서 효모 같은 미생물을 이용한 발효는 필수적인데, 이때 만들어진 이산화탄소가 반죽을 부풀어 오르게 한다. 그리고 가열과정에서 이산화탄소가 빠져나가고, 반죽에 포함돼 있던 약간의 수분이 증발하면 미세한 구멍들이 생겨나는 것이다. 다만 튀김과는 달리 수분이 완전히 제거되지는 않기 때문에, 빵의 다공질 구조는 바삭함이 아닌 부드러운 식감을 만들어낸다.

보통 풍미와 식감을 얻기 위해 요리에 무언가를 추가한다. 하지만 때로는 다공질 구조처럼 비움을 통해 훌륭한 요리가 완성되기도 한다. 채우는 것뿐 아니라 잘 비우는 것도 요리의 기술이자 과학인 셈이다.

〈레디 플레이어 원〉(2018)

로그인하는 순간, 모든 것은 현실이 된다

2045년 황폐화된 지구의 삶은 고달프기만 하다. 그렇지만 하나의 위안은 있다. 바로 '오아시스'라 불리는 가상의 게임공간인데, 이곳에서는 코인만 있으면 원하는 것은 무엇이든 다 할 수 있다. 빈민촌에 사는 주인공 '웨이드'는 매일같이 오아시스에 접속해 자신의 아바타인 '퍼시벌'을 통해 또 다른 삶을 살아간다.

그러던 어느 날 오아시스의 개발자 '할리데이'의 유언이 공개된다. 오아시스에서 3개의 미션을 완수하면 '이스터에그'*를 찾을 수 있는 열쇠가 주어지고, 이를 손에 넣는 사람은 오아시스의 모든 권리를 갖는다는 내용이었다. 웨이드를 포함해 많은 사람들은 이 미션에 도전한다.

오아시스에 접속하기 위해서는 몇 가지 장비가 필요하다. 눈에 쓰는 고글은 눈앞에 실제와 같은 가상현실공간을 만들어낸다. 몸에 입은 슈트는 압력 조절장치가 달려 있어, 가상세계에서 느끼는 충격을 어느 정도 현실감 있게 체험하도록 해준다. 그리고 게이머의 몸을 붙잡고 있는 장치는, 실제 움직임을 읽어 가상세계의 움직임으로 표현해준다.

요즘 '메타버스'라는 용어가 사람들 사이에 회자되고 있다. '가상·초월'을 뜻하는 '메타'와 '현실의 세상'을 의미하는 '유니버스'의 합성어로, 쉽게 말해 가상공간·가상세계를 뜻한다. 사실 오래전부터 게임 속에 가상의 세상을 구현하고자 하는 노력이 많았지만 기술적인 제한이 있었다. 가상세계는 현실과 결합하거나, 아니면 현실을 대체할 수 있을 정도로 구체성을 띠어야 하는데, 이를 위해서는 고속의 통신기술, 고성능의 컴퓨팅기술 등이 필요했기 때문이다.

영화 〈레디 플레이어 원〉은 이 메타버스 세상을 묘사하고 있다. 메타버스는 인류에게 또 다른 삶의 터전이 될 수 있다. 그곳에서 또 다른 잠재력을 발휘하며 자신의 가치를 더 키울 수 있을지도 모른다. 하지만 영화에서처럼 현실의 고단한 삶을 잠시 잊기 위한 도피처에 그칠 가능성도 있다. 웨이드는 미션을 수행하면서 하나의 사실을 깨닫는다. 가상세계만큼이나 현실세계 또한 중요하다는 사실이었다. 점차 넓어져가는 세계에서 길을 잃지 않으려면, 삶에 대한 책임감 또한 함께 커져야 함을 잊지 말아야겠다.

---

* 게임 진행과는 상관없이 개발자가 게임 속에 재미로 숨겨둔 것.

043 월

과학자의 말

게오르크 칸토어

수학의 본질은 그 자유성에 있다

1918년, 게오르크 칸토어는 독일 할레의 정신병원에서 쓸쓸히 죽음을 맞이했다. 그는 이 병원이 속한 할레비텐베르크대 교수였다. 러시아의 부유한 유대인 집안에서 태어나 독일로 이주한 칸토어는 젊은 시절 전도유망한 수학자였다. 경력을 더 쌓아 언젠가는 더 명성 있는 베를린대로 옮길 희망을 품기도 했다. 하지만 언제부턴가 차츰 일이 꼬이기 시작했다. 그가 그만 '무한의 세계'에 빠져버린 것이다.

1, 2, 3, 4, 5… 자연수는 그 끝이 없다. 다시 말해 무한하다. 2, 4, 6… 짝수도 그렇고, 이보다 더 넓은 개념인 정수, 그리고 유리수 또한 그렇다. 이 수들은 서로 일대일 대응이 가능하다. 예를 들어 짝수 2는 자연수 1에, 짝수 4는 자연수 2에… 이런 식으로 계속해서 대응시킬 수 있다. 자연수, 짝수, 정수, 그리고 유리수는 모두 '동일한 차원의 무한'이라는 뜻이다.

그런데 칸토어는 특이한 점을 하나 발견한다. 자연수, 정수 같은 유리수 그리고 여기에 무리수까지를 포함시킨 '실수'의 경우는, 앞서 말한 자연수 등과의 일대일 대응관계가 성립하지 않는다는 것이다. 그는 자신이 고안한 '대각선논법'을 통해 이런 사실을 밝혔는데, 이에 따르면 실수는 자연수 등과 비교해서 한 단계 더 큰 차원의 무한이다. 그 방법을 간략하게 소개하자면 다음과 같다.

먼저 0과 1 사이에 있는 '모든 실수'를 2진법* 으로 표시한다. 그리고 이 모든 실수들이 자연수에 일대일 대응이 된다고 가정한다.

1 ← 0.**0**0000000000 …
2 ← 0.1**1**111111111 …
3 ← 0.01**0**10101010 …
4 ← 0.101**0**1010101 …
5 ← 0.1101**0**110101 …
6 ← 0.00110**1**10110 …

여기서 대각선에 있는 수들(0, 1, 0, 0, 0, 1…)을 하나씩 차례로 택하고 '0'은 '1'로, '1'은

* 0과 1이라는 2개의 숫자만을 이용해 수를 나타내는 방법. 예를 들어 10진법으로 14인 수는 2진법으로 1110이 된다.

'0'으로 전환해 새로운 수를 만들면, 0.101110… 이 된다. 그런데 이 새로운 수는 기존에 나열했던 '모든 실수'의 범위에 속하지 않는다. 이 수는 첫 번째 나열한 실수와는 소수 첫째 자리가 다르고, 두 번째 실수와는 소수 둘째 자리가 다르며, 세 번째 실수와는 소수 셋째 자리가 다르다. 그리고 이런 식으로, 나열된 실수와는 계속 다른 수가 되기 때문이다. 앞서 모든 실수를 나열하고 이를 자연수와 일대일 대응시켰다고 했는데, 이에 해당하지 않는 새로운 실수가 등장한 것이다.

이제 이 새로운 실수를, 앞서 제시한 모든 실수의 나열에 끼워 넣고 다시 앞에서와 같은 방식을 되풀이하면? 또 다른 새로운 실수가 만들어질 수 있다. 이런 과정은 무한히 반복 가능하다. 결론적으로 실수는 자연수 등과는 차원이 다른 무한인 셈이다. 칸토어는 후속 연구를 통해 무한에도 여러 단계가 있음을 밝혀낸다. 자연수·정수·유리수 등의 무한집합보다 한 단계 더 높은 차원의 실수가 있고, 이 실수보다 한 단계 더 높은 차원의 또 다른 무한집합이 있다. 그리고 차원의 높아짐은 계속 이어진다. 그는 완결된 실체를 갖는 무한집합, 즉 실무한을 수학적으로 입증했다(그런데 과학적인 관점에서는 이야기가 좀 다르다. 자세한 내용은 66일을 참고 바란다).

오늘날 칸토어는 무한까지도 다룰 수 있는 '현대집합론'을 완성한 위대한 수학자로 추앙되지만, 당시만 하더라도 그의 주장은 기존 수학계의 격렬한 반대에 부딪혔다. 특히 베를린대의 권위 있는 수학자이자 한때는 칸토어의 지도교수였던 크로네커(1823~1891)는 칸토어의 논문이 학술지에 게재되는 것을 방해하는 등 노골적인 적대감을 드러냈다. 무한의 실체를 인정하지 않았던 크로네커는 평소 이렇게 말했다. "신은 정수를 만들었고, 다른 모든 수는 인간이 만들었다." 결국 칸토어는 베를린대로 이직하는 꿈을 접어야만 했다. 하지만 더 큰 문제는 그의 여린 마음에 생긴 상처였다. 수학계의 왕따가 돼버린 그는 신경쇠약증으로 정신병원을 드나드는 신세가 됐다.

다행히 말년에는 그의 연구가 점차 인정받기 시작했지만, 한번 악화된 건강은 결국 회복되지 못했다. 칸토어는 이렇게 말했다. "수학의 본질은 그 자유성에 있다." 견고하기만 했던 과거의 패러다임은 그를 좌절시켰지만, 자유의 날개를 단 그의 수학은 낡은 패러다임을 넘어 새로운 패러다임의 세계로 훨훨 날아갔다.

044 화

= 세상을 바꾼 과학 사건 =

십자군전쟁(1095~1291)과 고전 번역

르네상스시대를 준비하다

흔히 유럽의 중세를 '암흑시대'라고 한다. 476년 서로마제국이 멸망하면서 고대 전통의 명맥이 끊어지다시피 했기 때문이다. 예술과 공예가 그랬고 과학도 마찬가지였다. 특히 엄격한 종교적 세계관으로 인해 자유로운 과학탐구는 큰 지장을 받았다. 적어도 14세기 '르네상스'라는 새로운 기조가 생겨나기 전까지는 그러했다.

르네상스란 '재생'을 뜻하는 프랑스어로, 고대문명을 다시금 되살리려고 한 문예부흥운동을 의미한다. 그런데 거의 1000년이나 명맥이 끊어진 것을 어떻게 다시 살릴 수 있단 말인가? 다행히도 이 오래전 문명의 유산은 다른 곳에 잘 보존돼 있었다. 바로 유럽과 오랜 원수지간이던 아랍의 이슬람제국이었다.

610년 창시된 이슬람교는 교단이 국가로 발전하면서 영토를 확장해왔다. 이집트는 물론 이베리아반도까지 차지한 이슬람제국은, 안정된 국력을 바탕으로 국가적 관심을 학문에 쏟았다. 배타적이던 서구 유럽과는 달리 종교적 관용을 통해 학문의 자유를 어느 정도 보장하기도 했다. 특히 이 시기 유럽을 점령하면서 얻은 고대 문헌들이 아랍어로 번역되고 연구되기 시작했다. 대표적으로 고대의 우주체계를 종합해 저술한 그리스 천문학자 프톨레마이오스의 《천문학 집대성》이 9세기 초 번역됐는데 이슬람 천문학자들은 이 책의 이름을 《알마게스트》로 지었다. 아랍어로 '가장 위대한 책'이란 뜻이다.

11세기 이후 국력이 안정된 유럽은 이슬람에 대한 대대적인 반격을 시작한다. 대표적인 것이 십자군전쟁이다. (비슷한 시기 이베리아반도를 되찾기 위한 전쟁도 활발해진다.) 기독교 성지인 예루살렘의 정복을 목적으로, 여러 차례 간헐적으로 펼쳐진 이 전쟁은 결과적으로는 실패했다. 하지만 성과가 전혀 없었던 것은 아니다.

이슬람과의 직접적인 대규모 충돌과정에서 유럽은 다양한 아랍어 번역본들을 접했는데, 그것은 자신들이 오래전 잃어버렸던 고대문명의 유산들이었다. 이제는 이슬람의 소장 문헌들이 유럽의 언어로 번역되고 연구되기 시작했고, 고전 번역과 연구는 13세기 유럽에서 여러 대학들이 출현하는 계기가 됐다. 비록 아직은 종교적 세계관의 테두리 안에서만 허용된 연구였지만, 곧이어 시작될 르네상스라는 거대한 흐름을 준비하기에는 충분했다.

045 수

과학의 생각

부동의 원동자

모든 변화의 근본원인은 무엇인가?

아리스토텔레스에 따르면 우주는 위계질서를 갖는다. 우주의 중심에는 가장 무거운 원소인 흙으로 이루어진 지구가 있으며, 그 위로는 무게 순서에 따라 물·공기·불이 위치한다. 4원소의 종류에 따라 고유한 위치가 정해져 있는 것이다. 이것들로 구성되는 여러 사물 또한 마찬가지다. 즉 상대적으로 무거운 원소가 많은 사물은 아래로 향하고, 가벼운 원소가 많은 사물은 위로 향하는 경향이 나타난다. 결과적으로 무거움(중력)이 향하는 아래는 우주의 중심(지구)이 되고, 가벼움(부력)이 향하는 위는 우주의 주변부(가장자리)가 된다.

중심부인 지상계보다는 주변부인 천상계로 갈수록 더 완벽한 운동을 한다. 지상에서의 운동은 주로 직선운동이지만 천상계에서의 운동, 즉 천체들의 운동은 시작도 끝도 없는 완벽한 원형이다. 또 수성·금성·화성 등 지구에 가까운 행성들보다는 멀리 떨어진 항성, 즉 별들이 더 완벽한 원운동을 하는 것처럼 보인다. 아리스토텔레스가 구상한 우주는 이처럼 위계질서가 있고 고유한 방향성이 있었다.

우주는 왜 주변부로 갈수록 그 운동이 완벽해지는 걸까? 아리스토텔레스는 그 이유를 '신적인 존재가 우주 바깥에 존재하기 때문'이라 설명한다. 그리고 이 신적인 존재를 '부동의 원동자'라 불렀다.

그의 운동이론에 따르면, 모든 운동에는 바로 이전에 그 운동을 일으킨 원인이 있다. 그 원인은 소급해 찾아갈 수 있는데, 이 과정을 통해 만나는 '최초의 원인'을 '부동의 원동자'로 본 것이다. 그것은 자신 이전에는 운동의 원인이 없으므로, 스스로는 운동하지 않는다. 다만 다른 것들을 운동하게 하는 원인이 될 뿐이다.

부동의 원동자는 가장 완벽한 '신적인' 존재다. 그리고 모든 사물은 이것을 모방하여(목적으로 하여) 운동한다. 따라서 이것에 가깝게 위치하면서 영향을 받는 천체들은 시작과 끝이 없는 완벽한 원운동을 하지만, 멀리 떨어진 지상의 운동은 시작과 끝이 있는 직선운동처럼 점차 그 완벽성에서 멀어지는 것이다.

중세에 이르러 부동의 원동자는 아리스토텔레스의 의도와는 달리, 신으로 격상된다. 지구가 중심인 유한한 우주, 그리고 그 밖에 존재하는 무한한 권능의 신. 이렇게 종교적 세계관이 완성된 것이다.

046 목

과학자의 서재

《탄소문명》(사토 겐타로)

대부분의 것은 탄소로 이루어졌다

우주가 탄생하고 초창기에는 우리가 '원자'라 부를 만한 것들이 존재하지 않았다. 전자, 쿼크 등 아주 작은 입자들이 그저 이리저리 날아다닐 뿐이었다. 우주가 너무나도 뜨거웠기 때문이다. 하지만 38만 년이 지나고 온도가 3000℃까지 떨어지자, 원자핵을 중심으로 전자가 붙들리면서 수소원자와 헬륨원자가 처음 그 모습을 드러냈다. 그리고 중력에 의해 수소와 헬륨 등이 뭉치면서 별이 탄생했고, 그 별에서 또 다른 여러 원자들이 탄생했다. 오늘날 원소주기율표에 등장하는 118종의 원소들은 모두 이렇게 만들어졌다.

참고로 원소란 화학적으로 더 이상 분리할 수 없는 최소의 단위를 의미하며, 하나의 원소는 같은 종류 원자들의 집합이다. 물질을 구성하는 입자라는 측면에서는 원자라는 용어를 사용하지만, 구성성분이라는 측면에서는 원소를 사용한다.

원자들의 수가 늘어나자 이들이 결합해 분자가 만들어졌다. 또 이 분자들이 결합해 더 커다란 고분자물질이 생성됐다. 원자들이 어떤 방식으로 결합하는지에 따라 우주의 다양성이 달라진다. 원자들만 존재하는 우주를 상상해보라. 얼마나 단순하고 무미건조할 것인가. 그런데 원자들 가운데서도 특출한 존재가 보인다. 바로 탄소다.

탄소원자들은 인접한 또 다른 탄소원자들과 결합하면서 기본골격을 만든다. 결합한 탄소의 수에 따라 매우 다양한 골격이 만들어지고, 여기에 다른 원자들이 결합하면 그 종류는 더욱 다양해진다. 우리 몸을 구성하는 단백질·지방·탄수화물 또한 이런 방식으로 만들어진 물질이다. 비단 생명뿐이 아니다. 우리 주변 물질들 가운데 80%는 탄소를 함유하고 있다.

《탄소문명》은 탄소로부터 기원한 다양한 존재들에 대해 소개하는 책이다. 그리고 그 존재들이 인류문명의 발전과 밀접한 관련이 있다고 설명한다. 우리 문명은 알고 보면 '탄소문명'이라고도 부를 수 있는 것이다. 저자는 탄소로 만들어진 것들을 크게 3가지로 나눈다. 첫째, 녹말·설탕·글루탐산 같은 인류의 생명을 지탱해준 물질, 둘째, 카페인·에탄올 등 인류의 정신을 움직인 물질, 마지막 세 번째는 석유와 같은 에너지물질이다. 만약 탄소가 존재하지 않았다면, 인류는 오늘날과 같은 문명을 이룰 수 없었을 것이다.

오늘날 탄소는 매우 부정적인 이미지를 갖는 원소가 됐다. 탄소로 이루어진 화석연료와 이산화탄소가 기후변화의 주범으로 지목되기 때문이다. 하지만 탄소는 억울하다. 탄소가 있기에 이처럼 다채로운 세상이 가능했다. 다만 우리의 잘못된 사용이 문제를 일으켰을 뿐이다.

광학현미경

연구는 아주 작은 것이지만, 그 영광은 결코 작지 않다

눈으로만 관찰해야 했던 수백 년 전 사람들에게 가장 작은 생명체는 곤충이었다. 그보다 더 작은 세균, 곰팡이 같은 '미생물'의 존재를 그들은 알지 못했다. 0.1mm보다 더 작은 이 생물을 눈으로는 확인할 수 없었기 때문이다. 하지만 그때나 지금이나 미생물은 지구를 뒤덮고 있다. 성인 한 사람의 몸 안에만 39조 개의 세균들이 살고 있다고 하니 지구 전체로 보면 그 수가 어머어마할 것이다. 눈으로 볼 수 없는 이 존재를 직접 확인하기 위해서는 특별한 도구가 필요하다. 그것은 바로 현미경이다.

최초의 현미경은 1590년 네덜란드의 얀센 부자가 발명했다. 길이 조절이 가능한 금속관의 양쪽에 2개의 볼록렌즈를 부착한 것으로, 오늘날의 망원경과 비슷한 모습이었다. 하지만 렌즈의 성능이 그리 좋지 못해 배율이 3~10배 정도에 머물렀기에, 미생물을 관찰할 수는 없었다.

미생물이 사는 미지의 세계를 최초로 들여다본 현미경은 1674년 네덜란드 박물학자 안톤 판 레이우엔훅(1632~1723)이 개발했다. 그의 현미경은 작은 볼록렌즈 하나로 구성된 단순한 구조였지만, 훌륭하게 가공된 렌즈로 인해 무려 300배율에 가까운 놀라운 성능을 보였다. 레이우엔훅은 현미경으로 들여다보는 작은 세계에 심취했다. 고인 빗물 속 작은 미생물, 심지어 인간의 정자까지 관찰했고 이를 방대한 기록으로 남겼다. 이에 정식으로 과학교육을 받지는 못했지만, 그 공로를 인정받아 1680년 영국왕립학회 회원으로 선정되기도 했다. 그가 학회에서 받은 메달에는 다음과 같은 글귀가 적혀 있었다. "그의 연구는 아주 작은 것이지만, 그 영광은 결코 작지 않다."

오늘날의 현미경은 얀센 부자의 것과 유사하게 2개의 렌즈로 구성된 복합현미경이다. 관찰대상에 가까운 쪽의 렌즈를 '대물렌즈'라 하는데, 물체의 상을 확대하는 역할을 한다. 눈으로 보는 쪽의 '접안렌즈'는 대물렌즈가 확대한 물체의 상을 다시 한번 확대해서 최종적인 배율을 만들어낸다.

이렇게 대물렌즈와 접안렌즈로 빛을 굴절시켜 관찰하는 현미경을 광학현미경이라고 한다. 하지만 아쉽게도 광학현미경의 배율은 최대 1000배까지다. 그래서 0.001mm 정도인 세균은 볼 수 있지만 0.0001mm에 불과한 바이러스부터는 정밀한 관찰이 불가능하다.

뻥튀기와 팝콘의 차이

넌 단단한 껍질이 있니?

먹다 남은 음식을 그대로 냉장고에 넣다가 아내에게 핀잔을 들었다. "당신 과학자 맞아? 뚜껑은 덮어야지!" 그렇다. 냉장고 안에서는 음식의 건조가 빨리 진행된다. 온도가 낮아 공기의 부피가 줄어드는 관계로 내부 압력이 낮아진 냉장고에서는 수분의 증발이 쉽게 일어나기 때문이다.

곡식 알갱이로 만드는 뻥튀기도 이 원리를 이용한다. 밀폐된 용기 안에 알갱이를 넣고 가열하다가 밸브를 열면, 뜨거운 공기가 빠지면서 순간적으로 내부 압력이 낮아진다. 그러면 알갱이로부터 수분 증발이 매우 활발해지고, 수분이 기체가 되면 엄청난 부피팽창이 일어난다. 대략 1700배나 될 정도인데, 1컵 분량의 물이 1.5L 페트병 170개로 늘어난다고 생각하면 된다. 이런 팽창의 결과, 갑자기 '뻥' 하면서 알갱이가 부풀어 오르게 된다.

사실 내부 압력을 낮추기 전에도 알갱이의 수분 증발은 계속 일어나고 있었다. 다만 용기 안에 증기가 많아지면 이 증기가 수분으로 되돌아가려는 작용이 일어나, 알갱이에는 큰 변화가 없는 듯 보였을 뿐이다. 다시 말해 수분이 증발하고, 증기가 수분으로 응결하는 현상이 끊임없이 일어나며 상호균형을 맞추고 있었던 것이다. 그러다 갑자기 내부의 압력을 낮추자 균형이 한쪽으로 기울어지면서 증발하는 작용이 강해진 것이다.

그렇다면 팝콘도 이와 같은 원리일까? 결론부터 말하자면 그렇기도 하고 아니기도 하다. 수분이 급격하게 팽창하면서 부풀어 오르는 원리는 같지만, 팝콘의 경우는 뻥튀기처럼 갑자기 압력을 낮추는 과정이 필요 없다.

팝콘의 재료로 쓰이는 폭립종옥수수는, 속살은 수분이 많아 부드럽고 껍질은 매우 단단한 특징이 있다. 이 옥수수 알갱이들을 가열하면 내부에서는 수분이 증발하면서 팽창하려고 하지만, 외부의 단단한 껍질이 이를 억제한다. 물론 제아무리 단단한 껍질이라 하더라도 결국은 팽창 압력을 이기지 못하고 파괴된다. 그 순간 알갱이가 폭발하듯 부풀어 오르며 팝콘이 완성되는 것이다.

쌀이나 보리 알갱이처럼 단단한 껍질이 없는 경우에는 외부의 압력을 조절하면서 갑작스러운 폭발을 일으키지만, 팝콘은 옥수수 알갱이의 단단한 껍질이 지닌 저항력을 이용한다. 그래서 뻥튀기처럼 밀폐된 용기에서 팝콘을 만들 필요는 없는 것이다.

〈이너 스페이스〉(1986)

나노로봇으로 암 치료가 가능해진다?

미군 조종사 '턱 펜들턴'은 한 비밀 실험에 참가한다. 그런데 그가 조종할 것은 비행기가 아니라 잠수정이다. 게다가 이 잠수정은 바다가 아니라, 토끼의 몸속으로 항해를 떠날 예정이다. 이처럼 신기한 일이 가능한 이유는, 얼마 전 물체를 축소시켰다 원상회복시키는 장치가 개발됐기 때문이다.

대부분의 영화가 그렇듯이, 이 실험 또한 예기치 못한 방향으로 흘러간다. 턱이 탄 잠수정이 축소돼 주사기에 담긴 채 대기하고 있을 때, 축소장치의 핵심인 마이크로칩을 빼앗기 위해 악당들이 들이닥친 것이다. 한바탕 소란이 벌어지고, 실험용 잠수정은 토끼가 아니라 사람의 몸속에 주입되고 만다. 턱은 인체의 이곳저곳을 탐험하는 놀라운 경험을 하지만, 그에겐 다시 안전하게 밖으로 나가는 것이 더 중요하다. 다행히 그는 악당들을 물리치고 안전하게 귀환하고, 그도 잠수정도 원래 크기로 돌아온다.

'몸속 세상'을 뜻하는 제목의 이 영화 〈이너 스페이스〉는 물체의 축소기술에 대한 기발한 상상력을 바탕으로 하고 있다. 살아 있는 인체 곳곳을 탐험한다는 설정도 무척 매력적이다. 그런데 영화 속에서나 가능하다고 생각됐던 일이 차츰 현실로 다가오고 있다.

과학은 아주 작은 세계를 다루기 위해 특별한 단위를 사용한다. 그중 하나가 '나노미터(nm)'인데, 1/10억m라는 엄청나게 작은 크기의 단위다. (참고로 적혈구는 그 직경이 약 7800nm이다.) 최근 과학자들은 이 나노 단위를 사용할 정도로 미세한 로봇을 개발하고 있다. 이를 우리 몸속에 넣을 계획도 갖고 있다. 암과 같은 질병을 치료하기 위해서인데, 나노 단위의 로봇을 만들고 그 안에 약물을 넣은 후 암세포로 이동시키려는 계획이다. 이 로봇은 자기장 등을 이용해 외부에서 조종한다고 한다. 비록 영화에서처럼 사람이 타는 방식은 아니지만, 그래도 정밀한 조종이 가능하니 로봇이란 이름이 붙는다. 가까운 미래에 나노로봇의 활약으로 큰 부작용 없이 암 치료가 가능해지기를 기대해본다.

050 월

과학자의 말

알프레드 노벨(1833~1896)

1000개의 아이디어 중 단 하나만 쓸모 있어도 만족한다

1901년 12월 10일, 제1회 노벨상 시상식이 스웨덴 스톡홀름에서 열렸다. 수상자는 엑스선을 발견한 뢴트겐(1845~1923)을 포함해 5개 분야 총 6명이었다. 이 상을 만든 알프레드 노벨은 자신이 사망하기 1년 전인 1895년 유언장에 이렇게 남겼다. "물리학, 화학, 생리학·의학, 문학 및 평화를 위한 일에서 인류에게 가장 큰 혜택을 준 사람들을 위한 상을 만드는 데 나의 재산을 사용한다."(노벨경제학상은 1969년부터 추가됐다.)

노벨은 스웨덴에서 꽤 잘나가는 가문의 일원이었다. 그의 아버지 이마누엘 노벨은 오랫동안 러시아에서 사업을 벌였던 발명가였다. 영국·프랑스·오스만제국·사르데냐왕국의 연합군과 러시아 간에 벌어진 크림전쟁(1853~1856)에서 군수물자를 납품하며 승승장구했다. 하지만 전쟁이 끝나고 파산한 이마누엘 노벨은 가족을 이끌고 고향인 스웨덴으로 돌아온다. 알프레드 노벨은 아버지와 함께 폭약을 제조하는 일을 계속했고, 그의 두 형은 유전 개발로 큰 부를 일구었다.

한편 1846년 폭약 제조에 있어 큰 혁신이 일어난다. 이탈리아 화학자 소브레로(1812~1888)가 글리세롤에 질산과 황산의 혼합액을 반응시켜 무색의 투명한 액체상태인 '니트로글리세린'을 만들어낸 것이었다. 이 화합물은 폭발하면 순식간에 1200배까지 부피가 팽창하고 온도는 약 5000℃ 이상 상승했는데, 기존 폭약보다 성능이 월등했다. 다만 단점이 하나 있었는데 약간의 충격에도 쉽게 폭발이 일어난다는 점이었다.

노벨은 단점을 상쇄할 아이디어를 떠올린다. 규조토를 이용하면, 니트로글리세린을 안정적으로 보관하고 운송할 수 있으리라 생각한 것이다. 규조토는 미세한 구멍들이 많은 다공질 구조여서, 액체를 잘 흡수해 고체 형상으로 만들 수 있기 때문이다. 이렇게 탄생한 것이 바로 '다이너마이트'다. 다이너마이트는 광산 등 산업계 전반에서 널리 활용됐다. 물론 군수물자로도 큰 각광을 받았다. 그래서였을까, 이때부터 노벨에게는 '죽음의 장사꾼'이란 별명이 따라붙었다. 그는 자신의 발명품으로 인해 많은 사람이 목숨을 잃었다는 사실에 마음이 불편해지기 시작했다. 그래서 재산 대부분을 '인류의 혜택'을 위해 내놓은 것이다.

생전에 노벨은 이런 말을 남겼다고 한다. "내게 1000개의 아이디어가 있고, 그중 하나만이라도 쓸모가 있다면 나는 만족한다." 물론 그가 생각한 쓸모란 '인류에 혜택이 되는 것'이었을 테다.

051 화

= 세상을 바꾼 과학 사건 =

마젤란(1480?~1521)의 세계일주

지구가 둥글다는 사실을 직접 증명하다

15세기만 하더라도 사람들은 지구가 둥글다는 사실을 잘 믿으려 하지 않았다. '지구가 둥글다면, 우리는 데굴데굴 굴러떨어져야 한다'고 생각했던 것이다. 하지만 지구가 둥글다는 증거들은 이미 여럿 제시됐다. 월식 때 달에 생기는 지구의 그림자 모양, 멀리 수평선에서 다가오는 배가 윗부분부터 보인다는 사실 등이 그 증거였다.

포르투갈 탐험가 마젤란은 유럽에서 서쪽으로 항해하면 인도에 닿고, 또 계속해서 항해하면 다시 유럽으로 돌아오리라 생각했다. 진짜로 지구가 둥글다면 말이다.

인도로 가는 동쪽 뱃길은 이미 알려져 있었다. 1497년 포르투갈 리스본을 출발한 항해가 바스쿠 다가마(1469?~1524)가 아프리카 희망봉을 돌아, 거의 1년간의 항해 끝에 인도에 도착한 것이다. 마젤란은 이와 반대로 서쪽으로 항해해도 인도에 도착할 수 있다고 포르투갈 왕을 설득했지만 실패했다. 이후 새로운 항로 개척에 관심이 있던 스페인에 도움을 청했고, 마침내 1519년 9월 20일, 대략 270명이 승선한 5척의 함선으로 항해에 나섰다.

하지만 마젤란의 희망과는 달리 항해는 고난의 연속이었다. 폭풍을 만나 난파하기도 하고, 선상 반란도 일어났다. 그럼에도 항해는 계속됐고 1520년 11월 28일, 남미의 끝을 돌아 드디어 태평양에 진입했다. 하지만 드넓은 태평양의 실체를 알 수 없었던 마젤란 일행은, 도무지 육지를 찾을 수 없는 절망적인 항해 도중 하나둘 괴혈병 등으로 쓰러졌다. 다행히도 1521년 4월 인도와 가까운 필리핀에 도착했으나, 마젤란은 원주민들과의 다툼에 휘말려 사망하고 만다.

남은 인원들은 항해를 계속했고, 남아프리카를 돌아 1522년 9월 8일 스페인에 도착했다. 장장 3년의 항해 끝에 돌아온 배는 단 1척이었고, 선원도 18명뿐이었다. 막대한 인명피해를 입었지만 항해는 대성공이었다. 단 1척의 배가 실어온 향신료만으로, 탐험에 든 비용을 상쇄하고도 남았던 것이다. 물론 새로운 항로 개척이 가져올 장기적인 이익은 말할 것도 없었다. 하지만 마젤란의 항해가 갖는 가장 큰 의미는, 지구가 둥글다는 사실을 직접 증명했다는 것이다. 위험을 무릅쓰고 항해에 나선 마젤란과 이름 모를 선원들에게 경의를 표한다.

052 수

과학의 생각

대륙이동설

원래는 모두 하나의 대륙이었다

1911년 독일 기상학자 알프레트 베게너(1880~1930)는 흥미로운 논문 하나를 발견한다. 남아메리카와 아프리카 사이에 '육교'가 있었을 것이란 내용의 논문이었다. 여기서 육교란 생물들의 이동통로를 의미하는데, 두 대륙에서 같은 종류의 화석이 발견되는 현상을 설명하기 위한 개념이었다.

평소 베게너는 이 두 대륙의 해안선이 비슷한 모양이라는 점에 착안해, 두 대륙이 본래는 하나가 아니었을까 생각하고 있었다. 그런데 이 논문으로 확신을 갖게 된 것이다. 그는 더 많은 증거를 수집한 후 1915년 출간한《대륙과 해양의 기원》을 통해 '대륙이동설'을 주장했다. 이에 따르면 약 3억 년 전에는 모든 대륙이 '판게아'라는 큰 대륙으로 뭉쳐 있었는데, 어떤 원인에 의해 판게아를 구성하는 지역들이 분리되고 이동하면서 현재와 같은 육지의 모습이 됐다고 한다.

하지만 베게너의 주장은 당시 학계의 환영을 받지 못했다. 대륙을 이동시키는 힘의 정체를 규명하지 못했기 때문이다. 이 문제를 해결할 실마리를 제공한 사람은 1928년 '맨틀대류설'을 제시한 영국 지질학자 아서 홈스(1890~1965)다. 그는 지각과 핵 사이의 맨틀에 포함된 방사능물질이 내뿜는 열이 맨틀을 유동적으로 만든다고 설명했다. 즉 지구 내부의 열로 위아래의 온도 차가 발생하면서, 마치 가열한 냄비의 물이 대류현상을 일으키듯 맨틀이 이동한다는 주장이었다. 하지만 대륙이동설이 정설로 인정받기까지는 좀더 시간이 필요했다.

1960년대 들어 맨틀이 상승하면서 해령(수심 4000~6000m의 바다 밑에 산맥 모양으로 솟은 지형)을 중심으로 새로운 해저 지각이 형성되며, 서로 반대 방향으로 이동해 지각이 계속 확장된다는 '해저확장설'이 주장됐다. 그리고 그동안의 여러 증거와 이론들이 모이면서 대륙이동설은 차츰 현재의 정설인 '판구조론'으로까지 발전한다. 이에 따르면 지구의 표면은 '유라시아판' '아프리카판' '남극판' 등으로 나뉘어 있으며, 이 판들이 맨틀 대류에 의해 1년에 몇 cm씩 움직이면서 여러 현상들이 발생한다. 대표적으로 지진과 화산활동이 있다. 일본에서 지진이 활발한 이유는 유라시아판과 태평양판이 부딪히는 경계에 있기 때문이다.

1930년 베게너는 자신의 이론을 입증하기 위한 증거를 수집하러 그린란드로 탐사를 떠났다가, 안타깝게도 다시 돌아오지 못했다. 그가 더 오래 살았더라면 자신의 이론이 마침내 인정받는 날을 볼 수 있었을지도 모르는데 아쉽기만 하다.

053 목

과학자의 서재

《파이의 역사》(페트르 베크만)

어디까지 알 수 있을까?

파이, 즉 원주율은 원의 지름에 대한 원둘레의 비율을 뜻한다. 기호로는 그리스 문자 'π'를 사용한다. 파이의 값은 무리수다. 3.1415… 끝없이 이어지는 까닭에, 보통은 3.14라는 근사치를 외워 사용한다. 파이는 주로 원의 둘레나 넓이 등을 계산하기 위해 사용되는데, 그 밖에도 원과 관련된 계산에는 거의 빠짐없이 등장한다. 항공우주 등 정밀한 계산이 필요한 분야에서는 소수점 아래 수십 자리까지도 사용된다.

파이는 누가 처음 계산했을까? 《파이의 역사》에서는 그 시초를 고대 그리스의 아르키메데스(기원전 287?~기원전 212)라고 소개한다. 목욕탕에서 넘치는 물을 보고 '유레카'라고 외치며 알몸으로 거리를 뛰어다녔다는 그 아르키메데스다.

사실 이전에도 '3'이라는 대략적인 값은 알려져 있었다. 하지만 아르키메데스는 좀더 정확한 파이 값을 얻고자 했고, 아이디어 하나를 떠올렸다. 방식은 이렇다. 원에 내접하는 다각형을 그리고, 또 그 원에 외접하는 다각형을 그린다. 그리고 각 다각형의 둘레를 계산한다. 직선들로 구성돼 있으므로, 길이를 계산하는 것은 그다지 어렵지 않다. 그다음은 내접 다각형의 대각선의 길이(원지름에 해당)와 외접·내접하는 다각형의 둘레 길이의 비율을 각각 계산한다. 그러면 원주율은 그 사이의 값을 갖게 되는데, 원의 둘레는 내접 다각형보다는 크고 외접 다각형보다는 작기 때문이다. 처음 6각형으로 시작한 아르키메데스는 정밀도를 높이기 위해 96각형까지 이용했다. 그 결과 3.1408보다는 크고 3.1429보다는 작은 값을 얻었다.

이후 보다 정밀한 계산법들이 고안됐지만, 인간의 계산능력으로는 분명 한계가 있었다. 이 한계를 극복하게 해준 것이 바로 컴퓨터다. 오늘날 슈퍼컴퓨터가 계산한 파이의 자릿수는 그야말로 어마어마하다. 2021년 스위스의 한 연구진은 소수점 아래 62조 8000억 번째 자리까지 계산해냈다. 슈퍼컴퓨터로도 108일 9시간이 걸렸다고 한다.

인간의 능력도 대단하다. 인도의 라즈비르 미나라는 사람은 2015년 원주율을 7만 자리까지 암송해 기네스북에 등재되기도 했다.

전자현미경

전자는 마치 빛처럼 행동한다

1674년, 레이우엔훅의 현미경은 그동안 우리가 알지 못했던 존재들을 세상에 드러냈다. 0.1mm보다 작은 이 존재들을 사람들은 '미생물'이라 불렀다. 단지 먼지 정도로만 여겼던 이들이 실은 살아 있는 생물이었기 때문이다. 그런데 더 큰 궁금증이 생겨났다. 미생물들보다 더 작은 것들을 볼 수는 없을까?

광학현미경은 0.001mm 정도의 세균까지만 관찰이 가능하다. 이는 렌즈를 비롯한 현미경 자체의 한계 때문이 아니다. 현미경이 사용하는 '가시광선'이라는 빛의 한계 때문이다. 가시광선은 '사람의 눈으로 볼 수 있는 빛'을 의미하는데, 흔히 '빨주노초파남보'라 부르는 그 빛이다.

태양에서는 전자기파라 불리는 다양한 종류의 파동들이 방출된다. 가시광선은 그중 일부다. 그런데 가시광선은 파장이 400~800nm 정도여서, 정밀한 관찰에는 적합하지 않다. 전자기파는 그 파장보다 작은 크기의 물체는 그대로 타고 넘어버리기 때문이다. 참고로 1nm는 1/10억m이며, 1000nm는 0.001mm로 대략 세균 정도의 크기다. 따라서 가시광선은 세균은 볼 수 있지만, 그보다 작은 100nm 크기의 바이러스부터는 볼 수 없다.

반면 전자현미경은 바이러스와 그보다 더 작은 것들을 관찰할 수 있다. 전자현미경은 가시광선보다 훨씬 더 파장이 짧은, 즉 더 정밀한 파동을 사용하는데, 정확하게는 마치 파동처럼 행동하는 전자를 이용하는 것이다. 전자와 같은 작은 입자를 고속으로 운동시키면 파동이 일어나는데, 이를 '물질파'라 한다. '물질이 만들어내는 파동'이란 뜻이다. 예를 들어 100V 전압을 걸어 가속시킨 전자는 0.1nm 파장을 갖는 파동처럼 행동한다. 이 정도 파장이라면 가시광선보다 훨씬 정밀한 관찰이 가능하다. 세균보다 더 작은 바이러스는 물론 크기가 수nm에 불과한 분자 수준까지도 관찰할 수 있지만 0.1nm 정도인 원자 수준까지 내려가면 전자현미경도 더 이상 기능을 하지 못한다. 이 정도 영역이라면 '입자가속기'라는 고가의 장비를 사용해야만 한다.

전자현미경은 1931년 독일 과학자 에른스트 루스카(1906~1988)가 발명했다. 초기 배율은 17.4배에 불과했지만, 지속적인 개량을 거쳐 마침내 광학현미경을 능가하게 됐다. 루스카는 이 공로로 1986년 노벨물리학상을 수상했다.

삼투압 이야기

훌륭한 요리사는 균형을 잘 알아야 한다

균형은 과학에 있어 매우 중요한 개념 가운데 하나다. 자연의 현상들은 균형을 유지하려는 성질이 있는데, 균형이 깨지면 새로운 균형을 찾는 과정에서 변화가 발생한다. 과학자들은 이런 변화를 이용해 원하는 결과를 만들어낸다. 예를 들어 어떤 화합물을 합성하려면, 그 화합물의 생성이 활발하게끔 균형을 깨뜨리는 것이다.

한편 요리에서도 새롭게 균형을 찾아가려는 현상을 이용하기도 한다. 대표적인 예로 '삼투현상'이 있다. 이는 농도가 낮은 쪽에서 농도가 높은 쪽으로 물과 같은 용매가 이동하는 현상이다. 농도가 높았던 쪽은 용매가 추가돼 농도가 낮아지고, 농도가 낮았던 쪽은 용매가 빠져나가 농도가 높아지면서 서로 간의 균형이 맞춰지는 것이다. 자연은 불균형보다는 균형을 선호하는 경향을 보인다. 방 안에 방향제를 놓으면 금세 방 전체로 향이 퍼지는 것은, 향입자들이 한쪽에 몰려 있는 것(불균형)보다는 고르게 분포하는 것(균형)을 더 선호하기 때문이다.

배추를 소금물에 담그면 배추 안의 물이 빠져나오는 것도 삼투현상 때문이다. 안팎의 농도 균형이 맞춰지는 것인데, 이렇게 물을 빼내지 않으면 발효 도중에 물이 흘러나와 김장을 망칠 수도 있다. 삼투현상의 또 다른 예로는, 다량의 설탕을 넣고 과일을 조려서 만드는 잼이 있다. 무게 대비 절반 정도의 설탕이 사용되는데, 설탕의 농도가 매우 높기 때문에 과일뿐 아니라 과일에 숨어 있던 미생물 또한 심각한 탈수상태가 된다. 균이 번식할 수 없으니, 결과적으로 보존성이 높아진다. 단무지나 장아찌 같은 염장식품도 마찬가지인데, 수분이 제거되면서 보존성이 좋아지고 오독오독 씹히는 식감 또한 얻을 수 있다.

훌륭한 요리사라면 과학자만큼이나 균형을 잘 알아야 한다. 서로 궁합이 잘 맞는 식재료를 선별해야 하고, 이것들을 가공하면 만들어지는 풍미의 균형도 잘 잡아야 한다. 요리과정에서 눈에 보이지 않는 작용 사이의 균형관계 또한 이해한다면 더할 나위 없겠다.

〈코어〉(2003)

자기장이 사라지면 어떤 일이 일어날까?

어느 날 일정 구역 내에서 32명이 동시에 사망하는 사건이 발생한다. 이들 모두 인공심장 박동기를 이식했다는 공통점이 있었다. 처음에 미국 정부는 적국이 자기장을 이용한 신무기로 공격했다고 의심한다. 하지만 곧 그럴 가능성은 희박하다고 판단하고 애써 이 상황을 무시한다.

하지만 이상현상들은 계속된다. 멀쩡히 잘 날던 새들이 갑자기 건물 등에 부딪히고, 유도장치에 이상이 생긴 우주왕복선은 가까스로 불시착한다. 엄청난 번개가 몰아치며 건물을 무너트리고, 샌프란시스코의 금문교는 갑자기 녹아내리며 붕괴한다. 영화 속 모든 사태의 원인은 지구의 자기장이 점차 사라지고 있었기 때문이다. 미국 정부가 비밀리에 개발 중이던 '데스티니(인공지진으로 적을 공격하는 무기)'를 실험하는 과정에서, 지구 외핵이 회전을 멈춰버린 것이다.

지구의 핵은 철·니켈 등의 중금속으로 구성돼 있는데 내핵은 고체, 외핵은 액체상태다. (참고로 내핵의 온도는 6000℃, 외핵은 4000℃ 정도로 모두 금속이 녹기에 충분하지만, 내핵은 워낙 압력이 높아 금속이 고체로 존재한다.) 지구의 자기장은 외핵이 회전하면서 형성된다. 고온에서 용융된 금속원자는 일부 전자들이 분리되면서 이온화, 즉 전기적 성질을 띠게 된다. 이 원자들이 일정한 방향으로 움직이면 전류가 흐르는데, 이 전류가 자기장을 만들어낸다.* 나침반의 바늘이 가리키는 북극과 남극은 이런 식으로 만들어진다. 그런데 영화에서는 그 외핵의 회전이 멈춰버린 것이다.

자기장은 비록 눈에 보이지는 않지만 매우 중요한 역할을 한다. 먼 거리를 이동하는 새의 경우, 지구의 자기장을 통해 방향을 찾는다. 또 자기장은 지구 주위를 둘러싸서, 태양으로부터 날아오는 강한 에너지의 입자들을 잡아두기도 한다. 영화에서처럼 자기장이 사라져 이 입자들이 지구로 쏟아진다면, 그야말로 큰 재앙이 닥칠 수도 있다.

영화 속 미국 정부는 긴급 프로젝트를 진행한다. 외핵까지 들어가 핵무기를 폭발시키고, 그 충격으로 외핵을 다시 회전시키는 계획이다. 희생을 무릅쓴 탐사대원들의 노력 끝에 프로젝트는 성공하고, 지구는 최악의 위기상황에서 벗어난다.

---

* 전류가 흐르는 전선 주위로 자기장이 형성되는 현상은 1820년 덴마크 과학자 외르스테드가 처음 발견했다.

057 월

과학자의 말

프톨레마이오스

천체의 운행을 탐구할 때면 나는 신 앞에 선다

476년 서로마제국 멸망 후 고대의 학문적 전통은 쇠퇴기를 맞는다. 유럽은 오래도록 암흑시대를 겪었지만, 610년 창시된 이슬람교가 국가로 발전한 뒤 강력해진 국력을 바탕으로 영토를 확장해가던 이슬람제국의 상황은 달랐다. 대대적으로 학문을 장려하면서 고대 그리스와 로마의 책들이 아랍어로 번역되고 연구가 활발하게 이루어진 것이다. 그중에서도 특히 주목받은 책이 하나 있었다. 아랍학자들이《알마게스트》, 즉 '가장 위대한 책'이란 제목을 붙일 정도로 대단하게 여긴 책이었는데, 그 책의 저자는 2세기경 이집트 알렉산드리아에서 활동했던 프톨레마이오스다.

헬레니즘시대에 들어서면서 발전한 천문관측기술은 새로운 천문이론을 요구했다. 고대 그리스로부터 전해지던 옛 이론이 관측 결과와 일치하지 않는 현상이 서서히 보였기 때문이다. 옛 이론에 따르면 우주의 중심에는 지구가 있고, 여러 개의 수정으로 된 투명하면서도 완벽한 구의 형상을 한 천구들이 지구를 중심으로 회전운동을 한다. 그리고 이 천구들에 행성과 별들이 붙박여 돌고 있다. 고대의 가장 권위 있는 학자 아리스토텔레스에 따르면 이 천구들은 모두 56개에 이른다.

프톨레마이오스는 옛 이론들을 종합하면서도 보다 정밀한 우주모델을 만들고자 했다. 하지만 2가지 원리는 그대로 고수했다. 우주의 중심은 지구라는 사실과 천체들이 완벽한 원운동을 한다는 사실이었다. 이 원리들을 바탕으로 하면서도 실제 관측현상과 일치시키려다보니, 그의 모델은 여러 원형궤도들이 겹쳐 있는 매우 복잡한 형태가 됐다.

1085년 스페인이 아랍인들이 점령했던 이베리아반도의 톨레도를 되찾으면서, 그곳 도서관에 소장돼 있던《알마게스트》가 다시 유럽인들에게 소개됐다. 이후 프톨레마이오스의 천동설은 기독교의 적극적인 지지를 받았고, 16세기 코페르니쿠스 혁명의 시대가 도래하기 전까지 불변의 진리로 받아들여졌다.

프톨레마이오스는 이런 말을 남겼다고 한다. "내가 자유자재로 천체의 운행을 탐구할 때면 나는 더 이상 발로 땅을 딛고 있는 것이 아니라, 제우스 앞에 서서 신의 음료를 마시고 신의 음식을 먹고 있는 것이다." 천체의 운행을 정확히 기술하는 우주모델을 만들면서 그가 느꼈을 벅찬 감동이 느껴지는 말이다.

058 화

= 세상을 바꾼 과학 사건 =

코페르니쿠스 혁명

근대과학의 문을 열다

아주 오래전 사람들은 지구가 평평한 땅이라 생각했다. 그 땅 위로 태양과 별들이 원을 그리며 뜨고 진다고 여겼다. 그럼 지구는 우주의 어디쯤 위치한다고 생각했을까?

우주의 중심에 지구를 놓았던 첫 번째 사람은 고대 그리스의 아낙시만드로스였다. 그에 따르면 지구는 흙으로 된 원통형이며, 맨 위의 평평한 부분에는 땅과 바다가 있다. 그리고 태양을 비롯한 천체들은 원통형의 지구 주위를 일정한 궤도를 그리며 돈다.

아리스토텔레스 또한 '지구중심설'을 주장했다. 가장 무거운 원소인 흙으로 된 지구는 우주의 중심에 위치하고, 그 위로는 무게 순서에 따라 물·공기·불이 위치한다. 아리스토텔레스는 우주가 구형이라 생각했다. 그의 시각에서 우주는 완벽하게 창조된 존재였고, 완벽히 창조됐다면 모든 방향으로 일정해야 한다고 생각했기 때문이다. 당연하게도 그 중심인 지구 또한 구형이어야 한다. 그는 월식 때 달에 비치는 지구의 그림자만 보아도, 이러한 사실을 알 수 있다고 생각했다.

고대의 우주관을 종합해 완성한 프톨레마이오스의 우주모델 또한 그 중심에 지구가 놓여 있었다. 그리고 이러한 믿음은 중세까지 이어지는데, 당시의 종교적 세계관과 잘 맞았기 때문이다.

그런데 16세기 들어 여기에 반하는 사상이 등장했다. 폴란드 천문학자 코페르니쿠스가 '태양중심설'이야말로 신이 창조한 이 우주의 운동을 더 단순하면서도 아름답게 나타낼 수 있다고 주장한 것이다. 하지만 그의 이론은 아직 불완전했다. 엄밀하게 말해서 기존 프톨레마이오스의 모델에서 지구와 태양의 위치를 바꾸었을 뿐이며, 고대의 개념들 대부분을 그대로 수용하고 있었다.

코페르니쿠스는 자신의 이론을 오랫동안 발표하지 않고 있다가, 1543년 임종 직전에야 이를 책으로 출간했다. 교회의 박해가 두려웠다기보다는 아마도 세상의 비웃음이 두려웠기 때문이었을 것이다. 실제로 책 출간을 감독했던 성직자 오지안더(1498~1552)는 코페르니쿠스에게 허락을 받지 않고 서문에 '이 책에서 언급한 것은 사실이 아니라 단지 계산상의 편의를 위한 가설에 지나지 않는다'라고 기술하기도 했다. '교황에게 바친다'라는 문구도 기재했다. 하지만 코페르니쿠스의 지동설은 분명 시대의 변화를 예고하고 있었다. 고대와 중세의 세계관에서 벗어나 근대과학의 문이 서서히 열리고 있었던 것이다.

059 수

과학의 생각

표준입자모델

세상은 17가지 기본입자로 구성된다

20세기 초만 하더라도 만물을 구성하는 근본물질은 양성자, 중성자, 그리고 전자였다. 양성자와 중성자는 원자핵을 형성하고, 그 핵 주위에 전자들이 배치되면 원자가 만들어진다. 예를 들어 탄소원자는 각각 6개의 양성자·중성자·전자로 구성되며, 질소원자는 이것들이 1개씩 더 필요하다. 이처럼 세 종류의 입자들이 그 수를 달리하면, 원자의 종류도 달라진다.

그런데 1964년 미국 물리학자 머리 겔만(1929~2019)은 이 세 종류의 입자보다 더 작은 입자가 존재한다는 것을 이론적으로 예측했다. 양성자와 중성자를 구성하는 더 작은 입자였는데, 그는 이 입자를 '쿼크(quark)'라 이름 지었다.

이때 예측된 쿼크는 두 종류인데 '업(up)쿼크'와 '다운(down)쿼크'다. 이것들은 질량에서 약간의 차이를 보이는데, 더 중요한 차이는 전하량*이다. 업쿼크의 경우 전자가 갖는 전하량의 2/3 정도 되는 양(+)의 전하량을 갖는다. 이에 반해 다운쿼크의 전하량은 전자의 1/3 정도이고 음(-)의 전하다. 양성자는 2개의 업쿼크와 1개의 다운쿼크로 구성되고, 중성자는 1개의 업쿼크와 2개의 다운쿼크로 구성된다.

그리고 4년 후 마침내 쿼크가 입자가속기 실험을 통해 실제로 발견됐다. 입자가속기 내에서 전자를 매우 빠른 속도로 가속시킨 후 양성자와 충돌시키면, 상대적으로 그 크기가 훨씬 더 작은 전자가 양성자를 뚫고 지나간다. 그런데 이때 일부 전자가 양성자 안의 무언가에 부딪혀 산란을 일으켰다. 이렇게 산란된 전자의 운동 패턴을 분석하자, 전자와 부딪혔을 것으로 추정되는 미지의 물체에 대한 정보를 알 수 있었다. 머리 겔만이 이론적으로 예측했던 바로 그 '쿼크'였다.

이후 입자가속기를 통해 다른 종류의 기본입자도 발견됐다. 현재까지 발견된 것은 모두 17종이다. 이 중 양성자와 중성자를 구성하는 두 종류의 쿼크와 전자는 상대적으로 안정적인 편이지만, 나머지 종류들은 입자가속기 실험을 통해서만 매우 짧은 시간 동안 관찰할 수 있을 뿐이다. 이 17종의 기본입자로 우주의 모든 사물이 구성된다고 설명하는 것이 현대물리학에서 말하는 '표준입자모델'이다.

---

* 어떤 물체 또는 입자가 띠고 있는 전기의 양.

060 목

과학자의 서재

《미각의 지배》(존 앨런)

인생 최고의 맛은 가장 아름다운 순간의 기억이다

인간이 다른 동물과 차별화되는 점은 무엇일까? 우선 언어의 사용을 들 수 있다. 그리고 또 하나를 들라고 한다면, 아마도 요리일 것이다. 인간만 유일하게 불을 사용해 요리한다. 다른 동물들은 '먹이'를 먹는다고 하지만 인간은 '음식'을 먹는다고 하는데, 먹이와 달리 음식은 '요리'라는 과정을 거쳐서 만들어진다. 먹이는 허기짐을 달래는 생존수단에 불과하지만, 음식(또는 요리)이라는 말은 문화적인 가치 또한 내재한다.

미국 신경인류학자 존 앨런(1961~)은 문화적인 맥락에서 음식과 요리를 연구한다. 그에 따르면 일부 동물들이 인간처럼 먹는 행위를 통해 '즐거움'을 느끼는 단계까지 도달하기는 했지만, 오직 인간만 요리를 문화적인 측면에서 발전시켜왔다. 요리를 들여다보면 우리 인류의 문화를 살펴볼 수 있는 것이다. 앨런은 요리가 문화적인 맥락과 밀접한 이유를 인간이 그 어떤 동물보다 '두뇌'로 음식을 즐기기 때문이라고 설명한다. 그는 저서 《미각의 지배》를 통해 우리 두뇌와 연관해 요리가 어떻게 진화했는지 고찰하는데, 첫 번째 탐구과제는 '왜 인간은 바삭한 음식에 끌리는가?'다.

생물학적으로 분류하면 인간은 주로 과일을 먹는 과식동물인 침팬지, 그리고 잎사귀와 줄기를 먹는 엽식동물인 고릴라와 사촌지간이다. 이들 유인원이 먹는 식재료는 모두 바삭거리는 식감을 가지고 있는데, 그래서 우리가 바삭거림을 선호하게 됐다고 앨런은 설명한다. 그런데 여기서 더 나아가 인간이 요리를 하게 되면서, 다른 사촌들과는 다르게 스스로 바삭거리는 음식을 만들게 됐다. 바삭함을 더 많이 즐기게 된 것인데, 그 과정에서 식감에 대한 선호본능 또한 훨씬 강해졌다고 한다.

이 책에서는 요리가 미각, 후각뿐 아니라 두뇌를 통한 종합적인 감각과 관련이 있음을 여러 사례를 통해 살펴본다. '일종의 두뇌활동'이라 할 수 있는 요리는 우리 문화와는 떼려야 뗄 수 없는 관계인 것이다. 그렇다면 인간 개개인의 경우는 어떨까? 두뇌로 음식을 즐기는 인류에게 요리가 문화라면, 한 인간에게는 '기억과 경험'일 것이다. 앨런은 책 마지막 장에 이런 제목을 붙였다. "인생 최고의 맛은 가장 아름다운 순간의 기억이다."

입자가속기

충돌을 통해 작은 세계를 들여다본다

현재 광학현미경으로 관찰할 수 있는 가장 작은 크기는 700nm 정도다. 따라서 1000nm 정도 되는 세균은 볼 수 있지만, 그 이하는 광학현미경으로 볼 수 없다. 바이러스(100nm), 분자(1nm), 원자(0.1nm) 정도가 되면 전자현미경을 이용할 수 있지만, 문제는 0.1nm보다 더 작으면 이 또한 무용지물이 된다는 것이다.

그렇다면 원자보다도 더 작은 것들은 어떻게 관찰할 수 있을까? 이를 위해 개발된 것이 바로 입자가속기다. 광학현미경은 가시광선이라는 빛을 물체에 투사시켜 그 빛과 물체가 상호작용한 결과를 눈으로 관찰하는 방식이고, 전자현미경은 빛 대신에 더 정밀한 전자빔을 사용한다. 그런데 입자가속기로 물체를 보는 방식은 이들과는 매우 상이하다.

입자가속기에서는 양성자나 전자 같은 작은 입자들이 가속운동을 한다. 일정한 간격을 두고 전기장을 걸어주면 양(+)의 전하를 띤 양성자는 (+)극에서 (-)극의 방향으로 힘을 받고, 음(-)의 전하를 띤 전자는 그 반대 방향으로 힘을 받아 운동하기 때문이다. 같은 극끼리는 밀어내고 다른 극끼리는 서로 당기는 원리다.

가속운동을 하는 입자들은 점차 그 속도가 빨라져 거의 빛의 속도에 가깝게 된다. 그리고 그 순간 (서로 반대 방향에서 운동하던) 입자들을 충돌시킨다. 그러면 아주 신기한 일이 일어나는데, 기존에 없던 새로운 입자들이 생겨나는 것이다. 뒤에서 더 자세히 설명할 아인슈타인의 '질량-에너지 등가의 법칙'에 따르면, 에너지와 질량은 상호 변환이 가능하다. 따라서 강하게 충돌한 입자들의 에너지 가운데 일부가 질량이 있는 물질로 변환되는 것이다.

이 물질들은 원자보다 훨씬 크기가 작은 입자다. 기존의 방식으로는 보이지 않다가, 입자들의 충돌에 의해 비로소 그 모습을 나타낸 것이다. 입자가속기에 설치된 센서는 이 작은 입자들을 감지하고, 그 성질을 분석해 입자의 정체를 규명한다. 이렇게 해서 지금까지 밝혀진 기본입자들은 모두 17종이며, 오늘날의 '표준입자모델'은 이 입자들로 만물이 구성됐다고 설명한다.

그렇다면 이보다 더 작은 입자들은 없는 것일까? 정확히는 잘 모른다. 아쉽게도 현재의 입자가속기 기술로는 17종의 기본입자보다 더 작은 것은 관찰이 불가능하기 때문이다.

062 토

과학자의 주방

달콤한 갈색의 유혹

과자나 빵 표면의 갈색 캐러멜

과자가 맛있는 이유는 여러 가지다. 달콤한 맛을 내기 위해 첨가하는 당분 때문이기도 하고, 부드러움을 가미하는 버터나 우유 속 지방성분 때문이기도 하다. 구워지는 과정에서 수분이 증발하며 만들어지는 구멍이 숭숭 뚫린 다공질 구조도, 그 특이한 식감으로 먹는 재미를 준다.

하지만 무엇보다도 중요한 것은 고온에서 일어나는 화학반응이다. 앞서 장어를 구우면 왜 더 맛있어지는지 설명한 글에서도 등장했던 마이야르반응이 대표적인데, 이 반응을 통해 1000여 가지 이상의 맛과 향성분이 만들어진다. 이 성분들이 구운 요리를 더 맛있게 만들어준다. 그런데 과자를 맛있게 하는 또 다른 반응이 하나 더 있다. 이 반응의 이름은 그 자체로도 맛있는 '캐러멜화반응'이다.

캐러멜이라 하면 보통 설탕 같은 당류를 빛깔이 변할 때까지 졸여서 만든 갈색의 물질을 의미한다. 세계적으로 큰 인기를 끈 드라마 〈오징어 게임〉(2021)에 등장했던 '달고나'도 일종의 캐러멜이다. 당류를 오래 가열하면 분해된 것들이 서로 반응하면서 100여 가지 새로운 성분이 만들어지는데, 달콤함도 달콤함이지만 더 중요한 것은 맛을 풍부하게 해주는 수많은 향성분들이다. 예를 들어 버터향이 나는 디아세틸, 땅콩향이 나는 푸란계 화합물 등이 있다.

과자나 빵을 굽는 과정에서도 이 캐러멜화가 일어난다. 밀가루에 포함된 탄수화물이 고온에서 분해되면 당류가 만들어지고, 이 당류가 캐러멜화를 일으키기 때문이다. 캐러멜화가 일어난 과자나 빵의 표면은 먹음직스러운 갈색으로 변한다. 그래서 우리는 경험적으로 갈색의 요리를 보면 달콤함을 연상한다. 마이야르반응도 그렇지만, 캐러멜화반응 또한 고온의 환경에서 잘 일어난다. 하지만 무턱대고 온도를 높여서는 안 된다. 캐러멜이 되는 것을 지나 그야말로 까맣게 타버릴 수도 있기 때문이다.

온도 이외에 또 신경 써야 할 것으로는 수분의 함량이 있다. 화학반응은 반응물질들 간의 접촉을 필요로 한다. 그런데 수분이 너무 많으면 반응물질의 농도가 낮아져, 서로 접촉할 확률도 낮아진다. 그래서 캐러멜화 같은 반응에는 적절한 수분 조절이 핵심이다. 만약 과자나 빵을 제대로 된 온도에서 구웠는데도 표면이 먹음직스러운 갈색이 되지 않았다면, 반죽에 수분이 너무 많지 않은지 살펴봐야 한다.

〈승리호〉(2021)

우주 전함보다 더 멋진 청소 우주선

태평양에는 한국 면적의 약 16배에 달하는 쓰레기섬이 형성돼 있다. 태평양을 거대한 원형으로 순환하는 해류의 방향이 휘어지면서 속도가 줄어드는 곳에 쓰레기들이 쌓이고, 휘어진 해류의 힘으로 쓰레기들의 거대한 소용돌이가 만들어진 것이다.

그런데 이제는 해양뿐 아니라 우주 또한 쓰레기로 몸살을 앓고 있다. 폐기된 인공위성, 로켓 부품 등과 이것들이 서로 부딪히면서 만들어낸 작은 파편들까지 엄청난 양의 쓰레기가 지구 주위를 감싸고 있다. 유럽우주기구(ESA)의 발표에 따르면, 지구에서 모니터링되지 않는 쓰레기는 10cm 이상의 것은 약 3400개, 1~10cm 사이는 90만 개, 1cm 이하는 약 1억 2800만 개에 달한다고 한다. 그리고 앞으로도 그 양은 훨씬 더 늘어날 것이다.

이 쓰레기들은 대기권으로 진입할 때 대부분 타서 소멸하기 때문에 지상에 큰 위협이 되지는 않지만, 우주탐사에는 큰 지장을 초래할 수 있다. 왜냐하면 대부분 수km/s에 이를 정도의 엄청난 속도로 지구 주위를 돌고 있기 때문이다. 참고로 K-2소총 총알의 속도는 960m/s이다. 우주로 나아가려면 엄청난 위험을 무릅써야만 하는 시대가 곧 도래할 수 있는 것이다. 영화 〈승리호〉에 나오는 미래 세상처럼 말이다.

영화의 배경은 2092년. 황폐화된 지구와는 달리 우주 인공도시에서의 삶은 안락하기만 하다. 하지만 5%의 선택받은 사람들에게만 허락된 삶이다. 대다수는 지구에 남아 산소마스크를 쓰고 생활하거나, 일부는 우주 노동자가 돼 일한다. 우주선 '승리호'의 선원들 또한 선택받지 못한 사람들이다. 이들은 우주 쓰레기를 청소하고 그 수수료를 받아 생활한다.

그러던 어느 날 승리호는 '도로시'라는 의문의 여자아이를 발견하는데, 인공도시를 만든 거대 기업의 창업자 '제임스 설리번'이 이 아이를 찾고 있다. 사실 이 아이는 나노봇을 마음대로 조종할 수 있는 초능력이 있다. 분자 정도 크기에 불과한 이 로봇을 이용한다면, 물질을 구성하는 분자들을 재조합해 물질 간 자유로운 변환이 가능해진다. 즉 오염물질은 분해해 제거하고 지구 재생에 필요한 물질은 다시 만들어내, 황폐화된 지구를 복구할 수 있는 것이다. 하지만 현재와 같은 상황을 유지하고 싶은 설리번은 도로시의 존재를 영원히 감추고 싶어 하고, 승리호는 다른 청소 우주선들과 함께 이에 맞서 싸운다.

실제로 우주 쓰레기를 처리하는 여러 아이디어 가운데, 커다란 그물로 쓰레기를 포획해 지구로 낙하하는 청소 위성이 있다. 아마도 승리호는 이를 모티브로 했을 것이다. 비록 근사한 전함은 아니지만, 쓰레기도 치우고 지구도 구하는 승리호야말로 진정 멋진 우주선이다.

064 월

과학자의 말

갈릴레오 갈릴레이

모든 진리는 일단 발견하면 이해하기 쉽다

철학자 : 근거를 말하시오, 갈릴레이 선생, 근거를!

갈릴레이 : 근거요? 몸소 별들을 보시지요.

독일 극작가 브레히트(1898~1956)의 희곡《갈릴레이의 생애》의 한 장면이다. 지구가 태양의 둘레를 돈다는 지동설을 부정하며, 그 근거를 대라는 로마교황청 학자들에게 갈릴레이는 '제발 망원경을 보라'고 애원한다. 갈릴레이는 직접 32배율 망원경을 제작해 달이 울퉁불퉁하다는 것과 태양의 흑점, 목성의 4개 위성, 토성의 고리 등을 발견했다. 그리고 자신의 천체관측을 토대로 코페르니쿠스의 지동설을 옹호하기에 이른다.

하지만 이로 인해 교황청의 강한 비판을 받으며 그의 저서《두 우주체계에 대한 대화》는 금서로 지정됐고, 말년에 갈릴레이는 가택연금에 처해지는 수모를 겪었다. 이 정도만 봐도 갈릴레이는 비슷한 시기에 활동했던 요하네스 케플러(1571~1630), 그가 사망한 해에 태어난 아이작 뉴턴과 함께 17세기 근대과학혁명을 대표하는 인물임이 틀림없다.

갈릴레이 때의 '특이한' 현상이 하나 있다. 고대과학에서 근대과학으로 넘어가는 시점을 정확하게 특정해보라 한다면, 아마도 이 특이현상이 나타난 갈릴레이의 시대가 아닐까 싶다. 그 특이현상이란 바로 '관찰과 실험'이다.

영국 철학자 화이트헤드가 '서양 철학은 플라톤의 각주에 불과하다'라고 말한 것처럼, 플라톤 사상의 영향력은 아주 오랫동안 이어졌다. 과학분야 또한 마찬가지였는데, 특히 감각적인 현실세계와 추상적인 이데아의 세계를 분리한 '이원론'이 그랬다. 이원론에 따르면 현실의 감각적 경험은 불완전하며, '완전한 진리'인 이데아는 오로지 '이성'으로만 파악할 수 있다. 이러한 사상은 현상의 내면에 자리한 근본원리를 찾는 동기를 제공했고, 과학이 점차 발전하는 계기가 됐다. 하지만 문제도 있었다. 현실의 감각을 등한시했다는 점이다.

고대과학자들이 현실의 감각적 경험을 완전히 무시했던 것은 아니다. 다만 오늘날의 과학만큼 관찰과 실험에 많은 중요성을 두지는 않았다. 철학자 프랜시스 베이컨의 지적처럼, 고대과학은 그다지 엄밀하지 않은 경험적 관찰 후 논리적인 추론을 끌어내는 방식이었다.

갈릴레이가 진행한 '피사의사탑 실험'은 그 진위가 의심스럽긴 하지만, 여하튼 그는 관찰과 실험의 중요성을 분명 인식하고 있었다. 진공의 존재를 밝혀낸 이탈리아 물리학자 토리첼리(1608~1647)의 실험도 갈릴레이의 조언에 따라 진행됐다고 한다. 갈릴레이는 이렇게 말했다. "모든 진리는 일단 발견하면 이해하기 쉽다. 중요한 것은 진리의 발견이다."

피사의사탑 실험(1590)

고대의 이론은 틀렸다

전해지는 바에 따르면, 갈릴레이는 1590년 이탈리아 피사대성당의 종탑인, 일명 '피사의 사탑'의 7층 발코니에서 세기의 실험을 진행했다고 한다. 무거운 공과 가벼운 공을 동시에 자유낙하시키는 실험이었는데, 결과적으로 두 공은 '동시에' 떨어졌다. 지금은 너무나도 상식적인 일이지만, 당시에는 놀라운 결과였다. 과거 많은 사람들은 무거운 것이 더 먼저 떨어진다고 믿었기 때문이다. 왜 그런 터무니없는 믿음을 품었을까?

거의 2000년 가까이 강력한 영향력을 행사해온 아리스토텔레스의 이론에 따르면, 이 우주는 일정한 위계질서를 가지고 있으며 물체의 무게에 따라 고유한 위치가 정해져 있다고 한다. 즉 무거운 것은 그 고유한 위치인 '아래', 즉 땅으로 떨어지고 가벼운 물체는 그 고유한 위치인 '위', 즉 하늘을 향하는 경향이 강하다는 것이다. 따라서 무게가 다른 물체를 동시에 떨어뜨리면, 더 무거운 물체가 먼저 떨어져야 했다. 아래로 향하는 경향이 더 강하니 말이다.

하지만 갈릴레이의 관찰과 실험에 따르면, 물체의 낙하속도는 그것의 무게와는 상관없었다. 한마디로 아리스토텔레스의 이론이 틀린 것이다. 이를 계기로 서구 유럽은 고대의 그늘에서 벗어나 근대과학의 여명으로 한 걸음 내딛었다. 그리고 이후 케플러, 뉴턴 등이 활약하며 고대과학과는 완전한 결별을 고했다.

그런데 갈릴레이가 실제로 피사의사탑 실험을 했는지는 확실치 않다. 갈릴레이의 기록이나 동시대 다른 사람들의 기록 어디에도, 이 실험에 대한 내용이 남아 있지 않은 것이다. 하지만 갈릴레이가 이와 유사한 사고실험, 즉 머릿속으로 상상하는 실험은 진행한 적이 있다. 그의 사고실험이 피사의사탑 실험으로 그럴싸하게 각색돼 세간에 회자됐을 가능성도 무시할 수 없는 것이다.

참고로 이러한 낙하 실험을 실제로 한 사람은, 네덜란드 수학자 시몬 스테빈(1548~1620)으로 알려져 있다. 1586년 그는 '10배의 무게 차이가 나는 납구슬 2개를 9m 높이의 탑에서 떨어뜨렸더니, 바닥에 떨어지는 소리가 동시에 들렸다'라는 기록을 남겼다.

066 수

과학의 생각

얼마나 작아질 수 있나?

이 우주에는 최소 단위가 존재한다

고대 그리스의 제논은 '발이 빠른 아킬레우스라도 먼저 출발한 거북이를 따라잡는 것은 불가능하다'라고 주장했다. 아킬레우스가 앞서간 거북이의 위치에 도달하면 그 시간 동안 거북이는 좀더 앞서 있게 되고, 이런 과정이 계속 반복되기 때문이다. 이 주장은 시간과 거리가 무한하게 분할 가능하다는 전제를 깔고 있었다. 시간과 거리 같은 규모는 '연속적'이고, 연속적인 것은 무한하게 분할이 가능하다고 보았던 것이다.

이런 역설적 상황을 피하고자 아리스토텔레스는 무한 분할은 단지 잠재적 가능성일 뿐이며, 현실에서는 일어나지 않는다고 주장했다. '모든 가능성이 다 실현되는 것은 아니다'라는 말도 덧붙였다. 그에 따르면 제논의 주장은 전제가 잘못됐기에 그 결론도 잘못됐다. 따라서 현실의 아킬레우스는 거북이를 금세 추월한다.

실제 이 우주에는 기본이 되는 최소 단위가 있을지도 모른다. 과학자들은 수학적인 계산을 통해 이를 추론했는데, 그 값은 10^{-35}m이다. 원자의 크기가 10^{-10}m 정도이니 상상하기 어려울 만큼 아주 작은 크기다. 이를 '플랑크 길이'라 부르는데, 이는 우주에 존재하는 모든 길이의 기본단위다. 다시 말해, '더 이상 줄일 수 없는 최소 길이'라는 뜻이다. 그렇다면 더 이상 무한 분할의 문제로 골머리를 썩일 필요가 없다. 제논의 역설적인 상황도 피할 수 있게 된다.*

그런데 최소 길이는 일반인들이 생각하는 것과는 조금 다른 개념이다. 그 이하로는 절대로 분할할 수 없다는 것이 아니라, 그 이하로 분할하는 것은 의미가 없다는 뜻이다. 길이도, 시간도, 우리가 알고 있는 대부분 개념들이 이곳에서는 적용되지 않기 때문이다.

플랑크 길이 정도 되는 '초극미의 세계'는 우리가 경험하는 세계와는 전혀 딴판이다. 이곳은 만유인력의법칙도, 상대성이론도 적용되지 않는다. 양자역학에 의하면, 이 세계는 매우 혼란스럽다. 아무것도 없는 진공 같지만, 실제로는 에너지의 변동이 매우 심하게 일어나기 때문이다. 이를 '양자적 요동'이라 한다.

다행히도 우리의 거시세계는 예측 가능한 곳이지만, 문제는 혼란스러운 초극미의 세계와 어떻게 연결되는지 확실치 않다는 것이다. 이 두 세계 사이의 관계에 대해서는 앞으로 연구가 더 필요하다.

---

* 19세기 독일 수학자 칸토어는 수학적 실무한의 존재를 입증했다. 분할의 경우 수학적으로는 무한한 분할의 실체가 있다는 뜻인데, 과학자들의 관점은 이와는 조금 다르다.

067 목

과학자의 서재

《온도계의 철학》(장하석)

과학은 매우 입체적이다

'춥다' 또는 '덥다'라는 판단은 다분히 주관적이다. 따라서 일상생활에서도 그렇지만, 특히 과학에서는 온도의 객관적 기준이 필수적이다. 그렇다면 온도의 기준은 어떻게 탄생했을까?

가장 일반적인 것은 스웨덴 천문학자 안데르스 셀시우스(1701~1744)가 1742년 고안한 '섭씨(℃)'다. 섭씨라는 명칭은 셀시우스의 이름을 한자로 차용한 '섭이사'에서 따온 '섭'에 사람을 호칭하는 '씨'를 붙여 만들어졌다고 한다. 셀시우스는 물의 어는점과 끓는점을 온도의 기준점으로 삼았다. 그리고 그 사잇값을 100등분했는데, 이에 따르면 물의 어는점은 섭씨 0℃, 끓는점은 100℃가 된다.

솔직히 이 정도만 알아도 대단하다. 그런데 《온도계의 철학》을 쓴 장하석 교수는 과학에 관심이 있다면 이보다 더 많이 알아야 한다고 주장한다. 그가 생각하는 과학의 범위는 보통 과학자들의 그것보다 훨씬 넓다. 일반적으로 과학은 '보편적인 진리나 법칙의 발견을 목적으로 하는 체계적인 지식'이라고 정의된다. 이 지식체계는 객관적인 검증절차를 거쳐 확정된 최신의 것들이다. 여기서 궁금증이 하나 생긴다. 그러한 체계화 과정에서 중도 탈락한 것들, 그 과정에서 벌어졌던 다양한 사건과 논쟁은 그냥 배제해도 되는 것일까?

장하석 교수는 책에서 '상보적 과학'이라는 개념을 소개한다. 이는 우리가 알고 있는 과학지식을 역사적 · 철학적으로 재조명하는 작업이다. 오늘날처럼 고도로 전문화된 과학이 더 이상은 알고자 하지 않는 것들을, 어떻게든 다시 과학과 연관시키려는 작업이다. 그것이 과학의 온전한 모습을 복원하는 일이라 믿기 때문이다.

섭씨의 개념이 나오기 전에도 이미 온도계는 존재했다. 1593년 갈릴레이는 온도에 따른 물체의 밀도 변화를 이용한 최초의 온도계를 제작했다. 과거에는 온도의 기준에 대해서도 여러 생각들이 경합했다. 누군가는 버터가 녹는점을 기준으로 삼자고 했고, 어떤 이는 여름철 가장 더운 날을 기준으로 하자고 했다. 1℃의 정확한 간극을 정하는 데도 많은 시행착오가 있었다.

《온도계의 철학》은 온도와 온도계를 탐구해가는 과정을 통해, 과학을 매우 입체적으로 바라본다. 오늘날 우리가 과학이라 부르는 것이 사실은 아주 커다란 전체의 일부임을 말해주는 책이다.

068 금

= 신기한 과학 발명품 =

최초의 합성섬유, 나일론

값비싼 실크를 대체하라

실크는 누에고치에서 얻어지는 동물성 천연섬유로, 우리말로는 명주실이라고도 부른다. 가볍고 질기며 광택이 우수해, 의복의 소재로 수요가 많다. 중국과 서아시아, 지중해 연안 지방을 연결했던 고대의 무역로를 '실크로드'라고 칭했을 만큼, 실크는 예부터 수요가 많은 고급 물품이었다. 이에 19세기 화학산업이 발전하면서, 실크와 유사한 섬유를 인공적으로 만들고자 하는 시도들이 이루어졌다.

그렇게 탄생한 것이 '레이온'이란 섬유로, 1905년 영국 회사 코톨스에서 최초로 상업화에 성공했다. 레이온은 목재 등에서 채취하는 '셀룰로오스'라는 천연고분자를 재료로 하는데, 이것을 여러 단계의 화학처리를 거치면 긴 섬유로 만들 수 있다. 이렇게 만들어진 섬유가 마치 실크처럼 광택을 띤다는 점에 착안해 '빛살'을 의미하는 단어 'ray'를 붙여 레이온(rayon)이란 상품명을 지었다고 한다. 하지만 레이온은 어디까지나 천연섬유를 재가공한 재생섬유의 일종이었다.

천연섬유를 이용하지 않은 최초의 합성섬유는 1939년 듀폰에서 출시한 나일론이다. 제1차세계대전 동안 화약 판매로 막대한 이익을 남긴 듀폰은, 전후 본격적인 화학회사로 성장하고자 합성섬유 연구에 박차를 가하기 시작했다. 하버드대에서 강사로 활동하던 월리스 캐러더스(1896~1937)가 듀폰에 합류한 것도 그 때문이었다.

캐러더스의 연구팀은 '슈퍼폴리머'라는 새로운 합성소재를 만들어냈는데, 한 팀원이 실수로 슈퍼폴리머 한 덩어리를 물에 빠트리고 말았다. 그는 얼른 막대기로 건져내려고 했는데, 신기하게도 막대기에 붙은 그 물질이 긴 실의 형태로 뽑혀 나왔다. 잡아당기는 힘에 의해 고분자물질이 한 방향으로 배열되면서 섬유의 형태를 갖게 되고, 또 물에 의해 불순물이 제거되면서 적당한 강도와 탄력성을 지니게 된 것이다. 여기에 흥미를 느낀 캐러더스가 연구를 더 진행한 끝에 발명한 것이 바로 나일론이다.

나일론을 이용한 첫 제품은 칫솔이었다. 하지만 가장 인기를 끈 제품은 나중에 등장한 여성용 스타킹이었다. '실크보다 훨씬 싼값에 실크와 같은 품질'이라는 입소문이 나자 스타킹은 날개 돋친 듯 팔려나갔다. 제2차세계대전 중에는 나일론이 낙하산용 끈으로도 사용됐다.

하지만 캐러더스는 이 영광스러운 순간을 함께하지 못했다. 1937년 한 호텔에서 음독자살했기 때문이었다. 그가 자살한 이유는 아직까지도 미스터리다.

맛없는 갈색도 있다

갈변은 일종의 경고다

마이야르반응이나 캐러멜화반응에 의해 만들어지는 갈색은 '맛있는' 색이다. 고온의 열이 가해진 상태에서 여러 단계의 반응을 거쳐, 수많은 맛과 향의 성분이 만들어졌음을 나타내는 일종의 지표이기 때문이다. 그런데 이렇게 갈색으로 변하는 현상이 때로는 위험신호가 되기도 한다.

사과의 껍질을 벗기고 공기 중에 노출시키면 점차 갈색으로 변하는데, 이를 '갈변현상'이라고 한다. 똑같이 갈색으로 변하는 마이야르반응이나 캐러멜화반응과 다른 점이 있다면, 이 과정에는 열이 아니라 효소가 관여한다는 점이다.

사과에는 클로로젠산 등의 '폴리페놀'이 풍부하게 들어 있다. 당근을 붉게 만드는 안토시아닌, 감자에 들어 있는 티로신, 녹차에 풍부한 카테킨 등도 폴리페놀의 일종이다. 그런데 사과에는 폴리페놀뿐 아니라 이를 산화시키는 효소도 포함돼 있다.

산화란 어떤 물질 등이 산소와 결합하는 것인데, 산화효소는 이런 결합작용을 촉진시킨다. 그래서 껍질을 깎아 사과를 공기 중에 노출시키면, 폴리페놀의 산화가 일어나는 것이다. 폴리페놀성분들이 산화를 거치면 '퀴논'이란 물질이 만들어지는데, 퀴논은 반응성이 좋아 서로 반응을 일으킨다. 그러면 갈색의 색소성분인 '멜라닌'이 생성되고, 이것이 갈변현상의 원인이 된다.

바나나의 갈색 반점도 갈변현상의 한 예다. 바나나는 상온에서 보관하면 자연스레 갈색 반점이 생기는데, 외부 자극이 있으면 반점이 더 빠르게 생성된다. 바나나는 자체적으로 퀴논을 생성한다. 퀴논이 세균을 방어하는 항균 기능이 있기 때문인데, 외부 자극을 받으면 퀴논이 세균의 침투에 대비하려고 활동하며, 그다음 앞서 설명한 과정을 거쳐 결국 갈변현상이 나타나는 것이다. 바나나를 오랫동안 보관하려고 냉장고에 넣는다면? 갈변현상은 오히려 더 빨라진다. 바나나는 갑작스러운 온도 변화를 외부 자극으로 느끼기 때문이다.

사과, 바나나 등이 갈색으로 변했다면 공기 중에 오래 노출됐음을 의미한다. 산화도 산화지만, 더 큰 문제는 각종 균에 의해 오염됐을지도 모른다는 것이다. 그래서 우리는 본능적으로 갈변이 일어난 식품을 '맛없게' 느끼게 된 것이다.

〈앤트맨〉(2015)

작아지는 데도 한계가 있지 않을까?

금고털이범 '스콧 랭'은 어느 부잣집 금고를 털다가 정체불명의 물건을 발견한다. 곤충 머리 모양의 헬멧과 붉은색 슈트 한 벌. 호기심에 그것을 입어본 스콧은 매우 신기한 경험을 한다. 장갑에 부착된 버튼을 누르자 갑자기 몸이 개미 크기로 줄어든 것이다. 이후 우여곡절 끝에 그는 슈트의 주인 '핌 박사'를 만난다. 핌 박사는 스콧에게 자기 계획에 참여할 것을 제안하는데, 그 계획이란 한때는 핌 박사의 제자였으나 지금은 소형화기술을 군사무기화해 악당들에게 판매하려는 '대런 크로스'의 야심을 막는 것이었다.

영화의 클라이맥스에서 스콧은 소형화 슈트를 입고 대런에 맞서고, 대런 역시 자신이 개발한 소형화 슈트를 입고 혈투를 벌인다. 스콧은 비장의 무기로, 제한된 범위를 넘어 눈에 보이지 않을 정도로 작은 크기까지 소형화를 시도한다. 사실 핌 박사는 이를 절대 금기시했다. 오래전 자신의 아내가 같은 시도를 하다 실종된 경험이 있기 때문이다. 하지만 스콧은 소형화로 원자보다 더 작은 상태가 되어 '양자영역'이라는 초극미의 공간으로 진입한다. 그러자 핌 박사의 염려대로 더 이상의 제어가 불가능해지고, 스콧은 의식마저 소멸될 위기에 빠진다.

그런데 영화에서와 같은 소형화기술이 실재한다고 해도, 원자보다 훨씬 더 작은 공간에 도달하는 것이 가능할까? 원자의 크기는 대략 10^{-10}m이다. 양자영역은 그보다도 훨씬 더 작은, 10^{-35}m 정도 되는 크기를 가진 영역을 말하는데, 아무것도 없는 텅 빈 진공 같아 보이지만, 실제로는 에너지 변동이 심하게 일어나는 곳이다. 앞서 설명했듯 이를 양자적 요동이라고도 한다.

인간의 몸은 대략 10^{28}개의 원자들로 이루어져 있다. 설령 영화에서처럼 어떤 첨단기술이 이처럼 많은 원자들을 축소시켜 양자영역 안으로 진입시킨다 하더라도, 그런 영역에서는 더 이상 안정적인 원자들이 존재할 수 없기에 문제가 발생한다. 몸의 원자들이 양자적 요동에 휩쓸려 예측 불가능한 상태가 된다면, 그 인간 또한 이전과 같은 확정적인 상태에 더 이상 머물 수 없다. 말 그대로 실종상태가 돼버리는 것이다. 하지만 다행히도 대부분의 할리우드 영화가 그렇듯, 이 영화 또한 해피엔딩으로 끝을 맺는다.

071 월

과학자의 말

장영실(?~?)

남이 나를 알아주지 않는다고 해서 무슨 죄란 말인가?

태종(1367~1422)은 손재주가 뛰어나다고 소문난 한 젊은이를 등용했다. 그 뒤를 이은 세종(1397~1450)은 그를 노비 신분에서 벗어나게 해주고, 관직도 하사하는 등 특혜를 베풀었다. 그 젊은이의 이름은 장영실이었다.

장영실은 천체의 움직임을 관측하는 '혼천의', 해시계인 '앙부일구', 홍수나 가뭄에 대비하기 위해 하천의 수위를 재는 '수표' 등 수많은 발명품을 남겼으나, 그중에서 가장 유명한 것은 '자격루'다. 당시 경복궁에 설치된 자격루는 일정한 시간에 맞춰 인형이 움직이며 북과 징을 울리는 자동 물시계였다. 기존의 다른 물시계보다 더 뛰어난 정확성을 자랑하며, 조선의 표준시를 정하는 중요한 역할을 담당했다.

그런데 어느 날부터인가 장영실은 홀연히 역사에서 자취를 감추고 만다. 1442년 그가 제작을 감독한 임금의 가마가 부서지는 사고가 발생해서, 곤장형과 함께 파직을 당한 후 그의 행적에 관한 기록은 찾을 길이 없다.

한참 후인 1713년 숙종 대의 《승정원일기》를 보면 '궁궐 내에 있는 천문기기들이 모두 못 쓰게 됐고 작동법을 아는 이가 하나도 없다'라고 한탄하는 내용이 나온다. 장영실이 사라지면서 조선의 과학기술도 점차 쇠퇴했음을 짐작케 하는 대목이다. 문득 이런 생각이 떠오른다. 만약 장영실이 더 오래 궁에 남았더라면, 그리고 그의 뒤를 이어 기술자·과학자들이 계속 중용됐더라면 조선의 운명은 많이 달라지지 않았을까?

장영실은 이런 말을 남겼다고 한다. "내가 남을 알지 못하는 것이 죄일 뿐이지, 남이 나를 알아주지 않는다고 해서 무슨 죄란 말인가." 아마도 그의 말은 《논어》에 등장하는 다음 구절에서 인용했을 것이다. "공자께서 말씀하셨다. 배움에 정진하고 실천에 옮기니 이 어찌 기쁜 일이 아니겠는가? 벗이 멀리서 찾아오니 이 어찌 즐거운 일이 아니겠는가? 남이 나를 알아주지 않아도 노여워하지 않으니 이 어찌 군자가 아니겠는가? 남이 나를 알아주지 않음을 심려하지 말고 내가 남에 대해 알지 못함을 탓하라."

장영실은 출세와 상관없이 남이 알아주지 않아도 연구하고 발명하는 일 자체가 즐거웠던 진정한 과학자가 아니었을까 생각해본다.

브루노의 화형(1600)

우리는 유일한 존재가 아니다

1600년 2월 17일 로마의 캄포데피오리 광장에서 공개 화형식이 열렸다. 비극의 주인공은 조르다노 브루노(1548~1600). 그는 한때 로마 가톨릭 도미니크회의 수도사였다. 그런 그가 어쩌다가 화형을 당한 것일까?

브루노는 코페르니쿠스에 의해 제창된 지동설을 신봉하고 있었다. 교회를 중심으로 천동설을 진리로 여기던 시대에 불온한 사상을 받아들인 것만으로도 충분히 지탄받아 마땅했지만, 그는 여기서 더 나아가 절대 씻을 수 없는 커다란 죄를 짓고 만다.

브루노는 1584년《무한, 우주와 모든 세계에 대하여》라는 책에서 이렇게 주장했다. "우리는 무한하게 큰 공간 안에 있고, 이 공간에는 무수히 많은 다양한 세상이 존재한다. 우리가 사는 이 세상은 그 가운데 단지 하나일 뿐이며, 우리가 죽으면 이 세상을 떠나 또 다른 세상에서 환생할 수 있다."

그의 '무한우주론'에 따르면 밤하늘의 수많은 별은 모두 항성이며, 태양은 그중 하나에 불과하다. 또 우리 지구는 태양 주위를 돌고 있는 작은 행성에 불과해서, 지구와 같은 존재는 무한한 우주에서 얼마든지 찾을 수 있다. 지식이 풍부하고 언변이 뛰어났던 브루노는 전 유럽을 돌아다니며 이런 주장을 펼쳐서 많은 사람들의 관심을 받았다.

신이 창조한 인간과 그 인간이 사는 지구의 특별성을 부정하는 그를 교회는 도저히 묵과할 수 없었다. 회유와 모진 고문에도 브루노가 주장을 철회하지 않자, 마침내 그에게 화형이 선고되고 말았다. 전해지는 바에 따르면, 화형장에서도 브루노가 주장을 펼까 두려웠던 교회는 그의 혀에 못을 박았으며 유서는 갈가리 찢어버렸다고 한다.

캄포데피오리 광장에는 브루노의 동상이 서 있다. 1889년 당대의 지식인들이 그를 기리며 세운 것인데, 거기에 이런 문구가 쓰여 있다. "브루노에게, 그가 예견한 세기에, 화형의 불길이 타올랐던 여기 이 자리에."

브루노의 비극적인 죽음을, 종교와 대립하던 한 과학자의 순교라 말하기는 어렵다. 그는 과학자라기보다는 신비주의자에 더 가까웠기 때문이다. 하지만 그의 자유로운 사고와 저항정신만큼은 제대로 평가받아야 한다. 그는 '경직된 종교적 세계관'에서 '자유로운 과학적 세계관'으로의 커다란 전환을 암시하는 인물이기 때문이다.

073 수

과학의 생각

모든 것은 끈으로 이루어져 있다

이 세상은 끈이 만들어내는 하모니

현대의 '표준입자모델'에 따르면 우주의 근본물질은 전자, 쿼크, 힉스 등과 같은 17가지의 기본입자들이다. 하지만 이 입자의 크기가 10^{-18}m 정도인 점을 고려하면, 이보다 더 작은 입자가 존재할 가능성도 있다. 앞에서 이야기한 우주의 최소 길이인 10^{-35}m는 기본입자들보다 훨씬 더 작기 때문이다. 하지만 현재의 기술로는 이처럼 작은 것을 관찰할 수는 없으니, 아직은 가설과 이론으로만 논해야 할 영역이다.

그런데 일부 과학자들은 근본물질이 17가지 입자가 아니라, 진동하는 '끈(string)'이라 주장한다. 이들에 따르면, 10^{-35}m 정도 되는 고무밴드 모양의 아주 작은 끈이 17가지 서로 다른 입자들로 분화한다. 최종적인 근본물질이 '끈'이란 설명인데, 어떻게 이것이 가능할까?

기타는 6개의 팽팽한 줄이 있다. 굵기가 얇은 것부터 굵은 것까지 차례로 배열돼 있는데, 각각의 줄을 튕겨보면 음색이 서로 다른 것을 알 수 있다. 가는 줄이 만들어내는 소리는 진동수가 높아 날카롭고 가벼운 소리가 되지만, 굵은 줄의 진동수는 낮아 굵고 무거운 소리를 만든다. 여기서 진동수란 소리와 같은 파동이 일정 시간 동안 얼마나 많이 진동하는지를 나타내는 개념이다. 각각의 끈이 만드는 서로 다른 진동수의 소리들이 모이면서, 아름다운 음악이 완성되는 것이다.

'끈이론'에 따르면 끈 또한 기타줄처럼 진동을 한다. 그리고 이 진동이 어떤 패턴이냐에 따라, 외부에서 볼 때 각각의 끈이 서로 다른 물질로 인식된다. 끈이 어떤 특정 패턴으로 진동하면 외부에서 관찰할 때 '전자'로 인식되고, 다른 특정 패턴으로 진동하면 '쿼크'로 인식된다는 것이다. 기타줄과 차이가 있다면, 기타줄은 6개이지만 끈이론의 끈은 단 1개이고 이것이 다양한 진동 패턴을 만든다는 점이다. 또 다른 차이점은 기타줄은 소리의 진동수 차이만을 만들어내지만, 만물의 근본이 되는 끈은 다양한 물리적 성질의 차이를 만들어낸다는 것이다. 바로 이런 차이로 인해 17가지 기본입자들이 서로 구분된다고 한다.

만물의 근본물질을 찾아 쪼개고 쪼개어 들어가 최후에 만나게 되는 것이 '진동하는 끈'이며, 이 진동들이 어우러진 하모니가 세상을 만들고 있다는 것이 끈이론의 주장이다.

074 목

과학자의 서재

《모두 어디 있지?》(스티븐 웹)

우리만 있다면 엄청난 공간 낭비다

과학자 칼 세이건(1934~1996)의 소설을 원작으로 한 영화 〈콘택트〉(1997)에는 주인공인 천체물리학자 '엘리'가 어렸을 적 아버지에게 질문하는 장면이 나온다. "다른 행성에도 누가 살까요?" 그러자 아버지는 이렇게 말한다. "우주에 우리 둘뿐이라면 엄청난 공간의 낭비겠지."

1950년 이탈리아 물리학자 엔리코 페르미(1901~1954)와 동료 과학자들이 함께 점심을 먹던 중 외계인의 존재에 관한 이야기가 화두가 됐다. 모두 그 존재에 대해선 긍정적이었는데, 갑자기 페르미가 이런 질문을 던졌다. "그렇다면 그들 모두는 어디 있지?"

외계인의 존재에 관해 논할 때마다 어김없이 등장하는 이 질문을 '페르미 역설'이라 한다. 현재의 관측에 의하면 우주의 나이는 대략 138억 년, 그 크기는 지름 약 930억 광년에 달한다. 이 광활한 우주에 은하들이 수천억 개, 그 은하마다 별들이 또 수천억 개가 존재한다고 하니, 정말 우주에 '우리'만 존재한다면 '엄청난 공간 낭비'임에 틀림없어 보인다.

그렇다면 페르미의 질문처럼 외계인은 왜 발견되지 않을까? 《모두 어디 있지?》의 저자 스티븐 웹(1963~)은 책에서 크게 3가지 카테고리로 나누어 이 질문에 접근한다. '첫째, 외계인은 이미 존재하지만 우리가 미처 알아차리지 못할 뿐이다. 둘째, 그들은 존재하지만 그들과의 의사소통이 안 된다. 셋째, 외계인은 없다.' 각 카테고리마다 이와 관련한 여러 가설을 제시하는데, 그렇게 다룬 가설이 모두 49개다.

그중 첫 번째 가설에 따르면, 현재 헝가리인들은 외계인의 후손이다. 먼 옛날 지구에 도착한 외계인들은 당시 유럽인들이 너무 야만적이라, 자신들의 존재를 숨기고 지구인인 척했다는 설명이다. 그중에서도 헝가리인이 외계인의 후손인 이유로는 헝가리어가 여느 유럽어와 크게 다르고, 헝가리인들의 지능이 유달리 높으며, 헝가리 집시들을 통해서 알 수 있듯이 방랑벽이 있다는 점 등이 제시된다. 그 밖에도 다른 가설들 하나하나가 모두 흥미롭다. 물론 과학적으로 명확하게 밝혀질 만한 것들은 아니다. 계속 가설로만 남아 있을 확률이 높지만, 외계인의 존재 가능성에 대해 흥미롭게 고찰할 수 있도록 해주는 것은 분명하다.

책의 마지막에 추가되는 50번째 가설은 저자 자신의 것이다. 그는 '이 광활한 우주에 생명이 존재하는 것은 확실하지만, 아주 희박한 확률을 지닌 여러 단계의 과정을 거쳐야만 하는 지적 생명체는 아마도 우리가 유일할 것'이라고 주장한다. 언젠가는 외계인을 만나 이 모든 가설을 직접 확인하는 날이 오기를 설레는 마음으로 기다려본다.

075 금

= 신기한 과학 발명품 =

라디오

전파에 목소리를 실어 보내다

뚜뚜-. 짧고 긴 전기신호로 구성된 모스부호를 이용한 전신(電信)은 1844년 미국 발명가 새뮤얼 모스(1791~1872)가 발명했다. 예를 들면 알파벳 A는 '뚜뚜-', B는 '뚜-뚜뚜뚜'로 표현한다. 하지만 전신을 이용하려면 두 지점 간에 통신선을 가설해야 하는 번거로움이 있었다. 통신선의 제약이 없어진 것은 이탈리아 물리학자 마르코니(1874~1937)가 1896년 무선통신장치를 발명하면서부터다. 이 장치는 모스부호의 전기신호를 입력하면, 이를 전파로 변환시켜주는 송신기와 그 신호를 받아 인쇄할 수 있는 수신기로 구성됐다.

단조로운 전기신호가 아닌 인간의 음성과 같은 소리신호를 무선으로 처음 전송한 인물은 캐나다 발명가 페센든(1866~1932)이었다. 한때 에디슨(1847~1931)의 조수를 지냈던 그는 '마이크로폰'이란 장치를 통해 소리를 전기신호로 변환하고, 이를 다시 연속적인 전파로 변환해 송신했다. 1906년 12월 24일 페센든은 자신의 육성과 음악, 그리고 '메리 크리스마스'라는 인사를 담은 최초의 라디오 방송을 진행했다. 물론 오늘날과 같은 라디오는 아직 없었기 때문에, 극히 일부 사람들만 모스부호를 수신하는 무선통신장치를 통해 이를 들을 수 있었다.

라디오 방송을 위해서는 먼저 음성이나 음악을 실어 나르는 음파를, 전자기파인 전파로 바꿔주어야 한다. 음파는 공기라는 매질이 필요하지만, 전자기파는 매질이 필요 없어 더 멀리 도달할 수 있기 때문이다. 이러한 변환과정을 '변조'라 하는데, 어떤 진동수의 전파로 변조할지는 방송국마다 사전에 할당돼 있다. 신호가 서로 겹치지 않기 위해서다. 라디오의 다이얼에 표시된 숫자는 이 진동수를 의미하며, 보통은 '주파수'라 말한다. 다이얼이 맞춰지면 해당 주파수를 중심으로 일정한 범위(이 범위를 '주파수대역'이라 한다)의 전파가 수신된다.

음파의 정보, 즉 음파의 변화 패턴을 전파에 담는 방식에는 크게 2가지가 있다. 전파의 진폭 변화를 통해 변화 패턴을 담아내는 진폭변조(AM)방식, 전파 내에서 주파수의 미세한 변화 패턴을 만들어내는 주파수변조(FM)방식이 그것이다. 초기에는 AM방식이 사용됐고, FM방식은 1933년 처음 개발됐다. 변조된 전파를 수신한 후 여기서 다시 음파의 정보를 분리하면, 라디오를 통해 음악과 음성을 들을 수 있다.

최초의 상업적 라디오 방송은, 미국 전기회사 웨스팅하우스가 설립한 방송국 KDKA에서 1920년 송출됐다. 이때 방송 내용은 제29대 미국 대통령 선거 결과 속보였다. 우리나라에서는 일제강점기인 1927년 첫 방송이 시작됐다.

'신선편이 과일'의 비밀

갈변을 막는 3가지 대책

최근 신선편이 과일 제품이 인기다. 사과와 같은 과일을 한입에 먹기 좋게 잘라 포장한 것인데, 신기하게도 갈변현상이 잘 일어나지 않는다. 여기에는 어떤 비밀이 숨어 있을까?

갈변은 앞서 설명한 바와 같이 과일 등에 포함된 폴리페놀의 산화작용 때문이다. 산화는 어떤 물질이 산소와 결합하는 반응인데, 과일에 포함된 산화효소가 그 반응을 촉진한다. 이 과정을 이해했다면, 과일의 갈변을 방지하는 과학적인 방법 또한 이해할 수 있다.

첫 번째 방법은 산소와의 접촉을 최대한 줄이는 것이다. 가정에서도 손쉽게 할 수 있는 것으로, 과일을 진한 설탕물에 담갔다가 꺼내는 방법이 있는데, 그러면 과일 표면이 코팅돼 산소와 접촉이 차단된다. 판매용 제품이라면 진공포장을 하거나 질소만을 넣어 포장할 수도 있다.

그다음으로 산화효소의 작용을 억제하는 방법이 있다. 수돗물을 소독할 때 사용하기도 하는 염소가 그런 역할을 한다고 알려져 있는데, 이 염소가 포함된 식용물질인 염화나트륨·염화칼륨·염화마그네슘 등을 소량 첨가하면 갈변을 방지할 수 있다.

한편 효소는 온도에 민감하기 때문에, 온도를 아주 낮추거나 높이면 산화효소의 활동이 억제된다. 감자도 갈변현상이 심한데, 그래서 썰어놓은 감자는 냉동 보관을 원칙으로 한다. 녹차를 만들 때 잎을 고온에서 볶는(이를 '덖다'라고 한다) 이유도, 산화효소의 기능을 억제하기 위함이다. 만약 이 과정을 거치지 않으면 차를 만드는 중간에 산화가 일어나 찻잎이 갈색으로 변하는데, 이것이 바로 홍차다.

마지막 방법은 흔히 비타민C라 불리는 '아스코르브산' 같은 항산화물질을 사용하는 것이다. 항산화물질이란 '산화를 방지하는 물질'이란 뜻인데, 산화돼야 할 물질을 대신해 자신이 먼저 산화되는 물질이다. 어찌 보면 일종의 흑기사인 셈인데, 자신이 먼저 산소를 소비해버림으로써 과일의 폴리페놀 화합물이 산소와 결합할 기회를 원천 봉쇄한다.

그렇다면 신선편이 과일은 어떤 방법을 쓸까? 신선편이 과일은 질소가 주입된 상태로 포장해 산소와의 접촉을 차단한다. 또 염화칼륨·아스코르브산 등도 소량 첨가해 산화효소의 작용을 억제하기도 한다.

〈애드 아스트라〉(2019)

우주의 고독함을 우리는 견딜 수 있을까?

달 기지에 도착한 '로이 맥브라이드' 소령은 화성으로 가는 우주선을 타기 위해 월면차를 타고 이동하던 중 정체 모를 괴한들의 습격을 받는다. 1969년 인류가 최초로 발을 디딘 후 달은 우주를 향하는 전초기지이자, 여러 나라와 단체들이 패권을 두고 치열하게 경쟁하는 곳이 돼 있었다. 다행히도 로이는 무사히 화성에 도착해 그곳의 통신시설로 아버지 '클리포드 맥브라이드'와 교신을 시도하지만 실패하고 만다.

클리포드는 약 30년 전 외계 생명체를 찾는 '리마 프로젝트'를 위해 해왕성 근처로 떠났다. 하지만 얼마 후 연락은 두절됐고, 프로젝트는 실패로 결론이 내려졌다. 그런데 최근 지구에서 '서지(surge)현상', 즉 '전류의 이상 급증현상'이 발생한다. 이 현상은 클리포드의 우주선에서 행해지는 모종의 실험과 관련이 있음이 밝혀진다. 로이 소령의 임무는 아버지를 설득해 그 위험한 실험을 중단시키는 것이었다.

임무에 대한 책임감 때문에, 아니 어쩌면 아버지에 대한 그리움 때문에 로이는 정부의 명령을 무시하고 해왕성으로 향한다. 그런데 우여곡절 끝에 만난 아버지는 예전의 모습이 아니었다. 프로젝트의 실패를 인정하고 싶지 않았던 클리포드는 귀환을 요청하는 부하들을 살해하기까지 했다. 한때는 냉철하고 이성적이었던 아버지의 변화에 로이는 큰 충격을 받는다. 도대체 그는 왜 이렇게 변해버린 것일까?

우주는 생각보다 많은 것들을 품고 있다. 과학자들은 우주에 수천억 개의 은하가 있고, 또 각 은하마다 다시 수천억 개의 별들이 있을 것이라 추정한다. 분명 엄청난 수이지만, 그것보다 훨씬 더 엄청난 부분은 그것들이 존재하는 공간의 크기다. 우주의 크기는 지름 930억 광년, 빛의 속도로도 930억 년이나 걸리는 거리다. 지구에서 가장 가까운 항성인 '프록시마켄타우리'까지의 거리도 4.2광년에 이른다. 우주는 많은 것들이 존재하지만, 그 엄청난 거리감으로 인해 무척 고독한 공간이기도 하다.

이제 인류는 달을 넘어 더 먼 우주로 진출하려 하고 있다. 그곳에서 우리는 어떤 일을 겪게 될까? 지구에서 멀리 떨어진 클리포드는 점차 고독감을 느꼈다. 인간만 유일한 지적 생명체일지도 모른다는 생각은 고독감을 더욱 가중시켰다. 아마도 그 때문에 그는 자신의 인간성을 상실했을지도 모른다.

먼 미래, 저 머나먼 '별을 향해(ad astra)' 나아갈 우리 후손들은 그런 고독감을 이겨낼 방법을 찾아내기를, 그래서 부디 인간다움을 잘 유지할 수 있기를 바란다.

078 월

과학자의 말

요하네스 케플러

하늘을 재었던 내가 이제는 어둠을 재고 있구나

요하네스 케플러는 독일 튀빙겐대에서 신학을 공부했지만, 코페르니쿠스의 지동설에 감명받아 수학과 천문학을 함께 공부했다. 특히 그는 행성들 사이의 거리와 그것이 어떻게 결정되는지에 관심이 많았다. 그는 스스로 이에 대한 기하학적 모델을 구상하기도 했지만, 실제 관측과는 일치하지 않았다.

이론이 틀린 것이 아니라 관측이 부정확했기 때문이라 생각한 그는, 당대 최고의 천문관측가로 명성이 높은 튀코 브라헤(1546~1601)를 찾아 프라하로 갔다. 덴마크 귀족 출신으로 신성로마제국의 궁정 수학자로 일하던 브라헤는 시력이 매우 좋았다고 한다. 전해지는 바에 따르면 1km 밖에서 동전의 종류를 구분할 정도였다는데, 이는 천문관측에 꼭 필요한 재능이었다. 당시만 하더라도 광학기기의 성능이 그리 좋지 못해, 관측은 거의 맨눈으로 수행해야 했기 때문이다.

1600년 케플러를 만난 브라헤는 그의 역량을 단번에 알아보았다. 그래서 그를 조수로 채용해, 자신의 관측자료를 정리하는 일을 맡겼다. 브라헤와 달리 케플러의 시력은 그리 좋지 못했다. 관측가로서는 큰 결점이었으나, 그런 결점은 신경 쓸 필요가 없었다. 이제 자신의 강점인 이론적인 해석에 전념할 수 있게 되었으니 말이다. 당대 최고의 관측가와 이론가의 역사적 만남이었다.

1601년 튀코 브라헤가 사망한 후 유산으로 넘겨받은 관측 결과들을 분석하면서 케플러는 고민에 휩싸였다. 자신의 이론뿐 아니라 기존의 이론 전체가 실제 관측 결과와 일치하지 않았기 때문이다. 마침내 그는 그러한 간극의 원인을 발견한다. 관측이 아니라 이론에 문제가 있었던 것이다. 특히 행성과 같은 천체의 운동이 완벽한 원형궤도라는 오래된 믿음은 잘못된 것이었다. 케플러는 수년 동안 엄청난 계산 끝에 화성의 궤도가 타원형이라는 사실을 밝혀낸다. 화성 공전궤도의 장축(긴 지름)에 대한 단축(짧은 지름)의 비율은 99.6%여서 거의 원에 가깝지만, 그 작은 차이를 끝까지 물고 늘어졌기 때문에 가능했다. 물론 그처럼 엄청난 정밀도의 관측을 맨눈으로 한 브라헤도 대단했다.

코페르니쿠스의 지동설을 더 단단한 기반 위에 올려놓았다는 평가를 받는 케플러의 묘비에는 이런 글귀가 남아 있다. "하늘을 재었던 내가 이제는 어둠을 재고 있구나. 나의 마음은 하늘에 묶여 있고, 나의 몸은 땅에 묶여 쉬고 있도다."

079 화

= 세상을 바꾼 과학 사건 =

'타원궤도 법칙'의 발견(1609)

천상계도 완벽한 원운동이 아니다

고대의 과학자들은 별과 행성이 붙박혀 있는 천구들이 원운동을 한다고 믿었다. 시작과 끝이 없는 영원한 원운동이야말로 가장 완벽한 운동이며, 불완전한 지상과는 달리 천상계는 완벽하다고 생각했다. 지상계와 천상계를 구분한 것이다.

아리스토텔레스는 이에 대한 논리적인 뒷받침을 제시했다. 그에 따르면 우주의 중심에는 가장 무거운 흙으로 된 지구가 있으며, 그 위로 달까지의 세계인 지상계에는 무게순으로 물·공기·불이 위치한다. 달 너머인 천상계는 에테르라는 물질로 가득 차 있으며, 행성들과 별들이 붙박여 돌고 있는 천구들이 있다.

그리고 천구들의 가장 바깥, 그러니까 우주의 밖에는 신적인 존재가 있어 천구들의 운동을 관장한다. 그 영향으로 천구들은 완벽하게 원운동을 하지만, 그 존재에서 멀찌감치 떨어진 지상계는 그렇지 않다는 것이다. 아리스토텔레스는 지상의 운동은 대부분 (시작과 끝이 있는) 불완전한 직선운동이라 설명했다.

그런데 1543년 코페르니쿠스가 자신의 책을 통해 우주의 중심에 지구가 있지 않다는 주장을 제기하면서, 고대의 이분법적 세계관은 큰 위기에 봉착한다. 하지만 코페르니쿠스는 고대의 유산을 완전히 폐기하지는 않았다. 천구가 완벽한 원운동을 한다는 믿음은 여전했던 것이다. 이러한 믿음이 폐기되려면 좀더 시간이 필요했다.

1600년 독일 천문학자 요하네스 케플러는 프라하로 건너가 당시 신성로마제국의 궁정 수학자이자 뛰어난 천문관측가였던 튀코 브라헤를 도와 일을 하게 됐다. 브라헤가 이듬해 사망하자 그의 뒤를 이어 궁정 수학자가 됐으며, 스승이 평생에 걸쳐 축적한 천문관측자료를 모두 물려받았다. 케플러는 그 자료를 토대로 천체의 운동을 꼼꼼히 분석했는데, 아무리 분석을 반복해도 완벽한 원운동으로는 천체의 운행을 설명할 수 없었다.

케플러는 1609년 출간한《신천문학》을 통해 다음과 같은 주장을 했다. "천체는 원형궤도가 아니라 타원형궤도를 돌아야 한다." 완벽한 원운동을 하는 천상계와 그렇지 않은 지상계를 구분하는 오래된 믿음이 비로소 흔들리기 시작한 것이다. 고대의 우주관은 케플러에 의해 거의 빈사상태가 됐다. 이제 그 마지막 숨통을 끊을 영웅이 등장할 차례다. 그 영웅의 이름은 바로 뉴턴이다.

080 수

과학의 생각

우주가 9차원 공간이라고?

높이 오르면 더 멀리 보인다

끈이론에 따르면 우주의 근본물질은 10^{-35}m 정도 되는 작은 끈이다. 이 끈이 진동하면서 만들어내는 패턴에 따라 전자가 되기도 하고 쿼크가 되기도 하면서, 17가지의 기본입자들이 생성된다. 이 기본입자들은 다시 원자를 구성하고, 원자들은 모든 사물을 구성하는 기본단위가 된다. 이것으로도 충분히 신기한데, 끈이론이 선사하는 더 큰 놀라움이 있다. 바로 우리 우주가 9차원 공간이라는 주장이다. 3차원이 아니라는 것이다!

초기 끈이론을 연구하던 과학자들에게 고민이 하나 있었다. 단 1개의 끈만으로는 17가지 종류의 기본입자들을 표현하는 게 어려웠기 때문이다. 각 기본입자의 서로 다른 물리적 성질들을 모두 포함하려면 끈의 진동 패턴이 매우 다양해야 한다. 문제는 우리가 알고 있는 3차원 공간만으로는, 이처럼 세밀하면서도 다양한 진동 패턴들을 얻기 곤란하다는 데 있었다.

그런데 공간을 9차원으로 확대하자, 신기하게도 하나의 끈이 만드는 진동만으로도 17가지 입자들을 표현할 수 있게 됐다. 만약 이런 끈이론이 옳다면, 우주는 우리가 지금까지 알고 있던 것처럼 3차원이 아니라 9차원으로 확장돼야 한다. 하지만 우리가 관찰할 수 있는 것은 3차원 공간뿐이다. 나머지 6차원은 어디에 있는 것일까?

현재까지 가장 그럴듯한 답변은 여분의 차원('칼라비-야우공간'이라고 한다)이 아주 작게 말려서, 3차원 공간 곳곳에 숨어 있다는 것이다. 우주가 처음 탄생했을 때는 9개의 공간차원이 있었지만, 어떤 이유로 인해 그중 3개 차원만 급격히 팽창하는 불균형이 일어났고, 이로 인해 지금과 같은 상태가 됐다는 추측이다. 칼라비-야우공간은 너무 작아서 관찰이 불가능하므로 우리는 3차원 공간만을 느낄 뿐이지만, 10^{-35}m 정도에 불과한 끈은 매우 작기 때문에 이 여분의 공간을 포함한 9차원 공간 전체에서 진동한다.

갱상일루(更上一樓)라는 고사성어가 있다. '다시 누각의 한 층을 오른다'는 말인데, '더 멀리 보려면 더 높이 올라야 한다'는 뜻이다. 이 말이 차원에도 적용되는 것 같다. 그래서 3차원보다는 9차원 세상이 더 진실에 가까운 모습을 보여주고 있는 것은 아닐까?

081 목

《플랫랜드》(에드윈 애벗)

우리는 진실을 제대로 보고 있을까?

소설의 주인공 '미스터 스퀘어', 일명 '네모 씨'는 2차원 세계인 플랫랜드(flatland)에 살고 있다. 여기서 '차원'이란 공간의 형식을 나타내는 단위인데, 2차원 공간은 가로축과 세로축이 있는 평면이다. 여기에 높이축이 더해지면 우리에게 익숙한 3차원 공간이 된다. 반대로 축을 하나 뺀 1차원 공간은 '선분'이 되고, 그마저도 제거한 0차원은 '점'이 된다.

플랫랜드의 사람들은 신분이 나뉘어 있다. 허드렛일을 하는 하녀부터 고귀한 성직자까지. 그런데 신기하게도 신분에 따라 외양도 각기 다르다. 가장 낮은 신분은 삼각형이지만, 신분이 높아질수록 점차 각이 많아지다가 마지막에는 거의 원에 가깝게 된다. 3차원 공간의 우리들에게는 이러한 차이가 눈에 띄지만, 플랫랜드의 사람들은 그와 같은 외양의 차이를 알아차리기 힘들다. 어떤 2차원 도형이든, 옆에서 보면 모두 선분처럼 보이기 때문이다.

그런데 어느 날 네모 씨는 우연한 기회에 3차원 세계인 스페이스랜드(spaceland)의 방문객을 만나 3차원 세계에 대해 듣게 된다. 하지만 네모 씨는 도무지 잘 이해가 가지 않는다. 3차원 세계에는 2차원 세계의 사람인 네모 씨가 보지 못하는 '높이'라는 개념이 있기 때문이다. 3차원 공간에서의 입체를 봐도 네모 씨에게는 오로지 그 단면만 보이는 것이다. 예를 들어 원기둥은 똑바로 서 있으면 원 모양이 되고, 옆으로 누우면 직사각형 모양이 된다. 만약 원기둥이 네모 씨를 기준으로 위로 올라가거나 아래로 내려가면, 갑자기 사라진 듯이 느껴질 것이다.

직접 3차원 세계를 방문하고서야 네모 씨는 비로소 3차원을 이해하게 된다. 다시 플랫랜드로 돌아온 네모 씨는 자신의 경험담을 주위 사람들에게 이야기하지만, 불온한 사상을 전파한다는 죄목으로 종신형에 처해진다.

원래 이 소설은 당시 경직된 영국 사회를 풍자하기 위한 것이었다고 한다. 그런데 오히려 수학·과학분야에서 유명해졌는데, 차원의 문제를 실감나게 다루고 있기 때문이다. 우리가 존재하는 3차원 공간보다 더 높은 차원의 세계가 있을까? 만약 그렇다면 지금 우리 눈에 보이는 현상들은 진실의 한 단면에 불과한 것은 아닐까? 스페이스랜드에서의 네모 씨가 그랬던 것처럼 말이다.

082 금

= 신기한 과학 발명품 =

브라운관TV

수많은 전자들이 만들어내는 빛의 향연

19세기 후반 과학자들 사이에 화제가 된 물품 가운데 하나는 '음극선관'이었다. 음의 전하를 띠는 '전자'가 빠른 속도로 운동하면 마치 빛(광선)과 같은 성질을 나타내는데, 음극선은 이를 지칭하는 용어이며, 음극선관은 음극선을 발생시키는 기다란 진공관을 의미한다. 투명한 유리로 만든 진공관의 한쪽에 금속으로 된 음극을 설치하고 여기에 강한 전류를 흘려주면, 그 금속에서 전자들이 튀어나오면서 음극선을 만드는 원리다.

독일 물리학자 카를 페르디난트 브라운(1850~1918)은 1897년 이 음극선관을 응용해 매우 기발한 발명품을 제작한다. 그의 이름을 따서 후에 '브라운관'이라 불리게 된 장치다. 이 브라운관에도 강한 전압을 걸어주어 텅스텐에서 전자들이 튀어나오도록 하는 장치가 있는데, 이를 '전자총'이라 한다. 마치 총에서 총알이 발사되듯이 전자들이 연속해서 발사되기 때문에 이런 이름이 붙었다.

브라운관은 일반적인 음극선관과는 달리 전자총의 반대편에 훨씬 더 넓은 면을 갖고 있으며, 여기에는 형광물질이 도포돼 있다. 그리고 이 형광물질은 전자들이 부딪히면 빛을 내는 성질이 있다. 전자들이 이동하는 경로에는 전자석*이 설치돼 있는데, 여기서 발생하는 자력의 세기에 따라 발사된 전자들의 이동경로가 조금씩 변한다. 그러면 반대편 화면에 부딪히는 위치도 달라지고, 그 효과로 인해 화면에 어둡고 밝은 점들의 집합이 형성된다. 이 원리를 브라운관을 이용한 TV에 적용해보면, 이 작은 점들의 밝기 차이를 통해 우리가 보는 화면이 만들어지는 것이다. 브라운관TV는 1927년 미국 발명가 판즈워스(1906~1971)가 최초로 발명했다고 알려져 있다. 하지만 이를 상업화하는 데 성공한 주인공은 1946년 RCA라는 회사였다.

이후 개발된 컬러TV의 원리도 흑백TV와 기본적으로는 동일하나, 크게 2가지 점에서 차이가 있다. 첫째, 빛의 밝기 정보만 전달하던 흑백TV와는 달리 물체의 색상을 적색(R), 녹색(G), 청색(B)의 3원색 성분으로 분리하고 전달한다. 둘째, 브라운관에는 3원색의 형광물질들이 각각 도포돼 있어, 수신된 3원색 정보에 따라 전자가 형광물질들을 자극해 원래의 색상을 재현해낸다. 이 브라운관TV를 이용한 상업용 컬러 방송은 1954년 미국에서 최초로 실시됐고, 우리나라는 1980년이 돼서야 시작됐다.

---

* 전류가 흐르면 자기화되고, 전류가 끊기면 원래 상태로 돌아가는 일시적 자석.

밀가루도 힘이 있다

밀가루를 밀가루답게, 글루텐

밀가루만큼 널리 쓰이는 식재료가 또 있을까? 빵을 만들 때도 사용되지만 면요리의 주재료이기도 하고, 튀김옷의 바삭거림 또한 밀가루가 없으면 불가능하다. 이처럼 밀가루가 요리계의 팔방미인인 이유는 그것만의 고유한 특성 때문이다. 아니, 더 정확하게는 반죽상태의 특성 때문이다.

밀가루는 물을 섞어 반죽하면 할수록 점착성과 탄력성이 점차 커진다. 잘 달라붙는 점착성이 있으니, 다른 식재료와 혼합해 요리하기에 용이하다. 한편 탄력성 있는 반죽은 완성된 요리에 쫀득한 식감을 부여한다. 만약 이 탄력성이 없다면, 빵과 면 특유의 쫀득한 식감은 결코 맛볼 수 없을 것이다.

이러한 특성은 밀가루의 구성성분과 관련이 있다. 밀가루는 대부분이 탄수화물이지만 약 10% 정도의 단백질도 포함하고 있는데, 주로 글루테닌과 글리아딘이란 단백질이다. 가루상태에서 이 두 단백질은 따로 분리돼 있는데, 물을 섞어 반죽하면 매우 흥미로운 일이 일어난다. 단백질들이 혼합돼 엉키면서 점착성과 탄력성이 있는, 얇은 막 구조의 복합단백질을 형성하는 것이다. 그리고 이것이 바로 그 유명한 글루텐이다.

그런데 밀의 품종 등에 따라 단백질의 함량은 조금씩 차이가 난다. 그 함량이 13% 이상인 밀로 가루를 만들면 이를 '강력분'이라 하고, 주로 빵을 만드는 데 사용된다. '중력분'은 단백질 함량이 9~13% 수준인 밀가루로, 대부분 면을 만드는 데 쓰인다. 단백질 함량이 9%보다 적은 밀가루는 '박력분'이라 한다. 반죽의 찰기가 가장 적기 때문에, 쫀득함보다는 바삭거림이 강조되는 튀김 요리나 제과용으로 많이 사용된다.

강력분·중력분·박력분이란 이름에는 모두 힘을 의미하는 '력(力)' 자가 들어 있다. 밀가루가 갖는 힘의 크기를 나타낸 이름인데, 당연하게도 강력분은 가장 힘이 센 밀가루이고 중력분·박력분의 순서로 힘이 약해진다. 굳이 힘의 의미를 부여한 이유는, 과거에는 밀가루 반죽의 힘을 측정해 밀가루를 분류했기 때문이다. 오늘날 표준이 된 방식은 1921년 프랑스 사업가 마르셀 쇼팽(1890~1979)이 개발했는데, 납작한 밀가루 반죽에 바람을 불어넣어 기포가 터지기 전까지 저항하는 정도를 측정한다. 그러면 그 정도에 따라 강력분·중력분·박력분으로 밀가루를 분류할 수 있다.

〈공각기동대〉(1995)

나는 정말 '나'인가?

〈공각기동대〉 속 미래의 인류는 한 단계 더 진화했다. 인간의 생체조직을 버리고 인공장기 등으로 몸을 전면 개조한 '의체(擬體)화'는, 유한한 생명의 한계를 극복하게 해주었다. 뿐만 아니라 보통의 인간이라면 엄두도 내지 못할 강한 힘을 지니게 해주었다. 하지만 이것만으로는 부족했다. '나를 나답게 하는 것'의 연속성이 보장돼야 하기 때문이다. 그것은 바로 우리의 영혼이다. 영혼이 담기지 않는다면 의체는 진정한 내가 아닐 것이다.

작품에 등장하는 '전뇌(電腦)화'는 두뇌의 디지털화를 의미한다. 다른 신체 장기와 마찬가지로, 뇌 또한 그 수명과 기능에서 한계가 분명하다. 그렇다면 이를 전자두뇌로 대체하면 될 텐데, 문제는 '물리적 실체'인 뇌 안에 존재하는 '무형의 실체'인 영혼이다. 우리의 생각과 기억을 만들어내는 바로 그 실체. 미래의 기술은 이를 디지털화하는 데 성공했다. 인간의 뇌가 컴퓨터와 연결이 가능해진 것이다. 컴퓨터를 뇌에 삽입한, 전뇌화된 인간은 컴퓨터의 도움으로 뇌의 기능이 획기적으로 향상된다.

하지만 완벽할 것만 같았던 미래의 사회에도 여전히 고민은 있다. 전뇌화된 두뇌, 즉 '전뇌'는 해킹 공격에 취약한데, '인형사'라는 정체불명의 테러집단이 전뇌를 해킹해 사람들을 조종함으로써 여기저기서 테러를 일으킨 것이다. 주인공 '쿠사나기' 소령이 속한 공안 9과는 이런 테러에 대응하는 조직이다.

쿠사나기 또한 사고로 신체를 잃고 의체화 및 전뇌화된 인간이다. 그는 끊임없이 자신의 정체성에 대해 고뇌한다. 자신의 존재를 확신하지 못하는 것이다. '내 의체에 담겨 있는 나의 의식이 정말 내가 나임을 증명하는 증거인가?' '나의 의식이 만들어졌거나 조작된 것이라면?'

얼마 후 마침내 '인형사'의 정체가 밝혀진다. 인형사는 본래 해킹 프로그램이었으나 인터넷상에서 자의식이 저절로 생겨난 존재다. 그는 스스로를 '정보의 바다에서 탄생한 생명체'라 정의한다. 이제 쿠사나기의 질문은 그 범위가 더 넓어졌다. '과연 생명이란 무엇일까?'

〈공각기동대〉의 영어 제목은 'Ghost in the Shell'로 '껍질 속 영혼'이란 뜻이다. 우리는 우리의 핵심이 신체 안에 있는 영혼에 있다고 믿는다. 그렇다면 아무리 의체화되고 전뇌화돼도, 그 껍질 안에 영혼만 있다면 우리는 분명 생명이며 틀림없는 '나'일 것이다. 하지만 그 영혼이 전뇌가 만들어낸 것이라면, 또는 인터넷에서 저절로 생겨난 것이라면 나는 나인가? 아니, 나는 생명이라 불릴 만한가?

내가 더 멀리 보았다면,
그건 거인들의 어깨 위에 서 있었기 때문이다.

_ 아이작 뉴턴

085 월

과학자의 말

아르키메데스

내 원을 밟지 마!

잘 풀리지 않던 문제의 해결책이 갑자기 떠오른 순간 '유레카'란 표현을 사용한다. '깨달았다!'라는 뜻의 이 말은, 고대 그리스의 천재 과학자 아르키메데스와 관련한 일화에 등장한다.

고대 그리스의 도시국가 시라쿠사를 다스리던 히에론 2세(기원전 308?~기원전 215)는 어느 날 아르키메데스를 호출한다. 그리고 얼마 전 제작된 왕관이 진짜 100% 순금으로 됐는지 확인해달라고 요청한다. 왕은 금세공업자가 왕관에 은을 섞었을지도 모른다는 의심을 하고 있었다. 좀처럼 해결책을 찾지 못하던 아르키메데스는 어느 날 욕조에 몸을 담그고 있다가, 불현듯 아이디어를 떠올렸다. 그는 자신이 알몸인 것도 잊어버린 채 거리를 뛰어다니며 이렇게 외쳤다. "유레카!" 그가 떠올린 아이디어의 핵심은 다음과 같다.

'물로 가득 찬 용기에 어떤 물체를 잠기게 하면 물이 넘쳐흐르는데, 그 흘러넘친 물의 양은 물체의 부피와 비례한다. 그런데 은은 금보다 밀도가 낮다. 다시 말해 같은 무게의 금과 은을 비교하면, 은이 더 큰 부피를 차지한다는 뜻이다. 만약 왕관에 은이 섞여 있다면 같은 무게의 순금보다 부피가 더 클 것이고, 따라서 더 많은 양의 물이 넘쳐흐를 것이다.' 물속의 물체는 위로 밀어 올리는 힘, 즉 부력을 받는다. 그리고 그 크기는 물체가 밀어낸 물의 무게와 같다. 이를 '아르키메데스의원리(또는 부력의 원리)'라 하는데, 물체의 무게가 같아도 밀도가 낮으면 물속에서 더 가볍게 느껴지는 원인이 된다. 밀어낸 물의 양이 더 많아서 더 큰 부력을 받기 때문이다.

당시 시라쿠사는 로마와 한니발이 이끄는 카르타고 사이에서 벌어진 포에니전쟁(기원전 264~기원전 146)의 소용돌이 속에 있었다. 카르타고의 편에 선 시라쿠사로 로마군이 침략해왔을 때, 아르키메데스는 여러 개의 거울을 이용해 햇빛을 한곳에 집중시켜 로마의 함선을 불태우는, 일명 '아르키메데스의 거울'이라 불리는 신무기를 발명했으나 로마군의 점령을 막지는 못했다.

시라쿠사가 점령되던 날 아르키메데스는 막대기로 땅바닥에 도형을 그리며 기하학 연구에 빠져 있었다고 한다. 이때 한 로마 병사가 그를 만나고 싶다는 마르켈루스(기원전 268~기원전 208) 장군의 말을 전하기 위해 찾아왔다. 하지만 아르키메데스는 그 병사에게 이렇게 외쳤다. "내 원을 밟지 마!" 화가 난 병사는 그만 아르키메데스를 단검으로 찌르고 말았다. 마지막 순간까지도 자신이 좋아하던 연구를 포기할 수 없었던 위대한 학자의 최후였다.

086 화

= 세상을 바꾼 과학 사건 =

갈릴레이의 종교재판(1633)

그래도 지구는 돈다

이탈리아의 천문학자이자 물리학자인 갈릴레오 갈릴레이는 근대과학이 탄생하는 데 지대한 공헌을 했다. 흔히 뉴턴의 업적으로 알고 있는 운동의 3법칙 또한 사실은 갈릴레이의 중요한 발견과 밀접한 관련이 있다. 물체에 힘을 가하지 않아도 운동하던 물체는 계속 운동한다는 관성의법칙을 뉴턴보다도 먼저 발견한 것이다. 물체가 운동을 하려면 힘을 계속 가해주어야 한다는 고대부터의 오래된 믿음이 비로소 깨지는 순간이었다.

뉴턴은 이를 토대로 운동의 3법칙을 수학적으로 증명했고, 근대역학이라는 보다 완성된 체계 안에 포함시켰다. 뉴턴은 평소에 '내가 더 멀리 보았다면, 그건 거인들의 어깨 위에 서 있었기 때문이다'라고 겸손하게 말하곤 했는데, 그 거인 가운데 한 사람이 바로 갈릴레이였다.

시대를 앞서간 인물답게 갈릴레이의 사고는 유연했다. 그는 당시 대부분의 사람들이 믿고 있던 천동설을 부정하고, 코페르니쿠스가 주장한 지동설을 신봉했다. 하지만 이로 인해 1616년 교황청의 소환을 받고, 자신의 '우매하고 이단적인' 견해를 철회한다는 서약을 해야 했다.

그러던 어느 날 그에게도 기회가 찾아왔다. 1623년 평소 친분이 있던 바르베리니(1568~1644) 추기경이 새로운 교황의 자리에 오른 것이다. 그는 교황을 설득해 천동설과 지동설을 균형 있게 다루는 책을 써도 좋다는 허락을 받았다. 그렇게 해서 집필한 책이 바로《두 우주체계에 관한 대화》다.

하지만 교황은 갈릴레이가 자신과의 약속을 어겼다고 생각했다. 그 책의 등장인물들은 천동설과 지동설로 나누어 주장을 펼치고 있었지만, 갈릴레이는 책을 통해 자신이 지동설을 옹호하고 있음을 은근히 내비쳤기 때문이다. 게다가 그가 여전히 지동설을 옹호하고 있다는 또 다른 증거까지 더해지면서, 1633년 열린 종교재판에서 유죄를 선고받고 말았다. 갈릴레이는 종신 가택연금에 처해졌는데, 그나마 그가 고령임을 감안한 감형이었다.

전해지는 바에 따르면, 갈릴레이는 종교재판소를 나서며 '그래도 지구는 돈다'라고 말했다고 한다. 하지만 이 이야기는 그다지 신빙성이 없다. 만약 정말로 그랬다면 교황청이 가만있지 않았을 테니 말이다. 비록 갈릴레이는 자신의 견해를 '순순히' 철회했지만, 근대과학의 여명을 서서히 맞이하고 있던 당시 사람들은 그렇지 않았던 것 같다. 아마도 그래서 과학의 진실 앞에서 당당한 갈릴레이의 모습을 마음속으로나마 그렸던 것은 아닐까?

087 수

과학의 생각

자연은 진공을 싫어한다

이 세상에 빈틈이 있으면 안 돼!

바티칸 시스티나성당 한쪽 벽면에는 미켈란젤로(1475~1564)의 〈최후의 심판〉이 그려져 있다. 과연 조각가 출신답게 391명의 등장인물들 모두의 표정과 몸짓 하나하나가 다 살아 있는 듯하다. 이 그림에서 또 하나 눈길을 끄는 점이 있다면, 배경이 되는 아름다운 푸른색이다. '천국의 푸른색'이라고 불리는 청금석 안료가 사용됐는데, 당시 그 가치가 황금보다 비쌌다고 한다. 값비싼 안료로 그림 곳곳을 빈틈없이 칠했을 정도로, 당시 교황청은 이 작품을 대단히 중요하게 생각했다.

그런데 비단 이 그림뿐 아니라, 서양화는 거의 대부분 여백을 남기지 않는다. 조금이라도 비어 있는 곳이 있으면 색으로 마감한다. 여백의 미를 강조하는 동양화와는 큰 차이가 있다. 그 이유는 무엇일까?

자연에 텅 빈 공간, 즉 진공이 존재하는지 여부는 고대 그리스의 과학자들 사이에서도 의견이 분분했다. 기원전 5세기 데모크리토스는 그의 스승이라 알려진 레우키포스와 함께 원자설을 주장했다. 그는 더 이상 쪼갤 수 없는 '원자'라는 개념과 더불어, 그 원자들이 운동할 수 있는 빈 공간인 '진공'의 개념도 도입했다.

하지만 아리스토텔레스는 진공의 존재를 부정했다. 완벽한 우주에 그처럼 불완전한 것이 있어서는 안 된다고 생각한 것이다. 그는 '존재하는 우주에는 오직 존재하는 것만 있으며, 존재하지 않음이 존재할 수는 없다'고 주장했다.

아리스토텔레스는 자신의 《자연학》에서 많은 부분을 할애해 진공이 존재하면 안 되는 논증을 펼친다. 예를 들면 다음과 같다. "낙하하는 물체는 공간을 가득 채우고 있는 공기라는 물질을 가르면서 진행한다. 그런데 만약 공기의 농도가 점차 옅어지다가 아예 진공상태가 된다면, 물체의 낙하속도는 점점 빨라지다가 결국 무한에 이르게 될 것이다. 이는 모순적인 상황이므로(아리스토텔레스는 무한이 앎의 영역 밖에 있다고 생각했다) 진공은 존재해서는 안 된다."

그의 이러한 가르침은 중세까지 막대한 영향력이 있었다. 그래서 이런 말이 생겨났다. "자연은 진공을 싫어한다." 만약 진공이 만들어지려 한다면, 자연은 그 즉시 이를 메꾸어버릴 것이다. 17세기 들어 진공의 존재는 증명됐지만, 이 오래된 믿음은 여전히 꽉 채워진 그림 속에 그 흔적을 남기고 있다. '이 세상에 빈틈이 있으면 안 돼!'라고 외치면서 말이다.

088 목

과학자의 서재

《총 균 쇠》(재레드 다이아몬드)

활발한 교류와 경쟁이 핵심이다

뉴기니에서 조류의 진화에 관해 연구하던 재레드 다이아몬드(1937~)는 어느 날 그의 친구이자 섬의 원주민인 얄리에게 이런 질문을 받는다. "당신네 백인들은 화물을 이렇게나 많이 만들어서 뉴기니섬까지 가져오는데, 우리는 왜 그러지 못합니까?"

그는 이 질문에 답하는 것이 결코 쉽지 않다는 사실을 깨달았다. 그리하여 시작된 그의 연구는 마침내 《총 균 쇠》를 탄생시켰다. 구체적으로는 왜 유라시아 대륙이 아메리카나 아프리카 대륙보다 문명이 앞설 수 있었는지 책을 통해 설명한 것이다. 그러고 보면 세계 4대 문명이라 불리는 메소포타미아·이집트·인더스·황하문명 모두 유라시아 대륙에 속해 있다.

문명을 이루기 위해서는 많은 인구가 거주하는 도시화가 선행돼야 하고, 도시 내 전문분야에 종사하는 집단 간의 분화가 활발히 일어나야 하며, 식량 생산의 효율성이 획기적으로 높아져야 한다. 유라시아 대륙은 다른 곳에 비해 이것들을 위한 지리적 조건이 상대적으로 더 유리했다는 것이 다이아몬드 교수의 분석이다.

세계지도를 펼쳐보면 유라시아 대륙은 비슷한 위도에서 동서로 길게 뻗어 있음을 알 수 있다. 이에 비해 아메리카와 아프리카 대륙은 남북으로 길게 뻗은 모양새다. 같은 위도의 지역은 기후가 비슷하다. 하지만 남북으로 뻗어 있는 같은 경도상의 기후는 매우 다른데, 적도 지역은 뜨겁지만 위로 올라갈수록 기온이 점차 낮아진다. 이러한 기후의 차이는 동물, 식물, 그리고 인간의 이동을 제한할 수밖에 없다. 하지만 유라시아 대륙은 이러한 이동의 제약이 상대적으로 적었다.

활발한 교류와 경쟁은 문명의 진보에 큰 자극이 됐다. 이 과정에서 총으로 대변되는 무기의 발달이 있었고, 병균의 확산과 이에 따른 면역도 점차 강화됐다. 그리고 쇠를 자유자재로 이용할 수 있는 문명 수준에까지 이르렀다. 하지만 아메리카와 아프리카는 그러지 못했기에 유럽인들의 침략에 그토록 쉽게 무너지고 만 것이다. 유라시아 대륙이 문명에서 앞선 이유는 유럽인들을 포함한 유라시아인들이 인종적으로 우수해서가 아니라, 단지 지역적인 환경 차이 때문이라는 설명이다. 그 밖에 같은 유라시아 대륙 내에서도 근대 이후 인접한 국가들 간에 활발한 교류와 경쟁이 이루어진 유럽이, 상대적으로 그렇지 못했던 아시아보다 더 발전하게 됐다고 다이아몬드는 진단한다.

과학분야에서 치열한 경쟁을 치르고 있는 현재의 우리에게도 이 책이 시사하는 바가 적지 않다. 활발한 교류와 경쟁이 이루어지는 환경의 중요성을 말해주고 있기 때문이다.

089 금

기계식 TV

브라운관TV가 최초가 아니라고?

최초의 TV는 1875년 미국의 조지 캐리(1851~1906)가 발명한 기계식 TV다. 이 TV는 셀레늄이라는 금속의 '광전효과'를 이용했는데, 이는 금속이 빛을 받으면 전자가 튀어나와 전류가 흐르는 현상이다. 이 TV의 구조는 다음과 같다.

먼저 셀레늄을 얇게 코팅한 넓은 판을 여러 구획으로 나눈다. 그리고 각 구획에 전선을 연결한 후, 전선의 다른 한쪽 끝을 커다란 스크린에 박힌 작은 전구들에 연결한다. 예를 들면 셀레늄 판의 왼쪽 아래와 오른쪽 아래 구획이, 스크린의 왼쪽 아래와 오른쪽 아래에 설치된 전구와 연결되는 식이다.

이제 촬영대상인 물체를 셀레늄 판 앞에 놓고 조명을 비추면, 물체에서 반사된 빛이 셀레늄 판에 도달한다. 이때 물체의 어두운 부분은 빛이 덜 반사되고, 밝은 부분은 더 많이 반사된다. 그러면 판의 구획마다 도달한 빛의 양의 차이가 발생하고, 이에 구획마다 전류의 양이 달라져 이곳과 연결된 전구들이 서로 다른 밝기로 빛난다. 그리고 최종적으로 스크린에 물체의 전체적인 모습이 재현된다.

기계식 TV는 수많은 전선과 전구들을 연결하는 복잡한 구조 때문에 상용화에는 실패했다. 이 문제를 해결한 최초의 상업용 TV는 1926년 영국 발명가 존 베어드(1888~1946)가 만든 '텔레바이저'다. 여기에는 여러 개의 작은 구멍들이 일정한 간격으로 뚫린 커다란 원판이 설치돼 있는데, 이 판은 촬영대상과 셀레늄 판 사이에 놓여서 빠르게 회전한다. 1회전을 하면서 시간차를 두고 각 구멍을 통과한 모든 빛들을 합하면, 물체의 전체적인 상이 만들어지도록 구멍들이 배치돼 있다.

각 구멍을 통과할 때마다 달라진 빛의 양은 셀레늄 판의 전류를 변화시키고, 이는 다시 여기에 연결돼 있는 '하나'의 전구의 밝기를 조절한다. 그리고 이 램프 앞에는 촬영할 때 사용한 것과 동일한 형태의 또 다른 판이 같은 속도로 회전하고 있어, 그 판에 뚫린 구멍들을 통해 촬영한 곳과 동일한 위치에 해당하는 빛의 신호를 볼 수 있도록 해준다. 그리고 이 신호들이 모이면 물체의 전체적인 화면이 만들어진다. 각각의 빛들은 시간차가 있지만, 잔상효과에 의해 우리는 마치 동시적으로 그 빛들을 보고 있다고 착각한다.

단 하나의 전구만을 사용할 수 있게 되면서 조지 캐리의 방식보다 훨씬 단순해진 텔레바이저는 1929년 영국 BBC를 통해 처음 방송에 사용됐다. 하지만 브라운관TV와의 해상도 경쟁에서 밀리는 바람에 결국 도태되고 말았다.

090 토

과학자의 주방

노란색 면이 더 맛있어 보이는 이유

요리는 미각보다 시각이 먼저다

면의 종류는 다양하지만, 보통은 제조방식에 따라 다음과 같이 구분한다. 먼저 손으로 반죽을 여러 번 치대고 당기면서 만드는 '납면'이 있다. 짜장면에 사용하는 중화면, 일본식 라멘이 대부분 이 방식으로 만들어진다. '압면'은 작은 구멍으로 반죽을 밀어 넣어 뽑아낸 면인데, 냉면이 대표적이다. 그 밖에 칼국수처럼 반죽을 얇게 편 후 칼로 썰어 만드는 '절면'이 있다. 마지막은 '소면'인데, 반죽을 길게 늘여 막대기 사이에 감고 막대기 간격을 넓히면서 점차 가늘게 만드는 면이다.

만드는 방식에 따라 면의 특성 또한 달라진다. 예를 들어 반죽을 치대는 과정이 많은 납면의 경우, 다른 면들에 비해 더 쫄깃한 식감을 갖는다. 밀가루는 반죽을 오래하면 할수록 점착성과 탄력성이 있는 글루텐이 더 많이 만들어지기 때문이다. 다른 방식의 면들은 상대적으로 쫄깃함이 덜하다.

그런데 중화면의 쫄깃한 식감은, 단지 반죽을 오래 치댔기 때문만은 아니다. 반죽할 때 첨가하는 간수 또한 쫄깃함의 원인이 된다. 간수란 바닷물에서 소금을 석출하고 남은 용액을 말하는데, 염화마그네슘 등이 주성분인 염기성 용액이다. 염기성 용액은 글루텐이 더 잘 생성되도록 촉진하는 역할을 한다. 다시 말해 밀가루 반죽이 더 쫄깃해지게 하는 역할을 하는 것이다. 빵을 반죽할 때 소금을 소량 첨가하는 것도 이런 이유에서다. 그런데 간수에는 중금속 등 여러 불순물이 섞여 있을 수 있어, 최근에는 정제된 다른 염기성 합성물질을 대신 사용하기도 한다.

간수의 효과는 또 있다. 밀가루에는 '플라보노이드'라는 성분이 들어 있는데, 원래는 무색이지만 염기성 환경이 되면 노란색으로 변한다. 그래서 중화면 등이 특유의 노란색을 띠게 되는 것이다. 사람들은 보통 중화면처럼 노란색의 면을 보면 쫄깃함을 떠올린다. 아마도 오랜 경험에 따른 효과일 것이다.

이 때문에 일반 면을 노란색으로 가공하기도 한다. 식용색소를 사용하는 경우도 있지만, 요즘은 '리보플래빈(riboflavin)'이라 불리는 비타민 B_2를 첨가하는 경우가 많다. 그러면 영양이 강화되고, 면 또한 더 먹음직스러운 노란색이 된다. 참고로 '플래빈(flavin)'은 라틴어로 노란색을 의미하는 'flavus'에서 유래했다. 그러고 보니 요리에 대한 평가는 미각보다 시각이 앞서는 것 같다.

〈트랜센던스〉(2014)

나의 범위는 어디까지인가?

천재 과학자 '윌 캐스터'는 드디어 인공지능 컴퓨터를 완성했다. 그는 이 인공지능이 온라인 네트워크와 연결되면, 모든 인류의 지성을 합친 것보다 더 뛰어난 존재가 되리라 확신한다. 그런데 그런 그를 못마땅하게 생각하는 단체가 있다. 과학기술이 인류의 생존을 위협한다고 생각하는 과격 테러단체 'RIFT'다. 윌은 이 단체에 의해 테러를 당한다. 다행히 총알이 스치고 지나가서 생명을 건졌다고 생각했지만, 총알에는 방사능물질이 묻어 있었다. 서서히 생명이 꺼져가는 윌을 그냥 보고만 있을 수 없었던 연인 '에블린'은 그의 뇌를 디지털화해 인공지능 컴퓨터에 업로드하기로 한다.

잠시 후 '새로운' 윌이 깨어난다. 그는 인간으로서의 신체만 없을 뿐 예전 윌의 기억을 소유하고 있었고, 이에 마치 윌처럼 생각하고 말한다. 온라인에 접속하게 된 윌은 자신의 예언대로 초월적인 지성을 갖게 된다. 그리고 나노기술까지 이용해 온라인 공간을 떠나 현실 공간 또한 마음대로 조정할 수 있게 된다. 에블린을 포함한 사람들은 이제 그를 두려워하기 시작한다. '그는 진짜 윌이 맞을까?' 아니면 '윌과 유사한 초월적 AI일까?'

이 두려운 존재를 제거하기 위한 작전이 시작된다. 바로 그가 머무는 네트워크에 바이러스를 침투시키는 것이다. 에블린이 직접 나서 그 임무를 맡는데, 그녀는 바이러스를 침투시킨 후 무언가 잘못됐음을 깨닫는다. 새로운 윌은 자신의 나노기술을 이용해 세상을 치유하는 중이었던 것이다. 그는 세상을 파괴하거나 정복하려는 의도가 전혀 없었다. 하지만 때는 이미 늦었고, 그 초월적 존재는 서서히 소멸해간다.

이 영화는 초월적 존재에 대해 갖는 인간의 막연한 두려움에 대해서도 말하고 있지만, 그 외에 또 다른 철학적인 질문을 던지기도 한다. '과연 나의 범위는 어디까지인가?'

사람들은 윌의 의식이 업로드된 인공지능을 윌이라 확신하지 못한다. 그렇다고 윌이 아니라고 말하지도 못한다. 윌이라 부를 만한 많은 것들을 담았으나, 모든 것을 다 담았다곤 할 수 없기에 이런 혼란이 생긴다. 어쩌면 나를 규정짓는 것은 훨씬 더 복잡한 문제일지도 모른다. 〈공각기동대〉의 주인공 쿠사나기도 이런 말을 했다. "인간이 인간이기 위한 부품이 적지 않은 것처럼, 나를 '나'이게 만들기 위해서는 놀랄 만큼 많은 것들이 필요하다."

092 월

과학자의 말

유클리드(기원전 330?~기원전 275?)

기하학에 왕도는 없다

33세의 젊은 나이로 알렉산드로스대왕이 허망하게 죽자 그의 제국은 분열됐다. 대왕의 측근이었던 프톨레마이오스 1세(기원전 367?~기원전 283?)는 이집트를 기반으로 독자적인 왕국을 세우는데, 이것이 바로 프톨레마이오스왕조의 시작이었다. 프톨레마이오스왕조 시대의 수도였던 알렉산드리아는 당대 학문의 중심지였다. 그 유명한 알렉산드리아도서관도 이때 건립됐는데, 사실 이 도서관보다 더 중요한 기관은 따로 있었다. 바로 '무세이온'이다. 오늘날 '뮤지엄(museum)'의 어원이 된 이 기관은 각지의 저명한 학자들이 모여 학문을 연구하던 곳이었다. 그리고 연구를 위해 세상의 다양한 물건들을 수집해 보관한 곳이기도 하다.

무세이온 소속 학자들 가운데 가장 유명한 이는 유클리드다. 그는 고대 그리스 이래로 전해져오던 여러 수학이론들을 종합적으로 정리하는 일에 착수했다. 그렇게 해서 세상에 등장한 것이 바로《원론》이란 책이다.《원론》은《성경》다음으로 가장 많이 팔린 책이었으며, 20세기 초까지 수학교과서로 활용됐을 정도로 권위 있는 책이었다.《원론》이란 제목에서 알 수 있듯이 유클리드는 수학이 모든 학문의 근본이라 생각했다.

당연한 이야기지만 유클리드에게서 직접 이《원론》을 배우는, 이른바 '직강'을 들을 기회는 아무에게나 허락되지 않았다. 소수의 선택받은 수강자 중에는 프톨레마이오스 1세도 있었다. 왕은 제국을 다스릴 역량을 갖추기 위해 여러 학문을 배웠는데, 그중 수학도 포함돼 있었다. 수학의 증명과정을 통해 논리적인 사고력을 키울 수 있기 때문이었다.

유클리드는 왕에게《원론》에서 기술한 5가지의 공리*와 23가지 정의만으로 여러 수학적인 증명을 하도록 과제를 낸다. 그런데 왕은 이 과제들을 어려워했다. 전해지는 바에 따르면 왕은 유클리드에게 이렇게 물었다고 한다. "좀더 쉬운 방법은 없소?" 그러자 유클리드는 이렇게 답한다. "기하학에 왕도는 없습니다."

왕은 많은 특권이 있지만, 학문에서만큼은 만인이 평등하다는 사실을 그는 이렇게 말한 것이다. 그 누구라도, 심지어 왕이라도 열심히 노력하지 않으면 학문적 성과를 낼 수 없기 때문이다. 하지만 가난 등을 이유로 그러한 노력조차 사치인 경우가 있을 수 있다. 적어도 배움에 있어서만은 기회의 평등이 제대로 실현됐으면 하는 바람이다.

* 수학·논리학 등에서 증명 없이 자명한 진리로 인정되며, 다른 명제를 증명하는 데 전제가 된다.

093 화

= 세상을 바꾼 과학 사건 =

토리첼리의 실험(1643)

자연은 진공을 싫어하지 않는다

토리첼리의 스승 갈릴레이는 한 가지 의뢰를 받는다. 지하수를 퍼 올리는 펌프가 10m 이상의 깊이에서는 작동하지 않는 이유를 밝혀달라는 것이었다. 하지만 갈릴레이는 이 문제를 해결하지 못했고, 제자인 토리첼리에게 마무리를 부탁한 후 세상을 떠났다.

당시의 이론으로 생각해본다면, 펌프가 공기를 빼내면 곧바로 물이 차올라 깊이에 상관없이 얼마든지 물을 뽑아낼 수 있어야 했다. 오래전 아리스토텔레스의 설명대로 자연은 진공을 싫어하니, 진공이란 것이 만들어지면 안 되기 때문이다. 그런데 왜 10m 이상의 깊이에서는 펌프가 작동하지 않는 것일까?

1640년에는 이탈리아 물리학자 가스파로 베르티(1600~1643)가 이 현상을 재현하기도 했다. 그가 물을 가득 채운 10.6m 금속관을 물속에 거꾸로 세우자 물이 내려가다가 10m 높이에서 멈췄다. 이 과정에서 위쪽 일부 공간은 진공이 되었는데, 인공적으로 만들어진 최초의 진공이었다. 하지만 베르티는 그 원리까지는 명확히 밝혀내지 못했다.

1643년 토리첼리는 이와 비슷한 실험 하나를 진행했다. 단 내부를 관찰할 수 있도록 유리관을 사용하고, 물 대신 수은을 채워 넣었다. 수은이 물보다 13.6배 더 무거우니, 수은을 사용하면 1m 정도의 유리관만으로도 간편하게 실험을 할 수 있다고 판단했던 것이다. 실험 결과 수은의 높이는 76cm에서 멈췄다. 이때도 수은 기둥 위쪽에는 진공이 만들어졌다. 사람들은 후에 이를 '토리첼리의진공'이라 불렀다.

토리첼리는 이어지는 실험들을 통해 펌프의 작동원리에 관한 기존의 설명이 잘못됐음을 깨달았다. 진공이 만들어지면 안 되기 때문에 물이 딸려 오는 것이 아니라, 일단 펌프질로 진공이 만들어지면 대기압에 의해 그 빈 공간으로 물이 밀려 들어오는 것이었다. 참고로 공기는 지상 약 1000km까지 존재한다. 공기입자 하나하나의 무게는 보잘것없지만 그 양이 많다면 문제가 달라진다. 실제로 공기의 압력은 1m²당 10t에 이른다. 자동차 5대가 가로세로 각각 1m인 면적을 누르는 것과 같다. 하지만 그 힘에도 한계가 있으니, 물이 올라오는 높이에도 한계가 생겼던 것이다.

베르티를 거쳐 토리첼리의 실험에 이르자 그동안 세상을 지배했던 진공에 대한 편견이 깨졌다. 자연은 진공을 싫어하지 않으며, 진공은 실제로도 존재한다. 아리스토텔레스로 대변되는 고대과학과 또 한 번 결별한 순간이다.

094 수

진공에는 정말 아무것도 없나?

공짜 점심처럼 우연하게 태어난 우주

은하와 은하 사이 1m^3 공간에는 단 1개의 원자만이 존재한다. 이쯤이면 완전한 진공에 가깝다. 그런데 이 원자마저 없앤다면 진공에 정말로 아무것도 없는 것일까?

1927년 영국 이론물리학자 폴 디랙(1902~1984)은 자신이 고안한, 이른바 '디랙방정식'을 풀다가 음의 에너지를 가진 전자가 존재한다는 결론을 얻었다. 기존의 이론에 의하면, 전자를 비롯해 우리가 알고 있는 모든 물질은 양의 에너지를 갖는다. 그리고 에너지의 최솟값은 0이다. 그런데 디랙에 의하면 에너지가 음의 값을 가질 수도 있는 것이다. 에너지가 음수라는 것은 어떤 의미일까? 또 그런 음의 에너지를 갖는 전자들은 어디에 있는 것일까?

디랙에 따르면, 우리가 진공이라 부르는 텅 빈 공간은 사실 가장 낮은 에너지상태인 전자들, 즉 음의 에너지를 갖는 전자들로 가득 차 있다고 한다. 우리는 이 숨어 있는 전자들보다 더 높은 에너지상태, 즉 양의 에너지를 갖는 전자들만을 관찰할 수 있을 뿐이다. 디랙은 진공을 '음의 에너지를 지닌 전자로 가득 찬 바다'와 같다고 표현했다. 이를 '디랙의 바다'라고 하는데, 양의 에너지를 지닌 일반적인 전자들을 제거하더라도 이 바다는 여전히 남는다. 다시 말해 아무리 진공상태를 만들어도 음의 에너지를 가진 전자들은 남는다는 것인데, 그렇다면 진공이 사실 진짜 진공은 아닌 셈이다.

만약 디랙의 바다에 에너지를 가하면 음의 에너지가 양의 에너지로 전환되면서, 일반적인 전자가 튀어나온다. 그와 동시에 전자와 전하가 반대인, 다시 말해 양전하를 띤 양전자도 함께 생겨난다. 이처럼 나머지 성질들은 동일하나 단 하나의 성질만 다른 것을 '반입자'라 하는데, 진공에서 입자와 반입자가 동시에 생겨나는 것이다. 반대로 전자와 양전자가 만나면 에너지를 방출하면서 소멸한다. 빌려온 에너지를 다시 돌려주면서, 마치 아무 일도 없었던 것처럼 되돌아가는 것이다. 참고로 양전자의 존재는 1932년 실험으로 검증됐다.

이처럼 진공의 실체는 음의 에너지로 가득 찬 공간이다. 이 음의 에너지는 아마도 우주를 팽창시킨 원인일 것이라 생각된다. 보통의 물질이 갖는 양의 에너지는 서로 끌어당기는 인력이 작용하지만, 음의 에너지는 밀어내는 척력이 작용하는 것이다. 영국 이론물리학자 스티븐 호킹(1942~2018)은 우리 우주에 대해 이렇게 말했다. "눈에 보이지 않지만 우주에 가득 찬 음의 에너지에 의해, 우주는 우연적으로 공짜 점심처럼 태어났다."

《몰입》(미하이 칙센트미하이)

행복은 우연히 찾아오지 않는다

성공한 과학자들은 어떤 특징이 있는지에 대해 고민한 적이 있다. 그때 발견했던 2가지 특징은 '아이와 같은 호기심', 그리고 '자기 일에 대한 몰입'이었다. 오늘은 이 몰입에 대해 알아보고자 한다. 비단 과학자뿐 아니라, 삶이 더 행복하고 성공적이기를 바라는 모든 이들에게 필요한 주제일 것이다.

미하이 칙센트미하이(1934~2021)는 몰입에 관한 연구로 유명한 심리학자다. 흔히 우리는 자신이 좋아하는 일에 푹 빠져 시간 가는 줄도 모르는 경우를 두고 '무아지경(無我之境)'이란 표현을 사용한다. '스스로를 잊을 정도의 경지'라는 뜻인데, 이것이 바로 '몰입'이다. 칙센트미하이는 이것에 대해 '막힘없는 의식의 흐름'을 뜻하는 '플로(flow)'라는 표현을 사용한다.

그가 이 플로에 대해 연구한 이유는, 인간이 어떨 때 가장 행복감을 느끼는지에 대해 관심이 많기 때문이다. 그가 생각한 행복이란 '내면적 경험의 질이 최적일 때 느껴지는 감정'인데, 이는 우리의 의식이 어떤 외부의 방해 없이 자연스럽게 흐르는 상태, 즉 플로의 상태일 때 가능하다. 외부의 방해나 어떤 고통이 따른다면, 우리의 의식은 무질서한 상태에 빠지고 행복에서도 멀어진다.

칙센트미하이에 따르면 플로상태에 도달하기 위해서는 몇 가지 조건이 필요하다. 첫째, 명확한 목표가 주어져야 한다. 하지만 너무 높은 목표여서는 안 된다. 자신의 역량보다 좀 더 높은 수준일 때 적절한 동기부여가 되기 때문이다. 둘째, 그 목표에 도달하거나 관련된 과제를 해결하는 데 필요한 역량을 갖추기 위해 지속적으로 노력해야 한다. 셋째, 목표 달성 여부에 대한 즉각적인 피드백이 주어져야 한다. 더 높은 목표 설정이 계속되지 않으면 플로의 지속성이 깨지기 때문이다.

'행복이란 것은 우연히 찾아오는 것이 아니다'라는 그의 말처럼 우리가 행복한 인생, 성공한 인생을 살고자 한다면 그에 따른 의식적인 노력이 필요할 것이다. 그런데 그것이 과연 개인적인 노력만으로 이룰 수 있는 것일까? 사회적인 환경 또한 중요한 요인일 거라는 생각이 든다. 몰입을 위한 충분한 시간과 자유는, 개인의 자유의지만으로 결정되지 않을 것이기 때문이다.

볼펜

언제 어디서든 간편하게 쓴다

펜(pen)이란 단어는 깃털을 의미하는 라틴어 'penna'에서 왔다. 과거에는 깃털로 만든 펜을 사용했는데, 잉크를 펜촉에 직접 묻혀 종이에 옮기는 방식이었다. 가벼운 깃털 내부에는 미세한 관들이 많이 있는데, 그 안으로 잉크가 빨려 들어가는 현상을 이용한 것이다. 이를 '모세관현상'이라 하는데, '아주 가는 관'을 뜻하는 모세관을 물에 일부 담가 세워놓았을 때 관 속으로 물이 빨려 들어가는 현상을 말한다.

종이 표면도 자세히 보면 미세한 구멍이나 틈이 매우 많음을 알 수 있다. 펜촉에 묻은 잉크가 이 종이 표면과 접촉하면, 마찬가지로 모세관현상이 발생한다. 종이 표면의 틈 사이로 잉크가 빨려 들면서, 잉크가 펜에서 종이로 옮겨가는 것이다. 이보다 간편하게 잉크를 펜 안에 넣고 사용하는 만년필이란 제품도 있다. 하지만 만년필도 여전히 불편한 점이 있다. 잉크가 잘 새어 나와 손에 묻곤 하기 때문이다.

이 문제를 해결하기 위해 등장한 제품이 볼펜이다. 말 그대로 '볼(ball)'을 사용한 펜인데, 볼의 역할은 펜 안에 채워진 잉크를 사용할 만큼만 묻혀서 바깥의 종이로 옮기는 일이다. 둥그런 볼의 형태는 마찰력도 매우 작아, 일반 펜에 비해서 글씨도 쉽게 쓰여진다. 볼펜을 최초로 발명한 사람은 1888년 미국의 존 라우드(1844~1916)였다. 하지만 그의 발명품은 잉크가 잘 새어 나와 상업화에는 성공하지 못하고 특허로만 남았다. 상업적으로 성공한 첫 볼펜은 헝가리 언론인 라슬로 비로(1899~1985)가 1938년 개발한 것이다. 글을 많이 쓰는 직업 탓에 효율적인 펜의 필요성을 절감하던 그는 잉크가 새는 문제를 최소화하기 위해 볼베어링을 더 효율적으로 개선하는 한편, 화학자인 동생과 함께 적당한 점성을 가진 새로운 잉크도 개발했다.

볼펜의 잉크는 크게 2가지 성분으로 구분되는데, 색을 표현하는 '안료'와 이것을 분산시키는 '액체용매'다. 안료는 흔히 염료와 혼동하기도 하는데, 섬유 염색 등에 쓰이는 염료가 액체에 잘 녹는 반면, 안료는 액체에 녹지 않는다는 점에서 구분된다. 안료는 액체에 분산된 상태로 사용되는데, 볼펜의 경우 페녹시에탄올 같은 용매를 주로 쓴다. 볼펜으로 글씨를 적으면, 볼이 굴러가면서 용매에 안료가 고르게 분산된 잉크가 종이에 묻는다. 그런데 용매는 휘발성이 좋아 금세 증발해버리고 안료만 종이 표면에 남는다. 이 안료분자들이 서로 엉키면서 얇은 안료막이 형성되고, 그럼으로써 글씨가 완성된다.

097 토

과학자의 주방

바삭한 튀김옷의 비밀

수분이 잘 증발돼야 한다

프랑스 비평가 롤랑 바르트(1915~1980)는 이런 말을 남겼다. "튀김이야말로 거의 순수한 표면으로 돼 있는 이상적인 음식이다." 아마도 바삭거리는 튀김옷에 대한 극찬일 것이다. 우리를 매혹하는 이 바삭거림에는 어떤 비밀이 숨어 있을까?

튀김옷은 주로 밀가루 반죽으로 만들어진다. 밀가루에 물을 넣고 반죽하면 찰기를 갖게 되는데, 이는 앞서도 설명한 바와 같이 글루텐이란 복합단백질이 만들어지기 때문이다. 글루텐은 점착성과 탄력성이 우수한 막의 구조를 만든다. 점착성은 반죽이 식재료에 잘 달라붙게 해준다. 그리고 그런 반죽이 바삭한 튀김옷으로 변신하는 데는 탄력성이 중요한 역할을 한다.

탄력성 있는 글루텐막은 반죽과정에서 첨가된 수분을 잘 머금고 있다. 수분이 도망가지 못하고 막 안에 갇혀 있는 것이다. 따라서 튀김 반죽이 입혀진 식재료의 표면에는 상당한 양의 수분이 포함돼 있다. 아직은 바삭거림과 거리가 멀지만, 잠시 후 표면의 성질이 급변하는 일이 발생한다.

튀김은 보통 150℃ 이상의 기름을 사용해 조리한다. 이 정도 온도라면 튀김 반죽에 포함된 수분은 급격한 기화가 일어난다. 액체인 수분이 기체가 돼 공기 중으로 날아가는 것이다. 튀김 재료를 뜨거운 기름에 넣으면 부글부글 기포들이 끓어오르는데, 이 기포의 정체는 바로 공기 중으로 날아가는 수증기다. 그런데 수분이 기화되면 약 1700배 정도로 부피 팽창이 일어나고, 튀김 반죽 안에 무수한 구멍들이 생겨난다. 수분이 있던 공간이 수분이 팽창하면서 커지고, 그 수분이 기화돼 빠져나가면 비어 있는 공간으로 남기 때문이다. 이처럼 무수한 구멍들이 존재하는 것을 '다공질 구조'라 하는데, 우리가 입으로 튀김옷을 깨물면 이 다공질 구조가 붕괴되면서 특유의 소리와 함께 바삭거리는 식감을 느끼게 된다.

최상의 바삭거림을 위해 가장 중요한 것은 올바른 밀가루의 선택이다. 튀김은 보통 글루텐 함량이 적은 박력분을 사용하는데, 글루텐이 많은 중력분이나 강력분은 반죽의 탄력성이 너무 강해 튀기는 과정에서 수분이 다 빠져나가지 못하기 때문이다. 그러면 튀김옷이 눅눅해져버린다. 롤랑 바르트가 찬사를 보낸 튀김의 '정수'가 사라지는 것이다. 이처럼 튀김의 바삭거림에는 과학의 원리가 곳곳에 숨어 있다.

〈천사와 악마〉(2009)

모든 것은 하나의 뿌리에서 나왔다

기호학자인 '로버트 랭던' 교수는 바티칸 경찰국으로부터 긴급한 자문 요청을 받는다. 비밀결사단체 '일루미나티'에 의해 바티칸이 테러 위협을 받았기 때문이다. 일루미나티는 18세기 말 계몽주의 사상을 바탕으로 당시 종교 중심의 사회체제를 개편하고자 시도했던 급진적 단체였으나, 정부와 교황청의 억압으로 이내 해체된 것으로 알려져 있다. 하지만 이들이 다시 나타나 교황청에 대한 복수를 시도하려 한 것이다. 얼마 전 유럽원자핵공동연구소(CERN)는 다량의 '반물질'을 도난당했는데, 일루미나티는 이 반물질을 바티칸 어딘가에 설치했다. 보통의 물질과 다르게 반물질은 반양성자·반중성자·반전자(양전자라고도 한다)라는 반입자들로 구성된다. 반입자는 보통의 입자와 전하의 부호 등 한 가지 성질만 정반대인 입자를 말한다. 이런 반물질은 우주가 생성될 때 보통의 물질과 함께 생겨났을 것으로 추정되지만, 어떤 이유로 인해 현재는 대부분 물질만 남았으며 반물질은 매우 희귀한 존재가 됐다.

그런데 입자가속기를 이용하면 반물질을 인공적으로 만들 수 있다. 거의 빛의 속도로 가속시킨 입자들을 서로 충돌시키면 엄청난 에너지가 발생하는데, 그 에너지 중 일부가 새로운 입자의 형태로 변환돼 나타난다. 그 가운데 매우 소량이긴 하지만, 반입자들도 포함돼 있는 것이다. 하지만 반물질은 주변의 물질과 만나면 에너지를 방출하며 곧바로 소멸해버린다. 영화 〈천사와 악마〉에서는 다량의 반물질을 생산하고 이를 안정적으로 보관하는 데 성공한 것으로 묘사돼 있다. 반물질들만 따로 뽑아내어, 강한 자기장이 걸린 진공장치 안에 떠 있도록 한 것이다. 물론 아직까지 현실에서 이런 기술은 없다.

다시 영화로 돌아와서, 일루미나티가 설치한 반물질 보관장치는 일정 시간이 지나면 배터리 방전으로 인해 자기장이 사라진다. 그러면 반물질은 장치의 벽면에 있는 '물질'들과 만날 수밖에 없으며, 이는 곧 전술핵 수준의 엄청난 폭발을 일으키게 된다. 랭던은 이 위기를 막기 위해 고군분투한다. 〈천사와 악마〉는 아마도 교황청과 일루미나티로 대변되는 종교와 과학 간의 갈등관계를 암시하는 제목일 것이다. 물론 누가 천사이고, 누가 악마인지는 각자의 입장에 따라 다르다. 하지만 종교도 과학도 나름의 방식으로 세상을 이해하려는 노력에서 출발했다는 점에서, 그 뿌리는 같다고 할 수 있다. 영화에 등장하는 물질과 반물질 또한 그렇다. 일부 성질은 정반대지만, 본래 우주의 탄생과 함께 동시에 등장했기 때문이다. 그러니 극단적인 대립보다는 서로에 대한 이해가 우리 우주에서는 더 필요하지 않을까.

099 월

과학자의 말

이반 파블로프(1849~1936)

과학에서 사실은 공기와 같다

1904년 노벨생리의학상은 '소화생리학' 발전에 이바지한 러시아 생리학자 이반 파블로프에게 돌아갔다. 그는 신경계가 소화작용을 조절하는 데 있어서 중요한 역할을 한다는 사실을 발견했다. 우리가 섭취한 음식물은 여러 소화기관을 거치면서, 더 작은 형태의 분자들로 쪼개진다. 세포에 흡수돼 에너지원으로 활용되기 위해서다. 이때 관여하는 것이 여러 종류의 소화효소인데, 이 소화효소를 포함한 소화액의 분비는 신경계의 지배를 받는다.

그런데 파블로프를 더욱 유명하게 만든 일은, 소화에 관한 연구나 노벨상 수상이 아니라, 일명 '파블로프의 개'라 불리는 역사적인 실험이다. 개를 대상으로 소화액 분비 연구를 진행하던 파블로프는 특이한 사실을 하나 발견한다. 개는 눈앞의 음식을 보면 신경계가 활성화돼 침이 분비됐는데, 음식이 아니라 먹이를 주는 주인만 보더라도 침을 흘린 것이다. 그는 영구적이지는 않으면서, 일시적으로 작용하는 조건적인 반사*가 이와 관련돼 있으리라 생각했다.

입안에 음식이 들어가면 신경계의 작용으로 침이 발생한다. 특정한 조건이 주어지지 않아도 반응이 저절로 일어나서 '무조건적 반사'라 하며, 대개 태어날 때부터 이 기능을 보유한다. 그런데 개에게 먹이를 주기 전 벨을 울리기를 반복하면, 나중에는 벨소리만 들어도 개가 침을 흘린다. 먹이를 받을 때면 벨소리가 울린다는 것이 '조건'이 된 것인데, 이런 조건에 따라 침이 분비되는 현상을 '조건적 반사'라고 한다. 파블로프는 자신의 연구 결과를 1903년 국제의학회에서 발표했다.

파블로프는 이런 말을 남겼다. "새의 날개가 아무리 완벽하다 할지라도, 공기가 없다면 그 날개는 결코 새를 들어 올릴 수 없다. 과학에서 사실은 공기와 같다. 사실이 없으면 과학자는 결코 성공할 수 없다." 파블로프의 말처럼 과학은 수차례 검증된 사실에 기반을 두어야 한다. 단순한 의견 제시와는 분명 달라야 하는 것이다.

그런데 사실을 찾기 위한 파블로프의 시도는 오늘날의 관점으로 본다면 매우 잔인했다. 침의 분비 여부와 그 양을 정확하게 측정하기 위해, 개의 턱에 구멍을 뚫어 침이 밖으로 분비되게 한 것이다. 말년에 파블로프는 죄책감으로 괴로워했다고 한다. 그는 자신의 실험으로 희생된 700마리 개의 이름을 전부 기억한다고 말하기도 했다.

---

* 자극에 대해 일정한 반응을 기계적으로 일으키는 현상.

100 화

= 세상을 바꾼 과학 사건 =

마그데부르크의 반구 실험(1657)

공기가 이렇게나 무거웠던가?

독일 마그데부르크의 시장이었던 오토 폰 게리케(1602~1686)는 아마추어 과학자이기도 했다. 그는 우리를 둘러싼 공기의 압력이 얼마나 강력한지 보여주기 위해 1657년 실험 하나를 고안했다.

게리케는 직경 50cm 정도 되는 금속 반구 2개를 제작하고 이를 서로 맞물린 후, 자신이 직접 만든 펌프로 안쪽 공기를 뽑아냈다. 그러면 두 반구로 이루어진 금속 구의 안쪽은 진공상태가 될 것이었다. (엄밀히 말해 완전한 진공은 아니다. 아무리 펌프의 힘이 좋더라도 공기를 모두 뽑아내는 것은 사실상 불가능하기 때문이다.) 그리고 이 구의 양쪽에 각각 말 8마리를 묶어 반대 방향으로 힘껏 잡아당겼다.

그 결과는 어땠을까? 모두 16마리의 말들이 동원됐지만, 두 반구를 떼어놓는 데 실패하고 말았다. 두 반구의 안쪽은 공기가 거의 없는 상태이니 두 반구에 작용하는 힘은 밖에서 안쪽으로 누르는 공기의 힘, 즉 대기압이 전부다. 그렇다면 이 50cm짜리 구에 작용하는 대기압의 힘이 말 16마리의 힘보다 큰 것이다.

1672년 게리케가 저술한《진공에 관한 마그데부르크의 새로운 실험》에 따르면 첫날은 분리에 실패했지만, 다음 날은 아주 어렵사리 성공했다고 한다. 두 반구가 떨어지면서 총성과 같은 큰 폭음이 들렸다고 하니, 아마도 실험을 보던 사람들은 꽤나 놀랐을 것 같다.

대기압은 $1m^2$당 10t이다. 이 정도로 어마어마한 힘이 작용하고 있으니, 비록 완전한 진공상태는 아니었지만 두 반구를 떼어내는 일은 어려울 수밖에 없었다.

공기는 기체상태여서 그 밀도가 매우 작다. 25℃의 온도에서 1기압을 기준으로 대략 1.18g/L, 즉 1L가 1.18g에 불과하다. 물은 이보다 대략 1000배 정도 더 무겁다. 공기의 무게는 상대적으로 작다고 할 수 있지만, 문제는 전체적인 양이다. 지상 약 1000km까지 공기가 존재하니, 공기의 전체 무게는 엄청날 수밖에 없는 것이다. 흔히 '공기처럼 가볍다'라고 말하기도 하는데, 엄청난 양의 공기에 둘러싸여 있는 지구인의 입장에선 쉽게 수긍하기 힘들다.

101 수

과학의 생각

갈릴레이의 관성의법칙

모든 것을 가능한 한 가장 단순하게 해야 한다

아리스토텔레스에 따르면, 모든 운동하는 것들은 그 운동을 야기한 것과 직접적인 접촉이 필요하다. 왜냐하면 직접적인 접촉 없이는 '운동을 야기하는 것'이 '운동하는 것'으로 운동의 효과를 전달할 수 없기 때문이다.

책상에 놓인 책을 한번 밀어보자. 손으로 힘을 줄 때 책이 밀리기 시작한다. 하지만 손을 떼면 책은 더 이상 움직이지 않는다. 현실의 경험만을 놓고 본다면, 아리스토텔레스의 주장에 오류는 없어 보인다. 하지만 르네상스시대의 위대한 천재 갈릴레오 갈릴레이는 잘 고안된 사고실험을 통해 그 오류를 밝혀냈다.

양쪽에 경사면을 지닌 '마찰력이 거의 없는' 매끄러운 경로를 만들고, 한쪽 경사면 위에 공을 놓는다. 그러면 공은 경사면을 따라 아래로 운동하고, 다시 반대쪽 경사면을 타고 올라와 처음 출발했던 높이에 도달한다. 그다음 반대쪽 경사면을 약간 눕혀서 실험을 진행한다. 공은 더 멀리 굴러가서 멈추는데, 이때의 높이도 처음 출발했던 높이와 같다. 이런 식으로 반대쪽 경사의 각도를 계속 낮추더라도 결과는 동일하다.

그렇다면 반대쪽 경사의 각도가 0°, 즉 평평하게 되면 어떨까? 갈릴레이에 의하면, 앞서 행한 여러 번의 실험의 결과를 놓고 볼 때 공은 계속 굴러가야만 한다. 왜냐하면 결코 처음 출발했던 높이에는 이르지 못할 것이기 때문이다. 여기서 수평으로 계속 굴러가는 공에는 어떤 힘도 가해지지 않는다. 그렇지만 공은 일정한 속도로 계속 굴러간다. '운동하는 물체에 힘이 가해지지 않아도 그 물체는 일정한 속도로 계속 운동한다.' 이를 갈릴레이의 '관성의법칙'이라 한다.

앞서 피사의사탑 실험을 통해 무거운 물체일수록 더 먼저 떨어진다는 주장이 사실이 아님을 밝혔던 것과 더불어, 갈릴레이는 고대 운동론의 오류를 또 하나 규명했다. 이것이 가능했던 것은 '마찰력이 거의 없는'이라는 조건을 도입했기 때문이다. 만약 그러지 않았다면 경험적인 관찰에만 머물렀던 아리스토텔레스와 별반 다르지 않았을 것이다. 과학에서는 이처럼 불필요한 요인을 제거하는 작업이 필요하다. 그래야만 복잡함 안에 숨어 있는 단순함이 비로소 보이기 때문이다. 아인슈타인은 이렇게 말하기도 했다. "모든 것을 가능한 한 단순하게 하여 더 이상 단순할 수 없을 만큼 단순하게 해야 한다."

102 목

과학자의 서재

《이기적 유전자》(리처드 도킨스)

우리는 유전자의 운반체에 불과하다

생명의 근원이 되는 것은 무엇일까? 생명의 역사를 계속해서 거슬러 올라가면 만나게 될 텐데, 과학자들은 대부분 그것을 세포라고 생각한다. 그런데 세포를 더 자세히 들여다보면, 그 안에 생명의 핵심이라 할 만한 부분이 발견된다. 유전정보를 담고 있는 DNA다. 생명활동의 기본인 자기복제는, 이 정보가 있어야 가능하다.

오래전 다윈(1809~1882)이 설명했던 것처럼 생명은 진화의 과정을 거친다. 그리고 이 진화는 자연선택의 원리가 가차 없이 적용되는 경쟁의 장이다. 우리 인류만 하더라도 수백만 년 동안 이런 진화의 터널을 지나왔다. 즉 우리의 유전자는 치열한 경쟁에서 생존한 것이다. 그렇다면 이런 유전자에는 어떤 특징이 있을 텐데, 리처드 도킨스(1941~)는 그것을 '비정한 이기주의'라 부른다.

이에 대한 반론이 있을 수 있다. 우리는 이기적이기도 하지만, 이타적이기도 하다고 말이다. 하지만 도킨스는 이렇게 반박한다. "보편적 사랑이나 종 전체의 번영 같은 것은 진화적으로 있을 수 없다. 다만 개체 수준에서 혈연관계를 바탕으로 한 '한정된' 이타주의를 보임으로써, 자신 또는 자신과 유사한 유전자의 생존이라는, 자신의 이기적 목적을 가장 잘 달성하는 '특별한' 유전자만 있을 뿐이다." 일부 이타적인 행동을 보이지만, 그 내면에는 대부분 이기적인 동기가 있다는 말이다.

도킨스가 생각하는 생명체의 본질은, 치열한 진화의 경쟁에서 '지속적'으로 존재하기를 열망하는 이기적 유전자가 선택한, 자신을 담을 '그릇' 또는 '운반체'다. 생명체는 유전자의 명령에 따라 움직이는 '생존기계'에 불과한 것이다. 그런데 시간이 지나면서 이 생존기계들 사이에도 경쟁이 펼쳐졌다. 남보다 더 크고 정교한 생존기계가 필요해진 것이다. 그렇게 우리는 진화해왔다.

그런데 우리가 후손에게 전달하는 것은 유전자뿐이 아니다. 도킨스는 또 다른 전달자인 '밈(meme)'의 개념을 소개한다. 유전이 아니라 상호모방을 통해 전달되는 일종의 문화적인 요소다. 밈은 그리스어로 '모방'을 뜻하는 'mimeme'에서 따왔다. 그렇다면 우리의 창조적 활동 또는 선행을 통해서도, 미래에 중요한 영향을 남길 수 있을 것이다.

이렇듯《이기적 유전자》전반에서 도킨스는 유전자가 이기적이라고 주장하지만, 마지막에서는 '인간만 이기적인 자기복제자의 폭정에 반항할 수 있다'라고 하며, 인간 의식의 가능성을 열어놓는다. 여러분의 생각은 어떤지 궁금하다.

103 금

= 신기한 과학 발명품 =

우주인용 볼펜

무중력상태에서도 사용할 수 있는 볼펜

1960년대 미국과 소련은 치열한 우주 경쟁을 펼치고 있었다. 상대방을 조금이라도 앞설 수만 있다면, 아무리 많은 예산이 투입돼도 용인되던 시대였다. 최초의 유인 달 탐사를 추진하던 미국 NASA의 연간 예산이 전체 국가 예산의 4.5%에 달할 정도였다. 경쟁은 사소한 분야에서도 일어났다. 바로 우주선에서 사용할 필기구였다.

무중력상태인 우주에서는 필기에 제약이 따른다. 가장 흔한 필기구 중 하나인 볼펜이 제대로 기능하지 못하는 것이다. 볼펜으로 필기하려면 안에 든 잉크가 중력에 의해 펜 끝으로 흘러내려야 하는데, 그것이 불가능하기 때문이다.

대안으로 생각할 수 있는 것은 연필이다. 연필은 흑연심과 종이의 마찰력을 이용하기 때문에, 무중력상태와는 아무런 관련이 없다. 그런데 치명적인 단점이 하나 제기됐다. 연필로 쓰다보면 흑연가루가 떨어질 수밖에 없는데, 전도성을 띤 이 가루가 떠다니다가 우주선의 전자회로에 영향을 줄 수 있는 것이다. 게다가 연필로 쓴 기록은 마찰 등에 의해 쉽게 지워져 영구보존이 어렵다는 문제도 있었다.

이 문제를 해결한 사람은 폴 피셔(1913~2006)라는 한 사업가다. 그는 기존 볼펜을 무중력상태에서도 기능할 수 있도록 개량하는 데 성공하고, 1965년 이와 관련된 특허를 취득했다. 그리고 같은 해 NASA에 납품하는 데도 성공한다. 그의 볼펜에는 몇 가지 특징이 있다. 첫째, 무중력상태를 고려해 볼펜 끝으로 잉크를 밀어낼 수 있도록, 볼펜 내부에 고압의 질소를 채워 넣고 이를 밀봉했다. 둘째, 볼펜 끝에서 나온 잉크가 우주선에서 둥둥 떠다니지 않도록, 보통의 볼펜보다 점성이 높은 새로운 잉크를 사용했다. 마지막 세 번째 특징은 볼펜의 볼 표면에 작은 구멍들을 만들었다는 것이다. 이 구멍들은 모세관현상에 의해 스펀지가 물을 빨아들이듯 잉크를 빨아들이는 역할을 한다. 그러면 중력이 없어도 볼의 표면에 잉크가 잘 묻어나와 글씨를 안정적으로 쓸 수 있게 된다.

아쉽게도 피셔는 이 사업으로 돈을 벌지는 못했다. 연구비를 회수할 만큼 수요가 많지 않았기 때문이다. 하지만 그와 같은 사람들이 있었기에, 인류가 우주로 나갈 수 있지 않았을까?

속살의 부드러움을 지켜라

튀김옷에는 글루텐 말고 전분도 있다

튀김의 묘미는 튀김옷의 바삭거리는 식감에만 있는 것이 아니다. 그 바삭거림 안에 숨겨진 부드러운 속살 또한 우리가 튀김을 좋아하는 이유이기 때문이다. 그래서 잘 만들어진 튀김을 놓고 흔히들 '겉바속촉'이라 말하곤 한다. 튀김의 표면이 바삭한 이유에 대해서는 앞서 설명한 바 있다. 그렇다면 뜨거운 기름 안에서의 조리를 견디면서도, 속살이 부드러움을 잃지 않을 수 있는 비결은 무엇일까?

속살의 부드러움을 지키려면 2가지를 염두에 두어야 한다. 첫째, 고온의 기름이 튀김옷 안으로 침투해 들어오면 안 된다. 그러면 속살마저도 튀겨질 수 있기 때문이다. 둘째, 속살의 수분이 바깥으로 배출돼서도 안 된다. 아무래도 고온의 조리다보니, 내부의 수분도 증발해 빠져나가려는 압력이 생긴다. 만약 이 수분이 전부 빠져나가면 속살은 딱딱하게 변한다.

이 2가지 사태를 방지하기 위해서는 속살을 둘러싸는 강력한 보호막이 필요하다. 앞서 튀김옷에는 글루텐이라고 하는 막 구조가 형성되고, 이 글루텐으로 인해 바삭거리는 식감이 만들어진다고 설명한 바 있다. 그렇다면 이 막 구조가 보호막 역할 또한 할 수 있지 않을까? 물론 가능하기는 하지만, 아쉽게도 튀김옷의 주재료인 밀가루에는 단백질 함량이 10% 내외다. 튀김 전체를 감싸기에는 막의 양이 많지 않다는 말이다. 더 완전한 보호막의 역할은 밀가루의 80% 이상을 차지하는, '전분'이라고도 불리는 탄수화물이 수행한다.

전분은 물을 첨가해 가열하면 '호화반응'이라는 것을 일으킨다. 끈적이는 풀처럼 변한다는 뜻이다. 예전엔 밀가루를 물에 넣고 끓여 풀을 만들기도 했다. 쌀을 물에 불려 오래 끓이면 끈적이는 죽이 되는데, 이 또한 쌀에 들어 있는 전분이 호화반응을 일으키기 때문이다. 튀김옷에 포함된 전분도 호화반응을 일으킨다. 튀김 반죽은 수분을 함유하고 있고, 튀김은 고온에서 조리되기 때문이다. 호화된 전분 또한 글루텐과 마찬가지로 얇은 막 구조를 만든다. 하지만 글루텐보다는 그 양이 훨씬 더 많다.

호화된 전분의 보호막이 튀김의 속살을 완전히 감싸 안으면서, 뜨거운 기름이 안으로 침투하는 것이나 속살의 수분이 바깥으로 유출되는 일을 모두 방지한다. 그럼으로써 바삭한 튀김옷과 대비되는 부드러운 속살의 식감을 만들어내는 것이다.

105 일

〈우주전쟁〉(2005)

인류의 구원자, 바이러스

주인공 '레이'는 이혼한 아내를 대신해서 며칠 동안 아이들을 돌봐야 한다. 하지만 만만치가 않다. 사춘기에 들어선 아들은 자꾸 엇나가기만 하고, 레이는 어린 딸을 다루는 데도 서투르기만 하다. 어쨌든 그는 아이들과 잘 지내보려고 노력하는데, 갑자기 강한 번개들이 땅을 향해 내리꽂히기 시작한다. 도대체 무슨 일인지 궁금한 사람들이 번개가 내리친 곳을 살펴보는 순간, 땅속에서 거대한 물체가 솟구친다. 그 물체는 기다란 3개의 다리가 달린 금속 괴물이었다.

〈우주전쟁〉은 1898년 나온 H.G. 웰스(1866~1946)의 동명 소설이 원작이다. 이 소설에서 화성은 고도의 문명을 이루었으나, 자원 고갈 문제에 봉착한 외계인이 사는 행성으로 묘사된다. 화성인들은 부족한 자원을 지구에서 구하기 위해 '트라이포드'라는 다리 3개가 달린 로봇을 타고 지구를 침공한다. 이러한 상상이 단지 웰스만의 것은 아니었다. 당시 화성인의 존재에 대한 이야기들이 널리 퍼져 있던 것이다.

이런 생각에는 나름의 근거가 있었다. 망원경으로 관찰한 화성의 표면에는 기다란 선들이 관찰됐는데, 어쩌면 거대한 운하를 건설할 정도로 발전한 문명이 있을지도 몰랐다. (하지만 이는 당시 관측기술의 한계로 인한 착시효과임이 나중에 밝혀진다). 그 밖에도 화성의 하루가 지구와 비슷한 24시간 37분 23초라는 점, 화성의 북극과 남극에는 물과 이산화탄소가 얼어붙은 하얀 극관(極冠)이 있다는 점(마치 모자와 같다고 해서 이런 이름이 붙었다), 그리고 비록 농도가 낮기는 하지만 대기 또한 존재한다는 사실은 생명이 있는 지구의 이미지가 화성에 겹쳐지게 만들었다.

영화에서 레이는 아이들을 지키기 위해 고군분투하며 외계인과 맞서 싸운다. 하지만 지구인의 과학기술로는 이들을 물리치는 것은 불가능해 보인다. 그런데 그때 기적과도 같은 일이 일어난다. 강력한 레이저 광선을 쏘며 모든 것을 태워버리던 트라이포드들이 갑자기 멈춘 것이다. 얼마 지나지 않아 원인이 밝혀진다. 그것은 바로 지구의 바이러스였다. 화성인들은 지구 바이러스에 대한 면역이 전혀 없었던 것이다.

웰스는 영국을 비롯한 서구 열강이 약소국들을 침략하는 상황을 보고 이 이야기를 구상했다고 한다. 문명이란 이름으로 자행되던 오만함에 대한 일종의 경고 메시지였던 셈이다.

106 월

과학자의 말

르네 데카르트(1596~1650)

진리를 추구하려면, 모든 것을 의심해봐야 한다

흔히 철학자로 알려졌지만 사실 데카르트는 근대의 중요한 과학자이기도 했다. 특히 그의 기계론적 자연관은 근대과학혁명의 토대가 됐고, 현재까지도 많은 영향을 미치고 있다.

데카르트는 오래전 플라톤이 그랬던 것처럼, 정신과 물질을 분리하는 이원론을 주장했다. 그리고 오로지 인간만 정신을 가지며, 정신과 물질세계 모두를 이해할 수 있다고 보았다. 그에 따르면 인간 이외의 다른 동물들과 그 밖의 존재는 모두 물질세계에 속하며, 이 세계는 명확한 물리법칙에 따라 움직이는 일종의 기계장치와도 같다. 그는 이런 기계장치와 그와 관련한 물리법칙을 신이 만들었다고 믿었고, 과학을 통해 이를 들여다볼 수 있다고 생각했다.

그 이전의 과학은 고대로부터 이어진 '물활론'의 영향하에 있었다. 이는 사물에 내재적으로 운동의 원인이 들어 있다는 생각이다. 하지만 데카르트는 기계의 부품이 인접한 다른 부품으로부터 운동을 전달받아야만 작동하는 것처럼, 자연의 물질 또한 그 운동 원인이 외부에 있으며 물질은 단지 수동적으로 운동할 뿐이라고 생각했다. 그는 '신이 운동의 제1원인이며, 그로부터 일어나는 모든 운동들의 합은 언제나 일정하다'고 주장했다. 우주 전체에서 운동의 양은 더 늘어나거나 줄어들거나 하지 않는다는 뜻이다. 이 전제에서 출발해 그는 일명 '데카르트의 역학원리'를 정립하고, 이를《철학의 원리》를 통해 발표했다.

그 내용의 첫 번째는 모든 물질은 자신의 운동상태를 그대로 유지하려 한다는 관성의 원리다. 두 번째 원리는 줄에 묶여 돌던 물체가 줄이 끊어지면 직선으로 멀어지는 것에서 알 수 있듯이, 모든 운동의 기본은 직선운동이라는 것이다. 마지막 세 번째 원리는 물체에서 다른 물체로 운동이 전달될 때 그 운동량은 보존된다는 것이다.

하지만 그의 시각에는 분명 한계가 있었다. 그는 감각을 불완전한 것이라 여겼고, 이성에 의한 사유만으로 진리를 추구해야 한다고 보았다. 따라서 자신이 주장한 바에 대한 실험적 검증은 등한시했다. 오늘날 과학과는 상이한 점이다. 뉴턴도 이런 접근방식이 마음에 들지 않았다. 그래서 운동에 대해 '수학적으로' 접근해 '운동의 3법칙'을 정립하고 이를《자연철학의 수학적 원리》를 통해 발표한다.

데카르트는 이런 말을 남겼다. "진정으로 진리를 추구하는 사람이라면, 적어도 인생에 한 번은 가능한 한 모든 것에 대해 의심해봐야 한다."

107 화

= 세상을 바꾼 과학 사건 =

세포의 발견(1665)

세포가 없으면 생명도 없다

1665년 영국 과학자 로버트 훅(1635~1703)은 코르크를 보면서 의아한 생각이 들었다. 코르크는 코르크나무의 껍질을 지칭하는데, 건조시키면 액체나 공기가 통과하지 못해 와인병의 마개로 주로 사용된다. 그렇다면 코르크는 매우 치밀한 조직이란 뜻인데, 그럼에도 왜 물에 뜨는 것일까?

훅은 자신이 직접 제작한 현미경을 통해 얇은 단면으로 자른 코르크를 관찰했다. 그러자 마치 벌집과 같이 작은 빈방들이 다닥다닥 붙어 있는 구조가 눈에 들어왔다. 이 방들의 벽들이 서로 이어지면서 액체와 공기의 출입을 막고 있지만, 그 방들의 내부는 비어 있기에 물에 뜰 정도로 밀도가 낮아졌던 것이다.

그는 이 구조를 '셀(cell)'이라 불렀다. 라틴어로 '작은 방'을 뜻하는 'cellua'가 어원이다. 오늘날 우리는 이를 '세포'라 부른다. 하지만 훅이 관찰했던 것은, 정확히 말해 세포가 아니었다. 죽은 세포의 껍질, 즉 '세포벽'이라 부르는 구조였던 것이다.

이 세포의 정체가 제대로 규명된 것은 그로부터 한참 후인 1838년 독일 식물학자 슐라이덴(1804~1881)에 의해서였다. 그는 여러 종류의 식물을 관찰하고 이렇게 결론을 내렸다. '식물의 기본단위는 세포다.' 1839년에는 독일 생리학자 테오도어 슈반(1810~1882)이 동물 또한 세포를 기본단위로 한다는 사실을 밝혔다. 이 두 학자의 주장을 '세포설'이라고 한다. 1930년대에 이르러 세포를 구성하는 원형질, 즉 핵·미토콘드리아·염색체 등이 발견되고 그 기능이 알려지면서 세포설의 입지는 더욱 확고해졌다.

1803년 돌턴의 원자설이 제창된 이래 사물의 가장 기본단위는 '원자'라는 생각이 널리 퍼지고 있었지만, 생명의 경우에는 이 원자만으로 모든 것을 다 설명할 수 없었다. 원자들이 점차 모여서 어떤 단계에서, 그리고 어떻게 생명활동이 시작되는지가 불투명했던 것이다. 하지만 세포의 발견과 세포설의 확립으로, 생명활동의 기본단위가 세포라는 사실이 명확해졌다.

우리 몸은 대략 60조 개의 세포들로 구성돼 있다. 각각의 세포는 그 구조가 비슷하지만, 각기 서로 다른 기능들을 수행하며 생명을 유지시킨다. 그런데 이 모든 세포들은 정자와 난자라는 두 세포에서 출발했다. 따라서 '세포가 없으면 생명도 없다'라고 말할 수 있는 것이다.

108 수

과학의 생각

물체의 색은 어떻게 나타나는가?

색은 물체가 아니라 빛에 들어 있다

1665년 흑사병을 피해 고향으로 돌아온 뉴턴은 예전처럼 실험실에 틀어박혀 사색과 연구에 집중하고 있었다. 수학, 역학을 포함한 그의 관심분야 가운데 하나는 빛이었다. 대학에서 이미 광학에 대한 기초를 배운 그는 빛을 차단한 커다란 암실을 만들고, 본격적인 빛 연구에 돌입한다.

뉴턴은 암실의 한쪽 벽면에 작은 구멍을 뚫은 후, 그곳으로 새어 나온 빛을 프리즘을 통해 분석했다. 프리즘을 통과한 빛이 여러 색의 무늬를 만든다는 사실은 이미 잘 알려져 있었지만, 문제는 그 원리였다. 뉴턴은 이와 관련된 여러 번의 실험 끝에 이렇게 결론을 내린다. "백색광은 여러 색상의 빛들이 혼합된 것이다." 각각의 빛이 굴절률이 달라 빛 갈라짐, 즉 분광(分光)현상을 일으켰던 것이다. 오늘날에는 각각의 색마다 빛의 파장이 다름을 그 원인으로 설명하지만, 빛을 입자라 주장했던 뉴턴은 각각의 빛마다 그 입자 크기가 서로 달라 굴절률이 다른 것이라 생각했다.

이전까지의 일반적인 생각은 색이 '밝음'과 '어둠'이 혼합돼 만들어진다는 것이었다. 아리스토텔레스는 4원소설을 토대로 밝음은 '불', 어둠은 '흙'에 해당한다고 주장했다(그래서 나머지 원소인 '물'과 '공기'는 색이 없다). 이 불과 흙의 원소들이 어떤 비율로 섞이는가에 따라 색이 결정되는데, 사과가 빨간 것은 사과의 표면을 구성하는 불과 흙이 그런 색상에 맞는 비율로 돼 있기 때문이다. 색을 사물의 고유한 속성으로 본 것이다. 그리고 그 속성이 어떤 미지의 작용에 의해 공기를 자극하고, 그 자극이 연쇄적으로 공기를 타고 오면서 우리 눈에 들어와 감각을 자극한다는 것이 아리스토텔레스의 설명이었다.

하지만 뉴턴의 생각은 달랐다. 색은 물체가 아니라 빛에 속하며, 사과가 빨갛게 보이는 이유는 사과가 태양빛 가운데 빨간색만 반사하고 나머지 색상의 빛은 흡수하기 때문이다. 사과가 지닌 속성은 어떤 빛은 흡수하고 어떤 빛은 반사하는가와 관련된 것이지, 색 그 자체를 속성으로 지닌 것은 아니라고 주장한 것이다. 뉴턴이 이러한 자신의 생각을 정리해 《광학》을 출판한 것은 첫 실험 이후 약 40년이 지난 1704년이었다.

《운명의 과학》(한나 크리츨로우)

우리는 운명을 바꿀 수 있는가?

17세기 데카르트는 정신과 물질이 별개로 존재하며, 물질세계는 정교한 법칙의 지배를 받는 일종의 기계와도 같다고 생각했다. 이른바 '기계론적 자연관'이 등장한 것이다.

그렇다면 이 세상의 운명은 이미 결정된 것이나 마찬가지다. 명확한 법칙에 따라 움직이는 기계는 초기조건이 결정되면, 그 결과도 정해지기 때문이다. 다만 예외가 하나 있는데, 그것은 바로 '정신'을 가진 인간이다. 인간은 정신을 통해 물질과 상호작용할 수 있는 능력이 있다. 그렇다면 인간은 단순한 기계가 아니라, '나는 생각한다. 고로 나는 존재한다'라는 데카르트의 말처럼 일종의 사유하는 기계, 즉 스스로 운명을 결정할 수 있는 존재인 것이다.

이에 대한 반론도 만만치 않다. 특히 유물론적 관점에서 본다면, 정신 또한 뇌를 구성하는 뉴런세포들이 복잡하게 활동한 결과일 뿐이다. 정신과 물질의 구분은 애초에 없으며, 모든 활동이 다 물질적이라는 뜻이다.

영국 신경과학자 한나 크리츨로우(1980~)에 따르면, 인간의 대부분 활동은 이미 운명지어진 것처럼 보인다. 우선 개개인의 삶만 해도 자신이 물려받은 유전자에 의해 크게 좌우된다. 일례로 그가 비만이 되기 쉬운지 아닌지, 또는 어떤 치명적인 질병에 걸릴 확률이 어느 정도인지 유전자를 통해 미리 알 수 있다. 전체 인간종의 발달과정을 봐도 그렇다. 각 연령대별로 공통적이면서 특징적인 활동들(예를 들어 10대의 반항기)이 나타나기 때문이다. 그렇다면 우리 인간은 어느 정도 프로그래밍돼 있다고 해도 무방할 것이다.

하지만 이와 반대되는 경향들 또한 관찰된다. 후생유전학에 따르면 개개인의 노력에 의해 특정 유전자의 발현을 억제할 수도 있다. 유전자가 마치 스위치처럼 꺼졌다 켜졌다 하는 것이다. 우리의 뇌 또한 계속해서 변하는데, 학습과 경험을 통해 뇌의 신경망을 어느 정도 자유롭게 바꿀 수 있고, 그러면 우리의 생각과 성격도 바뀐다. 이는 프로그래밍을 새로 하는 것과 같다.

크리츨로우에 따르면, 중요한 것은 운명의 존재 여부가 아니다. 그보다는 우리의 어떤 부분이 운명에 더 강하게 묶여 있는지, 또 어떤 부분은 그렇지 않은지를 구분하는 것이다. 우리는 운명의 지배를 받기도 하지만, 그것을 극복할 수 있는 존재이기도 하기 때문이다.

110 금

유리

투명함은 전자의 상태와 관련이 있다

투명함의 상징인 유리는 기원전 3000년경 메소포타미아 지방에서 처음 등장한 것으로 추정된다. 이 시기 유적에서 유릿조각이 발견됐기 때문이다. 기원전 1세기에 이르면 속이 빈 기다란 막대 끝에 녹인 유리를 붙이고 바람을 불어 형태를 만드는 기법이 개발되면서, 다양한 유리공예품이 등장했다. 이후 유리에 대한 수요가 늘어나고 제작기술이 발전하면서 중세 이후에는 하나의 산업으로까지 발전했다.

유리의 주성분은 모래에 많이 들어 있는 이산화규소(SiO_2)다. 이것을 녹여 액체상태로 만든 후 식히면 유리가 되는데, 이때 탄산나트륨 등을 첨가하면 녹는 온도가 낮아져 작업이 더 수월해진다. 그런데 보통의 물질은 액체가 식어 고체가 될 때 결정화*가 일어나지만, 특이하게도 이산화규소는 결정화 없이 투명한 액체상태 그대로 유지된다. 만약 유리도 결정화가 일어난다면 투명성이 사라지는데, 내부의 결정들이 서로 접하는 면에서 빛의 반사·굴절 등이 일어날 것이기 때문이다.

그렇다면 이런 비결정질**의 고체화현상 때문에 유리가 투명한 것일까? 반드시 그런 것은 아니다. 우리 몸만 보더라도 그렇다. 우리 몸은 결정화돼 있지 않다. 비결정질이지만 그렇다고 투명하지도 않다. 비결정질인 것이 투명함을 위한 요인이기는 하지만, 그것만으로는 부족하다는 뜻이다.

유리가 투명한 이유는 물체가 색을 띠는 원리와도 밀접한 관련이 있다. 물체의 색은 그 물체의 표면이 태양빛을 구성하는 여러 종류의 빛들 가운데 선택적 흡수와 반사를 하기 때문에 나타난다. 예를 들어 빨간 사과는 표면에서 빨간빛을 반사하고 다른 색상의 빛들을 흡수한다. 선택적 흡수와 반사는, 물체를 구성하는 원자 또는 분자의 바깥을 둘러싸고 있는 전자에 의해 일어난다. 이 전자들은 빛을 흡수한 상태 그대로 있을 수도 있고, 흡수한 후 즉시 다시 뱉어낼 수도(즉 반사할 수도) 있다. 물체마다 이 전자들의 상태가 다르기 때문에, 흡수와 반사의 상태 또한 달라진다. 그런데 유리에 포함돼 있는 전자들은 그 상태가 조금 특이해서, 빛을 흡수하지도 반사하지도 않는다. 빛과의 상호작용이 전혀 일어나지 않는 것이다. 그래서 우리 눈에는 유리가 투명하게 보인다.

---

* 용액이나 융해물 따위로부터 '결정'이 이루어지는 현상을 뜻한다. 여기서 '결정'은 원자·분자 등이 일정한 법칙에 따라 배열되고, 외형도 대칭관계에 있는 몇 개의 평면으로 둘러싸여 규칙적인 형체를 이루는 것을 의미한다.

** 원자·분자 따위가 규칙적으로 배열돼 있지 않은 고체 물질.

다양한 조리법

조리는 대부분 열을 필요로 한다

약 150만 년 전 불을 발견한 인류는 초보적인 형태의 요리를 시작했다. 아마 수렵·채집한 식재료를 불에 굽는 방식이었을 것이다. 하지만 본격적인 요리가 시작된 때는 그보다 한참 후인 약 1만 년 전이다. 이때 농경생활이 시작됐는데 조·수수·기장 등 몇몇 곡물에만 한정된 식사는 영양 불균형을 야기했고, 이를 해결하기 위해 다양한 조리법들이 등장했던 것이다.

조리법은 크게 '비가열식'과 '가열식'으로 나뉜다. 비가열식은 생선회처럼 불을 사용하지 않고 날것 그대로 조리하는 방식이고, 가열식은 열을 가하는 조리법이다. 일반적으로 조리라 하면 가열식 조리법을 의미한다. 비가열식 조리는 그다지 선호되지 않는데, 그 이유는 혹시라도 남아 있을지 모르는 기생충이나 세균감염의 위험 때문이다. 가열식 조리는 이런 위험을 제거할 뿐 아니라, 상대적으로 더 오래 음식을 보관할 수 있도록 해준다. 또한 가열 처리는 열에 의한 화학반응을 촉진해 맛과 향을 더 좋게 하고, 음식을 더 부드럽게 만듦으로써 소화흡수율을 높이는 장점도 있다.

가열식 조리법은 열을 가하는 방식에 따라 다시 '습식'과 '건식'으로 나눌 수 있다. 습식은 말 그대로 끓는 물을 사용하는 요리다. 대표적으로 여러 식재료들을 함께 넣고 끓이는 '끓이기'와 끓는 물에서 푹 익히는 '삶기'가 있다. 그 밖에도 뜨거운 수증기를 이용해 익히는 '찌기', 그리고 끓는 물에 순간적으로 넣었다 꺼내는 '데치기'도 습식 조리에 속한다.

건식 조리법은 물 이외의 수단으로 열을 가하는 방식이다. 기름을 열전달매체로 사용하는 조리법은 볶기·부치기·튀기기가 포함된 '프라잉'이고, 오븐 등에 넣어 뜨거운 공기로 열을 전달하는 조리법은 '로스팅'이다. 또한 불로 직접 가열하는 조리법은 '굽기'다.

일반적으로 습식에 비해 건식 조리법이 더 좋은 맛과 향을 내는 것으로 알려져 있다. 습식의 경우 물의 끓는점이 100℃라는 한계가 있지만, 건식은 더 높은 온도에서 조리가 가능하기 때문이다. 조리온도가 높을수록 마이야르반응 같은 화학반응이 더 활발히 일어난다. 덕분에 날것 또는 습식 조리에서는 느낄 수 없었던 새로운 맛과 향을 경험할 수 있다.

〈할로우맨〉(2000)

투명인간은 실제로도 가능할까?

'세바스찬 케인'이 이끄는 연구팀은 생명체를 투명하게 만드는 약물의 개발에 성공한다. 하지만 아직은 동물실험의 단계. 케인은 내친김에 자신을 대상으로 인체 실험도 강행하려 한다. 약물을 투입한 케인은 서서히 투명해진다. 실험에 성공한 것이다. 하지만 동물실험과는 달리 원래 모습으로 되돌아오는 데 실패하면서, 해결책을 찾을 때까지 어쩔 수 없이 투명인간으로 살아가야 할 처지가 됐다.

투명인간이 되기는 했지만, 케인은 이전과 별다를 것이 없어 보인다. 하지만 시간이 흐를수록 그의 마음은 점차 타락해간다. 그는 자신이 보이지 않는다는 점을 악용해, 각종 범죄를 저지른다. 그리고 자신을 제지하는 동료들을 차례차례 살해하기 시작한다.

투명인간에 대한 이야기는 꽤 오래전부터 등장했다. 전설에 따르면, 리디아의 목동 기게스는 어느 날 몸을 투명하게 해주는 마법의 반지를 우연히 발견한다. 굉장한 보물을 얻은 그는 곧 타락하고 말았고, 자신의 힘을 이용해 왕비와 간통하고 왕을 죽인 후 스스로 왕이 된다. 플라톤의《국가》에 등장하는 글라우콘이란 인물은 이 기게스의 반지를 예로 들면서, 사람들이 자발적으로 정의를 지키기는 불가능하다고 말한다. 투명인간의 익명성이 드러낸 인간 내면의 악함을 지적한 것이다. 〈할로우맨〉 또한 이러한 주제의식이 담긴 영화다. 다만 영화에서는 마법의 반지가 아니라 과학의 힘이 동원된다. 그렇다면 실제로도 투명인간은 가능할까?

어떤 사물을 눈으로 볼 수 있는 것은, 그 사물과 빛의 상호작용 때문이다. 따라서 만약 빛이 거의 그대로 투과된다면 그 사물은 투명해진다. 대표적으로 유리가 그러한데, 90% 이상의 투과율을 보인다. 공기보다 투과율이 낮은 물속이라면 더 낮은 투과율이어도 상관없다. 몇몇 투명한 어류들은 물과 투과율이 비슷한 생체조직으로 구성되어 물속에서 거의 투명하게 보인다.

그런데 약물 투입만으로 생체조직의 투과율을 순간적으로 높이는 일은 현재로서는 불가능해 보인다. 하지만 좀더 현실적인 한 가지 대안이 있다. 그것은 바로 메타물질을 이용한 투명망토다. 메타물질이란 빛이 굴절되는 정도를 매우 크게 만든 인공물질이다. 만약 어떤 사람이 이 물질을 표면에 두르고 있으면 뒤쪽 배경에서 반사된 빛이 메타물질을 만나 크게 굴절되면서 그 사람을 돌아 나온다. 그러면 그 사람은 뒤쪽 배경에 묻혀 사실상 투명해진다. 현재 여러 종류의 메타물질이 활발히 연구 중이다. 어쩌면 영화에서와 같은 완벽한 투명인간이 조만간 현실이 될지도 모르겠다.

113 월

과학자의 말

아이작 뉴턴

내가 더 멀리 보았다면, 그건 거인들의 어깨 위에 서 있었기 때문이다

역사상 가장 위대한 과학자 중 하나인 아이작 뉴턴은 많은 업적을 남겼다. 질량이 있는 두 물체 사이에 끌어당기는 힘이 작용한다는 '만유인력의법칙'은 그중에서도 가장 유명하다. 지상은 물론 천상에서도 동일한 법칙이 적용됨이 밝혀지자, 지상과 천상은 마침내 하나로 통합됐고, 이를 양분했던 고대의 과학적 관점과는 영원한 이별을 고하게 됐다.

뉴턴의 업적은 또 있다. 그는 물체의 운동을 정확하게 서술하고 예측할 수 있는 운동의 3법칙도 발견했다. '관성의법칙' '가속도의법칙' '작용반작용의법칙'이 그것이다. 뉴턴은 이런 성과를 1687년 발간한《자연철학의 수학적 원리》, 일명《프린키피아》에 남겼다. 빛에도 관심이 많았던 그는 광학분야에서도 탁월한 업적을 남겼고, 수학분야에서는 미적분학의 기초를 세우기도 했다.

뉴턴은 자신의 업적을 칭송하는 사람들에게 자주 이런 말을 했다고 한다. "내가 더 멀리 보았다면, 그건 거인들의 어깨 위에 서 있었기 때문이다." 여기서 거인들이란 그의 선배 과학자들을 의미한다. 그런데 사실 이 말을 처음 한 것은 뉴턴이 아니다.

당시 '거인의 어깨 위에 올라선 난쟁이는 거인보다 더 멀리 본다'라는 말이 널리 쓰이고 있었는데, 뉴턴은 이를 인용해 자신의 겸손함을 표현했던 것이다. 이 말의 기원은 생각보다 훨씬 오래전으로 거슬러 올라간다. 고대 그리스신화에서 처음 등장하기 때문이다.

신화 속 키오스의 왕 오이노피온은 딸을 겁탈한 사냥꾼 오리온에게 분노한다. 그래서 잠든 오리온의 눈을 찔러 장님으로 만들어버린다. 오리온은 시력을 회복해달라고 신에게 간청한다. 그는 태양의 신 헬리오스를 만나면 된다는 신탁을 듣고 길을 나서는데, 그를 불쌍히 여긴 대장간의 신 헤파이스토스의 도움으로 한 조력자를 얻는다. 바로 케달리온이라는 난쟁이였다. 케달리온은 오리온의 어깨 위에서 가야 할 방향을 알려줘, 오리온이 시력을 회복하는 데 큰 도움을 준다. 케달리온이 오리온을 도와준 것처럼, 뉴턴은 눈먼 고대과학의 시각이 번쩍 뜨도록 해준 것은 아닐까 생각해본다. 물론 뉴턴을 자신의 어깨 위에 올려준 선배 과학자들 또한 잊어서는 안 되겠다.

114 화

= 세상을 바꾼 과학 사건 =

뉴턴이 만든 '기적의 해'(1666)

과학사에서 기적이 일어나다

14세기에 이어 또 한차례 흑사병이 유럽을 휩쓸던 1665년, 영국 케임브리지대는 휴교를 결정한다. 당시 인구가 46만 명이던 런던에서 10만 명이 사망할 정도로 심각한 상황이었다. 이 대학을 다니던 뉴턴 또한 어쩔 수 없이 귀향했다.

2년간 고향에 머물던 뉴턴은 예전에도 그랬듯이, 혼자 사색하고 탐구하는 데 몰두했다. 한마디로 '방콕' 생활을 한 것이다. 그런데 놀랍게도 이 짧은 기간 동안 그의 대표적인 과학적 성과들의 기초가 만들어졌다. 그래서 1666년을 '기적의 해(annus mirabilis)'라 부르기도 한다.

첫 번째 성과는 광학분야에서 이뤄졌다. 뉴턴은 프리즘을 이용해 태양빛을 빨주노초파남보의 색으로 분해하면서, 빛과 색의 본질에 대해 탐구했다. 그리고 흰색의 태양빛이 실은 여러 종류의 색들이 혼합된 것이며, 물체의 색은 그 여러 색의 빛들 가운데 물체가 어떤 것을 흡수하고 반사하느냐에 따라 결정된다는 사실을 알아냈다. 수학의 꽃이라 할 수 있는 '미적분의 개념'이 등장한 것도 이때였다. 미적분은 오늘날 많은 '수포자'를 양산하는 주범으로 꼽히지만, 정확한 계산을 가능하게 함으로써 정밀한 현대과학문명의 토대가 된 대단한 발명이었다.

무엇보다도 중요한 성과는 '만유인력의법칙'을 발견한 것이다. '질량을 가진 두 물체 사이에는 서로 끌어당기는 힘이 작용하는데, 그 힘은 질량의 곱에 비례하고 두 물체 사이 거리의 제곱에는 반비례한다'는 법칙인데, 당시에도 이 같은 힘의 존재에 대해서는 어느 정도 알려져 있었으나 뉴턴은 이를 수학적으로 증명하는 데 성공했다. 여기에 더해 사과가 땅으로 떨어지는 것이나, 지구가 태양 주위를 공전하는 것이나 모두 이 힘으로 설명될 수 있음을 입증했다. 세상을 지배하는 가장 보편적인 법칙을 발견한 것이다.

전화위복이란 이런 경우를 말하는 것 같다. 학자로서 연구경력의 단절은 말할 것도 없고, 자칫하면 목숨을 잃을 수도 있는 흑사병의 위기가 뉴턴에게는 큰 도약을 위한 발판이 됐다. 참고로 뉴턴은 흑사병에도 관심을 가졌다. 1667년 작성된 한 연구 노트에는 몇 가지 흑사병 치료법이 기록돼 있는데, 이런 구절도 있다. "두꺼비를 분말로 만든 후 배설물이나 체액과 섞어 약을 만들고, 환부에 바르면 흑사병을 물리칠 수 있다."

115 수

══ 과학의 생각 ══

만유인력의법칙

뉴턴 혼자 발견한 것이 아니다

만유(萬有)인력의법칙이란, 말 그대로 모든 것[萬]에 존재하는[有] 인력에 관한 법칙이다. 이런 명칭이 붙은 이유는, 고대과학에서 천상계와 지상계로 이분돼 있던 세계를 하나로 통일하고, 여기에 공통으로 적용되는 법칙이란 의미를 강조하기 위해서다. 모든 물체는 그것이 지상에 있든 천상에 있든 상관없이 서로 끌어당기는 힘, 즉 인력이 작용한다.

인력의 크기를 결정하는 2가지 요소가 있는데, 첫 번째는 물체의 '질량'이다. 뉴턴은 질량에 비례하는 인력이 존재함을 수학적으로 설명했다. 예를 들어 두 물체의 질량이 각각 2배씩 늘어나면, 작용하는 만유인력의 크기는 4배가 된다.

만유인력의 크기를 좌우하는 두 번째 요소는 두 물체 사이의 거리다. 인력은 두 물체 사이 거리의 제곱과 반비례관계가 성립하는데, 예를 들어 거리가 반으로 줄어들면 인력의 크기는 4배가 되는 것이다. 사실 이 아이디어는 뉴턴만의 독창적인 생각이 아니었다. 뉴턴이 활동하던 당시, 이미 두 물체 사이 거리의 제곱에 반비례하는 어떤 힘이 존재할지도 모른다는 생각이 퍼져 있었다. 예를 들어 케플러가 분석한 결과를 보면, 태양과 행성들 간에는 어떤 힘이 작용하고 있으며, 그 힘의 크기는 거리가 짧을수록 증가하는 경향이 있음을 어느 정도 짐작할 수 있었다.

이런 생각의 근거는 우리 우주가 3차원이라는 사실이다. 예를 들어 태양으로부터 어떤 힘이 모든 방향으로 균일하게 작용한다면, 그 힘이 작용하는 공간은 둥그런 구의 형상이 될 것이다. 그리고 일정 거리에 있는 한 지점이 받는 힘은, 구의 표면으로 분산된 힘의 일부다. 거리가 멀어질수록 구의 표면적은 그 거리의 제곱에 비례해 커지고, 반대로 한 지점에서 작용하는 힘은 거리의 제곱에 반비례해 작아진다. 표면적이 커질수록 힘이 분산되기 때문이다.

만유인력의법칙과 관련한 이야기 중 가장 유명한 것은, 뉴턴이 사과나무에서 떨어지는 사과를 보고 그 법칙을 단박에 깨달았다는 일화다. 그러나 뉴턴이 자신의 힘만으로 그것을 발견한 것은 아니다. '내가 더 멀리 보았다면, 그건 거인들의 어깨 위에 서 있었기 때문이다'라는 그의 말처럼, 만유인력의법칙이 발견될 토양이 이미 갖춰져 있었다고 보는 것이 맞을 듯하다.

116 목

과학자의 서재

《생각에 관한 생각》(대니얼 카너먼)

경제는 숫자가 아니라 뇌가 지배한다

경제학은 합리적인 인간, 즉 호모에코노미쿠스(Homo economicus)를 전제로 시작한다. 그런데 여기에 반기를 드는 사람들이 있다. 바로 행동경제학자들이다. 이들에 따르면 인간은 때로는 비합리적이며, 자신을 위한 이기심만으로 행동하지는 않는다.

《생각에 관한 생각》의 저자 대니얼 카너먼(1934~)은 심리학자이면서도 2002년 노벨경제학상을 수상했다. 그는 행동경제학의 창시자 또는 대부라고도 불린다. 그는 노벨상 수상 기념 연설에서 이렇게 말했다. “저는 고정관념에 기초한 인간의 두루뭉술한 사고와 편향성에 대해 연구했습니다. 인간이 모두 비합리적이라는 뜻은 아닙니다만, 합리성이라는 개념은 매우 비현실적입니다.”

카너먼은 인간의 이런 특징이 오랜 진화과정에서 자연스럽게 터득된 것이라 설명한다. 그런데 이 같은 특징은 숲이나 초원에서 생존할 때는 도움이 됐겠지만, ‘합리적’ 판단이 필요한 경제활동에는 큰 제약으로 작용한다. 그는 이와 관련된 몇 가지 예시를 든다.

첫째, ‘손실 회피 성향’이다. 사람들은 손실이 발생할 것으로 예상되면 매우 민감하게 반응한다. 따라서 확정된 손실을 택하느니 위험한 모험을 선택한다. 반대로 이익이 발생할 것 같으면 모험보다는 확실함을 택한다. 예를 들어 대다수의 사람들은 주식에서 손실을 보더라도 쉽게 빠져나오지 못하고, 조금이라도 이익을 보면 금세 팔아버린다. 바로 손실 회피 성향 때문이다.

두 번째 예로는 ‘기준점효과’라는 것이 있다. 예를 들어 어떤 제품의 예상가격을 물으면서 ‘1000원보다 얼마나 비쌀까?’라고 질문한다면, 상대의 답변은 1000원에서 크게 벗어나지 못한다. 제품의 가격을 합리적으로 판단하는 것이 아니라, 앞서 제시된 가격을 기준으로 생각하는 것이다. 닻이 내려진 배가 닻 주변에서 멀리 벗어나지 못하는 현상에서 착안해, 이를 ‘닻내림효과’라고 부르기도 한다.

또 다른 예는 '평균회귀’를 잘 받아들이지 못하는 성향이다. 주식이나 부동산의 가격을 장기적인 관점에서 들여다보면, 일정한 추세선을 중심으로 오르락내리락하는 것을 알 수 있다. 적정한 가격보다 높으면 다시 하락하고, 적정한 가격보다 낮으면 다시 높아지는 것이다. 문제는 대부분의 사람들이 평균으로의 회귀보다는 다른 원인을 찾는다는 데 있다. 물론 그 원인이 맞을 수도 있지만, 거기에만 집중한 나머지 평균회귀를 간과하다가 고점에서 물리거나 투자할 기회를 놓치는 경우가 빈번히 발생한다.

117 금

= 신기한 과학 발명품 =

거울

반짝거리는 전자의 바다

최초의 거울은 금속거울이었다. 은·구리·청동 등을 매끄럽게 연마해 만들었는데, 고대 이집트의 피라미드에서는 기원전 3000년경의 것으로 추정되는 청동거울이 발견되기도 했다. 오늘날과 같은 유리거울이 등장한 것은 16세기 베네치아에서였다. 투명한 유리에 주석으로 된 얇은 막을 붙이고 여기에 수은을 부으면 은백색의 액체상태인 주석 아말감이 만들어지는데, 이것이 굳으면서 유리의 한쪽 면에 코팅 막이 형성되는 원리다. 현재는 유리판에 얇게 은을 코팅해 만든다. 최근에는 은을 대신해 알루미늄을 사용하기도 한다.

물체의 색은 그 물체를 구성하는 원자 또는 분자의 바깥을 둘러싼 전자들이, 선택적으로 빛을 흡수하거나 반사하기 때문에 나타나는 현상이다. 그런데 금속의 전자는 조금 다른 양상을 보인다. 선택적이 아니라 거의 대부분의 빛을 반사하는 것이다.

금속도 (당연한 이야기지만) 금속원자들로 구성돼 있다. 그런데 이 원자들이 결합해 금속 덩어리가 되는 방식이 조금 독특하다. 원자들이 일정한 간격으로 배열돼 있고, 그 사이를 전자들이 마구 움직이면서 원자들 사이의 결합을 이끌어내는 방식이다. 원자는 원자핵(+)과 전자(-)들로 구성되는데, 이 둘 사이에는 정전기적 인력이 작용한다. 따라서 여러 원자들 주위를 헤엄치는 전자들은 각각의 원자핵을 끌어당겨, 마치 원자들이 결합된 듯한 효과를 만들어내는 것이다. 이처럼 전자들이 금속원자들 사이를 자유롭게 돌아다니는 현상을 두고 '전자의 바다'라는 표현을 쓰기도 한다.

전자의 바다에서 자유롭게 돌아다니는 전자들은, 원자핵에 붙들린 다른 전자들보다 더 다양한 종류의 빛들을 흡수했다가 다시 내놓을 수 있다. 특별한 자유에서 기인한 특별한 능력인 셈이다. 전자의 바다로 들어온 빛은 거의 대부분 흡수됐다가, 곧바로 다시 반사돼 나간다. 그래서 금속의 표면이 유난히 반짝거리는 것이다. 물론 금속의 종류에 따라 전자들이 자유로운 정도는 다르니, 어느 범위까지 빛을 흡수하고 반사하는지의 능력치도 각기 다르다. 그래서 금속마다 고유의 색이 존재한다. 하지만 은이나 알루미늄은 가시광선을 거의 100% 흡수한 후 다시 내놓기에 거울의 재료로 쓰인다.

118 토

과학자의 주방

단백질은 쉽게 변한다

잘 변한 단백질은 맛도 좋다

오늘 저녁은 동태찌개다. 먼저 동태를 물에 씻고 비늘을 제거한 후, 아가미와 배에 칼집을 넣어 내장을 제거한다. 그런데 오늘은 운이 좋다. 생각지도 않았는데 알이 들어 있기 때문이다. 알을 떼어내 흐르는 물에 헹구고 찬물에 담가놓는다.

이제부터 본격적인 조리다. 비밀 레시피 양념으로 국물을 내고 4등분한 동태, 각종 야채, 그리고 깜짝 선물인 알을 넣고 팔팔 끓인다. 그런데 아뿔싸! 큰 실수를 저질렀다. 알은 소금물에 담가뒀어야 했는데, 그만 깜빡하고 만 것이다. 더 훌륭한 요리가 될 기회를 아쉽게도 놓쳐버렸다.

소금물에 알을 담가두면 좀더 탱글탱글한 식감을 유지할 수 있다. 부드러운 생선살과는 또 다른 느낌이니 요리의 입체감이 살아난다. 알에는 단백질이 풍부하다. 그런데 단백질은 소금과 만나면 그 구조가 좀더 치밀해지고 단단해지는 경향이 있다. 이를 '단백질 변성'이라 하는데, 단백질의 성질이 바뀌었다는 뜻이다. 소금물에 알을 담가두면 이 변성작용으로 표면이 단단해지면서, 고온의 조리과정에서도 그 모양과 식감을 잘 유지한다.

두부를 만들 때 간수를 사용하는 것도 이 때문이다. 소금을 만들 때 얻어지는 간수는 콩 단백질을 단단한 두부로 변신시킨다. 노란색의 중화면도 반죽할 때 간수를 사용한다. 그래서 다른 면에 비해 훨씬 탱탱한 식감을 갖는다. 또 다른 예로 어묵이 있는데, 어묵 반죽에 소금을 첨가하면 맛도 맛이지만, 식감 또한 좋아진다.

산을 첨가해도 비슷한 효과를 얻을 수 있다. 요구르트는 이를 이용한 제품인데, 우유를 발효시키는 유산균은 그 부산물로 산을 만들어낸다. 그리고 산은 우유 단백질을 좀더 점성이 있는 상태로 바꾼다. 열 또한 변성을 일으킨다. 고기를 구우면 표면이 단단해지는데, 열로 인해 표면 단백질이 변성됐기 때문이다. 단단한 표면은 내부의 육즙을 보존하는 역할을 한다.

요리는 조각과도 같다. 조각가가 재료를 다듬어 아름다운 조각을 완성하듯, 요리사는 식재료를 다듬어 훌륭한 요리를 만든다. 조각가는 조각하는 기술도 꾸준히 연마해야 하지만, 재료의 성질 또한 잘 알아야 한다. 요리사도 크게 다르지 않다. 요리하는 기술도 중요하지만, 식재료 자체에 대한 충분한 이해도 필요한 것이다. 그래야 식재료가 맛있는 요리로 잘 변할 수 있기 때문이다.

〈그래비티〉(2013)

중력은 어떻게 전달되는가?

우주에서 허블망원경을 수리 중인 '스톤 박사'에게 긴급 대피 명령이 떨어진다. 파괴된 인공위성의 파편들이 빠른 속도로 다가오고 있기 때문이다. 하지만 대피할 시간은 부족했고, 결국 참사가 벌어지고 만다. 그녀는 우주선 선장에 의해 가까스로 구조되지만, 나머지 동료들은 모두 사망한다. 지구로 돌아갈 우주왕복선마저 파괴된다.

하지만 이대로 포기할 수는 없다. 스톤 박사와 선장은 국제우주정거장을 거쳐 중국의 우주정거장 톈궁으로 이동한 후 그곳의 귀환선으로 탈출할 계획을 세운다. 그런데 이어진 불의의 사고로 스톤 박사만 남게 되는데, 혼자라는 공포 속에서도 그녀의 생존을 위한 투쟁은 계속된다.

〈그래비티〉는 과연 할리우드 재난영화답게 보는 내내 손에 땀을 쥐게 한다. 그런데 이 영화는 여느 재난영화와는 확연히 다른 점이 하나 있다. 영화가 너무나도 조용하다는 것이다. 무전기를 통해 전달되는 인물들 사이의 대화나 혼자 읊조리는 독백 이외에는 어떤 소리도 없다. 그리고 고요함은 긴장과 공포를 더욱 배가한다. 드넓은 우주에 홀로 남았다는 스톤 박사의 절망감이 그대로 전달되는 것 같다.

사실 우주에서는 소리가 들리지 않는다. 거의 진공에 가까운 상태라 소리를 전달하는 공기와 같은 매질이 없기 때문이다. 빛은 매질 없이도 공간을 가로질러 전파되지만, 소리는 이와는 다르게 공기입자들을 매질로 해 전파된다.

이 영화의 관전 포인트는 소리뿐이 아니다. 제목에서도 알 수 있듯 영화는 우리가 생존하는 데 꼭 필요한, 그러나 그 존재를 자주 잊어버리는 중력에 대해서도 말하고 있다. 우여곡절 끝에 스톤 박사는 톈궁에서 귀환선을 타고 지구로 향한다. 하지만 강하게 당겨오는 중력 때문에 낙하속도는 점점 빨라지고, 대기와의 마찰로 인해 귀환선의 표면은 붉게 타오르며 심하게 요동친다. 보통의 귀환이었다면 이런 중력이 두려웠겠지만, 지금은 오히려 고맙기만 하다. 만약 이 중력이 없다면 다시는 지구로 돌아가지 못할 것이기 때문이다.

그런데 중력은 어떻게 전달되는 걸까? 우주에는 이를 전달할 매질이 없는데도 말이다. 만유인력을 발견한 뉴턴도 이에 대해 고민했다. 게다가 순간적으로 힘이 전달되는 과정은 마치 마법과도 같았다. 하지만 오늘날 우리는 그 과정을 잘 이해하고 있다. 아인슈타인의 일반상대성이론에 따르면, 질량이 있는 물체 주변은 공간이 휘어지고 그 휘어짐이 중력이라는 효과를 만들어내기 때문이다.

120 월

과학자의 말

피에르 시몽 라플라스(1749~1827)

자연의 모든 결과는, 몇 가지 불변의 법칙이 수학적으로 전개된 결과다

'프랑스의 뉴턴'이라고도 불렸던 라플라스는, 뉴턴역학을 토대로 당시 물리학을 집대성해 모두 5권으로 구성된《천체역학》을 발간했다. 라플라스는 그중 제3권을 나폴레옹(1769~1821)에게 헌정했는데, 그때 나폴레옹은 이렇게 물었다고 한다. "그대는 우주에 관해 이렇게 방대한 책을 저술했음에도, 신에 대해서는 왜 한마디 언급도 없는 것이오?"

라플라스는 '제게 그러한 가설은 필요 없습니다'라고 당당히 답했다. 당시만 하더라도 대다수는 천체의 운동이 신에 의해서 이루어진다고 믿었다. 이에 나폴레옹은 천체역학을 다루면서도 신을 언급하지 않은 것을 의아하게 생각한 것이었고, 라플라스의 답변은 실로 대담한 것이었다.

라플라스에게 큰 영향을 미쳤던 뉴턴 또한 신의 존재를 부정하지는 않았다. 그에게 있어서 신은 역학과 기하학에 능통한 존재였으며, 지상계와 천상계 모두에 적용되는 만유인력의법칙을 관장하는 존재였다. 뉴턴은 자연을 연구하는 일은 신이 감추어둔 세상의 수수께끼를 풀어내는 일이라고 생각했다.

하지만 라플라스에게는 신이 그저 거추장스러운 존재일 뿐이었다. 자연의 현상을 설명할 때 오직 수학과 과학의 법칙만으로도 충분하다고 믿었던 것이다. 그의 이런 생각은 '결정론적 세계관'으로 자연스레 이어진다. 이는 명확한 법칙의 지배를 받는 자연의 운명이 결정돼 있다는 사고방식이다. 과거의 일들이 명확한 법칙을 따른다면, 그것이 원인이 돼 필연적인 미래의 결과를 만들어낼 것이기 때문이다.

그에 따르면 만약 이 우주에 모든 입자의 위치와 운동량을 정확히 알 수 있는 존재가 있다면, 그 존재는 과거와 현재를 정확하게 설명하고 미래 또한 정확하게 예언할 수 있을 것이다. 뉴턴만 하더라도 신의 개입에 의해 이런 미래가 바뀔 수 있다고 믿었지만, 라플라스에겐 그런 융통성이 전혀 없었다.

라플라스는 나폴레옹의 후광으로 내무부 장관에 올랐지만 단 6주 만에 해임되고 말았다. 그의 역량이 한참 부족했기 때문이었는데, 그렇다면 그는 자신의 운명을 담담히 받아들였을까? 그의 믿음대로라면 이 또한 불변의 법칙에 의해 이미 오래전에 결정된, 피할 수 없는 운명이었을 테니까 말이다.

고효율 증기기관의 발명(1769)

산업혁명의 상징이 되다

1588년 해양 패권을 두고 벌어진 칼레해전에서 스페인을 이긴 영국은 전 세계로 영향력을 확대하기 시작했다. 이와 함께 산업 규모도 점차 커져갔는데, 필요한 연료를 확보하기 위해 적극적으로 석탄 광산 개발에 나섰다. 그런데 여기에는 골치 아픈 문제가 하나 있었다. 지하 광산에 지하수가 자꾸만 차올랐던 것이다. 점점 더 깊이 개발할수록 문제는 심각해졌고, 사람이나 동물의 힘만으로 물을 퍼내는 데는 한계가 있었다.

그런데 1693년 영국 공학자 토머스 세이버리(1650?~1715)가 최초의 실용적인 증기기관을 발명해서, 이 문제를 어느 정도 해결할 수 있었다. 고온의 증기를 냉각해서 압축시키면 부피가 줄어들면서 순간적으로 기압 차가 생기는데, 이를 이용하면 광산의 지하수를 뽑아낼 수 있었다.

1712년 철물점을 운영하던 토머스 뉴커먼(1663~1729)은 이 증기기관을 개량했다. 오늘날과 같은 실린더와 피스톤장치를 도입해 그 효율을 높인 것이다. 실린더에 고온의 수증기를 넣으면 피스톤이 상승하고, 여기에 물을 뿌려 냉각시키면 실린더 내부의 공기가 수축하면서 다시 피스톤이 하강하는 원리다. 하지만 여전히 한계는 있었다. 뜨거워진 실린더 내부를 식혔다가 다시 증기를 넣어 뜨겁게 만드는 과정을 반복하다보니 당연히 열효율이 좋을 수 없었다.

당시 글래스고대에서 기계 수리소를 운영하던 제임스 와트(1736~1819)는 이 문제를 해결하기 위해 고심했다. 그리고 1769년 마침내 그 방법을 찾았다. 수증기를 냉각시키는 응축기를 실린더 바깥에 별도로 부착시키고, 실린더의 피스톤은 증기의 힘만으로 움직이게 했더니 뉴커먼이 만든 증기기관에 비해 효율이 4배가량 높아진 것이다.

효율성이 획기적으로 높아지자, 증기기관이 영국의 산업 전반으로 확산되기 시작했다. 이전에는 석탄이 풍부한 광산지역에서나 증기기관을 사용할 수 있었지만, 이제는 광산에서 멀리 떨어진 지역에도 증기기관을 설치하고 운영할 수 있게 된 것이다. 또한 과거에는 수력을 이용하기 위해 주로 강 주변에 공장이 들어섰지만, 이제는 그런 제약도 없어졌다. 편리한 동력원이 생기자 각지에 공장이 설립되기 시작했다.

제임스 와트가 증기기관의 최초 발명자는 아니었지만, 증기기관이라고 하면 보통 그를 떠올린다. 그의 증기기관이 있었기에 비로소 산업혁명이 시작됐기 때문일 것이다.

122 수

과학의 생각

결정론적 세계관

라플라스의 악마는 미래를 알고 있다

고대의 세계관은 아리스토텔레스가 집대성했다. 그에 따르면, 세계는 달을 기준으로 그 아래인 지상계와 위인 천상계로 구분된다. 천상계는 (시작도 끝도 없는) 완벽한 원운동을 하지만, 지상계는 (시작과 끝이 있는) 불완전한 직선운동이 주를 이룬다. 천상계가 지상계보다 완벽한 이유는, 유한한 세계의 바깥에 완벽한 '부동의 원동자'가 존재하기 때문이다.

부동의 원동자는 모든 운동의 원인이지만, 그렇다고 자신이 직접 운동을 일으키는 것은 아니다. 사물들이 부동의 원동자를 '목적'으로, 그를 모방하는 방식으로 운동이 일어난다. 위에서 아래로 운동이 전달되는 것이 아니라, 아래에서 위로의 모방이 일어나는 것이다. 위에 가까울수록 완벽성에 가까워지니 그 운동도 완벽해진다. 이러한 생각을 '목적론적 세계관'이라 한다. 중세에 이르면 '부동의 원동자'는 신으로 격상되고, '목적'은 위로부터 전파되는 신의 뜻이 된다. 본래와는 그 방향이 반대가 된 것이다.

그런데 코페르니쿠스, 케플러, 갈릴레이, 17세기의 뉴턴을 거치면서 이러한 세계관은 큰 타격을 입는다. 근간이 됐던 아리스토텔레스의 이론이 잘못됐음이 하나둘 밝혀진 것이다. 대표적으로 뉴턴의 만유인력의법칙과 운동의 3법칙은 지상계와 천상계를 가리지 않고 적용된다. 만물이 '부동의 원동자'를 모방하거나 '신의 뜻'을 따르거나 할 필요도 없다. 모든 현상은 단순한 법칙의 지배를 받기 때문이다.

법칙은 '모든 사물과 현상의 원인과 결과 사이에 존재하는 보편적이고 필연적이며 변하지 않는 관계'를 뜻한다. 따라서 법칙을 알고 있다면, 어떤 원인에 따른 결과를 정확하게 예측할 수 있다. 이는 과거의 원인이 정해져 있으면 미래의 결과 또한 정해져 있다는 뜻도 되는데, 이러한 생각을 '결정론적 세계관'이라 한다.

라플라스는 1814년 한 에세이에서 다음과 같이 말하기도 했다. "우주의 모든 원자의 위치와 운동량을 아는 존재가 있다면, 그는 과거·현재·미래도 정확히 알 수 있을 것이다." 후에 이 존재에 '라플라스의 악마'라는 이름이 붙었다.

흥미롭게도 현대의 양자역학은 원자보다 작은 세계인 미시세계에서는 이런 법칙이 적용되지 않는다고 말한다. 즉 미시세계에서는 원인과 결과의 관계가 확정적이지 않다는 것이다. 오늘날의 과학자들은 이런 미시세계와 확정적인 법칙이 존재하는 거시세계를 연결하기 위해 고심하고 있다. 과거 뉴턴이 고대의 지상계와 천상계를 연결했다면, 이제는 미시세계와 거시세계를 연결하려는 것이다. 이와 관련해 자세한 내용은 뒤에서 다시 살펴보도록 하겠다.

123 목

《지구의 정복자》(에드워드 윌슨)

인간 조건의 수수께끼

지구의 정복자는 누구일까? 당연히 인간이라고 답하는 사람들이 많을 것이다. 그렇다면 인간은 어떻게 해서 지구의 정복자가 될 수 있었을까? 미국 사회생물학자 에드워드 윌슨(1929~2021)은 가장 큰 요인으로 '진사회성(eusociality)'을 든다.

에드워드 윌슨은 개미 생태에 관한 전문가이기도 하다. 그에 따르면 개미는 진사회성을 가진 곤충이다. 여느 동물들에게 흔히 보이는 원시적 사회성과는 다른 이 개념은, 다음의 3가지 요건으로 규정된다. 첫째, 자신을 포함해 부모 이상의 여러 세대가 함께 공존할 것. 둘째, 자신이 지켜야 할 일정 세력권이 있을 것. 마지막은 집단을 위해 자신을 일정 부분 희생할 수 있는 '이타성'이 있을 것이다.

진사회성 곤충은 약 2만 종이 알려져 있는데, 개미·벌 등이 대부분이다. 대략 100만 종에 달하는 곤충 가운데 극히 일부분이지만, 사실상 이들은 곤충세계의 정복자다. 아마존 우림의 일정 지역에 서식하는 모든 곤충의 무게를 잰 결과, 개미와 흰개미의 무게가 전체의 2/3나 차지한다는 사실이 밝혀졌다. 모든 생물을 통틀어 지구의 정복자라 불릴 만한 우리 인류도, 포유류 가운데 거의 유일하게 진사회성을 갖고 있다. 진사회성이야말로 지구의 정복자가 될 수 있는 핵심요인임이 분명해 보인다.

진사회성의 가장 큰 특징은 '이타성'에 있다. 이는 혈연관계를 넘어서 집단의 이익과 생존을 위해, 개인의 이익과 생존까지도 희생할 수 있음을 의미한다. '이기적 개인은 이타적 개인을 이기지만, 이타적 집단은 이기적 집단을 이긴다'는 말처럼, 집단의 관점에서는 이타성이 더 유리한 측면이 있는 것이다.

그런데 인간은 조금 독특하다. 이타성과 이기성이 균형을 맞추기 때문이다. 이타성으로 치우친 곤충집단과는 다른 진사회성을 보이는 것이다. 진화과정에서 개인을 우선시하는 유전자와 집단을 우선시하는 유전자가 혼재돼 영향을 주는, 매우 복잡한 존재라는 뜻이기도 하다.

그래서일까? 인류는 개미들이 그런 것처럼 지속 가능한 정복자가 되지 못하고, 지구를 자꾸만 파괴하고 있다. 우리의 이타성의 범위를 좀더 키워 그 대상을 자연으로 확대하는 일이 시급하다. 지구는 우리가 잠시 들른 임시 거처가 아니라 영원한 고향이기 때문이다.

124 금

— 신기한 과학 발명품 —

동력 방직기

본격적인 산업혁명이 시작되다

1811년 흥분한 사람들이 공장으로 몰려들었다. 그들은 공장에서 쉴 새 없이 돌아가던 방적기와 방직기를 때려 부수기 시작했다. '러다이트운동(1811~1817)'이라고 불리는 기계 파괴운동이 시작된 것이다. 여기에 참여했던 사람들 대다수는, 기존에 수공업 형태로 운영되던 소규모 공장의 직조공들이었다. 증기기관을 동력으로 한 기계가 도입되면서 일자리를 잃게 된 분노가 폭발했던 것이다.

18세기만 하더라도 영국의 주력 산업은 모직업이었다. 하지만 인도 등에서 수입된 가볍고 부드러운 면제품의 인기가 높아지면서, 서서히 면사의 생산과 면섬유의 직조가 이루어지기 시작했다. 하지만 값싼 노동력을 무기로 한 인도와 경쟁하기는 무리였다. 1760년 기준 모직물 수출은 550만 파운드였지만, 면직물은 아직 20만 파운드에 불과했다. 그런데 기술의 발달로 상황이 역전되기 시작했다. 영국이 인도보다도 더 값싸고 품질 좋은 면제품을 생산할 수 있게 된 것이다. 예를 들어 1769년 영국 발명가 리처드 아크라이트(1732~1792)는 수력을 이용한 자동 방적기를 발명하고, 1771년 대규모 방적공장을 설립했다.

면사를 대량생산할 수 있게 되자, 이제 면직물의 대량생산이 요구됐다. 이때 주목받은 것이 1769년 제임스 와트가 개발한 고효율 증기기관이다. 그리고 이 증기기관을 동력으로 해 면섬유를 직조하는 방직기를 처음 만든 사람은, 1785년 영국 발명가 카트라이트(1743~1823)다. 그는 아크라이트의 방적공장을 견학하고 큰 감명을 받아 동력 방직기 개발에 도전했다고 한다.

동력 방직기의 원리는 기존 방직기(베틀)와 크게 다르지 않다. 세로로 놓인 날실들을 위아래로 벌리고, 그 사이로 씨실을 가로 방향으로 삽입한 후 다시 날실들의 위아래 위치를 바꾸고, 또다시 씨실을 삽입하는 방식이다. 카트라이트는 이 운동의 동력원으로 증기기관을 이용한 것이다.

수력과는 달리 지역적 한계가 없는 증기기관은 방적·방직산업이 영국 전역으로 확산되는 계기가 됐다. 생산효율은 경쟁국을 압도했다. 18세기 말 기준 인도에서 면사 45kg을 생산하려면 약 5만 시간의 노동이 필요했지만, 증기기관을 이용하게 된 영국은 노동시간이 300시간에 불과했다. 영국에서 본격적인 산업혁명이 시작된 순간이었다.

125 토

과학자의 주방

된장찌개는 뚝배기에, 라면은 냄비에

그릇 종류마다 다른 비열

요리는 일종의 반응이다. 그리고 반응은 에너지, 즉 열을 필요로 한다. 요리마다 각각 적절한 조리온도가 있는데, 온도가 너무 낮으면 기대했던 반응이 일어나지 않고, 온도가 너무 높으면 엉뚱한 다른 반응들 때문에 요리를 망칠 수도 있다. 예를 들어 오븐에서 빵을 구울 때 온도가 너무 낮으면, 빵의 맛을 책임지는 마이야르반응이나 캐러멜화반응이 잘 일어나지 않는다. 만약 온도가 너무 높다면, 수분이 과도하게 증발해 빵의 식감이 엉망이 돼버린다. 그리고 더 지나치면 탄화반응이 일어나는데, 다시 말해 까맣게 타버리는 것이다.

그런데 온도를 적절하게 맞춘다고 끝나는 것이 아니다. 그 온도에 이르기까지 걸리는 시간과 온도를 유지하는 시간 또한 중요하기 때문이다. 사실 이런 디테일로 인해 요리의 품질이 좌우된다. 그만큼 열관리가 중요하다는 말이다. 이때 특히 신경 써야 할 것이 바로 그릇이다. 대부분의 음식은 그릇에서 조리된 후 그 그릇 그대로, 아니면 또 다른 그릇에 담겨 식탁 위에 차려진다. 그릇은 요리와 직접 접촉하므로, 요리의 열을 통제하려면 그릇의 선택 또한 중요하다.

그릇은 재질에 따라 열적 성질이 상이하다. 이와 관련해 '비열'이란 개념이 있는데, 이는 어떤 물질 1g의 온도를 1℃ 높이는 데 필요한 열량(cal)을 의미한다. 비열이 높은 물질은 온도를 올리기 위해 상대적으로 더 많은 열이 필요하다. 예를 들어 흙의 비열은 0.432cal/g℃, 유리는 0.189cal/g℃, 철은 0.110cal/g℃, 스테인레스는 0.112cal/g℃ 정도다(기준이 되는 물은 1cal/g℃이다). 따라서 같은 무게라면 흙으로 만든 뚝배기가 금속 냄비보다 일정한 온도까지 올리는 데 거의 4배의 열이 소모된다. 게다가 뚝배기는 두툼하게 만드니 실제 열 소모량은 훨씬 더 높다. 이렇듯 에너지 소모가 더 많음에도 불구하고 왜 뚝배기를 쓰는 것일까?

그 이유는 비열이 높으면 온도를 올리기도 힘들지만, 온도가 떨어지는 속도 또한 느리기 때문이다. 그래서 오랫동안 열이 유지돼야 하는 찌개류 같은 요리에는 흙으로 만든 도기류가 사용된다. 된장찌개를 뚝배기가 아니라 냄비에 끓이면 금방 식어서 맛이 없어진다. 고온에서는 미각세포가 둔해지면서 잘 느끼지 못했던 짠맛이 뒤늦게 더 강해져, 풍미의 균형이 깨져버리기 때문이다. 이에 반해 빠른 조리가 생명인 라면의 경우는 보통 금속 냄비를 사용한다. 만약 뚝배기처럼 비열이 높은 그릇을 사용하면, 가열이 끝나도 남아 있는 열로 인해 면이 계속 익기 때문이다. 다시 말해 면이 불어터질 수 있다.

〈마이너리티 리포트〉(2002)

모든 일은 미리 예정돼 있다?

가까운 미래인 2054년, 미국 경찰조직 내의 미래범죄국에는 초능력을 지닌 3인의 예지자가 배치돼 있다. 이들의 임무는 '예비적인' 범죄자가 내뿜는 에너지를 감지해, 범죄가 일어나기 전에 미리 경찰을 출동시켜 체포하게 하는 것이다. 그런데 문제는 이들 모두 정확도가 높은 예지자들이기는 하지만, 가끔은 의견이 상충하는 경우가 있다는 점이다. 미래범죄국은 이 문제를 다수결의 원칙으로 해결한다. 예를 들어 2명의 예지가 일치하고 1명의 예지가 다르다면, 그 예지는 소수의견으로 무시하는 것이다. 영화의 제목이기도 한 '마이너리티 리포트(minority report)'는 바로 이 소수의견을 의미한다.

그런데 어느 날 미래범죄국의 '앤더튼' 반장이 곧 살인을 저지를 것이란 예지가 발표된다. 앤더튼 입장에서는 당혹스러울 수밖에 없는데, 그도 그럴 것이 살인의 희생자가 될 사람과는 일면식도 없기 때문이다. 앤더튼은 자신의 결백을 밝히기 위해 도피를 결심한다. 그리고 이 범죄 예방 시스템을 발명한 사람을 만나 자문을 구하고, 그의 조언에 따라 자신이 범죄를 저지르지 않을 것이라는 소수의견을 찾아내 입증하기로 한다.

현대과학의 바탕에 깔린 결정론적 세계관에 따르면, 이 영화에 등장한 범죄 예방 시스템은 실현 가능한 것처럼 보이기도 한다. 이 세상이 수많은 입자로 구성돼 있고 그 입자들의 운동이 명확한 물리법칙을 따른다면, 입자들의 초기조건만 알면 그 미래를 정확하게 예측할 수 있기 때문이다. 물론 그처럼 많은 정보를 처리하는 것은 현재 인간의 능력으로는 불가능하다. 하지만 영화에서처럼 초능력을 지닌 예지자(아니면 능력이 뛰어난 미래의 인공지능)가 있다면 상황이 달라지지 않을까? 앞서 이야기했던 '라플라스의 악마'처럼 말이다.

그럼에도 이 영화는 이런 문제를 제기한다. '인간의 자유의지를 단순히 물리법칙만으로 설명할 수 있을까?' 자신의 기계론적 자연관에 따라, 물질로 구성된 세계는 결정론의 지배를 받는다고 믿었던 데카르트 또한 유독 인간만은 예외를 허용했다. 인간의 정신, 즉 자유의지는 인간을 구성하는 물질과 상호작용하며 그 주어진 운명에서 벗어날 수 있도록 한다고 주장한 것이다. 하지만 자유의지라는 것도 인간 뇌의 활동이라면 결국은 뇌를 구성하는 물질의 작용이며, 물리법칙에 따라 결정론의 지배를 받는 것은 아닐까? 참으로 어려운 문제가 아닐 수 없다.

에드워드 노턴 로렌즈(1917~2008)

나비의 날갯짓이 토네이도를 일으킬 수 있다

1960년 미국 기상학자 로렌즈는 컴퓨터로 기상 예측 시뮬레이션을 반복해서 돌리고 있었다. 결과를 검증하기 위해 같은 시뮬레이션을 여러 번 반복할 필요가 있었던 것이다. 그런데 그날따라 너무 따분했던 그는 처리속도를 조금이나마 올려볼 요량으로 입력하는 초기조건을 아주 약간 변화시켰다. 예를 들면 처음 시뮬레이션에서는 0.506127을 입력했다면, 다음에는 조금 짧게 0.506을 입력한 것이다. 이 정도 변화로는 결과에 큰 영향을 미치지 않으리라 생각했지만, 놀랍게도 첫 번째와는 전혀 딴판인 결과를 얻었다.

로렌즈는 이를 통해 중요한 영감을 얻을 수 있었다. 초기조건이 조금만 바뀌더라도 최종 결과가 완전히 달라질 수 있다면, 아무리 명확한 법칙과 몇 가지 변수의 지배를 받는 시스템일지라도 정확한 예측이 가능할지 회의가 든 것이다. 그런데 또 한편으로 그는 이렇게 생각했다. '예측 불가능할 정도로 혼란스러운 현상의 내면에는, 어쩌면 몇몇 변수나 법칙이 관여하는 매우 단순한 시스템이 놓인 것은 아닐까?'

사실 이와 관련한 생각은 이미 오래전부터 존재하고 있었으나, 로렌즈의 연구가 있고서야 비로소 하나의 이론으로 받아들여졌다. 이를 '카오스이론'이라 부른다. 흔히 '나비효과'라고도 알려져 있는데, 이 용어는 1972년 로렌즈가 한 강연에서 '브라질에서 한 나비의 날갯짓이 텍사스에 토네이도를 일으킬 수 있다'라고 표현한 데서 유래했다.

변덕스러운 날씨뿐 아니라 주식시세 등 여러 분야에도 카오스이론을 적용할 수 있다. 복잡해 보이는 현상의 내면에 있는 단순한 시스템을 찾는 것이다. 만약 이것이 성공한다면, 어느 정도 정확한 예측이 가능해질지도 모른다. 물론 이를 위해서는 매우 정교한 시뮬레이션이 필요하다. 무척 어려운 일이기는 하지만, 그렇다고 포기할 필요는 없다. 인간의 유한한 능력으로 모든 계산을 할 수는 없겠지만, 계산속도나 계산량을 점점 더 높이고 늘린다면 예측의 정확성 또한 계속 커질 것이기 때문이다. 다행인 점은 최근 AI기술이 비약적으로 발전하면서 그것이 어느 정도 가능해지고 있다는 사실이다. 가까운 미래에는 거의 100% 적중하는 일기예보가 등장하지 않을까 기대해본다.

128 화

= 세상을 바꾼 과학 사건 =

화학혁명

연금술에서 근대화학으로

중세의 연금술은 금이나 영생의 약을 만드는 데는 실패했지만, 화학의 발전에는 크게 기여했다. 연금술 덕분에 여러 종류의 실험도구와 실험기법들이 개발됐으며, 새로운 물질이 발견되기도 했다. 하지만 여전히 철학적인 접근에 머물러 있어, 본격적인 화학이라 불리기에는 부족한 점이 많았다. 연금술에서 근대화학으로 넘어가기 위해서는 무언가 혁명적인 변화가 필요했다.

연금술과 관련한 수많은 실험이 진행되면서, 사람들은 어렴풋이나마 화학의 법칙들에 대해 생각하게 됐다. 그중 하나가 바로 '질량보존의법칙'이다. 어떤 화학반응이 일어날 때 그 반응을 전후로 해서 질량이 보존된다는 것인데, 경험적으로만 인정되던 이 사실을 최초로 증명하고 법칙화한 사람은 1774년 프랑스 화학자 앙투안 라부아지에(1743~1794)다. 그는 실험으로 이 법칙을 증명했는데 그 과정은 다음과 같다.

우선 밀폐된 플라스크에 수은을 넣고 가열했다. 그러자 붉은색의 물질(산화수은)이 만들어졌는데, 이 물질의 무게는 기존 수은보다 무거웠다. 반대로 가열 전 플라스크에 들어 있던 기체의 질량은 가열 후에는 줄어들었다(반응 전 플라스크에 있던 산소가 수은과 반응하며 산화수은이 만들어진 것이다). 라부아지에는 반응 전후로 이 질량들의 변화를 정밀하게 측정했다. 그랬더니 반응 전 물질들의 질량의 합과 반응 후 물질들의 질량의 합이 동일하다는 결론을 얻을 수 있었다.

연금술의 시대까지만 하더라도, 오늘날의 화학과는 달리 막연한 견해들과 그를 뒷받침하는 논리들이 혼재했다. 하지만 라부아지에는 처음으로 '정량적인' 실험방식을 도입했다. 그리고 이를 토대로 검증 가능한 법칙을 찾아냈다. 비로소 오늘날 화학의 모습이 제대로 등장한 것이다.

그 밖에도 라부아지에의 업적은 많은데, 대표적인 것으로 원소의 체계적인 분류를 들 수 있다. 그는 우선 원소를 '화학분석이 도달한 현실적 한계'로 정의했다. 화학적으로 더 이상 분리할 수 없는 최소의 단위로 본 것이다. 그리고 당시까지 알려진 33종의 원소들을 '동물, 식물·광물에 포함된 원소' '산화되어 산을 만드는 원소' '산화되어 염기를 만드는 원소' '염을 만드는 원소' 등의 4그룹으로 분류했다. 최초의 원소 분류표를 만든 것이다. 참고로 오늘날의 원소 분류표는 1869년 러시아 화학자 멘델레예프(1834~1907)가 완성한 원소주기율표다.

129 수

과학의 생각

카오스이론

혼돈 속의 질서, 질서 속의 혼돈

1687년 뉴턴은 저서《자연철학의 수학적 원리》를 통해 그 유명한 '만유인력의법칙'을 발표했다. 사과가 땅으로 떨어지는 직선운동이나 행성들이 태양 주위를 도는 원운동이나 모두 같은 법칙의 지배를 받는다는 사실을 밝힌 것이다.

하지만 그런 그에게도 고민이 하나 있었다. 두 물체 사이의 만유인력은 쉽게 계산되고, 그 운동은 정확한 예측이 가능하다. 하지만 물체 하나가 더 관여하면, 즉 물체가 모두 3개라면 문제는 매우 복잡해진다. 뉴턴은 태양과 지구, 달이 어떻게 그처럼 안정적인 궤도를 이루어 운동하는지 제대로 설명할 수 없었다. 이를 '삼체(三體)문제'라고도 부른다.

1890년 프랑스 수학자 앙리 푸앵카레(1854~1912)는 삼체문제를 정확하게 푸는 것은 불가능하다는 사실을 입증했다. 대신 그는 몇 가지 가정을 더해 문제를 단순화하는 방식으로 접근했다. 정확한 답이 아닌 근사적인 답을 구한 것이다. 여기까지는 좋았으나 그는 곧 더 큰 문제를 발견한다. 초기조건을 조금만 다르게 해도, 그 답이 완전히 달라진 것이다. 아주 약간의 조건 변경만으로도 궤도는 완전히 달라질 수 있다. 아니, 궤도가 아예 없을 수도 있다.

이처럼 초기조건이 미묘하게 변해도 최종 결과가 큰 폭으로 달라지는 현상을 연구하는 분야가 바로 '카오스이론'이다. '혼돈이론'이라 부르기도 한다. 푸앵카레의 발견으로부터 시작됐으나, 1960년대 미국 기상학자 에드워드 로렌즈의 연구가 있고서야 비로소 하나의 이론으로 자리 잡았다. 로렌즈는 컴퓨터로 운영되는 기상 예측 시뮬레이션에서 사소한 초기조건의 변화가 예측 불가능할 정도의 결과를 만든다는 사실을 발견했다. 명확한 법칙과 몇 가지 변수의 지배를 받는 질서 있는 시스템에서 혼돈이 생겨난 것이다.

질서 속에서 혼돈이 생기기도 하지만, 혼돈 속에서 어떤 질서를 발견할 수도 있다. 앞서 삼체문제에서는 만유인력이라는 단순한 법칙이 있었고, 로렌즈가 연구한 변덕스러운 날씨에도 몇 가지 법칙들과 변수들이 있었다. 예측이 어려운 다른 분야의 경우 또한 마찬가지인데, 그 내면에 숨은 질서를 찾을 수만 있다면, 그리고 이와 관련한 정보를 제대로 수집하고 관리할 수만 있다면 어느 정도 정확한 예측이 가능할 것이다.

《카오스》(제임스 글릭)

혼돈과 질서는 상호보완적이다

〈뉴욕타임스〉에서 기자·편집자를 지낸 제임스 글릭(1954~)은 이 책을 통해 카오스이론을 대중에게 널리 알렸다. 여기서 등장하는 여러 사례 가운데 가장 인상적인 것은 눈송이다. 하늘에서 떨어지는 눈송이를 현미경으로 관찰해보면 감탄사가 절로 나온다. 기하학적으로 대칭인 무늬가 너무나도 정교하고 아름답기 때문이다. 마치 솜씨 좋은 누군가가 디자인한 듯한 이 모양은 신기하게도 자연에서 저절로 생긴 것이다. 그런데 감탄할 것이 또 하나 남아 있다. 눈송이 하나하나가 서로 다른 모양을 갖는다는 사실이다. 이 세상에 완전하게 똑같은 눈송이는 존재하지 않는다.

제임스 글릭에 따르면 눈송이가 만들어지는 현상의 원리는 아주 단순하다. 온도가 낮아져 물이 얼음이 되는 결빙과정에서 생기는 '결정화현상' 그 이상도 그 이하도 아니기 때문이다. 이 원리와 관련한 변수 또한 몇 가지 정도로 생각해볼 수 있다. 온도, 바람의 세기나 방향, 공기 중에 있는 불순물의 종류와 농도 등일 텐데, 아마 모든 눈송이의 출발점은 서로 비슷했을 것이다. 변수의 차이가 그리 크지 않았을 것이란 의미다.

하지만 그 비슷함에 숨어 있는 아주 미세한 차이는, 시간이 지나면서 점차 큰 차이를 만들어낸다. 그래서 우리가 보는 눈송이가 그처럼 다양한 모양인 것이다. 정확한 기상 예측이 어려운 이유도 이와 관련 있다. 기상현상의 법칙은 단순할지 몰라도, 그것에 영향을 주는 초기변수의 미세한 차이만으로도 최종 결과가 어떨지 종잡을 수 없기 때문이다.

이와는 반대로 혼돈(chaos)처럼 보이는 현상에서도 어떤 질서(cosmos)를 발견할 수 있음을 이 책은 말하고 있다. 이와 관련한 개념으로 '프랙털'을 소개하는데, 이는 일부의 작은 조각이 전체와 비슷한 기하학적 형태를 말한다. 예를 들어 나뭇가지의 모양은 나무를 닮았고, 눈송이 모양의 일부는 전체 눈송이를 닮았다. 혼돈 안에 단순한 법칙이 만들어내는 질서가 숨어 있기 때문이다.

그러고 보면 혼돈과 질서는 서로 대립한다기보다는 상호보완한다고 하는 것이 맞을 듯하다. 만약 질서가 없었다면 그야말로 혼돈만 있을 테니 이 아름다운 우주 또한 태어나지 못했을 것이고, 만약 혼돈이 없었다면 다채로움이 없는 무미건조한 세상만 존재했을 것이기 때문이다. 그러한 세상에서는 오로지 6각형의 단순한 눈송이들만 존재할지도 모른다.

131 금

= 신기한 과학 발명품 =

내연기관 자동차

저절로 달리는 마차를 꿈꾸다

자동차는 '원동기를 장치해 그 동력으로 바퀴를 굴려서 땅 위를 움직이도록 만든 차'를 의미한다. 여기서 원동기란 자연계에 존재하는 에너지를 기계적 에너지로 바꾸는 장치다. 자동차는 그것을 굴러가게 하는 원동기의 종류에 따라 구분할 수 있는데, 오늘날 우리가 알고 있는 자동차는 대부분 내연기관 자동차다.

내연기관이란 기관 내부에서 휘발유와 같은 연료를 연소시켜 그 에너지를 이용해 동력을 얻는 기관을 말하며, 현재의 자동차 엔진이 그 대표적인 예다. 이에 반해 외부에서 연료를 연소시켜 얻은 에너지로 물 같은 물질을 가열하고, 그 가열된 물질의 팽창하는 힘을 이용해 동력을 얻는 기관을 외연기관이라 한다. 대표적으로 17세기 후반 등장했던 증기기관이 있다.

최초의 자동차에 달린 원동기 또한 외연기관이었다. 1769년 프랑스 기술자 니콜라 조제프 퀴뇨(1725~1804)는 프랑스어로 '증기수레'를 뜻하는 '파르디에 아 바푀르'라는 삼륜 자동차를 개발했는데, 여기에 사용된 것이 증기기관이었다. 삼륜 수레 앞쪽에 커다란 물탱크를 포함한 증기기관이 달린 형상이었으며, 속력은 4km/h에 불과했다. 군사기술자였던 퀴뇨는 무거운 대포를 운반하기 위해 이 자동차를 개발했다.

최초의 내연기관은 1860년 프랑스 기술자 르누아르(1822~1900)가 개발했다. 증기기관과 비슷한 구조에 증기를 대신해 석탄가스의 폭발로 동력을 얻는 방식이었다. 그 뒤를 이어 1876년 독일 기술자 니콜라우스 오토(1832~1891)가 오늘날과 유사한 4행정기관을 발명했다. 메커니즘은 다음과 같다. 먼저 연료를 '흡입'하고, 흡입된 연료를 '압축'한 후, 연료를 점화해 '폭발'시킨다. 그런 다음 연료실 안의 가스를 밖으로 '배기'한다. 이렇게 한 사이클이 지나는 동안 피스톤의 왕복운동은, 피스톤의 하단부와 연결된 크랭크축을 2회전 시키면서 회전운동으로 전환된다. 하지만 여전히 가스를 사용함으로써 장치의 부피가 크고 열효율이 낮은 단점이 있었다.

1886년 독일 기술자 카를 벤츠(1844~1929)는 오토의 엔진을 토대로 기화기*를 부착하여 휘발유를 연료로 사용할 수 있도록 개량한 후 이를 삼륜 자동차에 장착했다. 오늘날 우리가 일반적으로 자동차라 부르는 가솔린엔진 차량은 그렇게 탄생했다. 독일어로 특허받은 자동차를 뜻하는 '페이턴트 모터바겐'이라 이름 붙은 이 자동차는 16km/h의 속도를 낼 수 있었다.

---

* 연료를 기화시킨 후 공기와 혼합하는 장치.

132 토

과학자의 주방

불을 꺼도 요리는 계속된다

스테이크를 레스팅하는 이유

앞서 된장찌개는 뚝배기에, 라면은 냄비에 끓여야 하는 이유를 설명한 바 있다. 그런데 여기서 놓쳐서는 안 될 중요한 디테일이 하나 더 있다. 그것은 바로 식탁 위에 차리는 방식에 따라 조리법을 조금 달리하는 것이다. 라면을 냄비째로 차리는 경우라면, 약간 덜 익어 아직은 면이 꼬들꼬들한 상태에서 가열을 중단한다. 냄비에 남아 있는 열에 의해 조리가 더 진행될 수 있기 때문이다. 하지만 다른 그릇에 옮겨 담을 경우라면 충분히 익혀낸다. 조리가 더 이상은 진행되지 않을 것이기 때문이다.

삶은 면을 찬물로 씻는 것도 유사한 이유 때문이다. 면에 남아 있는 열을 빠르게 제거해 면이 지나치게 익어버리는 일을 방지하기 위함인데, 잔열이 있으면 면의 표면에 있는 전분이 계속 호화반응을 일으켜 표면이 끈적해지고 탄력성이 저하될 수 있다. 탄력성을 더 강화하려고 얼음물까지 동원하기도 한다.

그런데 이와는 반대로 잔열을 이용하는 경우도 있다. 스테이크를 구운 후 일정 시간 레스팅하는 것이 대표적인 예다. 레스팅은 조리가 끝난 스테이크를 잠시 실온에 두고 기다리는 과정인데, 표면에 집중됐던 열이 서서히 안쪽으로 들어갈 시간을 주는 것이다. 만약 안까지 바로 익히겠다고 스테이크를 센 불로 오래 가열하면 단백질 변성에 의해 육질이 질겨지고, 내부의 육즙도 거의 증발해버릴 수 있다. 스테이크는 보통 표면을 150℃ 정도로 가열해 마이야르반응을 촉진한다. 내부는 레어의 경우 50℃, 미디엄은 60℃, 그리고 웰던은 70℃ 정도가 되도록 한다.

레스팅은 육즙의 보존에도 큰 도움이 된다. 고기를 가열하면 표면이 수축하면서, 표면 근처에 있던 수분이 안쪽으로 몰리는 현상이 발생한다. 이 상태로 조리를 끝내고 고기를 바로 썰면 그 수분이 상당량 배출된다. 하지만 레스팅을 거치면 안쪽의 수분이 점차 바깥쪽으로 돌아오게 되는데, 이때 그 수분이 고기의 여러 성분과 섞이고, 또 잔열에 의해 걸쭉한 상태로 변한다. 그러면 고기를 썰어도 육즙의 손실이 그리 많지 않다.

모든 일이 다 그렇지만, 요리도 처음만큼이나 마지막이 중요한 것 같다. 아무리 시작을 잘해도 마무리가 잘못되면 요리를 망칠 수 있기 때문이다. 일단 가열만 하면 요리가 된다고 생각하는 사람들에게 이 말을 전하고 싶다. '불을 꺼도 요리는 계속된다.'

〈워터월드〉(1995)

물에 잠긴 미래의 지구

2500년경 지구는 물의 행성이 됐다. 물론 수백 년 전 지구도 표면의 75%가 바다여서 물의 행성이라 불렸지만, 지금은 상황이 크게 다르다. 어디를 둘러봐도 육지는 없고 바다만 존재하는 행성이 됐기 때문이다. 기후 대재앙으로 해수면이 급상승하며 벌어진 일이다. 살아남은 소수의 사람들은 인공섬을 만들고 그곳에 의지하며 살아간다. 하지만 모두가 다 그런 것은 아니다. 주인공 '마리너'는 작은 배 위에서 홀로 살아간다. 어느 날 마리너는 물물교환을 위해 한 인공섬을 찾았다가 정체를 들켜 감금되고 만다. 사실 그는 보통의 인간들과는 달리 아가미를 갖도록 진화된 돌연변이였던 것이다.

때마침 바다 해적들이 인공섬을 공격하고, 혼란의 가운데 의문의 아이를 동반한 여인의 도움으로 마리너는 탈출에 성공한다. 사실 해적들은 그 아이를 노리고 있었다. 지구에 마지막 남은 육지인 '드라이랜드'의 위치를 알 수 있는 단서가 그 아이한테 있었기 때문이다. 목숨을 건 모험 끝에 마리너와 일행은 식물이 자라고 동물이 뛰어다니는 드라이랜드에 도착한다. 사실 이곳은 물에 잠긴 에베레스트산이다.

지구온난화의 위험을 강조하는 영상자료에 빠짐없이 등장하는 것이 북극곰이다. 온난화의 영향으로 북극 해빙이 녹아 북극곰이 삶의 터전을 잃어버린다는 내용이 대다수다. 북극곰의 이미지에서 해수면 상승의 위험을 떠올리는 경우도 많다. 하지만 사실 이 위기와 직접 관련이 있는 것은 바다의 해빙이 아니라 육지에 있는 빙하다. 이미 바다에 떠 있는 해빙이 다 녹더라도 해수면은 영향을 받지 않는다. 해빙의 무게가 이미 해수면 높이에 반영돼 있기 때문이다. 하지만 남극대륙이나 그린란드 등에서 녹아 바다로 흘러드는 빙하라면 이야기가 다르다.

영화에서처럼 해발고도 8848m인 에베레스트산이 잠길 정도라면 해수면이 수천m 이상 상승해야 한다. 빙하가 녹는 것만으로는 충분하지 않지만, 영화에서는 이에 대한 자세한 설명이 나오지 않는다. 과학자들에 따르면 민물의 75%를 차지하는 빙하가 모두 녹으면 해수면이 60m 이상 상승할 것이라 한다. 이 정도 상승만으로 주요 해안가 도시뿐 아니라 강을 끼고 있는 서울, 런던 같은 도시 또한 물에 잠길 수밖에 없으니 큰 재앙임에는 틀림없다.

134 월

과학자의 말

앙투안 라부아지에

자연은 광대한 화학 실험실이다

파리의 한 부유한 변호사 집안에서 태어난 라부아지에는 아버지의 권유로 법학을 공부했으나, 이내 과학에 흥미를 느낀다. 그리고 과학자로서 일찍부터 두각을 나타내기 시작했다. 그는 '근대화학의 아버지'란 명칭을 부여받을 정도로 뛰어난 업적들을 남겼는데, 그중 가장 유명한 것은 1774년 '질량보존의법칙'을 발견한 것이다. 반응 전후 물질의 질량이 일정하다는 이 법칙은, 오늘날 정량화된 화학이 출범하는 계기가 됐다. 그래서 보통 이 시점을 근대화학혁명의 기준점으로 삼는다.

그런데 라부아지에는 뛰어난 화학자이면서 동시에 능력 있는 공무원이기도 했다. 비록 변호사가 되지는 못했지만, 나름의 생계수단을 찾은 것이다. 당시 프랑스는 별도의 국세징수기관이 없어 세금징수조합과 독점계약을 맺고 징수권을 부여했는데, 조합은 국가를 대신해 세금을 걷고 수수료를 챙겼다. 세금에 더해 수수료까지 내야 했던 시민들은 불만이 높았고, 징수권을 가진 조합의 귀족들은 큰돈을 벌 수 있었다. 라부아지에는 바로 이 조합 소속이었고, 그의 주된 업무는 담배와 관련한 밀수나 사기를 적발하는 일이었다. 라부아지에는 1771년 조합장의 외동딸 마리 앤과 결혼하며, 조합에서 위상이 더욱 높아졌다.

라부아지에는 공적인 일이 없을 때면 자신의 집 연구실에서 화학 연구에 매진했다. 그는 이런 말을 남겼다. "자연이란 모든 종류의 합성과 분해가 이루어지는, 광대한 화학 실험실이다." 그만큼 그는 화학이란 학문에 푹 빠져 있었다. 하지만 문제는 화려한 연구실을 꾸미고 운영하는 비용, 그리고 연구를 위한 여유로운 시간이 모두 시민들의 고통에서 나왔다는 점이었다.

그는 혁명의 시대를 살았다. 미국에서는 독립혁명(1775~1783)이 일어났고, 고국 프랑스에서는 세금과 폭정에 시달린 시민들이 혁명을 일으켰다. 그는 화학혁명에서는 분명 주역이었지만, 시민혁명(1789~1794)에서는 그렇지 못했다. 혁명정부에 참여해서 활동하던 중 과거 전력이 드러나며 체포됐던 것이다. 한때 그는 철저한 세금징수를 위해 파리를 둘러싼 성벽을 세우고, 술과 담배 밀수를 원천 금지하자고 주장해 시민들을 분노케 하기도 했다.

법정에 선 그는 자신이 그저 과학자일 뿐이라 항변했지만, '혁명정부에 더 이상 과학자는 필요 없다'라는 재판관의 말과 함께 '시민을 약탈한 지주'라는 죄명으로 사형을 선고받았다. 그리고 1794년 5월 8일, 단두대의 이슬로 사라졌다.

135 화

요소의 합성(1828)

유기물은 인공적으로 만들 수 없다?

18세기 후반 라부아지에로부터 시작된 화학혁명은, 중세 연금술의 영향력에서 완전히 벗어나 근대화학으로의 본격적인 전환을 가능하게 했다. 하지만 모든 화학분야가 그랬던 것은 아니다.

화학은 크게 유기화학과 무기화학으로 나눌 수 있다. 초기만 하더라도 유기화학은 생명체에서 유래되는 탄소를 기반으로 하는 화합물인 유기물을 다루며, 무기화학은 그 밖의 것(무기물)을 다루는 것으로 정의됐다. 유기화학을 별도로 구분했던 이유는 유기물이 생명과 직접적인 연관이 있기 때문이었다. 예를 들어 아미노산 · 지방 · 단백질 · 핵산 등이 유기물이며, 물 · 산소 · 금속 등은 무기물이다.

화학혁명이 일어나던 당시의 화학은 대부분 무기화학을 의미했다. 유기물은 화학분야에서는 다룰 수 없는 특별한 물질로 간주됐는데, 유기물이 생명체 내에서 어떤 '생명력'의 작용에 의해서만 만들어진다고 믿었기 때문이다. 게다가 유기물은 일반적인 화학법칙도 따르지 않는다고 생각했다. 이른바 '생기론'이라 불리는 고대부터 이어진 오랜 믿음이었다. 그러다 이 믿음이 깨지고, 유기화학이 하나의 학문분야로 발전하는 계기가 된 사건이 발생한다.

1828년 독일 화학자 프리드리히 뵐러(1800~1882)는 시안산(HOCN)과 암모니아(NH_3)를 반응시켜 요소(CH_4N_2O)를 만들었다. 요소는 우리 몸에서는 아미노산으로부터 만들어지며, 오줌과 함께 배출되는 물질이다. 즉 기존의 분류에 따르자면 생명체에서 유래되는 탄소를 기반으로 하는 유기물의 일종인 것이다. 이에 반해 시안산과 암모니아는 생명과는 직접적인 관련이 없는 무기물이다. 뵐러는 무기물로 유기물을 만들어내는 데 최초로 성공한 것이다.

뵐러는 유기물이 생명체 내에서 모종의 신비스러운 과정을 통해서만 만들어지는 물질이 아니라는 사실을 밝혀냈다. 이에 기존의 무기화학에서 다루던 화학법칙이 그대로 적용되며, 비록 생명과 관련이 많은 물질이긴 하나, 생명체 안이 아니더라도 실험실에서 충분히 다룰 수 있는 분야가 되었다. 오늘날 유기화학은 탄소의 산화물 등 일부를 제외한 대부분의 탄소화합물을 다루는 것으로 정의된다.

뵐러의 실험은 화학의 발전에 지대한 공헌을 했을 뿐 아니라, 또 하나의 중요한 의의를 지닌다. 그것은 바로 생명의 기원에 대한 생각이다. '무기물에서 유기물이 생성될 수 있다면, 유기물로 구성된 생명 또한 그 최초의 기원은 무기물이지 않을까?'

136 수

과학의 생각

연소의 원리와 산소

연소의 원인은 물질 내부가 아니라 외부에 있다

라부아지에를 근대화학의 아버지라 부르는 이유는, 정량적이면서 검증 가능한 실험방식을 처음 도입했기 때문이다. 그는 이를 통해 반응 전후 물질의 총량은 변하지 않는다는 '질량보존의법칙'을 발견했다. 그리고 이 과정에서 또 하나의 중요한 발견을 했다. 바로 물질이 불에 타는 연소과정의 원리를 규명한 것이다.

어느 날 라부아지에는 한 실험 결과에 대해 듣게 된다. 1774년 영국 화학자 프리스틀리(1733~1804)가 붉은색 수은, 즉 산화수은에 태양빛을 쬐어 새로운 기체를 얻었는데, 이 기체는 촛불이 더 잘 타게 하는 성질이 있었다. 프리스틀리는 이 기체를 '플로지스톤이 없는 공기'라 불렀다. 사실 그는 산화수은에서 떨어져 나온 산소를 발견한 것이다.

이전까지 물체의 연소를 설명하는 이론은 '플로지스톤설'이었다. 1723년 이를 주창한 독일 화학자 슈탈(1660~1734)에 따르면, 불에 잘 타는 물질은 플로지스톤이라는 입자들이 풍부한데, 물질의 연소는 이 플로지스톤들이 공기 중으로 도망가는 현상이다. 나무 등을 태우고 난 후의 재는 그 무게가 원래 나무보다 적은데, 이는 무게 차이만큼의 플로지스톤이 빠져나갔기 때문이란 설명이다.

프리스틀리가 산소를 '플로지스톤이 없는 공기'라 이름 붙인 까닭은, 연소를 더 활발히 일으키는 기체이기 때문이었다. 물질 내부에 있는 플로지스톤이 더 활발히 빠져나오려면, 바깥 공기에서는 플로지스톤의 농도가 낮아야만 한다고 생각한 것이다.

하지만 라부아지에는 자신의 이전 실험들에서 연소 후 물질의 무게가 오히려 늘어났다는 점을 근거로 여기에 의문을 제기한다. 그는 프리스틀리와 비슷한 실험을 했다. 먼저 수은을 공기 중에서 연소시켜 산화수은을 만들었는데, 정밀한 무게 측정을 통해 수은이 산화되면서 늘어난 무게가 줄어든 공기의 무게와 일치함을 발견했다. 그는 이 산화수은이 분해되며 발생하는 기체에 '산을 형성하는 근원(principe oxygine)'이라는 이름을 붙였다. 이 기체가 물질과 반응하면 산을 만드는 성질이 있기 때문이었다. 이것이 후에 산소(oxygen)가 되었는데, 'oxy'는 '산', 'gen'은 '탄생'을 의미한다.

라부아지에가 생각한 연소는 '물질이 공기 중의 산소와 결합하는 과정'이었다. 그래서 금속을 연소시키면 무게가 늘어났던 것이다. 하지만 나무 등과 같은 유기물, 즉 탄소를 기본으로 하는 물질은 오히려 무게가 줄어든다. 탄소가 산소와 반응해 이산화탄소(CO_2)가 되면서 공기 중으로 날아가기 때문이다.

137 목

과학자의 서재

《사회적 원자》(마크 뷰캐넌)

원자 때문에 다이아몬드가 빛나는 것이 아니다

물리학자이자 〈네이처〉의 편집자였던 뷰캐넌(1961~)은 '복잡한 사회현상도 과학적인 관점에서 해석 가능하고, 필요하면 그 해결책 또한 제시할 수 있다'고 말한다. 이러한 견해를 '사회물리학'이라 하는데, 여기서는 사람을 사회라는 물질을 이루는 하나의 '원자'로 본다.

사회적 원자로 구성된 사회는 과학에서 말하는 '복잡계'와 유사하다. 복잡계의 뜻처럼 사회도 헤아릴 수 없을 정도로 많은 구성요소가 상호작용하는 체계이기 때문이다. 자연의 복잡계에서도 어떤 패턴이 드러나듯, 사회적 원자로 구성된 사회 또한 그렇다고 뷰캐넌은 주장한다.

그런데 사회적 원자와 물리적 원자는 차이점이 하나 있다. 물질을 구성하는 원자는 여기 탁자에 있든 저 먼 별에 있든 언제나 동일하지만, 사회적 원자는 그렇지 않다. 사람은 환경에 따라 변하고 적응하기 때문이다. 사람들은 '적응'하고 '모방'하고 때로는 '협력'하기도 한다. 이처럼 사회적 원자는 물리적 원자와 분명 다르지만, 그렇다고 사회현상에 대한 물리학적 접근이 불가능한 것은 아니다. 다만 사회현상이 물리현상보다 더 풍부할 뿐이다. 그 한 예로 주식시장의 가격 변동이 있다.

주식에는 언제나 적정한 가격이 있다. 주식이 저평가되면 매수자들이 몰리면서 가격이 올라간다. 반대로 고평가되면 매도자들이 몰리면서 가격은 하락한다. 참여자들이 합리적이라면 주식의 가격은 적정가격을 중심으로 정규분포를 따라야 하지만, 실제로는 극단적인 가격이 종종 등장하곤 한다. 대부분 과거의 주가기록을 보고 미래를 예측하기 때문이다. 과거의 패턴에 적응하는 것인데, 이쯤 되면 오르리라 판단해 사람들이 몰리면 주가는 폭등하거나 폭락한다. 그럼 이제 새로운 패턴이 생기고, 사람들은 다시 여기에 적응한다. 그리고 이런 적응과정 또한 패턴이 된다.

과학자들이 물이나 공기의 흐름을 이해하는 것은, 그것을 구성하는 원자들 하나하나가 아니라 그것들이 모여 만들어내는 패턴을 파악하기 때문이다. 뷰캐넌은 사회적 원자들이 만들어내는 사회현상 또한 개개의 구성원이 아니라, 그 구성원들의 총합에 초점을 맞추어야 한다고 말한다. 이를 이해하지 못한 사회적인 조치는 의도치 않은 결과를 초래할 수 있다는 말도 덧붙인다.

다이아몬드는 연필심으로도 사용되는 흑연처럼 탄소원자들로 구성돼 있다. 하지만 원자들이 어떻게 결합하느냐에 따라 그 운명이 달라진다. 다이아몬드의 영롱한 빛은 원자 때문이 아니라 그것들이 만들어내는 패턴 때문이다.

138 금

= 신기한 과학 발명품 =

전기자동차

다시 자동차의 제왕이 될 것인가?

2021년도 기준 전 세계 완성차 판매량 가운데 9%는 전기자동차다. 시장에서는 2030년 이 수치가 57%, 즉 전체 판매량 가운데 절반 이상을 전기차가 차지할 것이라 예상한다. 빠른 속도로 현재 자동차의 제왕 격인 내연기관 자동차를 몰아내고 있는 것이다. 그런데 사실 전기차도 한때는 잠시나마 자동차의 제왕이었던 시절이 있다.

최초의 자동차는 앞서도 설명한 바와 같이 1769년 프랑스의 니콜라 조제프 퀴뇨가 개발한 삼륜 증기기관 자동차인 '파르디에 아 바푀르'다. 오늘날과 같은 방식의 내연기관 자동차는 1886년 카를 벤츠가 발명했다.

그런데 이 내연기관 자동차보다도 먼저 전기자동차가 등장했다. 1832년 스코틀랜드 발명가 로버트 앤더슨이 마차에 전지와 모터를 설치하여, 말이 없어도 구동하는 마차를 만든 것이다. 하지만 오늘날 전기차의 필수품인 축전지*는 장착되지 않아 불편한 점이 많았다. 전기차가 널리 사용되기 시작한 것은 1859년 프랑스 전기학자 가스통 플랑테(1834~1889)가 납을 주재료로 한 '납축전지'를 발명한 이후다. 축전지의 용량이 더욱 늘어나면서, 20세기 초의 한때는 전기차가 가솔린자동차보다 더 각광을 받기도 했다. 시동을 걸기가 편하고 냄새와 소음 문제도 없었기 때문이다. 자동차의 구조도 훨씬 더 단순했다.

하지만 영광의 시간은 그리 길지 못했다. 성능 개선의 한계로 축전지의 무게를 크게 줄이지 못했고, 긴 충전시간이라는 불편함도 여전했기 때문이었다. 게다가 유전이 광범위하게 개발되면서 휘발유 가격이 내려가고, '포드'로 대변되는 내연기관 자동차의 대량생산체계가 갖추어지자 전기차는 가격경쟁력에서도 밀리고 말았다.

오늘날 다시금 전기차가 주목받는 배경에는 축전지기술의 발전이 있다. 전기에너지를 고밀도로 충전할 수 있는 '리튬이온전지'가 등장한 것이다. 이 전지의 개념은 1970년대에 처음 제안됐으나 상업화는 1991년에야 가능했다. 현재는 1회 충전으로 600km 가까이 운행할 정도로 축전지기술이 발전하며, 기존 내연기관을 위협하고 있다. 여기에 더해 친환경 에너지로의 전환 요구 또한, 전기차의 시장 점유를 더욱 가속화하고 있다.

---

* 여러 번 충전해 사용할 수 있는 전지로 2차전지라고도 한다.

139 토

걸쭉함의 미학(味學)

호화반응과 노화반응

각종 해산물을 넣고 우려낸 맑은 육수에 면을 넣어 끓이던 아내가 갑자기 탄식을 내지른다. 무슨 일인가 싶어 들여다본 냄비 안은 대략 난감한 상황. 맑아야 할 국물은 탁해졌고, 면은 퉁퉁 불었다. 평소라면 미리 면을 삶아내고 찬물에 잘 씻은 후 끓는 육수에 넣었을 텐데, 그날따라 서두르다가 실수를 하고 말았다.

밀가루로 요리하면 '호화반응'이 일어나는데, 이는 밀가루의 전분이 물을 흡수하고 가열되면서 걸쭉해지는 현상이다. 전분의 내부 구조를 들여다보면 마치 그물과 같은 형상으로, 이런 구조는 물을 잘 빨아들이는 특징이 있다. 게다가 열까지 가해지면 흡수력이 더욱 커져 걸쭉한 상태가 된다. 호화되면 단단했던 전분이 부드럽게 변하기 때문에 소화가 잘된다. 전분을 넣어 걸쭉하게 만드는 탕수육 소스처럼 식감을 좋게 하기도 한다.

그런데 면은 호화반응이 지나치면 탱탱 불어버릴 수 있다. 게다가 호화된 면의 표면은 그 구조가 느슨해져, 내부의 전분입자들이 쉽게 빠져나올 수 있다. 이는 국물이 탁해지는 원인이 된다. 맑은 국물과 쫄깃한 면요리를 원한다면, 면을 따로 삶아내고 찬물에 씻어 더 이상의 호화를 억제하고 표면의 전분을 제거한 후 끓는 육수에 넣는 편이 좋다.

한편 이와는 정반대인 '노화반응'도 있다. 호화돼 부드러워진 식재료가 수분이 증발하면서 딱딱하게 굳는 현상을 의미하는데, 식은 밥이 푸석해지고 오래된 빵이 딱딱해지는 이유이기도 하다. 노화를 억제하기 위해서는 요리에서 수분이 빠져나가는 것을 막아야 한다. 그래서 먹다 남은 밥은 다시 밥솥에 넣어 보관하는 것이다.

노화반응을 이용하는 요리도 있다. 튀김옷에 포함된 밀가루가 호화반응을 일으킨 후 노화로 굳으면 단단한 보호막이 형성된다. 이 보호막 덕분에 튀김 속 수분은 잘 보존돼, 겉은 바삭하면서도 속은 촉촉한 식감을 얻을 수 있다.

요리란 참 변화무쌍하다. 하나의 상태에 그대로 머물지 않고, 조건에 따라 모습이 다양하게 변하기 때문이다. 요리마다 선호하는 모습이 다르니, 그에 따른 세밀한 조절은 요리의 관건이다. 요리에도 왕도는 없다. 쉬운 지름길을 찾기보단 차근차근 정석대로 진행하는 것이 성공비결이다. 걸쭉함이 없어야 할 곳에 걸쭉함을 만드는 실수를 피하기 위해서라도 말이다.

〈스파이더맨〉(2002)

초능력 DNA는 어떻게 얻을까?

평범한 고등학생 '피터 파커'는 사실 슈퍼히어로다. 초인적인 힘, 스피드, 매우 예민한 감각, 벽을 자유자재로 타는 능력과 함께 손목에서는 강력한 거미줄이 분사된다. 그래서 사람들은 그를 '스파이더맨', 즉 '거미인간'이라 부른다. 그의 능력이 거미의 그것과 비슷하기 때문이다. 그런데 피터는 어떻게 이런 초능력을 얻게 됐을까?

어느 날 한 생명공학 연구실로 견학을 간 피터는 그곳에서 거미에게 물리고 만다. 주변에서 흔히 보이는 보통의 거미라면 별문제가 아니었겠지만, 사실 그 거미는 유전자조작을 통해 개량된 '슈퍼거미'였다. 집으로 돌아온 피터는 이내 피곤이 몰려와 침대 위로 쓰러지고 거의 혼수상태가 된다. 시간이 한참 흐른 후 깨어난 피터는 자신의 몸에 무언가 이상한 일이 일어났음을 알게 된다.

영화에서는 슈퍼거미의 DNA가 피터의 DNA에 삽입되면서, 그가 거미의 초능력을 갖게 된 것으로 설정돼 있다. 그런데 정말 이런 일이 가능할까? 외부에서 다른 DNA가 몸속으로 들어왔다고 해서 원래 세포에 있던 DNA와 쉽게 합쳐진다면, 모기에 물리는 우리는 모두 '모스키토맨'이 돼야 하는 것은 아닐까?

이와 관련해, 한 과학작가가 재미있는 가설을 제시했다. 만약 유전자조작과정에서 그 슈퍼거미의 몸속에 '레트로바이러스'가 생성됐다면, 영화에서와 같은 일이 가능할지도 모른다는 것이다. 바이러스는 유전물질로 DNA 또는 RNA를 포함하는데, 숙주세포를 이용해 이 유전물질을 복제하고 기타 바이러스 구성에 필요한 물질들을 만들면서 증식한다.

그런데 RNA 바이러스의 일종인 레트로바이러스는 조금 특이하다. 자신의 RNA 정보를 토대로 스스로 DNA를 만들 수 있는 것이다. 이것은 1975년 노벨생리의학상의 한 가지 주제이기도 했는데, DNA에서 RNA가 만들어지는 방향으로만 유전정보가 전달된다는 통념이 깨지고, RNA에서 DNA가 만들어질 수도 있음이 처음으로 밝혀졌다. 이 바이러스는 세포 내로 침투해 DNA를 생산한 후, 그 세포의 원래 DNA에 끼워 넣는다. 그리고 그 DNA 정보를 토대로 복제된 바이러스가 다시 인접 세포들을 감염시킨다. 만약 슈퍼거미의 이 바이러스가 거미의 초능력과 관련된 유전정보를 일부 가지고 있었다면, 피터의 세포들이 초능력 세포로 점차 바뀌었을 가능성이 있다.

실제로도 인간 DNA의 약 8%는 이 레트로바이러스부터 기원했다고 한다. 종양 등 일부 질병과의 관련성이 밝혀지기는 했지만, 여전히 많은 부분은 베일에 싸여 있다.

141 월

과학자의 말

찰스 다윈

지식보다 더 큰 자신감을 낳는 것은 무지다

찰스 다윈은 자신의 진화론을 통해 다양한 종의 기원과, 그와 관련한 진화과정을 상세하게 제시했다. 16세기 코페르니쿠스 혁명이 우주에 대한 우리의 관점을 완전히 바꿔놓았다면, 그의 진화론은 생명분야에서 일어난 또 다른 혁명적 사건이었다. 그뿐이 아니다. 오늘날 다윈의 진화론은 생물학을 넘어 경제학·사회학·심리학 등 거의 모든 학문분야에 영향을 끼치고 있다.

그런데 다윈은 진화론을 완성하고도 꽤 오랫동안 발표를 미루었다. 사람들은 이를 두고 종교와의 마찰을 두려워한 그의 소심함을 지적하기도 하지만, 사실 그는 여전히 자신의 이론이 부족하다고 느끼고 있었다. 그 부족함을 채우기 위해 나름의 고민과 연구를 진행하느라 시간이 필요했던 것이다.

그중 하나가 진화의 속도에 관한 문제다. 그는 진화가 점진적으로 일어난다고 생각했다. 작은 유전적 변이들이 계속 축적되면서 서서히 진화한다고 본 것이다. 하지만 몇 가지 이상 사례들이 발견됐다. 그중 하나가 꽃식물의 진화다. 약 1억 3000만 년 전 백악기에 처음 등장한 꽃식물은 짧은 기간에 몇 단계의 진화만 거쳐 35만 종으로 분화하면서, 식물세계에서 가장 다양한 종이 됐다.

다윈은 이를 두고 진화와 관련한 화석이 다 발견되지 않았기 때문이라 추측하기도 했지만, 성급하게 결론을 내리지는 않았다. 한 편지에서 '이 문제가 해결되는 것을 보고 싶다'라고 짤막하게 소망을 표현하기도 했다. 이후 몇몇 중간 진화단계의 화석들이 발견되기도 했지만, 오늘날까지 이 문제는 미해결인 상태다.

다윈은 이런 말을 남겼다. "지식보다 더 큰 자신감을 낳는 것이 있는데, 그것은 바로 무지다." '벼는 익을수록 고개를 숙인다'는 속담처럼 대가의 겸손함이 느껴지는 말이다.

이 말과 관련해서 흥미로운 실험 하나가 1999년 진행됐다. 코넬대의 더닝(1960~) 교수와 대학원생 크루거가 몇 가지 시험을 치른 학생들에게 몇 등을 할 것 같냐고 물었다. 그랬더니 실제 점수가 낮은 학생일수록 더 높은 등수를 예상했다. 이처럼 실력이 낮을수록 자신감은 오히려 더 커지는 현상을 '더닝 크루거 효과'라 한다. 최근 들어 가짜뉴스, 유사과학 같은 문제가 나날이 커지고 있는데, 다윈처럼 스스로 깊이 성찰하고 회의하는 자세가 무엇보다 필요하겠다.

142 화

비글호의 항해(1831~1836)

다윈의 진화론이 시작되다

찰스 다윈은 영국의 한 유복한 집안에서 태어났다. 아버지는 의사였고, 어머니는 고급 도자기회사로 유명한 웨지우드 가문 출신이었다. 참고로 다윈의 할아버지 이래즈머스 다윈(1731~1802)은 유명한 박물학자이기도 했다.

다윈은 한때 의학과 신학을 공부하기도 했지만, 최종적으로 그의 관심을 끈 것은 박물학이었다. 그러던 어느 날 그에게 뜻밖의 기회가 찾아온다. 남아메리카를 돌아 호주를 거쳐 남반구를 일주하면서, 해안 측량과 경도 측정의 임무를 수행할 영국 군함 '비글호'의 박물학자로 채용된 것이다. 길이 27m, 탑승인원 68명의 소형 군함 비글호는 1831년 12월 27일 영국 데번포트항을 출발해 장장 5년에 걸친 항해에 돌입했다. 당시 찰스 다윈의 나이는 22세였다.

다윈은 항해 중에 많은 화석과 표본을 수집하고 자세한 메모를 남겼다. 특히 갈라파고스제도에서 관찰하고 기록한 코끼리거북(갈라파고스는 거북을 뜻하는 스페인어에서 유래했다), 멧새는 자신만의 진화론을 정립하는 결정적인 계기가 됐다. 갈라파고스인들은 코끼리거북의 등딱지만 보고도 어느 섬에 사는 종인지 구분할 수 있었다. 섬마다 미묘하게 차이가 있었던 것이다. 멧새도 이와 비슷했다. 다윈은 모두 13종의 멧새를 관찰했는데, 각 종마다 부리에 약간씩 다른 점이 있었다.

이는 아마도 먹이와 같은 서식환경의 차이에서 기인했으리라 다윈은 추측했다. 그리고 서로 다른 종의 멧새들이 모두 '하나의 공통된 조상에서 갈라져 나오지 않았을까?'라는 생각도 하게 됐다. 이처럼 서로 다른 듯하면서도 비슷한 동물들을 관찰하면서, 생물종이 서서히 변화하는 데는 '지리적 격리'가 한 원인일 수도 있다는 진화의 개념을 정립하게 된 것이다.

다윈은 귀국 후 여러 전문가의 도움을 받으며 이런 증거들을 분석해, 진화에 대한 종합적인 이론체계를 완성했다. 하지만 처음부터 자신의 진화론을 세상에 적극적으로 알린 것은 아니었다. 귀국 후 3년이 지난 1839년《비글호 항해기》를 발간하며 그동안 관찰하고 수집한 것들에 대해서는 언급했지만, 진화에 대한 견해를 밝히지는 않았던 것이다. 다윈의 진화론이 세상이 등장한 것은 비글호의 항해가 있고 한참 후인 1859년이었다.

143 수

과학의 생각

최초의 진화론

다윈이 처음이 아니다?

기원전 6세기경 아낙시만드로스는 매우 놀라운 주장을 했다. 생물이 '진화'를 한다는 것인데, 그에 따르면 최초의 동물은 어류 또는 그와 비슷한 것이었고, 그것으로부터 인류가 진화했다.

그러고 보니 진화에 대한 생각은 역사가 꽤 긴 편이다. 하지만 이후 이와 관련된 논의는 깊게 진행되지 못했다. 진화가 워낙 장기간에 걸쳐 이루어지다보니 직접적인 관찰이나 실험이 어려운 점도 있었고, 종교의 영향이 강해지면서 논의 자체가 금기시됐기 때문이다.

그런데 18세기 들어 상황이 변하기 시작했다. 동식물·광물 등을 다루는 박물학이 발전하고 화석 연구가 활발해지면서, 진화의 가능성에 대해 생각하는 사람들이 늘어나기 시작한 것이다.

《파우스트》《젊은 베르테르의 슬픔》 등을 저술한 독일의 대표적인 문호 괴테(1749~1832) 또한 그런 사람들 가운데 하나였다. 과학에도 관심이 많았던 그는 직접 식물들을 관찰한 결과를 바탕으로《식물변형론》을 집필하기도 했는데, 그에 따르면 식물들은 지속적으로 '변형'이 이루어져왔다. 예를 들어 식물의 꽃은 시간이 지남에 따라 잎이 변형돼 만들어졌다는 것이다. 다윈의 할아버지인 이래즈머스 다윈 또한 진화에 대해 생각했는데, 자신의 저서《동물생리학》에서 진화는 하등생물에서 고등생물의 방향으로 이루어진다고 주장하기도 했다. 하지만 아직은 체계적인 이론이라 불리기에는 부족함이 많았다.

파리국립박물관의 동물학과 교수였던 라마르크(1774~1829)는 1809년 출간한 저서《동물철학》으로 진화에 대한 자신의 생각을 발표했다. 그에 따르면 생물은 점점 더 복잡해지려는 경향이 있는데, 이는 환경에 더 잘 적응하기 위해서다. 그리고 그 과정에서 어떤 기관을 더 많이 사용하면 그 기관은 강화되고 반대로 사용하지 않으면 퇴화한다. 일례로 기린의 긴 목과 관련해, 높은 곳에 있는 잎을 먹고자 목을 길게 만들려는 '욕구'에 따라 점차 목이 길어졌고, 이렇게 얻어진 특징이 유전됐다는 설명이다.

이를 '용불용설(用不用說)'이라고 하는데, 오늘날에는 받아들여지지 않는다. 개체의 노력만으로 얻어진 형질인 '획득형질'은 유전되지 않으며, 유전자에 나타난 변이가 만드는 형질만 유전된다고 밝혀졌기 때문이다. 즉 기린의 목이 긴 이유는, 목이 긴 돌연변이 기린이 태어났기 때문이다. 비록 이후에 등장한 다윈의 진화론에 그 자리를 내주었지만, 라마르크의 주장은 처음으로 체계화된 진화론을 제시했다는 점에서는 의의가 크다 할 것이다.

《눈의 탄생》(앤드루 파커)

생명이 갑자기 폭발하다

다윈의 진화론에 따르면 생물에서 변이가 서서히 발생하고, 이것이 축적되면서 종이 다양화된다. 그런데 이런 설명이 잘 들어맞지 않는 경우가 있다. 오늘날 '캄브리아기'*로 명명된 약 5억 4000만 년 전의 지층에서, 이전에는 볼 수 없었던 다양한 형태의 화석들이 갑자기 출현한 것이다. 다윈은 이를 제대로 설명할 수 없었다.

《눈의 탄생》의 저자 앤드루 파커(1967~)에 의하면 캄브리아기 이전에는 단 3개의 동물문(門)이 있었지만, 캄브리아기에 이르면 그 종류가 오늘날과 같은 38개로 다양화됐다고 한다. 생물을 분류하는 기준으로 '종-속-과-목-강-문-계'라는 것이 있다. '계'는 가장 큰 분류 기준으로 '동물계' '식물계' '균계' 등이 있다. 동물계는 다시 '완족동물문' '척삭동물문' 등과 같은 38가지 문으로 구분되는데, '문'이란 형태학적으로 동일한 요소를 지닌 동물들을 모아놓은 것을 말한다. 같은 문의 동물들은 그 내부 디자인이 비슷하다 할 수 있는 셈이다.

이런 초기 동물들은 그 겉모습이 비슷했다. 부드러운 몸을 지닌 벌레와 같은 모양이었는데, 그 안에다 각 동물문의 특징들을 숨기고 있었다. 그런데 (지질시대 구분으로는) 아주 짧은 시간 동안 각 동물문은 저마다 특징적인 겉모습을 갖기 시작했다. 그리고 다양한 종류의 화석 증거들을 남겼다. 캄브리아기에 이르러 왜 갑자기 이런 일이 일어났을까?

앤드루 파커는 그 요인으로 '눈'을 지목한다. 캄브리아기 이전의 원시 삼엽충에는 눈이 없었다. 그런데 진화과정에서 변이로 인해 눈이 형성되기 시작했다. 빛을 수용하는 원시적 감각세포가 정교한 눈으로 진화한 것이다. 눈은 가장 복잡하면서도 민감한 감각기관이다. 외부의 정보를 가장 정확하게 얻을 수 있는데, 이는 생존경쟁에 있어 매우 중요하다. 포식자라면 사냥감의 위치를 파악하고 추적해 사냥하는 데 활용할 것이고, 피식자에게는 주변의 위험신호를 사전에 파악하기 위한 핵심수단이 될 것이다.

눈이 형성되고 그 기능이 점차 고도화되면서, 포식자와 피식자의 관계가 명확해지기 시작했다. 강력한 힘으로 다른 동물을 깨물 수 있는 입, 빠르게 도망다니기 위한 다리나 지느러미, 무기가 될 수 있는 뾰족한 가시 등도 이때 등장했다. 삼엽충이 이 시기에 딱딱한 외골격을 갖게 된 것도, 쉽게 잡아먹히지 않는 이점이 있었기 때문이다. 이런 식으로 외형에서의 진화의 압력이 매우 거세지자, 마침내 캄브리아기 생명의 대폭발이 일어났다.

---

* 46억 년의 지구 역사에서 약 5억 4000만 년전부터 4억 5000만 년전까지의 시기를 말한다.

145 금

= 신기한 과학 발명품 =

전자레인지

군사무기에서 가정 필수품으로

미국을 대표하는 군수업체 가운데 하나인 레이시언은 레이더뿐 아니라 패트리엇, 토마호크 등의 첨단미사일로도 유명하다. 1945년 퍼시 스펜서(1894~1970)는 이곳에서 레이더 개발에 참여하고 있었다. 특히 레이더에 쓰이는, 일명 '마그네트론'이라는 마이크로파 발생장치가 그의 주된 연구분야였다. 마이크로파는 전자기파의 일종으로, 우리가 눈으로 볼 수 있는 가시광선보다 파장이 더 길다(하지만 전파보다는 짧다). 일정한 방향으로 뻗어나가는 지향성이 우수하고 멀리 도달할 수 있어 레이더 등에 주로 사용된다.

여느 때처럼 마그네트론의 전원을 켜고 마이크로파를 발생시키는 실험을 하던 스펜서는 우연히 호주머니 속에 넣어두었던 초콜릿이 녹아내린 현상을 목격한다. 호기심이 동한 그가 이번에는 옥수수 알갱이로 실험해보니, 옥수수가 팝콘이 돼버렸다. 마이크로파가 초콜릿과 옥수수를 가열한 것이 틀림없었다. 더 정확히 말하자면 초콜릿이나 옥수수에 포함된 물분자들을 가열한 것이었다.

물분자(H_2O)는 수소원자 2개와 산소원자 1개로 구성되는데, 수소가 있는 쪽은 전기적으로 양성(+), 산소가 있는 쪽은 전기적으로 음성(-)을 띠는 특성이 있다. 즉 전기적 성질이 있는 것이다. 전자기파는 전기파동과 자기파동이 섞인 형태다. 전기파동은 진행하면서 위아래로 전기장의 방향이 계속 바뀌는데, 이러한 진동에 따라 전기적 성질을 띤 수소와 산소가 받는 힘의 방향 또한 계속 바뀐다. 그런데 마이크로파의 진동수를 1초에 약 25억 번으로 조정할 경우, 물분자도 이에 맞춰 진동하기 시작한다. 물분자의 고유진동수*와 일치하기 때문이다. 물분자의 진동은 이웃한 또 다른 분자들의 진동을 야기하고, 분자들의 진동은 그 분자들로 구성된 물체의 온도가 상승하는 효과로 나타난다.

레이시언은 제2차세계대전 이전까지만 해도 주로 가정용 제품을 생산하던 회사였다. 그 때문인지 회사는 스펜서의 발견이 지닌 잠재적 가치를 바로 알아차렸고, 1947년 '레이더레인지'란 이름으로 최초의 전자레인지 제품을 출시했다.

마이크로파에 의한 진동은 고유진동수가 같은 물분자의 경우만 가능하다. 그래서 물분자가 포함된 요리는 가열되지만, 요리를 담은 그릇은 직접 가열되지 않는 것이다.

---

* 각각의 물체마다 갖는 진동 특성으로서 외부에서 이 진동수와 일치하는 파동이 가해지면 물체의 진동은 점점 커진다.

전자기파로 편리하게 요리하자

전자레인지로 구운 햄버그스테이크

오늘은 햄버그스테이크를 만들어보려 한다. 먼저 잘 다져진 돼지고기, 소고기, 양파 그리고 계란물과 빵가루를 섞고 치대어 패티를 만든다. 이때 공기를 충분히 제거해야 구울 때 부서지는 참사를 피할 수 있다. 중간중간 포함돼 있는 공기는 패티의 결속력을 약화시키기 때문이다.

보통은 두툼한 패티를 선호한다. 육즙이 풍부한 속살과 바삭하게 잘 구워진 표면이 조화를 이루기 때문이다. 하지만 그런 조화를 얻으려면, 조리하는 과정에서 훨씬 더 신경을 써야 한다. 두툼한 안쪽까지 열이 골고루 전달되려면 시간이 걸리는데, 그렇다고 너무 오래 가열하면 표면이 타버릴 우려가 있기 때문이다. 안쪽이 제대로 익었는지는 눈으로 확인할 수도 없으니, 언제 불을 꺼야 하나 고민할 수밖에 없다.

안쪽을 미리 살짝 익혀놓는다면 어떨까? 그럼 표면을 바삭하게 굽는 것에만 신경 쓰면 될 테니 말이다. 이를 위해 다양한 방법이 응용되는데, 오븐에 살짝 굽기도 하고 뜨거운 증기로 미리 찌기도 한다. 하지만 정말 손쉬운 방법이 하나 있다. 전자레인지로 안쪽까지 살짝 익힌 후 기름을 두른 팬에 패티를 앞뒤로 구우면, 적당히 노릇해진 바삭한 표면과 육즙이 풍부한 부드러운 속살의 조화를 얻을 수 있다.

전자레인지가 방출하는 마이크로파는 전자기파의 일종이다. 우리가 흔히 빛이라 부르는 가시광선이나 적외선·자외선·엑스선·감마선·전파 또한 전자기파에 속한다. 그런데 유독 마이크로파는 물분자와 공명*을 잘 일으키는 특성이 있다. 서로 궁합이 잘 맞는 것이다.

전자레인지에 사용되는 마이크로파는 그 진동수가 1초에 25억 번이나 되는데, 이 진동은 물분자의 진동을 일으키고, 이는 곧 열에너지로 전환된다. 그런데 마이크로파가 침투하는 것은 식재료의 표면으로부터 수cm에 불과하다. 따라서 일정한 깊이까지는 물분자의 진동으로 열이 발생하지만, 그 이상의 깊이는 진동으로 인한 열이 2차적으로 다시 전달돼 가열된다. 이에 전자레인지를 이용한 조리에서 식재료의 두께가 매우 중요한 요소가 된다.

'땡', 전자레인지가 안에 든 패티 반죽을 어서 꺼내라고 소리친다. 그동안 미리 잘 달구어 놓은 팬에 반죽을 올리고, 손으로 꾹꾹 가운데를 눌러가며 모양을 잡는다. 익을수록 가운데 부분이 더 부풀어 오르기 때문이다. 좋은 냄새가 나는지, 어느새 아들이 옆에서 뚫어지게 쳐다보고 있다.

---

* 물체의 고유 진동수와 일치하는 파동이 물체를 통과할 때 물체의 진동이 커지는 현상.

〈혹성탈출〉(1968)

진화의 경쟁은 아직 끝나지 않았다

황폐해진 지구를 대신할 '식민행성'을 찾아 떠난 우주선이 1년 6개월 만에 드디어 목적지에 도착했다. 거의 빛의 속도로 이동했기 때문에 (아인슈타인의 특수상대성이론에 따르면) 우주선의 시간은 아주 천천히 흘렀지만, 지구의 시간으로는 약 2000년이 흘러 서기 3978년이 됐다. 냉동 수면에서 깨어난 '테일러' 선장을 비롯한 대원들은 이 미지의 행성을 조심스레 탐사하는데, 곧 놀라운 발견을 하게 된다. 인류의 모습을 하고 있지만 언어능력이 없고 지능이 낮은 생명체들을 만난 것이다.

하지만 더 놀라운 일이 그들을 기다리고 있었다. 말을 타고 무장까지 한 침팬지들의 습격이 그것이었는데, 알고 보니 그들은 언어를 사용하고 나름의 문명도 이루고 있었다. 그들에게 잡힌 테일러는 말을 하고 지능이 높다는 이유로 침팬지 학자들의 연구대상이 되지만, 이내 연구가 중단되고 그는 격리되고 만다. 그와 함께 사로잡힌 동료는 강제로 뇌수술을 당해 말도 못 하고 지능도 낮은 상태가 돼버렸다. 위기감을 느낀 테일러는 몇몇 침팬지들의 도움으로 탈출을 감행한다. 하지만 한참을 도주하던 그의 눈앞에 너무나도 절망스러운 광경이 펼쳐진다. 해안가에 상반신만 드러내고 있는 자유의여신상을 발견한 것이다. 사실 테일러가 도착한 행성은 미래의 지구였다. 도중에 항로 이상으로 우주선이 다시 지구로 귀환했던 것이다. 미래의 지구에서 인류는 퇴화한 반면, 침팬지는 진화를 통해 지구의 새로운 주인이 돼 있었다.

약 600만 년 전쯤 원시인류의 출현과 함께 인류의 특징이 될 만한 돌연변이가 등장했고, 그것이 더 강화되는 방향으로 진화했다. 직립보행을 했고 말을 했으며 지능도 더 높아졌다. 그런데 영화는 다음과 같은 질문을 우리에게 던진다. '왜 그와 같은 일들이 침팬지에게는 일어나지 않았을까?' '혹시 우리 인류가 아니라 침팬지가 진화의 경쟁에서 승리할 수도 있지 않았을까?' 어쩌면 진화의 경쟁은 아직 끝난 것이 아닐 수도 있다. 인간과 침팬지의 유전자는 단 2%만 다를 뿐이다.

탄탄한 스토리에 놀라운 반전까지, 〈혹성탈출〉은 아주 훌륭한 영화이지만 과학적으로는 의아한 점이 하나 있다. '그토록 짧은 시간 동안 인류의 퇴보와 침팬지의 진화가 그 정도로까지 일어날 수 있을까?' 다음 161일에 소개할 2011년 개봉작 〈혹성탈출: 진화의 시작〉에서는 이에 대한 궁금증을 해소해보려 한다.

토머스 헉슬리(1825~1895)

과학은 그저 최상의 상식이다

1860년 6월 30일, 영국 옥스퍼드대 자연사박물관에서 진화론에 관한 토론이 열렸다. 영국과학기술진흥협회가 주관한 토론회에서는, 진화론을 옹호하는 쪽과 그렇지 않은 쪽이 치열한 공방을 펼쳤다. 반대 진영의 대표였던 새뮤얼 윌버포스(1805~1873) 주교(조류학자이자 진흥협회 부회장이기도 했다)가 진화론 옹호론자들을 향해 이렇게 물었다. "그래 당신들의 조상 가운데 원숭이가 있다면, 할아버지 쪽이오 아니면 할머니 쪽이오?"

그 순간 한 사내가 일어나 이렇게 답했다. "내 조상이 원숭이라는 것은 부끄럽지 않습니다. 다만 주교님처럼 뛰어난 재능이 있음에도 진실을 왜곡하는 사람이 내 조상이라면 부끄러울 것 같습니다." 순간 환호와 박수가 터져 나왔다. 진화론 진영의 대스타가 탄생하는 순간이었다. 그의 이름은 토머스 헉슬리였다.

다윈은 이미 오래전 자신의 진화론을 완성했지만, 이를 대중에 공개하기를 꺼리고 있었다. 하지만 1858년의 어느 날 자신에게 배달된 한 논문으로 인해 마음을 바꾸게 된다. 그 논문의 제목은 〈변종이 원형에서 무한히 멀어지는 경향에 대하여〉였다. 그리고 논문의 저자는 앨프리드 러셀 월리스(1823~1913)라는 박물학자였다.

그런데 놀랍게도 그 논문은 다윈의 진화론과 너무나도 흡사한 내용을 담고 있었다. 자칫 두 사람 사이에 다툼이 발생할 수도 있는 상황이었지만, 여러 지인들의 중재로 다윈과 월리스는 공동으로 논문을 발표하기로 했다. 그리고 다윈은 이듬해인 1859년, 진화론의 내용을 담은《종의 기원》을 서둘러 발간했다.

책은 출간되자마자 큰 반향을 불러일으켰다. 과학자들과 지식인들을 중심으로 큰 환호를 받기도 했지만, 종교계를 중심으로 극심한 반발을 사기도 했다. 소심했던 다윈은 진화론을 방어하기 위해 직접 나서기를 꺼렸다. 그런데 때마침 자신을 대신해 싸울 전사를 얻게 됐다. 옥스퍼드 논쟁 이후 스스로 '다윈의 불독'이라 부르며 유명인사가 된 동물학자 토머스 헉슬리였다. 다윈도 그에 대해 '나를 대신해 악마의 복음을 전하는, 착하고 친절한 대리인'이라 부르며 감사를 표했다.

헉슬리는 '과학은 그저 최상의 상식이다. 즉 그것은 극도로 정확한 관찰을 요구하고, 논리적 오류를 용납하지 않는다'라는 말을 남겼다. 진정 그러한 믿음이 있었기에 치열한 논쟁을 벌이면서 그 당당함을 조금도 잃지 않았던 것이다.

백조목플라스크 실험

생명은 저절로 태어나지 않는다

사람들은 매우 오랫동안 생명이 저절로 태어날 수도 있다고 믿었다. 예를 들어 17세기 네덜란드 화학자 헬몬트(1577~1644)는 땀으로 젖은 셔츠와 밀알을 항아리에 넣어두면 쥐가 저절로 생긴다고 주장하기도 했다.

이런 생각을 '자연발생설'이라 하는데, '생물은 무기물로부터 자연스럽게 생겨났다'라는 아주 오래전 아리스토텔레스의 주장에 그 기반을 두고 있다. 그에 따르면 (생명과 관련된) 비물질적인 어떤 것이 작용해, 생명이 없는 물질로부터 생명체가 태어날 수도 있다.

아리스토텔레스는 장어가 진흙에서 저절로 생겨난다고도 주장했다. 그때까지 아무도 장어의 산란 장면을 직접 본 적이 없기에, 이런 주장은 그럴듯해 보였다. 하지만 실제로는 장어가 먼 심해로 가서 산란하기 때문에 생긴 오해였다. 1921년이 돼서야 덴마크 어류학자 요하네스 슈미트(1877~1933)에 의해 비로소 장어의 비밀이 밝혀졌다.

자연발생설은 시간이 지나면서 점차 그 힘을 잃어갔다. 제대로 된 실험들이 행해지자 쥐나 구더기 같은 것이 저절로 생기지는 않는다는 사실이 증명된 것이다. 하지만 17세기 후반 현미경을 통해 미생물의 존재가 알려지자, 자연발생설이 다시 화두로 떠올랐다. 적어도 미생물의 경우는 저절로 생기는 경우가 종종 관찰됐기 때문이다. 물론 이는 사실이 아니었다. 미생물이 죽지 않고 일부 남아 있었거나, 아니면 제대로 밀봉하지 않고 보관했기 때문이었다. 프랑스 미생물학자 루이 파스퇴르(1822~1895)는 이런 주장들이 터무니없다고 생각했다. 그래서 미생물의 자연발생설을 부정할 수 있는 실험을 하나 기획한다.

먼저 플라스크에 미생물의 먹이가 될 수 있는 고기즙을 넣고, 플라스크의 목에 열을 가해 마치 백조의 목처럼 S자형으로 구부렸다. 그다음 오랫동안 가열해 영양액 안의 미생물을 모두 죽이고 방치했다. 그랬더니 시간이 지나도 미생물은 증식하지 않았다. 플라스크의 굽고 기다란 목으로 공기는 드나들었지만, 외부의 미생물은 목에 응결돼 있던 물방울들에 붙잡혀 고기즙 안으로 침투하지 못했다. 이후 목을 자르자 바로 미생물의 증식이 시작됐다고 한다.

1861년 파스퇴르는 그동안의 여러 실험 결과들을 정리해서 《자연발생설 비판》을 펴냈다. 생물의 자연발생에 대한 논쟁에 비로소 종지부를 찍는 순간이었다.

150 수

과학의 생각

진화론의 완성

변이와 자연선택의 원리

다윈에게 가장 큰 영향을 준 인물인 영국 지질학자 찰스 라이엘(1797~1875)은《지질학원리》를 통해 '지질은 서서히 변화한다'라는 주장을 했다. 그 이전에는 노아의홍수처럼 급격한 천재지변에 의해 지질이 갑자기 바뀐다는 '천변지이설'이 주류를 이루고 있었다. 다윈은《지질학원리》를 비글호 항해 도중에도 틈틈이 읽었다고 하는데, 이를 통해 지질처럼 생물종 또한 서서히 변할 수 있으리라 생각하게 됐다.

다윈은 종이 서서히 분화될 수 있으며 지리적 격리가 그 원인 중 하나라는 점을 깨달았지만, 여전히 자신의 생각에 부족한 점이 있다고 여겼다. 하나의 종이 지리적 격리와 그 이후 뒤따르는 환경 변화로 인해 서서히 달라지는 것은 분명해 보이지만, 그 정확한 메커니즘은 설명할 수 없었기 때문이다.

다윈은 곧 이 의문점을 해결할 돌파구를 의외의 인물에게서 찾게 된다. 바로《인구론》의 저자로 유명한 영국 경제학자 맬서스(1766~1834)다. 경제학자의 연구에서 자연의 비밀을 풀어낼 아이디어를 얻은 것이다. '인구는 기하급수적으로 증가하지만, 식량은 산술급수적으로 증가한다'는 맬서스의 주장에 따르면, 전 세계 인구는 지속적으로 증가하지만 언젠가는 환경적인 제약요인에 의해 제동이 걸리고, 종국에는 어떤 균형점에 도달하게 된다.

다윈은 이 원리가 자연에도 적용된다는 점을 깨달았다. 생명은 여건만 허락된다면 가급적 많은 후손을 남기려는 욕구가 있는데, 만약 일시적 과잉상태가 돼 태어난 개체들을 위한 충분한 식량이 없다면 어떻게 될까? 잔인한 이야기일지도 모르지만, 어떤 개체가 살아남고 어떤 개체가 도태돼야 하는지 선택해야 할 것이다. 다윈은 이런 선택을 '자연'이 한다고 생각했다. 생존 확률이 높은 개체를 자연이 선택한다는 뜻이다.

이제 그의 진화론에서 가장 중요한 개념이 완성됐다. 생물종이 다양하게 분화되는 메커니즘을 분명히 설명할 수 있게 된 것이다. '생물종은 유전의 과정에서 다양한 변이가 발생하는데, 이때 자연에 의해서 생존 가능성이 높은 적합한 변이를 지닌 개체가 선택되면, 그러한 변이가 강화되는 방향으로 진화가 일어나 종은 분화된다.'

《다윈의 잃어버린 세계》(마틴 브레이저)

생명폭발의 원인은 이빨이다?

1836년 항해를 마치고 귀국한 다윈은, 그동안 수집한 자료들을 토대로 어렴풋이나마 구상해왔던 진화론의 체계를 서서히 완성해가고 있었다. 하지만 여전히 풀리지 않는 미스터리가 하나 있었다. '왜 캄브리아기에 이르러서야 갑자기 다양한 생명체들이 등장한 것일까?'

하지만 더 이상 머뭇거릴 수는 없었다. 러셀 월리스가 독자적인 연구를 통해 자신과 거의 동일한 이론을 완성해가고 있음을 알게 된 것이다. 다윈은 서둘러 1859년《종의 기원》을 출간한다. 캄브리아기 이전은 왜 생물의 흔적이 없는가에 대한 미스터리는 풀지 못한 채로 말이다. 진화의 연결고리에서 빠져 있는 듯한 이 고리가 바로 다윈의 '잃어버린 세계'다. 이와 관련해 다윈은 이전에도 분명 생명은 존재했으며, 다만 그 화석들이 발견되지 못했을 뿐이라는 견해를 내비치기는 했다.

실제로 1948년 호주의 에디아카라 언덕에서 이와 관련된 화석들이 발굴된다. 그동안 발견이 없었던 이유는, 이 초기 생명체들이 단단한 골격이 없어서 화석화가 거의 이루어지지 않았기 때문이다. 하지만 그래도 여전히 의문은 남았다. 38억 년 전 생명이 처음 탄생한 이래 그토록 오랫동안 잠잠하다가, 왜 하필 캄브리아기가 돼서야 큰 변화가 일어났을까? 단단한 골격은 왜 형성되기 시작했으며, 생물의 다양성은 또 왜 늘어나게 됐을까?

이에 관해서는 여러 학설이 있다. 앞서 소개했던《눈의 탄생》의 저자 앤드루 파커는 '눈의 진화'야말로 이 비밀을 풀어낼 핵심열쇠라 주장한다. 외부 감각기관 중 하나였던 눈이 고도로 진화하면서 포식과 피식의 관계가 형성되고, 이는 단단한 골격을 갖춘 다양한 생물들로의 진화를 촉진하는 압력이 됐다는 설명이다.

반면《다윈의 잃어버린 세계》의 저자 마틴 브레이저(1947~2014)는 눈보다는 입, 특히 '이빨의 진화'가 주원인이었을 것이라 주장한다. 동물들이 등장하면서 처음에는 식물을 먹기 위해 발달한 이빨과 입, 그리고 근육과 골격이 다른 동물들을 잡아먹는 데 동원됐다. 서로 먹기 위해, 또 먹히지 않기 위해 다양한 공격·방어전략을 구상하는 과정에서 단단한 골격과 함께 다양한 형태를 지닌 동물들로 진화했다는 것이다. 이는 그 이전 시기와 비교한다면, 상대적으로 매우 짧은 시간 동안 일어난 급진적인 변화였다.

마틴 브레이저에 따르면, 캄브리아기 이전에도 생명체들이 존재했다는 다윈의 주장은 사실이었으나, 진화가 점진적으로만 일어난다는 주장은 틀렸다. 어떤 특정한 시기에 폭발적인 진화가 일어나는 경우도 있기 때문이다.

금속활자 인쇄기

지식의 대중화 시대를 열다

15세기 초만 하더라도 책은 일부 부유층의 전유물이었다. 책을 생산하는 방식이 매우 까다로웠기 때문이다. 당시에는 목판에 글자를 하나하나 새겨서 마치 판화를 찍듯 책을 찍어냈다. 글자를 일일이 새기는 것도 힘들었지만, 비교적 내구성이 약한 목재의 특성상 많은 수량을 인쇄하는 데도 한계가 있었다. 또 다른 방식은 필사였다. 이미 만들어진 책의 내용을 그대로 베껴 쓰는 것인데, 시간과 노력이 많이 들기는 매한가지였다.

그런데 1450년경 큰 전환점이 되는 사건이 발생한다. 독일 금세공업자 요하네스 구텐베르크(1398?~1468)가 '금속활자 인쇄기'를 발명한 것이다. 집안 대대로 금세공업을 하며 금속 가공에 대한 지식이 풍부했던 구텐베르크는, 금속으로 활자를 만들면 내구성이 좋아 대량인쇄가 용이하리라 판단했다. 그는 납을 주원료로 하고, 여기에 주석과 안티몬을 적절한 비율로 섞어 가공이 쉬우면서도 적당한 내구성을 갖도록 했다. 그리고 이를 녹여 글자의 모양이 찍힌 틀에 부어, 각 글자마다 독립된 활자들을 만들었다. 이 활자들을 배열하면 하나의 페이지를 구성할 수 있는데, 한번에 한 페이지를 새기는 인쇄용 목판에 비해 대단히 효율적이었다.

구텐베르크는 여기서 더 나아갔다. 당시 포도주 생산에 사용하던 압착기의 원리를 이용한 기계식 인쇄기를 발명한 것이다. 잉크가 발린 인쇄판 위에 종이를 놓고 일일이 손으로 눌러 인쇄하던 기존 방식보다 작업속도를 획기적으로 개선했을 뿐 아니라, 높은 압력으로 누르기 때문에 더 선명한 인쇄가 가능해졌다. 이와 함께 검은 재와 아마유 등을 배합해 잘 번지지 않는 유성잉크를 개발해 사용했는데, 이는 책의 내구성을 한층 더 좋게 만들었다.

구텐베르크가 자신의 인쇄기를 사용해 처음으로 대량인쇄한 책은 《성경》이었다. 일명 《구텐베르크 성경》은 성경의 대중화 시대를 열었고, 16세기 초 마르틴 루터(1483~1546)로부터 시작된 종교개혁의 불씨가 됐다. 마르틴 루터의 그 유명한 〈95개조 반박문〉*도 이 인쇄기로 인쇄돼 전 유럽으로 퍼져나갔다. 비단 《성경》뿐이 아니다. 다양한 종류의 책들이 인쇄됐는데, 구텐베르크 인쇄술 발명 후 50년 동안 유럽 전역에서 출판된 책이 자그마치 2000만 권이나 된다. 이전까지의 모든 인쇄량을 넘어서는 수치였다. 책의 보급은 지식의 대중화를 의미했고, 이는 곧 근대의 개막을 의미하기도 했다.

---

* 성베드로대성당의 신축 비용 등을 확보하기 위해 로마가톨릭 교황이 면죄부 발행을 남발하자, 마르틴 루터가 이에 항의해 1517년 10월 31일에 비텐베르크대 교회 정문에 내붙인 것을 말한다. 종교개혁의 신호탄으로 평가받는다.

153 토

과학자의 주방

미생물이란 요리사

산소 없이도 호흡을 한다?

섭취한 음식물은 소화기관들을 차례로 거치면서 더 작은 크기의 물질들로 분해되고, 마침내 몸 곳곳의 세포에 이르러서는 에너지로 변환되는데, 이때 산소가 이용된다. 이는 화학적으로 매우 복잡한 과정이지만, 간단히 말하면 무언가를 태우는 과정과 비슷하다고 할 수 있다. 예를 들어, 나무가 타는 것은 산소에 의해 나무의 구성물질들이 분해돼 최종적으로 이산화탄소와 물이 되면서 에너지를 내놓는 과정이다. 세포에서도 이와 유사한 과정이 일어난다. 다만 그에 앞서 소화를 통해 음식물을 잘게 분해함으로써, 산소와 반응하기 좋게 만들어놓는 과정이 더해질 뿐이다.

그런데 어떤 생물은 산소 없이도 에너지를 만든다. 사실 약 38억 년 전 처음 생명이 탄생하던 무렵의 지구에는 산소가 거의 없었다. 최초의 생명은 눈에 보이지 않을 정도로 작은 것들, 즉 미생물이었는데 이들은 어쩔 수 없이 무산소 환경에서 에너지를 생산해야만 했다.

이후 지금처럼 산소가 풍부해지면서 산소로 호흡하는 미생물들이 등장하기는 했지만, 아직도 여전히 많은 미생물이 무산소 환경에서 에너지를 생산할 수 있다. 그 능력의 유무에 따라 구분해본다면, 산소가 있어야만 에너지를 얻는 '호기성미생물', 산소가 없어야만 생존하는 '혐기성미생물', 그리고 산소의 유무와 관계없이 에너지 생산이 가능한 '통성혐기성미생물'로 나눌 수 있다. 그런데 인간은 주변에서 쉽게 만날 수 있는 통성혐기성미생물을 요리에 이용한다. 바로 '발효'라는 과정이다.

인위적으로 무산소 환경을 만들고 먹이를 제공하면, 그 먹이를 분해하면서 미생물이 에너지를 얻는다. 동시에 자신들에게는 배설물이지만, 인간에게는 유익한 어떤 물질들을 배출한다. 유산소 환경이라면 최종 배출물이 이산화탄소와 물이겠지만, 산소가 없으므로 효율적인 분해가 일어나지 않아서 좀더 큰 덩치의 물질들 또한 배출된다. 대표적으로 알코올·젖산·초산 등이 있다.

알코올발효는 술과 빵 등을 만들 때, 젖산은 요구르트나 김치 등을 만들 때 이용한다. 그리고 초산은 흔히 식초라 부르는 물질이 된다. 주의할 점은 미생물이 반드시 우리에게 유익한 물질들만을 배출하는 것은 아니라는 사실이다. 오로지 유익한 물질이 생산되는 경우만 '발효'라고 하고, 그렇지 않으면 '부패'라고 해서 구분한다.

〈벼랑 위의 포뇨〉(2008)

예전 바다는 훨씬 더 생명력이 넘쳤다

벼랑 위 외딴집에 사는 소년 '소스케'는 어느 날 해안가로 밀려온 유리병에 몸이 낀 물고기를 발견한다. 이 물고기는 왠지 모르게 사람을 닮았다. 소스케는 유리병을 깨서 물고기를 구하려다, 유릿조각에 손을 베고 만다. 그러자 물고기가 소스케의 상처를 핥아주는데, 신기하게도 상처가 금세 낫는다.

사실 이 물고기는 보통 물고기가 아니다. 한때는 인간이었지만 지금은 바다 밑 비밀스러운 곳에서 마법의 약물을 만들고 있는 아버지 '후지모토'와 바다의 여신 사이에서 태어난 신비로운 존재다. 물고기의 이름은 '브륀힐트'지만 소스케는 '포뇨'라는 이름을 지어주고, 물이 담긴 양동이에 넣어 집으로 데려간다.

딸을 인간으로부터 보호하려는 후지모토는 포뇨를 다시 바다로 데려간다. 그런데 물고기였던 포뇨에게서 팔과 다리가 생겨난다. 소스케처럼 사람이 되고 싶었던 열망 때문인지, 아니면 소스케의 피를 핥았기 때문인지는 분명치 않다. 잠시나마 사람으로 변한 포뇨는 다시 소스케를 찾아 나서는데, 이때 실수로 후지모토가 만들던 마법의 약물이 바다로 흘러들게 한다.

사실 이 약물은 바다에 생명력을 불어넣기 위해 만들던 것이다. 후지모토는 인간들에 의해 오염된 바다를 안타까워했다. 예전처럼 생명력이 넘치는 바다를 다시 만들고자 하는 소망을 품고, 바다 밑 비밀기지에 틀어박혀 약물을 연구하고 있었던 것이다. 후지모토는 약물을 만들며 이렇게 말한다. "캄브리아기에 필적할 만한 생명의 폭발!"

약 5억 4000만 년 전, 지질시대로는 캄브리아기에 해당하는 지층에서 예전에는 없던 다양한 생물들이 무더기로 발견된다. 이러한 현상을 '캄브리아기 대폭발'이라 부른다. 그런데 왜 이런 현상이 일어났을까? 누군가는 눈의 진화를 그 원인으로 지목하고, 누군가는 입의 진화를 지목하지만 아직까지는 명확치 않다.

마법의 약물은 과연 후지모토의 소망대로 온 바다를 생명력이 넘치게 만들었다. 오래전 사라졌던 생명체들이 부활해 바다를 헤엄친다. 그리고 포뇨는 어머니인 바다의 여신의 도움으로 자신이 그토록 원하던 완전한 사람이 되어 소스케를 만난다. 그렇게 인간과 바다는 다시금 화해를 하며 작품은 끝이 난다.

오늘날 바다는 무분별한 남획과 오염으로 점차 그 생명력을 잃어가고 있다. 비록 우리에게는 마법의 약물 같은 것은 없지만, 우리의 노력으로도 바다는 얼마든지 회복될 수 있다. 바다는 원래 생명력이 넘치는 곳이었기 때문이다.

155 월

과학자의 말

찰스 라이엘

역사 기록으로부터 과학이론을 만들지 않기를 바란다

1831년 영국 데번포트항을 출발한 비글호는 약 5년간의 항해에 돌입했다. 비글호의 임무는 남반구 일대의 해안 측량과 경도 측정이었다. 배에 동승한 22세의 찰스 다윈에게 이 항해는 중요한 의미를 지니게 된다. 앞서 설명했듯, 진화론에 대한 기초적인 생각들이 이 항해를 통해 형성됐기 때문이다.

항해 중 다윈이 손에서 놓지 않은 책이 있었다고 전해진다. 찰스 라이엘이 1830년 저술한《지질학원리》였다. 저명한 지질학자였던 라이엘은 이 책을 통해 지질은 서서히 변화한다는 주장을 제기했다. 오늘날에는 당연한 사실로 받아들여지는 내용이지만, 당시만 하더라도 주류학설은 아니었다.

18세기 산업혁명으로 석탄 수요가 늘어나자, 유럽 각지에서 광산 개발이 활발하게 이루어졌다. 그 과정에서 대량의 화석들이 발견됐고, 이에 화석과 지층을 연구하는 지질학이란 학문이 서서히 모습을 갖춰갔다. 그런데 지층이 변할 때마다 화석의 종류가 급격하게 달라지는 현상이 자주 목격됐다. 프랑스 고생물학자 퀴비에(1769~1832)는 이를 두고 '지구가 노아의홍수 같은 몇 번의 급격한 천재지변에 의해 지질학적 변화를 겪으며, 이전 생물들이 거의 멸절하고 살아남은 일부 개체들이 다시 번성하게 됐다'는 '천변지이설'을 주장했다. 그는 자신의 지질학적 발견과《성경》의 내용을 조합해 이론을 전개한 것이다.*

하지만 라이엘의 생각은 달랐다. 그는 격변현상은 없었고 지질은 아주 서서히 변화해왔으며, 현재의 지질 변화를 관찰하면 과거의 그것 또한 알 수 있다고 주장했다. 이를 '동일과정설'이라 한다. 천변지이설에 의하면 지구의 나이는 수만 년을 넘지 않지만, 실제 지층들을 관찰한 결과는 지구의 나이가 그보다 훨씬 더 오래됐음을 암시한다. 이러한 모순점을 동일과정설은 잘 설명할 수 있었다.《지질학원리》를 읽으며 아마도 다윈은 이렇게 생각했을 것이다. '장시간에 걸쳐 지질이 점진적으로 변화한다면, 생물종 또한 그렇지 않을까?'

찰스 라이엘은 한 서신에서 다음과 같이 말했다. "나는 사람들이 역사 기록으로부터 과학이론을 만들지 않기를 바란다." 그는 초기 지질학 연구에 등장하는《성경》의 흔적을 완전히 없애고자 했다. 과학을 종교적 관점에서 바라보는 것을 거부하며, 과학의 완전한 독립을 바란 것이다.

---

* 퀴비에의 제자들은 더 극단적인 주장을 했다. 그에 따르면 격변이 있을 때마다 생물들의 재창조가 이뤄졌다.

유전법칙의 발견(1865)

자식들에게 무엇을, 어떻게 남겨주는가?

유전학자 그레고어 멘델(1822~1884)은 오스트리아의 한 가난한 농부의 아들로 태어났다. 철학에 뜻을 두고 학업에 매진했지만, 어려운 가정형편 때문에 순탄치는 않았다. 그러던 어느 날, 가난을 더 이상 견딜 수 없었던 멘델은 수도사가 되기로 결심한다.

당시 수도원은 종교기관 이상의 성격을 갖고 있었다. 수도사들은 종교인으로 정진하는 동시에, 다양한 분야의 연구와 학업을 병행할 수 있는 자유를 누렸다. 실제로 수도원에는 전문적인 소양을 갖춘 지식인들이 많았다. 멘델은 수도원에서 과학 연구에 심취했다. 그러던 중 그의 재능과 열정을 알아본 수도원장의 추천으로, 늦은 나이지만 대학에 진학하게 되는데, 그곳에서 여러 훌륭한 스승들과 만나면서 인생의 커다란 전환점을 맞는다.

수도원으로 돌아온 멘델의 관심을 끈 주제는 '유전'이었다. 그는 수도원 마당에 자라던 완두콩을 가지고 실험해보기로 했다. 둥근 콩과 주름진 콩, 노란 꽃과 흰 꽃 등 서로 다른 특성을 지닌 완두콩들을 교배하면서 결과를 분석했다. 그러자 법칙이라 불릴 만한 뚜렷한 경향이 발견됐다. 멘델은 '둥근 것과 주름진 것 등의 형질을 결정하는 유전물질이 따로 있으며, 이것들이 쌍을 이루어 최종적인 형질이 나타난다'고 결론지었다. 그리고 '이때 우열의 관계가 있어, 둘 중 우성형질만 나타난다'고 덧붙였다. 예를 들어, 둥근 형질의 유전물질과 주름진 형질의 유전물질 중 둥근 형질이 우성이면, 이 두 유전물질이 쌍을 이룰 때 표면적으로는 둥근 형질만 나타난다. 참고로 쌍을 이루는 유전물질 각각은 부모로부터 물려받는다.

유전에 관여하는 염색체나 DNA와 같은 것들의 존재가 밝혀지기 훨씬 전임에도, 유전현상을 나름 정확하게 설명하는 멘델의 이론이 놀랍기만 하다. 그의 유전법칙은 오늘날 유전학의 토대가 됐다. 멘델은 1865년 자신의 실험 결과를 정리한 논문을 발표하지만, 당시에는 큰 주목을 받지 못했다. 너무 시대를 앞서갔기 때문이었을까? 하지만 다행스럽게도 멘델의 사후 몇몇 과학자들에 의해 그의 연구가 갖는 가치가 재발견됐다. 위대한 영웅도 찬양받아야 하겠지만, 영웅의 가치를 재발견해준 사람들에게도 찬사를 보낸다.

157 수

과학의 생각

원소의 탄생

우리의 고향은 저 먼 우주다

원소란 물질을 구성하는 기본성분으로, 화학적인 방법으로는 더 이상 분리할 수 없는 순수한 성분을 말한다. 고대부터 이와 비슷한 원소의 개념은 있었으나, 분명한 실체를 갖는 원소는 18세기 화학자 라부아지에가 당시 기술로 분리 가능한 33종의 원소를 구분해 명명하면서 등장했다. 현재까지 발견된 원소는 모두 118종이다. 원소주기율표에 기재돼 있는 수소·질소·산소·탄소·철 등이 바로 그것들이다.

우주에 존재하는 모든 것은 원소들로 구성돼 있다. 하나 또는 몇 가지 원소로 구성된 단순한 물질도 있지만, 더 많은 종류와 더 많은 개수의 원소가 결합해 만들어지는 복잡한 물질도 있다. 그리고 이런 물질들이 또 모여, 우리와 같은 복잡한 생명체가 만들어지기도 한다. 그렇다면 이 우주의 기본 구성요소인 원소는 어떻게 만들어졌을까? 그 기원을 찾기 위해서는 한참 전으로 시계를 돌려야 한다.

우주는 약 138억 년 전쯤 무의 세계로부터 갑자기 태어났다. 아주 작은 공간이 생겨나 급격하게 팽창했고, 그 공간을 물질과 에너지가 채우기 시작했다. 처음에는 전자·쿼크 같은 기본입자들이 생겨났고, 이후 온도가 내려가면서 기본입자들이 상호작용해 더 큰 입자인 양성자와 중성자가 등장했다. 양성자 하나는 그 자체로 수소의 원자핵이 됐고, 양성자와 중성자가 결합해 헬륨의 원자핵이 됐다.

38만 년쯤의 시간이 지나자 우주의 온도는 대략 3000℃가 됐다. 그러자 이리저리 날아다니던 전자들이 점차 안정을 찾으며, 원자핵 주위에 자리 잡았다. 그리고 그 과정에서 우주의 대부분을 차지하는 수소원자와 헬륨원자가 탄생했다. 초기의 별들은 수소와 헬륨이 만유인력에 의해 점차 모이면서 만들어진 것이다.

엄청난 중력은 별의 내부 압력을 높였고 그로 인해 온도가 1000만℃ 이상이 되자, 수소와 헬륨의 원자핵 등이 서로 융합하는 핵융합이 일어났다. 더 무거운 원소들은 이 과정에서 새롭게 등장했지만, 별이 만들 수 있는 것은 최대 철까지였다. 철보다 더 무거운 원소들은 아주 무거운 별들이 수명을 다해 막대한 에너지를 뿜으며 폭발하는 과정, 즉 '초신성 폭발'이 있고서야 비로소 만들어졌다. 그러고 보면 진짜 우리의 고향은 지구가 아니라 우주라고 해야 할지도 모르겠다.

《양복을 입은 원시인》(행크 데이비스)

진정한 내면의 진화가 필요한 시기다

《양복을 입은 원시인》의 도입부에는 이런 글이 나온다. "플로리다에 사는 다이애나 듀이서는 막 먹으려던 구운 치즈샌드위치에서 성모마리아의 모습을 발견했다. 이 플로리다 주민은 이베이닷컴에 남은 샌드위치를 3만 7000달러에 팔았다." 이런 경험은 우리 주변에서 아주 흔하다. 실은 아무것도 아닌 것에 특별한 의미를 부여하거나, 자신보다 월등히 뛰어난 어떤 존재에 맹목적으로 의존하고자 하는 경향은 타고난 본능처럼 여겨지기도 한다.

우리 인류는 스스로를 진화의 최종 승리자라 생각한다. 수백만 년 전 우리 조상이 이 땅에 등장한 이후, 끊임없는 진화를 통해 다른 생명체들을 제치고 오늘날 지구의 주인이 됐기 때문이다. 그러니 현재의 우리는 오래전 조상보다 더 훌륭하게 진화했으리라 믿는 것이 당연할 테다. 하지만 실상은 다르다. 미국 진화심리학자 행크 데이비스(1941~)에 따르면, 우리의 내면에는 조상들의 '원시논리'가 그대로 자리 잡고 있다.

원시논리의 끈질긴 생명력은, 그것이 그만큼 중요한 가치를 지니고 있음을 의미한다. 어떤 현상에 과도한 의미를 부여하는 일은 아마 우리 조상들이 목숨을 건지는 데 큰 도움이 됐을 것이다. 예를 들어 숲속 어딘가에서 발견한 옅은 노란색을 '호랑이의 일부'로 확대해석한 사람은 어쨌든 살아남을 확률이 높지만, 이성적인 판단을 한 사람은 언젠가 한 번쯤 치명적인 불행을 맞을지도 모르기 때문이다.

종교에 대한 집착 또한 원시논리와 밀접한 관련이 있다. 사회적 집단을 이루었던 우리 조상들은 그 집단 내에서 자신의 위치를 파악하고, 스스로 할 수 있는 일들의 경계를 설정했다. 그리고 경계 밖의 것들은 더 큰 권한을 갖는 사람, 예를 들어 아이는 부모에게, 부족원은 부족장에게 애원하거나 거래하는 식으로 얻어냈다.

이러한 관계 설정은 정말 간절히 원하기는 하나, 우리의 통제를 완전히 벗어나 있다고 생각되는 일을 이루려고 할 경우에도 적용된다. 그래서 인류는 아주 오래전부터 종교를 만들고 거기에 의존해왔다. 우리보다 훨씬 더 뛰어난 권능의 존재를 상정해서, 그에게 애원하거나 거래를 시도하는 것이다. 행크 데이비스는 종교에 집착하는 원시논리가 오늘날에도 여전히 막강한 힘을 발휘한다고 말한다. 비록 과학의 발달로 그런 애원이나 거래가 소용없음이 분명해졌지만, 사람들의 종교적 기대는 쉽게 사라지지 않는 것이다.

원시논리는 초원이 아닌 빌딩 숲에 사는 현대인에게는 더 이상 필요 없지만, 그럼에도 여전히 남아 있다. 그래서 합리적인 생각과 판단이 중요한 오늘날, 때로는 방해요인이 되기도 한다. 이를 피하려면 먼저 우리의 한계를 명확히 알 필요가 있다.

159 금

= 신기한 과학 발명품 =

에어컨

싱가포르를 건설한 일등공신

싱가포르의 국부(國父) 리콴유(1923~2015)는 이런 말을 한 적이 있다. "에어컨은 20세기 인류의 최고 발명품이다." 그는 에어컨이야말로 덥고 습한 열대해양성기후의 싱가포르가 첨단 도시국가로 탈바꿈할 수 있었던 핵심요인 가운데 하나라고 생각했다.

현대식 에어컨을 최초로 발명한 사람은 미국의 윌리스 캐리어(1876~1950)다. 기계설비를 전문으로 하는 회사 '버펄로포지'에서 일하던 캐리어는 어느 날 고객사로부터 특별한 의뢰를 하나 받는다. 여름철 높은 습도 때문에 잡지 인쇄에 애먹던 인쇄소가 습도를 낮춰줄 새로운 기계의 제작을 요청한 것이다. 그렇게 해서 1902년 세계 최초의 현대식 에어컨 시스템이 뉴욕의 인쇄소에 설치됐다. 회사는 본격적으로 에어컨 사업을 시작하지만, 제1차세계대전이 벌어지면서 군수품 생산에 집중하게 된다. 이에 실망한 캐리어는 1915년 독립해서 자신만의 회사를 세우는데, 이것이 바로 오늘날의 캐리어사(社)다.

그렇다면 에어컨의 원리는 무엇일까? 소독을 위해 알코올을 피부에 바르면 곧 시원한 느낌이 든다. 알코올이 기화되면서 피부의 열을 빼앗아가기 때문이다. 이처럼 액체상태의 물질이 기체로 변하면서 주변으로부터 흡수하는 열을 '기화열'이라 한다. 에어컨의 핵심원리는 바로 이 기화열에 있다.

에어컨은 크게 실외기와 실내기로 구성된다. '냉매'라고도 불리는 냉각물질이 두 곳을 순환하며 작동하는데, 먼저 실외기에서 일련의 과정을 통해 고압의 액체상태로 만든 냉매를 실내기로 보낸다. 이 냉매는 실내기에서 '팽창밸브'라는 아주 가는 관을 지나는데, 좁아진 통로로 인해 흐르는 액체의 양이 줄어든다. 하지만 이후 관이 넓어지는데, 공간의 부피는 커졌지만 액체의 양은 줄어든 상태이므로 액체의 압력은 급격히 낮아진다.

압력이 낮아지면 액체의 끓는점 또한 낮아진다. 에어컨 냉매는 본래 끓는점이 40℃ 정도지만, 팽창밸브를 통과한 후에는 4℃까지 떨어지는 것이다. 이처럼 끓는점이 낮아진 냉매가 '증발기'로 들어가면 실내의 높은 온도로 인해 빠르게 증발하면서, 주위 공기로부터 열을 빼앗는다. 앞서 설명한 기화열이다. 이런 과정을 거쳐 차가워진 공기를 냉각팬이 밖으로 밀어내면 실내가 시원해진다. 그리고 기체상태가 된 냉매는 다시 실외기로 돌아가면서, 전체 과정이 반복된다.

에어컨에 사용되는 냉매로는 과거 프레온가스가 많이 사용됐지만, 오존층 파괴의 주범으로 지목되면서 현재는 다른 물질들로 대체됐다.

160 토

과학자의 주방

누가 술을 빚었지?

미생물은 사실 술을 싫어한다

고구마·쌀 등과 같은 곡물에는 탄수화물이 많이 들어 있다. 탄수화물이 분해되면 포도당·과당·설탕 등의 당류가 되는데, 이 당류를 '효모'라는 미생물이 분해하는 과정에서 알코올과 이산화탄소 등이 만들어진다. 이 과정을 '알코올발효'라 한다. 우리에게 익숙한 막걸리·전통 소주 같은 술들이 알코올발효를 통해 만들어지는데, 주재료는 쌀이다.

수확한 벼를 탈곡하면서 겉겨를 제거하면 현미가 된다. 현미의 겉을 깎아내 다시 속겨를 제거하면, 우리가 주로 먹는 백미가 된다. 이것으로 술을 빚어도 되지만, 대부분 맛을 더 좋게 하기 위해 깎는 비율을 더 높인다. 깎아내고 남은 알갱이의 비율을 '정미보합'이라고 하는데, 일반 백미는 90%인데 비해 청주나 전통 소주에는 60% 이하의 쌀을 사용한다. 쌀의 바깥쪽에는 단백질성분이 많아, 이를 충분히 제거하고 탄수화물의 비율을 높일수록 술맛이 더 깔끔해지기 때문이다.

와인을 만드는 포도의 경우, 포도당과 같은 당류가 이미 많이 포함돼 있고 포도 껍질에는 자체적으로 효모가 많기 때문에, 발로 포도를 으깨어놓기만 해도 자연스럽게 발효가 일어난다. 하지만 쌀과 같은 곡류는 대부분 탄수화물 형태로 돼 있어서, 이를 분해해 더 작은 크기의 당류로 만드는 작업이 선행돼야만 효모가 발효를 시작할 수 있다. 효모는 고분자인 탄수화물은 소화시키지 못하고, 그보다 크기가 작은 당류만 소화시킬 수 있기 때문이다.

술을 만들 때 첨가하는 '누룩'이 이런 역할을 수행한다. 누룩은 거칠게 간 곡물가루를 물로 반죽해 덩어리를 만들고, 일정 기간 숙성시키면서 자연적으로 곰팡이나 효모 등을 번식시킨 것이다. 곰팡이들은 번식하는 과정에서 각종 효소를 만들어내는데, 이것들이 탄수화물을 당류로 분해하는 역할을 한다. 곡물 자체에도 효소가 소량 있지만, 누룩을 사용하면 분해가 더 촉진된다. 이 분해된 당류를 효모가 다시 분해하면 알코올 등이 만들어진다.

그런데 효모에게 알코올은 단지 자신이 필요한 에너지를 얻는 과정에서 생기는 배설물에 불과하다. 만약 알코올이 너무 많이 생성되면 효모가 활동을 멈추고 사멸해버리기도 한다. 그러고 보면 '알코올발효'라는 명칭에는 미생물의 입장이 전혀 고려되지 않았다. 미생물이 만들고자 했던 것은 자신을 위한 에너지이지, 알코올은 아니었기 때문이다. 하지만 우리 인간은 그 알코올이 더 소중해서 미생물이 하는 일에 알코올발효라는 이름을 붙였다.

〈혹성탈출: 진화의 시작〉(2011)

진화의 속도는 얼마나 빨라질 수 있나?

앞서 소개한 영화 〈혹성탈출〉에서 제기된 문제를 기억하시는지? 어떻게 2000년이란 짧은 시간에 그처럼 빠른 침팬지의 진화와 인류의 퇴보가 가능했을까? 오늘 소개할 영화는 이 의문점을 해소시켜줄 일종의 프리퀄이다.

주인공 '윌 로드먼'은 젠시스라는 제약회사에서 알츠하이머병 치료제를 개발하고 있다. 사실 그에게는 이 병을 앓고 있는 아버지가 있는데, 다행히도 치료제 개발은 순조롭다. 뇌의 활성화를 알아보는 동물실험에는 인간과 유사한 침팬지가 동원되는데, 안타깝게도 많은 침팬지가 실험과정에서 희생된다. 윌은 그 과정에서 태어난 아기 침팬지를 집으로 데리고 와서 '시저'라는 이름을 붙여준다.

젠시스에서 연구하던 물질은 바이러스 기반의 치료제였다. 바이러스는 자신의 유전물질을 숙주세포에 침투시키는데, 그러면 세포의 복제 메커니즘을 이용해 바이러스의 유전물질이 복제된다. 이처럼 바이러스와 세포 간에 유전물질이 상호작용하는 메커니즘을 처음으로 규명한 사람은 이탈리아 바이러스학자 레나토 둘베코(1914~2012)였다. 그는 그 공로로 1975년 노벨생리의학상을 수상했다.

아마 젠시스의 치료제는 앞서 140일에도 등장했던 레트로바이러스를 이용해, 뇌세포의 활발한 증식을 유도하는 유전자를 기존 뇌세포의 DNA에 삽입하는 방식이었을 것이다. 이 치료제를 투입하면, 기능이 떨어진 환자의 뇌세포들이 새롭게 증식한 세포들로 점차 대체되면서 알츠하이머병이 치료되는 원리다.

그런데 영화는 전혀 엉뚱한 방향으로 전개된다. 바이러스 치료제 실험에 이용된 침팬지의 자손에게서, 지능이 높아지는 방향의 급격한 돌연변이가 발생한 것이다. 반면 바이러스 치료제 개발 중 실수로 탄생한 변종 바이러스 '시미안 플루(유인원 독감)'는 인류에게 매우 치명적인 병원체로 작용한다. 병의 부작용으로 인해 인류는 점차 생식기능이 떨어지고 지능도 낮아진다.

이제야 이전 영화에서의 의문점이 풀렸다. 인간이 퇴보하고 반대로 침팬지는 진화하게 된 원인은, 바로 인간 자신에게 있었던 것이다. 질병을 치료한다는 선의의 목적이었지만, 우연한 사고로 인해 비극이 시작됐다. 한편으로는 그동안 인간이 보여주었던 이기심과 오만함에 대한 경고일지도 모른다는 생각이 들기도 한다.

162 월

과학자의 말

멘델레예프

일에서 평화와 고요를 찾으라

1869년 러시아 상트페테르부르크대의 멘델레예프 교수는 당시까지 알려진 63가지 원소들을 각각의 카드에 기입한 후 이리저리 배열하고 있었다. 원소들을 체계적으로 정리해보려 한 것이다. 마침 얼마 전《화학의 원리》를 저술하면서 관련 자료들은 충분히 모아놓은 상태였다.

사실 이 작업을 그가 처음 시도한 것은 아니었다. 18세기 화학혁명을 주도했던 라부아지에가 당시까지 알려진 33가지 원소들을 그 성질의 유사성에 따라 몇 개의 그룹으로 묶고, 각 원소들의 이름을 다시 정리한 바 있다. 이후 여러 과학자들이 이 작업에 매달렸는데, 멘델레예프 또한 마찬가지였다. 무언가 손에 잡힐 듯하면서도 잡히지 않는 기분으로 시간을 보내던 어느 날, 연구실에서 잠깐 잠이 든 그는 꿈속에서 원소들이 제자리를 찾아가 완성된 주기율표를 보았다고 한다. 그리고 잠에서 깬 후 이를 얼른 종이에 기록했다. 비로소 원소주기율표가 완성된 순간이었다.

멘델레예프는 러시아를 대표하는 과학자였지만, 어린 시절에는 성적이 뛰어난 학생은 아니었다. 아버지의 갑작스러운 죽음 이후 가세가 급격히 기울었고, 그 영향으로 공부에 뜻을 두지 못한 것이다. 그의 어머니는 아들을 어떻게든 대학에 입학시키기 위해 상트페테르부르크로 이주했다. 그곳에는 멘델레예프 아버지의 모교인 상트페테르부르크대 부속 사범학교가 있었다. 다행히도 그곳 학장이 아버지의 오랜 친구여서 좋지 못한 성적에도 불구하고 입학이 가능했다.

하지만 얼마 지나지 않아 어머니마저 갑자기 세상을 뜨면서 멘델레예프는 큰 충격에 빠진다. 그는 자신을 위해 희생한 어머니를 생각해서라도 공부에 매진하겠다고 결심한다. 마침내 사범학교를 수석으로 졸업한 그는 잠시 교사를 하기도 했지만, 국비로 2년간 프랑스와 독일에서 유학할 기회를 얻게 되면서 본격적인 연구자의 길로 들어선다.

젊은 시절 너무 공부에 매진하다 얻게 된 결핵이 악화돼 대학을 떠나게 된 그는 1905년 마지막 강연에서 이렇게 말했다. "일하라. 일에서 평화와 고요를 찾으라. 다른 곳에서는 찾을 수 없을 것이다. 일은 길고도 지속적인 기쁨을 남긴다." 그 누구보다 열심히 살았던 과학자가 제자들에게 진심으로 전하고 싶은 말이었을 것이다.

원소주기율표의 완성(1869)

화학의 시작이자 끝

화학 교과서의 첫 페이지는 대부분 원소주기율표가 차지하고 있다. 보통 표라고 하면 사각형 모양으로 반듯해야 할 테지만, 이 표는 위쪽의 많은 부분이 비어 있어 마치 테트리스의 한 장면 같기도 하고, 유럽 어느 고성(古城)의 일부 같기도 하다. 이 표가 교과서의 맨 앞이나 맨 뒤에 등장한다는 것은 이런 의미일 것이다. '화학은 이 표로 시작해서 이 표로 끝난다.'

원소주기율표는 모든 원소들을 체계적으로 정리한 표다. 여기서 원소란 '화학적으로 더 이상 다른 물질로 분해되지 않는 성분'을 말하는데, 수소·산소·질소·구리·철 등을 들 수 있다. 세상 만물의 기본성분인 셈인데, 지금까지 모두 118종이 발견됐다.

원소주기율표를 처음 완성한 사람은 1869년 러시아 화학자 멘델레예프다. 1803년 돌턴이 원자설을 주창한 이래 원자마다 질량, 즉 '원자량'이 다르다는 사실이 밝혀지면서, 과학자들은 원자량과 원자들의 성질에 어떤 관련이 있을지 모른다고 생각했다. 멘델레예프 또한 그중 한 사람이었다. 그는 당시까지 알려진 63종의 원소를 원자량의 순서에 따라 배열하면서 규칙을 찾았다.

원소주기율표는 원소의 '주기성'을 나타낸다. 주기성이란 '주기적으로 나타나는 공통된 성질'을 의미하는데, 원소들 각각을 질량 순서에 따라 나열하다보면 주기적으로 유사한 성질이 나타난다. 주기가 바뀔 때마다 표는 다음 줄로 넘어가는데, 이렇게 배열하다보면 원소주기율표에서 같은 세로줄, 즉 같은 열에 있는 원소들은 하나의 족(族)이 된다. '족'은 '일가' '무리'라는 뜻으로, 주기율표에서는 비슷한 성질로 묶을 수 있는 원소집단을 지칭한다.

멘델레예프의 원소주기율표를 최초의 '완성작'으로 보는 가장 중요한 이유는, 그가 당시까지 아직 발견되지 않은 미지의 원소들을 예언했다는 데 있다. 기존에 알려진 원소만으로 주기성에 따라 배열하다보니 표 곳곳이 비었는데, 멘델레예프는 그곳을 채울 원소들의 성질까지도 대략적으로 예언한 것이다.

그런데 새로운 원소들이 발견되면서 원소주기율표의 번호와 원자량 순서가 일치하지 않은 경우들이 많아지기 시작했다. 사실 그 번호는 원자량이 아니라 원소의 '양성자 개수'와 관련이 있었다. 원소의 성질은 전자의 개수와 관련이 있는데, 전자와 양성자는 그 개수가 같기 때문이다. 따라서 현대의 원소주기율표는 원자량이 아니라 양성자 개수에 따라 배치되며, 그 순서를 원자번호라 한다. (전자와 양성자는 개수가 같지만, 중성자는 다를 수 있다. 따라서 원자번호와 원자량 순서가 꼭 일치하지는 않는다.)

164 수

과학의 생각

현대의 연금술

입자가속을 통해 연금술의 꿈을 실현하다

중세의 연금술은 아리스토텔레스의 이론에 기초하고 있었다. 그에 따르면 물질의 '속성'이 변하면 전혀 새로운 물질이 된다. 그토록 많은 사람이 찾았으나 실패했던 '현자의 돌'은 이와 같은 물질의 속성을 자유롭게 변화시킬 수 있다고 알려졌다.

그런데 20세기 들어 물질의 구조에 대한 비밀이 하나둘 밝혀지자, 연금술을 향한 희망이 다시 싹트기 시작했다. 물질은 원자로 구성되며 그 중심에는 원자핵이 있다. 원자핵은 다시 양성자들과 중성자들로 구성되는데, 그 수에 따라 원자의 종류가 달라진다. 만약 이 개수를 조절할 수 있다면 원하는 물질로 변환이 가능할 것이다.

퀴리 부인(1867~1934)의 딸인 이렌 졸리오퀴리(1897~1956)와 그녀의 남편 장 프레데리크(1900~1958)는 1934년 알루미늄판에 방사선을 쬐는 실험에서 인(P)의 방사성 동위원소를 우연하게 얻었다. 동위원소는 '원자핵을 구성하는 중성자의 수가 조금 다른 원소'를 말하며, 질량만 약간 차이가 날 뿐 다른 화학적 성질은 동일한 원소다. 역사상 처음으로 인공적으로 원소를 변환(알루미늄→인)하는 데 성공한 것이다.

1938년에는 또 다른 방식의 원소 변환이 성공했다. 독일 화학자 오토 한(1879~1968)과 오스트리아 물리학자 리제 마이트너(1878~1968)가 우라늄 원자핵에 중성자를 충돌시키자 그 원자핵이 쪼개지면서, 더 가벼운 원소인 바륨 등이 만들어진 것이다. 마이트너는 이 과정을 '핵분열'이라 명명했다.

원자핵 반응이 일어나는 원자로나 입자가속기를 이용하면, 더 많은 종류의 원소들을 인공적으로 만들어낼 수 있다. 입자가속기란 입자를 빛의 속도에 가깝게 가속시킨 후 엄청난 에너지로 다른 입자들과 충돌시키는 장치다. 이들 장치 내에서 원자핵 반응이 일어나면 양성자와 중성자 수가 변하면서 새로운 원소가 만들어지기도 하는데, 원소주기율표에 기재된 118종의 원소들 가운데 30종은 이를 통해 만들어진 원소다.

1980년에는 드디어 금을 만드는 데도 성공한다. 미국 화학자 글렌 시보그(1912~1999)가 입자가속기 실험을 통해 비스무트란 금속의 원자핵에 가속시킨 양성자를 충돌시켜 원자핵을 쪼개면서, 아주 소량이긴 하지만 금으로 변환시킨 것이다. 참고로 비스무트는 양성자 83개, 중성자 126개로 구성돼 있고, 금은 양성자와 중성자가 각각 79개와 118개이다. 하지만 실험에 들어간 막대한 비용을 생각한다면, 금을 만들어 부자가 되고자 했던 연금술의 꿈이 완전히 이루어진 것은 아니다.

《사라진 스푼》(샘 킨)

원소에 관한 천일야화

원소주기율표에는 각 원소마다 고유한 자리가 있다. 왼쪽에서 몇 번째, 위에서 몇 번째와 같은 고유한 숫자가 부여된다. 그리고《사라진 스푼》의 저자 샘 킨의 말처럼, 원소의 지리적 위치가 그 원소의 운명을 결정한다. 위치를 결정하는 핵심요인은 가장 외곽에 위치한 전자, 즉 '최외각전자'의 개수다. 전자들은 원자핵을 중심으로 여러 층으로 나뉘어 분포하는데, 일정한 규칙에 따라 각 층에 들어가는 전자들의 개수가 정해진다. 가장 안쪽 층부터 전자들을 채우고 그다음 층으로 넘어가는데, 이때 층의 개수보다 가장 외곽에 있는 전자들의 개수가 더 중요하다. 왜냐하면 원소의 성질은 최외각전자들로부터 기인하기 때문이다.

원소주기율표의 세로줄은 최외각전자들의 수가 동일한 원소들을 배치하며, 이렇게 묶인 원소들을 같은 족(族)이라 한다. 예를 들어 탄소(C)와 그 바로 아래에 놓인 규소(Si)는 각각 2개, 3개의 층들에 전자가 분포하지만 가장 외곽에는 공통적으로 4개의 전자가 놓이며, 그로 인해 두 원소의 성질은 유사하다.

그렇다면 탄소가 아니라 규소로 된 생명체도 존재하지 않을까? 아쉽게도 그럴 가능성은 매우 낮다. 탄소의 기본 형태인 이산화탄소(CO_2)는 기체지만, 이와 유사한 이산화규소(SiO_2)는 고체이기 때문이다. 생명을 유지하려면 기본원소가 계속 드나들어야 하는데, 기체와 달리 고체는 세포를 자유롭게 드나들 수 없다. 자식은 부모를 닮지만 완전히 똑같지는 않은 것처럼, 원소주기율표의 같은 족 내에서도 약간의 차이가 있고, 그 차이는 이처럼 큰 결과를 만들기도 한다.

원소주기율표의 또 다른 재미난 이야기는《사라진 스푼》이라는 이 책의 제목과도 관련있는 '갈륨'이다. 금속이지만 녹는점이 30℃ 정도에 불과한 이 신기한 원소를 처음 발견한 사람은 1879년 프랑스 화학자 폴 에밀 르코크 드 부아보드랑(1838~1912)이다. 그는 갈륨으로 스푼을 만들어 따뜻한 차와 함께 손님에게 내놓곤 했다는데, 차에 스푼을 넣으면 갑자기 스푼이 사라지니 손님은 깜짝 놀랄 수밖에 없었다.

르코크 드 부아보드랑은 이후 멘델레예프와 누가 먼저 갈륨을 발견했는지를 두고 치열한 논쟁을 벌인다. 멘델레예프는 1869년 원소주기율표를 완성할 때 이미 이 금속의 존재를 예언한 바 있다. 그렇다면 이론적인 예측이 먼저일까, 아니면 실제 발견이 먼저일까?

이 책은 그 밖에도 다양한 원소들에 관한 흥미로운 이야기를 들려준다. 이를 차근차근 따라가다보면 원소주기율표를 더 잘 이해할 수 있고, 더 잘 즐길 수 있게 될 것이다.

핵융합로

지상에서 빛나는 밝은 별

흔히 핵융합을 미래 꿈의 에너지라 부르지만, 사실 핵융합은 우리 주변에서 매일같이 일어난다. 태양이 핵융합을 통해 끊임없이 불타고 있기 때문이다. 태양의 표면온도는 6000℃ 정도지만, 그 내부는 1500만℃에 이르는 초고온상태다. 이 정도 온도에서는 수소원자의 원자핵과 전자들이 분리되는데 이를 '플라스마상태'라고 한다. 외부를 감싸던 전자들이 사라진 수소의 원자핵들은 서로 융합해 헬륨원자핵으로 변환된다. 그리고 이 과정에서 에너지가 방출되는데, 이것이 핵융합에너지인 태양에너지다.

하지만 전자라는 보호막이 사라졌다고 해서 원자핵들이 바로 융합되는 것은 아니다. 원자핵은 전기적으로 양성이므로 서로 밀어내는 힘, 즉 척력이 작용하는데 이를 극복해야만 하기 때문이다. 태양은 질량이 지구의 33만 배에 이를 정도여서 매우 강한 중력이 작용한다. 따라서 내부의 압력 또한 무척 높은데, 이러한 극고압의 환경은 원자핵들 사이의 척력을 극복할 수 있도록 해준다. 핵융합발전은 태양에서 일어나는 일을 지상에서 재현하고자 하는 시도다. 바다에는 수소가 풍부하고, 수소 1g으로 핵융합을 하면 석유 16t을 태울 때와 동일한 에너지를 얻을 수 있다. 우라늄을 사용하는 기존의 원자력발전보다도 7배 이상의 효율을 자랑한다. 게다가 이산화탄소 배출도 없고 고준위방사성폐기물도 발생하지 않으니, 가히 꿈의 에너지라 불릴 만하다.

프랑스 카다라슈에는 7개국이 공동으로 국제열핵융합실험로(ITER)를 건설하고 있다. 2025년 완공 예정인 이 장치는 내부 온도가 1.5억℃로 태양의 10배에 달한다. 이렇게 고온이 필요한 이유는 태양처럼 높은 압력을 만들 수 없기 때문이다. 대신 온도를 훨씬 높여서 원자핵들이 척력을 이겨낼 수 있게 한다. 그런데 이처럼 뜨거운 플라스마상태를 안정적으로 보관하는 것도 문제다. 이런 고온을 견디는 소재가 없는 것이다. 그래서 강한 자기장을 이용해 플라스마상태의 수소를 진공상태인 허공에 띄우는데, 이때 사용되는 장치를 토카막(tokamak)이라 한다.

핵융합로는 그 연료로 융합이 잘 일어나는 중수소와 삼중수소를 사용한다. 보통의 수소는 원자핵이 양성자 1개로만 구성되지만, 중수소는 중성자 1개, 삼중수소는 중성자 2개가 더 포함돼 있다. 중수소는 바닷물에 풍부하게 존재하며, 삼중수소는 리튬에 중성자를 쏘아 인공적으로 만든다. 핵융합과정에서 나온 열에너지는 물을 가열해서 증기를 발생시키고, 이 증기가 터빈을 돌리면서 최종적으로 전기에너지의 형태로 전환된다.

빵을 부드럽게 만든 마법사

효모의 먹이는 밀가루 반죽

무슨 급한 일이 있었던 것일까? 화덕에 넣고 구워야 할 밀가루 반죽이 원뿔형 토기로 된 빵 틀 안에 밤새 방치돼 있다. 그냥 버리기는 아까워 자세히 들여다보니, 참으로 신기하기만 하다. 반죽이 빵빵하게 부풀어 오른 것이다. 다행히도 우리 요리사는 호기심이 많았다. 그래서 이 반죽으로 빵을 만들어보기로 했는데, 결과는 대성공! 이전과는 완전히 다른 풍미와 부드러운 식감은 마치 누군가 마법을 부린 것 같았다. 우리가 빵이라 부르는 요리는 기원전 4000년경 고대 이집트에서 이렇게 탄생했다.

밀가루 반죽이 부풀어 오른 것은 공기 중을 떠다니던 천연효모가 반죽으로 침투해 들어와 발효를 일으켰기 때문이다. 효모는 밀가루 반죽의 주성분인 탄수화물이 (밀가루에 이미 포함돼 있던 효소들에 의해) 분해되면서 만들어진 당류를 먹이로 하여 에너지를 얻으면서 몇 가지 부산물을 배설물의 형태로 내놓는데, 대표적으로 알코올과 이산화탄소가 있다. 그리고 이 이산화탄소가 빵 반죽을 부풀어 오르게 만든다. 그 덕분에 부드러운 식감의 빵이 만들어지는 것이다. 참고로 알코올은 빵을 굽는 과정에서 공기 중으로 날아가버린다.

후에는 자연적으로 발효된 반죽의 일부를 떼어놓았다가, 다른 반죽을 만들 때 발효를 위한 씨앗처럼 사용하는 기술도 개발됐다. 술을 빚을 때 쓰는 발효촉진제인 누룩과 비슷한 역할인 셈인데, 이를 '사워도우 스타터(sourdough starter)'라고도 부른다. 이것을 이용하면서 어느 정도 일정한 품질의 발효가 보장됐다. 하지만 천연효모를 사용하는 방식은 꽤 오랜 시간(대략 하루)이 걸린다. 그래서 현재는 인공적으로 효모를 농축시킨 제품을 사용해서 발효시간을 대폭 단축시킨다.

인공효모에는 살아 있는 효모를 뭉쳐서 덩어리 형태로 만들어 냉장보관하는 '생효모', 그리고 효모를 건조시켜 만드는 가루 형태의 '건조효모'가 있다. 건조효모는 물을 흡수하면 다시 효모로 활성화된다. 생효모의 보존기간은 수일 정도에 불과하지만, 건조효모는 수분이 적어 상온에서 꽤 오랫동안 보존이 가능하다. 비록 인공효모가 간편하고 대량생산에 적합하지만, 천연효모를 사용하면 천천히 이루어지는 발효과정에서 효모 이외에도 다양한 미생물들이 관여하면서 풍미가 매우 다양해지는 장점이 있다.

〈아이언맨〉(2008)

상온 핵융합이 가능할까?

천재 과학자 '토니 스타크'는 아프가니스탄에서 불의의 사고를 당하고 만다. 신형 미사일을 시험하고 돌아가던 중 테러단체의 습격을 받아, 큰 부상을 입고 포로로 잡힌 것이다. 다행히 테러범들에게 납치돼 있던 한 의사가 응급조치를 했지만, 가슴에 박힌 미세한 금속 파편들을 다 제거하지는 못했다. 만약 이것들이 혈관을 타고 심장으로 간다면 그의 목숨은 위태로워진다.

토니는 이 파편들이 심장으로 향하지 못하도록, 강한 전류와 자기장을 생성하는 장치를 개발해 가슴에 이식한다. '아크 원자로'라 불리는 장치다. 토니는 이 장치가 생성하는 강력한 에너지를 이용한 무기를 만든다. 자신이 입고 작동할 수 있는 슈트형 무기다. 그는 이 무기로 테러범들을 응징한다. 밝게 빛나는 아크 원자로가 장착된 아이언맨은 그렇게 탄생했다.

영화에서 아크 원자로는 상온에서 핵융합이 가능한 '상온 핵융합' 장치로 설정돼 있다. 팔라듐이란 금속은 전류가 흐르면 수소를 잘 흡착하는데, 이때 국소적으로 팔라듐 내 수소의 밀도가 엄청 높아지면서 수소원자핵들 간에 핵융합이 일어난다는 설명이다. 실제로 1989년 미국 유타대 연구팀이 이 방식으로 핵융합에 성공했다고 발표하기도 했다. 하지만 이들의 실험은 재현에 성공하지 못했다. 즉 과학적으로 입증되지 못한 것이다. 물론 그렇다 하더라도 영화에 등장하지 못할 이유는 없다. 아크 원자로에는 상온 핵융합을 향한 많은 이들의 기대가 담겨 있다.

현재까지도 몇몇 과학자들이 상온 핵융합 연구를 진행하고 있다. 하지만 대다수 과학자들은 이에 대해 매우 회의적이다. 원자핵융합이 일어나려면 2가지 장벽을 넘어야 하는데, 상온의 환경만으로는 이를 실현하는 것이 불가능하다고 생각하기 때문이다.

첫 번째 장벽은 원자핵을 둘러싸고 있는 전자라는 보호막을 벗겨내는 일이다. 그다음으로는 원자핵 간의 척력을 이겨낼 정도의 강한 에너지로, 원자핵들의 충돌이 일어나야 한다. 현재 프랑스 남부 카다라슈에 건설 중인 '국제열핵융합실험로'는 그 내부 온도가 1.5억℃에 달하는데, 바로 이 2가지 이유 때문이다.

미래에는 실제로 상온 핵융합기술이 등장할지도 모른다. 하지만 막연한 기대만으로는 현재 인류가 당면한 에너지 위기를 해결할 수는 없다. 조만간 카다라슈에서 좋은 소식이 들려오길 기대한다.

169 월

과학자의 말

루이 파스퇴르

오직 준비된 자만이 기회를 잡는다

알베르트 에델펠트, 〈파스퇴르의 초상〉

1886년 파리 살롱전에서 그림 한 점이 큰 화제가 됐다. 핀란드 화가 알베르트 에델펠트(1854~1905)가 그린 한 과학자의 초상이었는데, 그림 속 인물은 실험도구들로 가득한 실험실에서 유리병 안의 무언가를 응시하고 있다. 그림의 주인공은 루이 파스퇴르로, 그는 프랑스의 자랑이자 전 세계가 주목하는 과학계의 스타였다.

파스퇴르는 수많은 업적을 남겼다. 그중 대표적인 것은 '백조목플라스크 실험'과 '백신의 발명'이다. 먼저 1861년 진행한 백조목플라스크 실험은 미생물이 저절로 생겨난다는 기존의 '자연발생설'을 뒤집으면서, 미신으로 가득 찬 미생물학이 진정한 학문으로 자리 잡는 데 크게 기여했다. 또 1880년 닭 콜레라가 유행했을 때, 콜레라균을 배양해 닭에게 접종하는 실험을 통해 백신을 만드는 데 성공했다. 1796년 영국 의사 에드워드 제너(1749~1823)가 천연두에 걸린 소의 고름을 이용한 '우두법'을 개발하기는 했지만, 병원균을 분리하고 이를 약화시킨 형태의 현대적인 백신은 파스퇴르가 처음 만들었다. 열렬한 애국자이기도 했던 파스퇴르는 프랑스의 농업 발전에도 관심이 많았다. 그는 와인이 쉽게 상하는 문제의 원인이 발효에 방해되는 미생물의 침입 때문이라는 사실을 밝혀냈고, 이를 해결할 저온 살균법도 개발해 와인 생산업자들을 도왔다. 또 누에에 발생하는 전염병의 원인을 규명하고 치료법을 개발해 양잠업계의 어려움도 해결했다. 앞서 언급한 콜레라 백신은 콜레라에 걸린 닭들로 인해 위기에 처한 양계업을 구원했다. 여기서 나아가 1881년 탄저병 백신, 1884년 광견병 백신을 발명해, 전 세계 수많은 사람들의 목숨을 구하기도 했다. 이런 그를 프랑스 국민들은 정치인 드골(1890~1970)에 이어, 가장 위대한 프랑스인으로 뽑기도 했다.

평생 작은 미생물들을 관찰하며 보낸 파스퇴르는 이런 말을 남겼다. "관찰하는 데 있어서 오직 준비된 자만이 기회를 잡는다." 그는 1868년 뇌졸중으로 쓰러진 후 거동이 불편해졌지만, 끝까지 연구에 전념해 빛나는 성취들을 이뤄냈다. 화려한 명성 뒤에는 실험실에서 보낸 오랜 인고의 시간이 있었던 것이다.

170 화

= 세상을 바꾼 과학 사건 =

백신의 발명

전염병의 공포에서 인류를 구원하다

인류 역사에서 대규모 전쟁만큼이나 공포스러운 것이 있다면, 전염병일 것이다. 특히 팬데믹이라 불리는 전염병의 세계적 대유행이 그렇다. 중세 유럽을 휩쓸었던 흑사병, 1918년 발병한 스페인독감, 최근 전 세계를 강타한 코로나19 등이 팬데믹의 예다.

그렇다고 인류가 계속 속수무책으로 당했던 것만은 아니다. 나름 비장의 무기를 개발했는데, 바로 백신이다. 〈표준국어대사전〉에 따르면, 백신은 '전염병에 대해 인공적으로 면역을 주기 위해 생체에 투여하는 항원으로, 살아 있는 균에 조작을 가해 독소를 약화시키거나 균을 죽게 해 만든 주사약'을 의미한다.

백신을 처음 만든 사람은 앞서도 등장한 루이 파스퇴르다. 그는 1880년 프랑스에서 창궐한 닭 콜레라의 원인균을 찾는 연구를 하고 있었다. 그리고 병에 걸린 닭의 피를 영양액으로 배양하는 과정을 거치면서, 원인균을 분리하는 데 성공했다. 그런데 그의 조수가 균이 든 배양액을 방치하는 바람에, 균들이 거의 아사상태에 빠져버렸다. 파스퇴르는 혹시나 하는 생각에 약해진 균을 닭에게 주사했는데, 그 닭은 병에 걸리지 않았다. 이번에는 더 강한 콜레라균을 앞서 그 닭에게 다시 주입했다. 그러자 신기하게도 경미한 콜레라 증상을 보이다가 이내 회복했다. 약해진 균에 의해 면역이 생겼던 것이다. 처음에 투입한 균이 너무 강했다면 바로 병에 걸렸겠지만, 약해진 균은 면역반응을 일으키는 데 머물면서 몸에 항체가 형성되도록 한 것이다.

이와 비슷하게 면역반응을 이용한 예방법은, 1796년 영국 의사 에드워드 제너에 의해 먼저 시행됐다. 그는 우유를 짜는 사람들이 소의 천연두(우두)에 걸린 다음에는, 사람에게 전염되는 천연두(인두)에 다시 걸리지 않는다는 사실을 전해 듣고, 천연두에 걸린 소의 고름을 접종하는 실험을 통해 우두법을 개발했다. 하지만 병원균을 직접 분리해서 인공적인 백신을 만든 것은 파스퇴르가 최초였다.*

최근에는 'm-RNA 백신'이라는 전혀 새로운 방식의 백신이 개발됐다. 병원체를 직접 이용하지 않고도 항체가 형성될 수 있도록 하는 방식인데, 조만간 전염병과의 전쟁에서 인류가 완전한 승기를 잡을 날이 오기를 기대해본다.

---

* 백신(vaccine)의 어원은 암소를 뜻하는 라틴어 'vacca'다. 처음에는 제너의 우두법(vaccination)에 사용되는 물질을 의미했으나, 파스퇴르의 시대에 이르러 오늘날과 같은 의미로 확대되었다.

171 수

과학의 생각

6차 대멸종

인류가 인류를 멸망시킬 것인가?

'대멸종'은 지구에서 생물종의 70% 이상이 절멸한 사건을 말한다. 대멸종은 지금까지 모두 5차례가 있었는데, 살아남은 종이라 해도 개체수가 대폭 줄었을 테니 지구상에서 생명의 흔적을 찾기 어려울 만큼 참혹한 광경이 펼쳐졌을 것이다. 그 원인으로는 지구의 갑작스러운 환경 변화나 소행성 충돌 등이 언급된다.

그런데 지금을 또 다른 대멸종의 시기라 말하기도 한다. 2014년 과학저널 〈네이처〉에 실린 한 논문에 따르면 '2200년 양서류의 41%, 조류의 13%, 포유류의 25%가 멸종할 것'이며, '그 속도는 마지막 대멸종 시기에 비해 약 1000배나 더 빠르다'고 한다. 앞선 5차례의 대멸종과 다른 점이 또 있다면, 그 주된 원인이 우리 인류라는 사실이다. 특히 산업화에 따른 탄소배출량 증가와 그로 인한 지구온난화가 원인으로 지목되고 있다. 아무런 대책도 세우지 않는다면, 향후 100년 안에 산업화 이전 시기와 비교해 6℃ 이상의 기온 상승이 예상된다고 한다.

지구 역사상 가장 참혹했던 3차 대멸종(전체 생물의 95% 이상이 멸종했다)의 원인 또한 대규모 화산폭발로 인한 온난화였다. 그때의 기온 상승 수준도 6℃였다. 우리에게 정말 큰 위기가 닥칠지 모른다는 이야기다. 그나마 다행인 것은 2015년 세계 195개국이 참여하는 '파리기후변화협약'이 채택됐다는 사실이다. 이 협약은 산업화 이전을 기준으로 지구의 평균기온 상승을 2100년까지 1.5℃ 이하로 제한하기 위해 노력한다는 내용을 담고 있다.

그런데 일부 사람들은 생물종이 대량으로 멸종하더라도, 인류에게는 큰 문제가 없을 것이라 말하기도 한다. 과학기술의 힘으로 적어도 인류만큼은 계속 번성하리라 믿는 듯하다. 과연 그럴까?

각각의 종은 결코 독립된 존재가 아니다. 다른 종과 서로 영향을 주고받으며, 지구 생태계라는 커다란 순환 시스템에서 각각 연결고리 역할을 하고 있다. 연결고리 하나가 끊어지면 주변 연결고리에 영향을 미친다. 다시 말해 한 종의 멸종으로, 인접한 다른 종들이 영향받을 수 있다는 의미다.

과학자들은 지금 같은 속도로 멸종이 진행된다면, 조만간 지구상에 인간과 소수의 가축만 남는 고립기(Eremozoic Era)가 도래할 수도 있으리라 경고한다. 과연 이런 상태에서도 인간은 계속 생존할 수 있을까?

《생명이란 무엇인가》(에르빈 슈뢰딩거)

생명도 입자로 설명할 수 있다

에르빈 슈뢰딩거(1887~1961)는 양자역학의 체계를 수립하는 데 큰 공헌을 한 인물로, 생명에도 관심이 많았다. 《생명이란 무엇인가》는 물리학자의 관점에서 바라본 생명현상에 관한 책이다. 물리학에서는 모든 현상은 작은 입자들이 관여한다고 본다. 입자들은 서로 영향을 주고받으면서 운동을 하는데, 그것의 종합적인 결과가 물리적 현상들로 관찰된다는 것이다. 슈뢰딩거는 생명도 이와 유사하다고 보았다. 원자 · 분자 같은 입자들의 운동으로 생명현상을 설명할 수 있다고 생각한 것이다.

수많은 입자들을 다루기 위해서는 통계학적 고찰이 필요하다. 개별 입자가 아니라 거시적 관점에서 전체 입자들의 움직임을 살피는 것이다. 그런데 이 과정에서 일부 입자들의 예외성이 관찰된다. 대부분의 입자들과는 다른 양상을 보이는 것인데, 이는 입자들 각각이 열에너지를 지니면서 자신만의 고유한 열운동을 하기 때문이다. 이 모든 것들의 종합이 그 입자들로 구성된 물체의 거시적 현상이 된다. 슈뢰딩거에 따르면, 예외성의 비율은 입자 수의 제곱근에 반비례하는데, 예를 들어 100개의 입자에서 이런 예외가 발생할 확률은 1/10이다. 그런데 제곱근의 성질상 입자 수가 많아질수록 예외의 확률은 매우 낮아진다. 1만 개의 입자라면 그 확률은 1/100로 떨어지는 것이다. 따라서 정밀한 생명현상을 위해서라면 구성입자들의 수가 매우 많아야 하며, 이들로 이루어진 복잡한 세포의 출현은 필연적이라는 것이 슈뢰딩거의 설명이다.

한편 그는 당시 그 정체가 밝혀지지 않았던 유전체*에 대해서도 통찰력 있는 견해를 제시했다. '입자들은 어떻게 열운동의 영향을 받지 않으면서, 안정적으로 정보를 보관하고 전달할까?' 슈뢰딩거는 입자들이 일정 규칙에 따라 결합해 생성되는 안정적인 결정구조, 그리고 그 구조를 바탕으로 여기에 비주기적 패턴을 형성하며 정보를 담는 가상의 유기체를 상정했다. 그가 말한 이 유기체는, 탄소 · 수소 · 질소 · 인 등의 원자들이 결합하여 만들어진 이중나선 형태의 안정적인 결정구조에, 염기서열**이라는 비주기적 패턴을 통해 정보를 담아 전달하는 DNA였다.

---

* 세포 내 유전물질의 총량으로 게놈(genome)이라 불리며, 오늘날은 DNA 전체를 의미한다.

** DNA에는 염기라 불리는 A(아데닌)·G(구아닌)·C(사이토신)·T(티민)의 분자들이 존재한다. 두 가닥 DNA는 이들 염기들이 서로 마주 보며 결합해 이중나선 구조가 되는데, 유전정보는 이들 염기의 배열순서, 즉 염기서열로 암호화된다.

173 금

스테인리스스틸

산화는 산화로 막는다

처가에서 운영하는 돈카츠 매장에서 바쁜 일손을 돕다보니 어느새 오후 3시가 됐다. 손님이 뜸한 시간을 이용해 늦은 점심을 먹은 후 잠시 쉬고 있는데, 문득 눈에 들어오는 것이 하나 있다. 마치 공기가 그런 것처럼 존재 자체가 너무나도 자연스러워 미처 인식하지 못했던 그것의 이름은, 바로 스테인리스스틸이다.

튀김기도 대부분 스테인리스스틸로 돼 있다. 옆에 놓인 커다란 오븐도 그렇고, 내가 기대고 있는 싱크대 또한 마찬가지다. 천장에 있는 환풍기 또한 자신이 스테인리스임을 자랑하는 상표가 떡하니 붙어 있다. 여기서 끝이 아니다. 칼·압력솥·수저·국자·냄비 등 주방의 거의 모든 것이 스테인리스다. 이는 스테인리스가 철의 가장 큰 단점인 산화, 즉 녹스는 반응이 거의 일어나지 않는 데다가 내열성 또한 우수하기 때문이다.

녹이란 철이 공기나 물속에 포함된 산소와 접촉하면서 생성되는 일종의 산화물이다. 녹은 철에서만 생기는 것은 아니다. 구리의 경우도 비록 느리기는 하지만 표면이 녹색으로 변하는데, 이 또한 금속산화물로서 일종의 녹이라 할 수 있다. 물론 녹슬지 않는 금속도 있다. 바로 금이다. 금은 산소와 반응하지 않기 때문이다. 그렇다면 스테인리스스틸은 어떤 원리로 녹을 방지하는 걸까? 금처럼 산소와의 반응성을 없애버린 걸까?

사실 그와는 정반대의 방식을 이용한다. 철보다 훨씬 더 빠르게 산화를 시키는 것이다. 스테인리스스틸은 철과 크롬의 합금으로 만들어진다. 크롬은 철보다도 산소와 더 잘 반응하는데, 반응과정에서 스테인리스 표면에 아주 얇고 투명한 산화막을 형성한다. 이 산화막으로 인해 안쪽은 더 이상의 산화가 방지되는 것이다. 설령 표면의 상처로 인해 산화막 일부가 파괴되더라도, 크롬에 의해 바로 복구된다.

1912년 영국 브라운퍼스연구소의 연구원 해리 브리얼리(1871~1948)는 철과 다른 금속들을 합금해 대포의 포신을 개발하고 있었다. 그러던 어느 날 우연히 버려진 쇳조각들 가운데 녹슬지 않은 조각을 발견했는데, 그 조각은 철과 크롬의 합금이었다. 브리얼리는 이를 계기로 오늘날의 스테인리스스틸을 개발하는 데 성공한다. 스테인리스는 '얼룩(stain)', 즉 녹이 '적다(less)'는 뜻을 지니고 있다. 오늘날 가장 많이 사용되는 스테인리스스틸인 'STS304'의 경우 크롬 함유량이 18~20%다. 또 고가의 니켈도 8~10.5% 함유되는데, 니켈을 합금하면 녹에 대한 저항성이 더 커진다고 한다.

초밥이 시큼한 이유

슬로푸드에 대한 향수

술이나 빵을 만드는 '알코올발효'와 구분되는 것으로 '젖산발효'가 있다. 발효과정의 최종 산물이 알코올이 아니라 젖산이기 때문에 이런 명칭이 붙었다. 대표적인 예로 요구르트가 있다. 젖산발효에는 동물의 몸속에도 존재하는 '락토바실루스'란 미생물이 관여하는데, 이를 젖산균 또는 유산균이라고도 한다.

오래전 유목민들이 가죽주머니에 보관하던 우유가 발효하는 현상을 처음 발견했다고 한다. 동물의 천연가죽에 락토바실루스가 미량이나마 존재하고 있었던 것이다. 젖산발효가 진행돼 젖산이 어느 정도 생성되기 시작하면, 산에 의한 단백질 변성이 일어나 우유가 서서히 응고하면서 요구르트가 만들어진다. 젖산은 시큼한 신맛이 특징이다. 젖산과 같은 산은 유해세균의 번식을 막아주기 때문에, 이것이 많은 음식을 섭취하면 장의 건강에 매우 좋다고 알려져 있다.

이와 비슷한 것으로 '초산발효'도 있다. 곡물이 발효돼 알코올이 됐다가, 이 알코올이 다시 초산으로 바뀌는 과정이다. 여기서 초산이란 우리가 흔히 식초라 부르는 물질이다. 초산발효에는 초산균이라 불리는 미생물이 관여한다. 한입 크기의 밥 위에 생선회를 올리는 음식인 초밥의 경우, 초기에는 싱싱한 생선회가 아니라 초산발효를 거친 생선을 이용했다고 한다. 만드는 과정은 다음과 같다.

먼저 생선을 소금물에 절여 1차 발효시킨다. 그러면 부패는 지연시키면서도 천천히 발효가 이루어져 생선의 풍미가 좋아진다. 그다음 밀폐된 용기에 쌀 같은 곡물을 함께 넣어 2차 발효를 진행한다. 이때 곡물이 초산발효를 일으키면서 만들어낸 초산이 생선에 스며들어, 생선의 풍미를 더 시큼하게 만들어준다. 이렇게 만들어진 요리를 '나레즈시(なれずし)'라 불렀으며, 보통은 곡물을 털어내고 생선만 먹었다고 한다.

19세기 들어 급격한 도시화가 진행되면서, 사람들의 인내심이 사라졌다. 맛있는 나레즈시를 먹기 위해 수개월에서 1년 이상 걸리는 발효시간을 기다릴 수 없게 된 것이다. 이때 등장한 것이 식초가 주재료인 배합초로 밥에 간을 하는 오늘날의 스시, 즉 초밥이다. 시큼한 신맛이 마치 발효된 생선을 연상시켰던 것이다. 초밥은 어쩔 수 없이 패스트푸드가 됐지만, 옛 슬로푸드에 대한 향수는 신맛으로나마 간직하고 싶었던 모양이다.

〈투모로우〉(2004)

기후온난화가 불러온 빙하기

지구 곳곳에서 기상이변이 속출한다. 거대한 토네이도가 도시를 초토화시키고, 주먹만 한 우박이 떨어지기도 한다. 지금까지 경험하지 못한 강력한 슈퍼태풍으로 홍수와 쓰나미가 일어나고, 유럽과 북미 지역에는 혹독한 한파가 몰아친다.

고생물학자 '잭 홀 박사'는 이 모든 사태의 원인이 기후온난화로 빙하가 녹으면서, 해수의 순환이 멈췄기 때문이라 주장한다. 사실 그는 이전부터 같은 주장을 해왔지만 무시당하기 일쑤였다. 그런데 그것이 현실이 되자 미국 정부는 뒤늦게 그에게 자문을 구한다. 그는 미국을 동서로 가로지르는 선을 하나 그은 다음, 북부는 이미 늦었으니 남부의 사람들이라도 대피시켜야 한다고 말한다.

지금으로부터 약 1만 년 전, 기온이 점차 상승하면서 북부 유럽과 북아메리카 대륙까지 덮고 있던 빙하가 빠르게 후퇴하기 시작했다. 10만 년 동안 계속된 빙하기가 마침내 그 끝을 보이고 있었다. 그런데 갑자기 기온이 다시금 낮아지기 시작했다. 온화해진 날씨 탓에 빙하가 녹아 민물이 바다로 흘러들어가자, 해수 순환이 영향을 받은 것이다.

해수 순환은 주로 열과 염분 농도의 차이에 의해 일어난다. 예를 들어 (바람에 의한) 표층해류를 타고 적도에서 극지방으로 이동한 해수는, 낮아진 온도와 해빙의 형성으로 염분 밀도가 높아지며 아래로 가라앉아 심층해류가 된다. 그리고 적도를 향해 흐르는데, 적도에서는 다시 염분 밀도가 낮아져 위로 상승한다. 이러한 전 지구적 순환은 열을 골고루 분배하는 역할을 한다. 문제는 빙하가 녹으면서 유입된 차가운 민물이 이 순환을 방해할 수 있다는 것이다. 그러면 고위도 지역은 열을 공급받지 못해 점차 기온이 낮아질 수밖에 없다. 그 여파로 시작된 짧은 빙하기는 약 1000년 동안 지속됐는데, 이 시기를 '영거 드라이아스(Younger Dryas)'라고 부른다. 드라이아스는 툰드라 지역에서 자생하는 꽃인데, 기온 상승으로 서식지가 점차 고위도로 이동하다가 갑자기 다시 번성하게 되면서, 이런 명칭이 붙었다. 영화에서처럼 급격하게 빙하기가 시작됐다가 며칠 만에 끝난 것은 아니지만, 당시 이 사건 또한 지구에 짧고 강렬한 충격을 주었다. 이 시기가 끝나서야 비로소 농업혁명이 시작됐고 문명이 꽃을 피울 수 있었다.

오늘날 우리는 다시 혹독한 빙하기를 걱정하고 있다. 급격한 기후온난화로 인해 빙하가 녹는 속도가 예사롭지 않기 때문이다. 비단 영화가 아니더라도, 오래전 지구의 역사를 통해 우리 인류가 올바른 교훈을 얻기를 바란다.

인생에서 그 어떤 것도 무서워할 필요가 없다.
그것은 단지 이해의 대상일 뿐이다.

_ 마리 퀴리

176 월

과학자의 말

알베르트 아인슈타인①

미인과의 1시간은 1분과 같지만, 뜨거운 난로 위의 1분은 1시간과 같다

2021년 프랑스의 한 동굴에서 재미있는 실험이 진행됐다. 15명의 피실험자를 대상으로, 시계도 빛도 없는 환경에서 생체리듬이 어떻게 적응하는지 알아보고자 한 실험이었다. 그런데 40일간의 실험이 끝나고 동굴 밖으로 나온 피실험자들은, 자신들이 동굴에서 지낸 시간을 30일 정도로 추측했다. 그들의 마음속 시간은 실제 시간과 다르게 흐른 것이다.

오래전 아리스토텔레스는 시간이 '변화를 측정하는 일종의 수(數)'와 같다고 말한 바 있다. 변화가 있어야 시간의 흐름을 느낄 수 있다는 의미다. 그렇다면 심리적 시간의 흐름은 우리 경험과도 밀접한 관련이 있을 것이다. 새로운 경험을 많이 할수록 더 많은 변화를 느끼게 되는데, 이는 마음속 시간이 더 빨리 흐른다는 느낌을 준다. 그런데 실제 시간을 확인하면 어떨까? 1시간은 흘렀다고 생각했는데, 실제로는 30분 정도밖에 지나지 않았음을 알고 놀랄 것이다. 이에 반해 새로운 경험이 적다면 변화를 잘 느끼지 못하게 되니, 마음속 시간은 상대적으로 더 천천히 흐른다고 느낀다. 그러나 실제 시간을 확인하면 시간의 화살이 쏜살같음을 깨닫는다.

흔히 10대의 시간은 10km/h, 30대의 시간은 30km/h, 60대의 시간은 60km/h라고 한다. 나이가 어릴수록 새로운 경험이 많고, 나이가 들수록 그것이 점차 줄어들기 때문이다. 동굴 실험에 참여한 사람들은, 새로운 경험이 적어 무료한 시간을 보내는 나이 든 사람들을 대변한다고도 할 수 있을 것이다.

이런 상대성은 어디까지나 심리적이다. 물리적 시간은 누구에게나 똑같은 속도로 흐르기 때문이다. 그런데 실제로는 그렇지 않다! 물리적 시간도 사람마다 상대적으로 흐를 수 있다. 1905년 아인슈타인이 발표한 특수상대성이론에 따르면, 빠른 속도로 운동하는 사람에게는 시간이 더 천천히 흐른다. 예를 들어 운동속도가 광속의 50%가 되면 시간이 약 1.15배 팽창하고, 광속의 80%로 운동하면 시간이 1.6배 정도 팽창한다. 속도가 빨라지면 시간 팽창이 일어나 그만큼 시간 지연이 생기는데, 즉 심리적 시간이 아니라 물리적 시간이 느려지는 것이다.

아인슈타인은 상대성이론과 관련하여 이런 농담을 던진 적이 있다. "미인과의 1시간은 1분과 같지만, 뜨거운 난로 위의 1분은 1시간과 같다." 하지만 그의 농담은 어디까지나 심리적 시간의 상대성에 대해 말하고 있음에 주의하자.

제5원소는 존재하는가?(1887)

실험은 실패했다. 하지만 위대한 실패였다

엠페도클레스는 만물을 구성하는 근본물질로 흙·물·불·공기를 제시했다. 아리스토텔레스는 여기에 하나를 추가했다. 그것은 바로 '에테르'다. 지상계라 불리는 지구에서 달까지의 공간은 기존 4원소로 구성되지만 달 너머의 세계, 즉 천상계는 에테르라는 가상의 물질로 가득 차 있다는 것이 그의 설명이었다. 진공의 존재를 인정하지 않는 그였기에, 비어 보이는 우주공간에도 무언가가 필히 존재한다고 믿었던 것이다.

이런 믿음은 꽤 오래 이어진다. 심지어 19세기 말까지도 그랬는데, 빛 또한 이 에테르를 매질로 전파된다고 생각했다. 물론 오늘날 우리는 우주의 대부분은 진공이며, 빛은 진공에서도 전파된다는 사실을 잘 알고 있다.

만약 에테르가 실재한다면 먼 곳으로부터 이 에테르를 매질로 전파되는 별빛의 속도는, 공전하는 지구의 위치에 따라 상대적으로 달라져야 한다. 예를 들어 별빛이 진행하는 방향과 지구의 공전 방향이 같다면, 우리 눈에 보이는 별빛의 속도는 실제 속도에서 지구의 공전속도를 뺀 값이 돼야 한다. 반대로 별빛이 진행하는 방향과 지구의 공전 방향이 정반대라면, 실제 별빛의 속도에다 지구의 공전속도를 더해야만 눈에 보이는 별빛의 속도가 된다.

이는 어떤 물체의 속도가 관찰자의 운동상태에 따라 달라진다는 상대속도의 개념이다. 100km/h인 열차를 80km/h로 쫓아가면, 그 열차는 20km/h로 달리는 듯 보인다. 만약 100km/h로 열차를 따라간다면, 그 열차는 마치 멈춰 있는 듯 보일 것이다.

1887년 미국 물리학자 마이컬슨(1852~1931)과 몰리(1838~1923)는 이 점에 착안해, 지구의 공전 방향과 평행하게 진행하는 빛과 수직 방향으로 진행하는 빛의 속도 차를 정밀하게 측정해 빛의 에테르 매질설을 입증하고자 했다. 그런데 뜻밖에도 두 빛의 속도 차는 없었다.

비록 그들의 실험은 실패했지만, 그런 실패를 만회하고도 남을 위대한 발견이 있었다. 이후 이 발견은 '광속도불변의원리'가 정립되는 계기가 된다. 이에 따르면 관찰자의 운동과 상관없이 빛의 속도는 언제나 일정하다. 이는 우리 일상적인 경험과는 너무나도 다른 현상이다.

이 광속도불변의원리는 또 다른 세기의 발견을 이끈다. 바로 아인슈타인의 상대성이론이다.

특수상대성이론

시간은 상대적으로 흐른다

어린 아인슈타인은 이런 상상을 하곤 했다. '만약 빛의 속도로 빛을 좇아가면, 빛은 어떻게 보일까?' 당시 빛이 입자인지 파동인지에 관해 여전히 논쟁이 지속되고 있었다. 그래서 만약 빛의 속도로 빛을 좇아가면, 입자상태인 빛을 관찰할 수 있으리라 상상했던 것인지 모른다.

앞에서 설명한 상대속도 개념에 의하면, 빛의 속도로 빛을 좇는 아인슈타인의 눈에 빛은 멈춰 있는 것처럼 보여야 한다. 하지만 놀랍게도 빛의 속도는 언제나 일정하다. 아무리 빛의 속도로 빛을 좇아도, 빛은 30만km/s로 달아나는 듯한 것이다. 1887년 마이컬슨·몰리의 실험은 소기의 목적을 달성하는 데는 실패했지만, 가히 위대한 실패라 불릴 만했다. 아인슈타인이 '광속도불변의원리'를 정립하는 계기가 되었기 때문이다.

아인슈타인은 이를 토대로 사고실험을 하나 진행한다. 빠른 속도로 달려가는 열차의 바닥에 광원을 설치하고, 바로 위 천장에는 거울을 설치한다. 그러면 열차 안에서 보는 빛의 경로는 바닥에서 천장으로, 그리고 다시 천장에서 바닥으로 '일직선으로' 진행된다. 만약 외부에 멈춰 있는 관찰자가 이 빛을 보면 어떻게 보일까? 열차가 달리고 있기에, 빛은 '사선으로' 올라갔다가 다시 '사선으로' 내려오는 듯이 보일 것이다.

광속도불변의원리에 의하면, 이 2가지 경우 모두 빛의 속도는 일정해야 한다. 하지만 열차 밖 관찰자가 본 빛은 사선의 경로로 이동했기에, 열차 안 관찰자가 본 위아래 직선으로 이동한 빛보다 더 먼 경로를 달렸다. 즉, 더 긴 시간을 달린 것이다. '속도=거리/시간'이란 공식을 떠올려보자. 속도는 같은데 거리가 멀어진다면, 걸리는 시간 또한 늘어나야 함을 알 수 있다.

그렇다면 외부에서 볼 때 빠르게 운동하는 물체는, 시간이 더 느리게 흐른다고 할 수 있다. 빠른 속도로 달려가는 열차 안에 있는 사람과 외부에 멈춰 있는 관찰자의 시간이 다르게 흐르는 것이다. 이를 '특수상대성이론'이라 하는데, 광속의 50%로 운동하는 물체의 1시간은 외부 관찰자에게는 1.15시간으로 보이며, 광속의 80%가 되면 1.6시간까지 늘어난다. 만약 빛의 속도에 도달한다면, 그때는 시간이 정지한 듯 보일 것이다. 물론 광속에 비해서는 훨씬 속도가 느린 일상생활에서 이와 같은 효과를 인식하기는 쉽지 않다. 예를 들어 1000km/h로 날아가는 제트기의 경우 1초당 1/1조 초 정도가 느려질 뿐이다.

179 목

과학자의 서재

《코끼리의 시간, 쥐의 시간》

(모토카와 다쓰오)

심장박동은 또 하나의 시계다

상대성이론에 따르면 시간은 상대적으로 흐른다. 예를 들어 빛의 속도에 가깝게 이동하거나 강한 중력의 영향을 받는다면, 시간은 상대적으로 느려진다. 만약 한 사람이 아주 빠른 속도의 우주선을 타고, 중력이 강한 블랙홀 주변을 여행하고 왔다면, 그가 알던 사람들은 이미 고인이 돼버렸을 가능성이 높다.

고대 그리스인들은 시간을 '크로노스'와 '카이로스'라는 2가지 개념으로 구분했다. 크로노스는 개인에 따라 달라지지 않는 절대적인 시간으로, 자연스럽게 흐르는 물리적 시간이다. 이에 반해 카이로스는 개인의 경험에 따라 다르게 느껴지는 상대적인 시간으로, 특별한 의미가 부여된 심리적 시간이다. 앞서 (아인슈타인의 농담에서) 미인과 만났다가 다시 난로 위에 앉아야만 했던 가엾은 이가 느끼는 시간은 카이로스다. 하지만 아인슈타인은 절대적이라 믿어 의심치 않았던 크로노스 또한 상대적임을 밝혀냈다.

그런데 일본 생물학자 모토카와 다쓰오(1948~)에 따르면, '물리학적' 또는 '심리학적' 상대성에 더해 또 다른 상대성이 존재한다. 바로 '생물학적' 상대성이다. 그리고 이 상대적 시간은 몸집과 밀접한 관련성이 있다. 몸집이 클수록 더 오래 사는 경향이 있는 것이다. 쥐와 코끼리를 예로 든다면, 쥐의 수명은 고작 몇 년에 불과하지만 코끼리는 100년 가까이 산다.

그 이유는 무엇일까? 쥐는 코끼리보다 몸집이 훨씬 작지만, 코끼리보다 큰 것이 하나 있다. 같은 부피를 놓고 비교했을 때 그 표면적이 훨씬 더 큰 것이다. 그런데 이렇게 단위부피당 표면적이 크면 불리한 점이 있다. 외부로의 열 유출이 더 많다는 것인데, 그러면 체온 유지를 위해 심장이 더 빨리 뛰어야 한다. 저자에 의하면, 모든 생명체는 심장이 대략 20억 번 뛸 때까지만 살 수 있다. 쥐는 심장이 더 빨리 뛰는 만큼, 그 수명이 더 짧은 것이다.

이처럼 시간의 상대성은 생물종에 따라서도 달라진다. 종의 생물학적 조건에 따라 주어진 삶의 시간이 달라지는 것인데, 코끼리에게는 코끼리의 시간이, 쥐에게는 쥐의 시간이 따로 존재한다. 그리고 그 시간을 알려주는 시계는 바로 자신의 심장박동이다.

최초의 전지, 볼타전지

전기의 시대를 열다

고대 그리스 철학자 탈레스는 어느 날 값비싼 보석인 호박을 천으로 닦고 있었다. 그런데 신기하게도 닦으면 닦을수록 호박에 먼지가 더 달라붙었다. 마찰에 의한 정전기현상이었다. 하지만 그는 그 원리를 밝혀내지는 못했다. 전기(electricity)는 호박을 뜻하는 그리스어 'ēlektron'에서 기원했다.

전기에 대한 연구는 1745년 네덜란드에서 라이덴병이 발명되면서 큰 전환점을 맞았다. 이는 유리병의 안팎을 얇은 주석판으로 두르고, 코르크 마개를 통과한 금속선을 안쪽 주석판에 맞닿게 한 장치다. 마찰을 통해 만들어진 정전기를 금속선으로 흘려주면, 안쪽 주석판에 전기를 모을 수 있는 원리였다. 하지만 전기를 장기간 보존하기는 여전히 힘들었다.

1791년 이탈리아 의학자 루이지 갈바니(1737~1798)는 해부한 개구리의 뒷다리에 서로 '다른' 종류의 금속을 연결하면, 뒷다리 근육이 움직이는 현상에 대해 보고했다. 그는 이를 두고 동물의 생체조직에서 전기가 생성되는 현상이라 설명했다. 하지만 갈바니와 친분이 있던 물리학자 알레산드로 볼타(1745~1827)는 '전기는 두 종류의 금속 사이에서 발생할지도 모른다'는 생각을 하게 됐다. 그리고 이를 증명하기 위해 구리판과 아연판을 이용한 최초의 전지를 1800년 발명한다. 이를 볼타전지(또는 갈바니전지)라고 부른다.

볼타전지는 금속마다 서로 다른 이온화 경향을 이용한다. 이온화란 원자가 전자를 얻거나 잃는 과정에서 전기적 성질을 띠는 현상이다. 어떤 금속은 상대적으로 전자를 쉽게 잃는 반면, 전자를 쉽게 얻는 금속도 있다. 구리와 아연의 경우, 아연은 전자를 잘 잃지만 구리는 전자를 잘 받아들인다. 그래서 이 두 판을 전선으로 연결하면 아연판에서 구리판으로 전자들이 이동하면서 전류가 흐르는데, 이때 아연원자(Zn)는 전자(e^-) 2개를 잃어 아연이온(Zn^{2+})이 되고 구리원자(Cu)는 그 전자들을 받아들여 구리이온(Cu^{2-})이 된다.

그런데 이 두 판 사이를 묽은 황산(H_2SO_4)으로 채우면 전류가 더 많이 흐른다. 이 용액에는 수소이온(H^+)과 황산이온(SO_4^{2-})이 존재하는데, 황산이온은 아연이온과 결합하고, 수소이온은 구리이온으로부터 전자들을 빼앗아 수소기체(H_2)가 되어 날아간다. 이처럼 반응과정에서 만들어진 아연이온과 전자들이 즉각적으로 제거되면서, 반응은 계속 이어진다. 즉 전기가 계속 흐르는 것이다. 이는 마치 공장에 재고가 쌓이면 생산이 멈추지만, 재고가 계속 소진되면 생산이 쭉 이어지는 것과 같다.

전기를 안정적으로 생산하는 볼타전지의 발명은 이후 다양한 전기용품들이 발명되는 계기가 됐다. 이른바 전기의 시대를 연 일등공신인 것이다.

181 토

과학자의 주방

간편하게 빵 만들기

베이킹소다? 베이킹파우더?

기원전 4000년경 고대 이집트에서 처음 만들어진 빵은 공기 중의 '효모'라는 미생물의 도움을 받았다. 효모는 빵 반죽을 분해해 자신의 먹이로 삼는 과정에서 알코올과 이산화탄소 등을 배설물로 배출했는데, 그중 이산화탄소는 반죽을 부풀게 만들어 빵의 식감을 더 부드럽게 해주었다. 하지만 효모의 마법은 하루 이상을 기다려야 하는 인내심이 필요했다. 게다가 살아 있는 생물인지라, 조건이 약간이라도 변하면 기대하는 효과를 얻지 못하는 경우도 많았다. 이런 문제점을 보완하기 위해 현재는 효모를 인공적으로 농축시킨 제품을 사용하기도 한다. 하지만 효모의 단점 하나는 여전히 남아 있다. 반죽에서 시작해 빵을 구울 때까지, 시간과 노력이 많이 필요하다는 점이다. 그래서 등장한 것이 '합성팽창제'다. 간단히 말해 반죽을 부풀게 하는 효모처럼, 이산화탄소를 배출하는 합성물을 사용하는 것이다. 대표적으로 '베이킹소다'라고도 불리는 탄산수소나트륨($NaHCO_3$)이 있다. 분자식을 유심히 살펴보면 짐작 가능하겠지만, 베이킹소다가 분해되면 이산화탄소(CO_2)가 만들어진다.

이런 분해는 첫째로 열에 의해서 일어난다. 고온에서 설탕을 녹이면서 베이킹소다를 첨가하고 휘저어주면, 갈색으로 변한 설탕액이 부풀어 오른다. 이것을 식히면 달고나가 되는데, 내부의 기포들로 인해 바삭한 식감을 갖는다. 이 기포는 베이킹소다가 열에 의해 분해돼 나온 이산화탄소 때문에 만들어진 것이다.

하지만 제빵과정에서 더 중요한 것은 산(acid)에 의한 분해다. 반죽에 포함된 버터 등으로부터 나오는 약간의 산성물질이 이런 분해를 일으킨다. 탄산수소나트륨이 분해되면 염기성물질도 만들어지는데, 이는 쓴맛의 원인이 된다. 그런데 산은 이를 중화시킬 수 있다. 문제는 산성물질의 양이 얼마인지 모르면, 베이킹소다의 양을 정하기 어렵다는 점이다. 또 다른 문제는 산과 반응하는 속도가 너무 빨라, 굽기도 전에 기포가 빠져나가는 바람에 원하는 식감을 얻지 못한다는 것이다. 그래서 등장한 것이 '베이킹파우더'라는 제품이다. 탄산수소나트륨을 주재료로 하고, 이것과 반응할 수 있는 정확한 양의 산성물질을 혼합해놓았다. 따라서 기포의 생성량을 원하는 만큼 조절할 수 있다. 산성물질 또한 탄산수소나트륨과 빠르게 반응하는 것과 느리게 반응하는 것 등 여러 종류를 일정한 비율로 섞어, 제빵과정에서 이산화탄소가 꾸준히 생성될 수 있도록 미리 조정해놓았다. 이처럼 제빵에도 정교한 과학이 숨어 있다. 과학을 알면 베이킹소다와 베이킹파우더를 잘 구분할 수 있다.

〈아바타〉(2009)

판도라 행성의 축복이자 저주

행성 '판도라'에 도착한 전직 해병대원 '제이크 설리'는 놀라운 광경을 목격한다. 작은 섬들이 공중에 붕 떠 있는 것이 아닌가! 다른 사람들 역시 이 모습을 기적 같다고 여겼는지, 이 산들을 '할렐루야 아일랜드'라 부르고 있었다. 이 '공중 부양 섬'의 비밀은 '언옵테늄'이라는 광물에 있다. 지구인들이 머나먼 판도라까지 진출한 이유도 바로 이 고가의 광물을 차지하기 위해서였다. 지구인들은 채굴을 위해 판도라의 자연과 생태계를 무차별적으로 파괴하기 시작하고, 이에 맞서는 원주민 '나비족'과 전쟁을 벌인다.

영화 속 가상물질인 언옵테늄의 공중 부양 능력은 '상온 초전도체'의 성질을 갖고 있기 때문이다. 초전도체란 내부의 전기저항이 0인 물질이다. 그래서 한번 전류가 흐르면 영원히 흐를 수 있다. 이 초전도현상은 1911년 네덜란드 레이던대의 카메를링 오너스(1853~1926) 교수에 의해서 처음 발견됐다. 그는 수은의 온도를 낮추며 전기저항을 측정하다가 영하 269℃에서 수은의 전기저항이 완전히 사라진다는 사실을 알아냈다.

초전도체의 또 다른 특징으로 '마이스너효과'라는 것도 있다. 초전도체가 외부의 자기장을 밀어내는 효과를 의미하는데, 1933년 독일 물리학자 마이스너(1882~1974)와 옥센펠트(1901~1993)에 의해 발견됐다. 극저온의 초전도체 위에 자석을 공중 부양시키는, 지금은 꽤 유명해진 실험장면은 바로 이 마이스너효과에 의한 것이다.

그런데 언옵테늄은 이러한 특성들이 상온에서도 나타난다. 할렐루야 아일랜드에는 자성을 띤 광물들이 많이 존재하는데, 여기서 만들어지는 자기장을 행성 내부의 언옵테늄이 밀어내면서 할렐루야 아일랜드가 공중 부양을 하게 되는 것이다. 언옵테늄처럼 상온에서도 전기저항이 거의 0인 물질로 전자석을 만들면, 장시간 사용하더라도 발열에 의한 전력손실이나 성능저하가 일어나지 않는다. 따라서 강한 자기장이 필요한 자기부상열차, 핵융합로 등에서 활용 가치가 매우 높다.

지난 2020년 〈네이처〉에 놀라운 연구 결과가 하나 실렸다. 미국 로체스터대의 랑가 디아스 교수 연구팀은 황화수소, 수소, 메탄을 좁은 공간에 넣고 위아래를 다이아몬드로 눌러 약 260만 기압을 가하면서 레이저를 쏘아주었다. 그러자 상온 초전도체 물질이 만들어졌다. 물론 이 정도의 높은 압력은 상용화에 큰 걸림돌이지만, 그래도 큰 진전인 것은 틀림없다. 부디 지구에도 상온 초전도체가 흔하게 돼, 판도라가 앞으로도 계속 평화로울 수 있기를 바란다.

183 월

과학자의 말

윌리엄 크룩스(1832~1919)

유언비어 같더라도 빛을 따라가는 것밖에는 없다

영국 화학자 윌리엄 크룩스는 심령술을 신봉했던 것으로도 유명하다. 하지만 처음부터 그랬던 것은 아니다. 그는 심령술을 사기라 생각하고, 그 속임수를 과학적으로 밝히는 일을 하기도 했다. 그런데 어느 날 유명한 영매 케이트 폭스와의 만남 이후 자신의 입장을 번복했다. 전해지는 바에 따르면, 그는 케이트의 몸에서 하얀 연기로 된 사람의 형상이 솟아 나오는 것을 직접 보았다고 한다.

하지만 크룩스가 진정 유명해진 이유는, 그가 발명한 '크룩스관' 때문이다. 그는 한쪽 끝과 중앙 아래에 전극을 설치한, 밀폐된 유리관의 공기를 제거해 진공상태로 만들었다. 그리고 한쪽 끝에 음극(-)을 연결하고, 아래쪽 전극에 양극(+)을 연결했다.

이전에도 이와 비슷한 장치는 있었다. 다만 유리관 안이 진공은 아니었는데, 양쪽 전극에 높은 전압을 걸어주면 공기분자가 이온화되면서 강한 전류가 흐르는, 이른바 '인공방전'을 실험하는 '방전관'이었다. 유리관의 안의 기체를 달리하면 다양한 색의 방전을 일으킬 수도 있었다.

사람들은 공기가 없는 상태에서 전기가 어떻게 흐르는지도 궁금했다. 그래서 제작한 것이 바로 내부를 진공으로 만든 '진공방전관'이다. 공기가 거의 없으므로 이전처럼 강한 방전은 일어나지 않았다. 대신 또 다른 신기한 현상이 나타났다. 음극의 반대편 유리관 벽면이 환하게 빛난 것이다. 분명 음극에서 어떤 광선이 나오는 것이 틀림없었다. 사람들은 이 미지의 광선을 '음극선'이라 불렀다.

1869년경 크룩스는 최신의 진공기술을 사용하여 진공방전관을 개선했다. 그렇게 탄생한 것이 '크룩스관'인데, 이 장치는 과학사의 2가지 사건과 관련이 깊다. 첫째는 1895년 뢴트겐에 의한 '엑스선의 발견'이다. 뢴트겐은 크룩스관으로 음극선을 실험하던 도중 미지의 어떤 광선을 발견했는데, 그것이 바로 엑스선이었다. 두 번째 사건은 1897년 영국 물리학자 J. J. 톰슨(1856~1940)에 의한 '전자의 발견'이다. 미지의 광선으로만 알려졌던 음극선이 전자들의 흐름이라는 사실이 밝혀진 것이다.

크룩스는 이외에도 탈륨을 발견하고, 방사선의 세기를 재는 복사계를 발명했으며, 1913년 최초의 선글라스를 개발하기도 했다. 다방면에 관심이 많았던 그는 호기심이 동하면 끝까지 파고드는 과학자였다. "과학자가 해야 할 일은 날카로운 이성으로 위아래로 조금씩 탐구하는 것, 때로는 유언비어 같더라도 빛을 따라가는 것밖에는 없다"라고 말한 크룩스. 심령술도 과학적으로 탐구하려 했던 그다운 말이다.

184 화

= 세상을 바꾼 과학 사건 =

엑스선의 발견(1895)

세상을 이롭게 하는 미지의 광선

19세기 과학자들 사이에서 가장 인기 있던 실험은 인공방전이었다. 유리관에 양극과 음극을 설치하고 높은 전압을 걸어주면, 유리관 안에 있는 기체의 종류에 따라 다양한 색상의 빛이 나타나는 현상이다.

그런데 과학자들은 여기서 호기심이 발동했다. '만약 유리관 안에 기체가 없다면 어떤 일이 일어날까?' 진공펌프를 사용해 유리관에서 공기를 상당량 제거하고 실험을 진행하자, 이전과 같은 강한 방전현상은 나타나지 않았다. 대신 음극에서 양극으로 향하는 신비한 광선이 발견됐다. 기체와 같은 매질이 없는 상태에서도 무언가 흐르고 있었던 것인데, 이 미지의 광선을 과학자들은 '음극선'이라 불렀다. 음극에서 나온 광선이란 뜻이다.

1895년 독일 물리학자 뢴트겐 또한 이 화제의 실험에 몰두하고 있었다. 그는 음극선이 밖으로 새어 나오지 않도록 유리관을 검은 종이로 감쌌다. 그런 후 전원을 켜자 뜻밖의 일이 일어났다. 실험장치 옆에 놓아두었던 형광물질이 빛을 내는 것이었다.

눈으로 보이지 않고 그 정체를 알 수 없는 어떤 광선이, 검은 종이로 가려진 유리관을 뚫고 나와 형광물질을 자극했던 것이다. 뢴트겐은 혹시나 하는 마음에 형광물질과 유리관 사이에 나무판이나 책 등을 놓아보기도 했는데, 결과는 동일했다. 이 미지의 광선은 두꺼운 물체도 통과하는 능력이 있었던 것이다. 그는 이를 '엑스선'이라 불렀다. 엑스선의 정체는 한참 후에나 밝혀진다. 엑스선은 음극선이 반대편 유리관 벽에 부딪히면서, 강한 충돌에너지가 빛(가시광선)보다 더 강한 전자기파의 형태로 변환돼 방출된 것이었다.

평소 강박증이 심했던 뢴트겐은 자신이 무슨 실수를 한 것은 아닌지, 아니면 환영을 보고 있는 것은 아닌지 안절부절못하며 며칠 동안 실험실에 틀어박혀 실험을 반복했다고 한다. 그러다 엑스선으로 사진을 찍어보기로 했는데, 최초로 찍은 사진은 뼈와 반지가 선명하게 드러난 아내의 손이었다.

뢴트겐은 엑스선 발생장치의 특허를 받으면 큰돈을 벌 수 있을 것이라는 주변의 권유도 뿌리치고, 자신의 연구 성과와 기술이 자유롭게 이용될 수 있도록 공개했다. 병원에서 한 번이라도 엑스선 촬영을 해본 사람이라면 뢴트겐에게 큰 빚을 지고 있는 셈이다.

185 수

과학의 생각

일반상대성이론

중력은 공간이 휘어지고, 시간이 느려지게 만든다

특수상대성이론에 따르면 빠르게 운동하는 물체일수록 시간은 천천히 흐른다. 그런데 이 이론은 그야말로 '특수한' 경우, 즉 일정한 속도로 운동하는 경우에만 적용된다. 하지만 우리 주변에는 등속운동만 있는 것이 아니다. 속도가 변하는 운동, 즉 가속운동 또한 존재하는데, 이런 경우까지 포괄하는 것이 바로 '일반상대성이론'이다. 이를 이해하기 위해 사고실험을 하나 해보겠다.

무중력상태인 우주에서 속도를 점점 더 높이고 있는 한 우주선이 있다. 그 우주선 안에는 관찰자 A가 있고, 밖에는 정지해 있는 관찰자 B가 있다. A와 B의 옆을 일직선으로 지나는 빛이 있다고 해보자. 정지한 B가 관찰하는 빛은 일직선의 경로를 유지하며 지나가지만, A의 관찰 결과는 완전히 다르다. 옆으로 지나가는 빛에 대해, 자신은 위쪽으로 점점 더 빠르게 멀어져가기 때문이다. 그림으로 표현하면 다음과 같다.

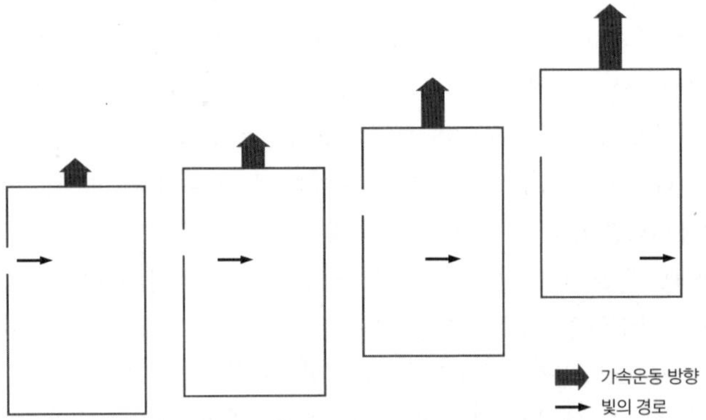

가속운동하는 우주선의 틈새로 들어온 빛의 경로

A의 관점에서 빛은 옆으로 진행하기는 하지만, 자신을 기준으로 그 경로가 아래쪽으로 점점 더 휘어지는 형태가 된다. 그리고 A의 속도가 빨라질수록 그 휘어짐의 정도도 강해진다. 옆으로 진행하는 빛으로부터 점점 더 빠르게 멀어지는 관찰자 A의 관점에서, 상대적으로 바라본 모습이 그렇다는 것이다. 다시 말해 A는 옆으로 진행하던 빛이 점점 더 빠른 속도로, 자신으로부터 멀어지고 있다고 관찰하는 것이다. 그리고 그 관찰 결과가 바로 빛이 휘어지는 모습이 된다.

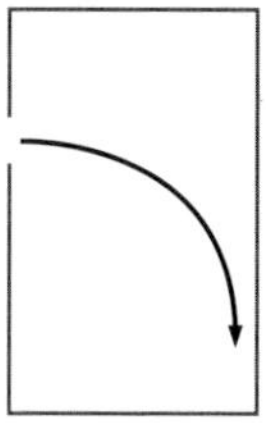

빛의 경로를 종합해봤을 때의 모습

그런데 여기서 하나의 가정을 더 해보겠다. 우주선 안의 관찰자 A가 우주선 밖을 관찰할 수 없다고 하는 것이다. 그렇다면 A는 자신이 가속운동하고 있다는 사실을 확인할 방법이 없다. 주위를 스쳐 지나가는 풍경이 없으니 자신이 운동하는지, 그리고 그 운동이 가속인지를 판단할 기준이 없기 때문이다. 하지만 A는 특이한 현상을 하나 경험한다.

이를 이해하기 위해 올라가는 엘리베이터를 예로 들어보자. 탑승자를 실은 엘리베이터는 처음에는 천천히 움직이지만 이내 속도가 빨라진다. 그리고 일정 속도에 이르면 그 속도를 유지하며 움직이다가, 목표에 가까워지면 다시 속도를 줄이는 감속운동을 한다. 중간의 등속운동 구간에서 탑승자는 별다른 현상을 느끼지 못한다. 하지만 초기 가속운동 구간과 마지막 감속운동 구간은 다르다. 엘리베이터가 가속할 때는 아래로 잡아당기는 힘을 느끼고, 반대로 감속할 때는 위로 잡아당기는 힘을 느끼는데, 이는 일종의 관성력*이다. 실제로 엘리베이터 안에 저울을 설치하고 탑승자의 무게를 재보면, 엘리베이터가 가속할 때는 무게가 늘어나고 감속할 때는 무게가 줄어든다. 물론 등속운동일 때는 무게의 변화가 없다.

다시 우주선 이야기로 돌아가보자. A는 우주선에서 이상한 현상을 경험한다. 자신을 아래쪽으로 잡아당기는 힘을 느끼는 것이다. 사실 이 힘의 정체는 우주선이 가속하면서 나타난 관성력이다. 하지만 가속하는 힘의 존재를 알지 못하는 A는 이 관성력이 유일하게 존재하는 실제 힘, 즉 중력이라 생각한다. 여기서 매우 중요한 사실을 알 수 있는데, 그것은 가속운동이 만들어내는 관성력과 중력은 결과적으로 동일하다고 볼 수 있다는 것이다. 이를 '등가(等價)원리'라고 한다.

그렇다면 앞서 우주선 안에서 관찰자 A가 목격한 휘어지는 빛의 경로는, 우주선의 가속운동에 따른 효과일 뿐 아니라 중력에 따른 효과라고 봐도 되지 않을까? 다시 말해 중력이 작용하는 공간에서도 (가속하는 공간에서처럼) 빛의 경로는 휘어진다. 바로 여기서 아인슈타인은 중요한 사실을 하나 더 깨닫는다. 중력에 의해 빛의 경로가 휘어진다는 것은, 공간

* 관성의법칙에 따라 물체는 자신의 운동상태를 유지하려는 성질이 있다. 즉 외부에서 힘이 가해지면, 이에 저항하는 반대 방향의 힘이 작용하는 것처럼 느껴진다.

그 자체가 휘어지는 것이다. 왜냐하면 빛은 공간에서 가장 짧은 경로로 이동하려는 성질이 있기 때문이다. 앞서 중력의 효과가 없는 관찰자 B에게는 빛이 여전히 직진하는 것처럼 보이지만, 중력이 작용하는 A의 관점에서는 휘어진 공간으로 인해 직진하는 빛의 경로가 휘어진 듯이 보이는 것이다.

우리 주변에서 이런 효과를 인식하기란 거의 불가능하다. 중력이 그리 크지 않기 때문이다. 하지만 우주로 나가 만나게 되는 별·블랙홀·은하 같은, 중력이 어마어마하게 큰 물체라면 그 효과가 뚜렷해진다. 실제로 이들 물체의 주변에서는 빛의 휘어짐이 관찰된다. 한편 공간의 휘어짐은 지구와 같은 행성들이 왜 태양 주위를 공전하는지도 설명한다. 각 행성들은 가장 짧은 경로로 이동하려 하는데, 태양의 중력이 만들어낸 휘어진 공간에서는 그 경로가 태양 주위를 공전하는 모습이 되는 것이다.

중력의 효과가 비단 공간의 휘어짐만 있는 것은 아니다. 중력이 강한 공간에서는 시간 또한 상대적으로 천천히 흐른다. 광속도불변의원리에 따르면, 빛의 속도는 언제나 일정하다. 그런데 중력에 의해 휘어진 공간에서는 빛의 경로가 휘어지기 때문에 직진하는 빛보다 더 먼 거리를 이동해야 한다. 속도는 일정한데 더 먼 거리를 이동해야 하니, 걸리는 시간 또한 늘어날 수밖에 없다. 따라서 중력이 없는 공간에 비해 시간이 상대적으로 더 천천히 흐르게 된다.

예를 들어 지상에서의 시간은, 약 2만km 높이에 있어 중력의 영향이 적은 인공위성과 비교할 때 하루에 45.5μs(마이크로초, 1μs는 1/100만 초) 정도 더 느리게 흐른다. 이 정도면 매우 적은 차이라 할 수 있지만 지구와 비교해 중력이 매우 큰 곳, 예를 들어 블랙홀 같은 곳이라면 이런 시간 지연효과는 훨씬 더 커진다.

아인슈타인의 상대성이론은 시간과 공간에 대한 우리의 관점을 영원히 바꾸어놓았다. 뉴턴의 시대만 하더라도 시간과 공간은 절대적으로 변하지 않는 개념이었지만, 사실은 운동의 상태나 중력에 따라 변하는 상대적 개념이었던 것이다.

186 목

《최종 경고: 6도의 멸종》(마크 라이너스)

역사를 잊은 인류에게 미래는 없다

지구 역사상 5번의 대멸종이 있었다. 가장 유명한 것은 지금으로부터 약 6500만 년 전 일어났던 5차 대멸종이다. 지름 10km에 달하는 소행성이 지금의 멕시코 유카탄반도에 떨어지면서, 당시 지구를 지배하던 공룡을 비롯해 많은 종들이 순식간에 멸종해버렸다.

하지만 최악의 참사는 따로 있었다. 이른바 '페름기 대멸종'이라고도 불리는 3차 대멸종이다. 2억 5000만 년 전의 어느 날 시베리아 지역에서 거대한 화산폭발이 일어났다. 그 폭발은 쉽게 수그러들지 않았다. 무려 100만 년 동안이나 지속된 것이다. 이때 엄청난 양의 용암이 흘러나와 곳곳에서 대규모 화재가 발생했고, 이와 동시에 이산화탄소 등 온실가스가 방출되면서 지구의 평균기온이 무려 6℃나 상승했다.

수온이 올라가자 바닷물 속의 산소량은 급격하게 낮아졌다. 지구온난화로 육상의 화학적 풍화작용도 활발해지면서, 육상에서 바다로 흘러드는 영양분의 양까지 급증했다. 이로 인해 바다의 부유생물이 번성하니 산소 부족 사태는 더 심각해졌다. 그 결과 바다생물종의 대부분이 멸종해버렸다. 육지도 상황이 크게 다르지 않았다. 여름철 기온이 40℃ 이상 지속되는 지역에서는 식물이 말라 죽고, 그 여파로 동물도 멸종하기 시작했다. 전 지구적으로 95% 이상의 종들이 사라졌고, 살아남은 5%의 종이라 할지라도 개체의 대다수가 죽었다. 지구는 사실상 생명을 거의 찾아볼 수 없는 행성이 돼버렸다.

그런데 어쩌면 이 '6℃의 멸종'이 지금 이 순간 다시 시작되고 있는지도 모른다. 세계적인 환경 저널리스트 마크 라이너스(1973~)에 따르면, 지금과 같은 수준의 탄소배출이 지속된다면, 2050년에는 산업화 이전 시기보다 기온이 4℃ 정도 더 높아질 것이라 한다.

그는 만약 3℃가 넘으면 해수면이 5m 상승하고, 대대적인 식량위기로 인해 인류의 문명은 붕괴하리라 예측한다. 4℃를 넘어 5℃가 되는 과정에서는 인류가 서식할 수 있는 면적은 1/10로 급격하게 줄어든다. 만약 6℃가 넘으면 어떻게 될까? 그의 책 《최종 경고: 6도의 멸종》에서는 생지옥이라 불릴 만한 파국적인 결말을 그리고 있다. 라이너스의 이야기를 한마디로 요약해보자면 이렇다. '역사를 잊은 인류에게 미래는 없다.'

리튬이온전지

전기자동차의 시대를 열다

1800년 발명된 볼타전지와 이를 개량한 전지들은 일회용이라는 한계가 있었다. 여러 번 충전할 수 있는 전지, 즉 2차 전지는 1859년 프랑스 전기학자 가스통 플랑테가 발명했다. 일명 '납축전지'라 불리는 것인데, 현재도 자동차 전지 등으로 활용되고 있다. 하지만 전기자동차같이 많은 양의 전기를 공급하기 위해서는 에너지밀도가 높은 리튬이온전지가 필수적이다. 이 전지의 개념은 1970년대에 처음 제안되었으나, 상업화는 1991년에야 가능했다. 이와 관련해 큰 공헌을 한 존 구디너프(1922~), 스탠리 휘팅엄(1941~), 요시노 아키라(1948~)는 2019년 노벨화학상을 수상했다.

리튬이온전지의 기본원리 또한 먼 조상 격인 볼타전지와 크게 다르지 않다. 금속(리튬)의 이온화와 그때 생성되는 전자의 흐름으로 전기를 만들기 때문이다. 물론 이런 흐름이 볼타전지의 경우는 일방향, 즉 비가역적이지만 리튬이온전지의 경우는 가역적이라는 점에서는 큰 차이가 있다. 다시 말해 방전과 충전을 반복할 수 있는 것이다.

리튬이온전지는 크게 4가지 부분으로 구성된다. 첫째, 리튬의 산화물을 주재료로 하는 '양극'이다. 충전하는 과정에서 전압을 걸어주면 리튬원자는 이온화되고, 분리된 전자들은 전선을 통해 음극으로 강제 이동된다. 두 번째 부분은 양극에서 만들어진 리튬이온들을 받아들이는 '음극'으로, 주로 흑연을 주재료로 만든다. 그리고 이 양극과 음극의 중간은 '전해액'이라 불리는 액체상태의 물질이 채우고 있는데, 그 역할은 리튬이온들을 양극과 음극 사이에서 실어 나르는 것이다. 마지막으로 중요한 부분은 '분리막'이라 불리는 장치다. 폴리에틸렌과 같은 고분자소재의 얇은 막을 이용하는데, 미세한 구멍들이 있어 전해액 등은 자유롭게 통과시키지만, 양극과 음극이 서로 물리적으로 접촉하는 것은 방지한다. 만약 이 두 극이 만나면 화재나 폭발 위험이 있기 때문이다.

충전과정에서 리튬이온들은 음극으로 이동하여, 그곳에 이미 도착해 있는 전자들과 결합해 리튬원자의 형태로 되돌아간다. 이제 양극과 음극을 다시 전선으로 연결하면 음극으로부터 양극으로 전자들이 '자발적으로' 이동하면서 전류가 흐른다. 그리고 이 과정에서 전자를 잃은 리튬이온은 다시 전해액에 실려 양극으로 돌아가 전자와 재결합한다. 이 일련의 과정을 방전이라 한다.

음극에서 양극으로 전자가 자발적으로 이동(방전)하는 이유는, 양극의 리튬 산화물이 음극의 리튬보다 더 안정된 구조이기 때문이다. 따라서 반대 방향인 양극에서 음극으로 전자를 이동시키려면, 충전기를 통해 외부에서 에너지를 가해주어야 한다.

188 토

과학자의 주방

맛은 모두 몇 가지 종류일까?

기름진 맛 조미료가 등장할지도 모른다

19세기까지는 단맛·짠맛·신맛·쓴맛의 4가지 맛만이 과학적으로 인정됐다. 4가지 기본맛과 이들이 혼합된 것이 우리가 경험하는 모든 맛이라 본 것이다. 이는 기원전 4세기 아리스토텔레스가 자신의 저서《영혼론》에서 주장한 이후 2000년 이상 정설로 받아들여졌다.

그런데 1908년 도쿄대 화학과의 이케다 기쿠나에(1864~1936) 교수가 일본인들이 흔히 '우마미(うまみ)'라 부르는 감칠맛을 또 다른 기본맛이라 주장했다. 그는 다시마 국물을 졸이는 과정을 통해 갈색의 결정체를 얻었는데, 이것이 감칠맛의 원인물질인 '글루탐산'이었다. 이후 이것을 나트륨과 반응시켜 물에 잘 녹는 '글루탐산나트륨(MSG)' 형태로 만들었다. 현재는 기존의 단맛·짠맛·신맛·쓴맛에 더해 감칠맛까지 모두 5가지 기본맛이 인정되고 있다.

혀의 표면에는 '미뢰'라 불리는 꽃봉오리 모양의 조직이 약 1만 개 정도 있는데, 이 미뢰는 약 100여 개의 미각세포로 구성된다. 또한 미각세포에는 수용체*들이 있어 각각의 맛 성분들과 맞춤식으로 반응하고, 그 신호가 뇌로 전달되면 맛의 감각으로 인지된다. 이 수용체들은 2000년대 들어서야 비로소 발견됐다.

그런데 앞으로 또 하나의 맛이 추가될 것으로 보인다. 바로 '기름진 맛'이다. 지난 2012년 미국 세인트루이스 워싱턴의과대학 연구팀이 혀에서 기름진 맛에 민감하게 반응하는 CD36이라 불리는 수용체를 발견했다. 이 수용체가 지방에서 분해된 지방산 분자들과 반응해서 지방성분을 독립적인 맛으로 인식할 수 있다고 한다. 2015년에는 미국 퍼듀대의 리처드 매티스(1936~2022) 교수가 미각 테스트를 통해 사람들이 기름진 맛을 다른 맛들과 구분할 수 있다는 연구 결과를 발표하면서, 이 맛을 '올레오구스투스(Oleogustus)'라 명명했다. 라틴어로 '기름지고 맛있다'라는 의미다.

1909년 일본에서 글루탐산나트륨을 이용한 조미료인 '아지노모토(あじのもと)'가 판매되기 시작했다. 덕분에 다시마, 멸치, 말린 표고버섯 등을 오랫동안 우려내지 않아도, 훨씬 더 적은 비용과 시간으로 강렬한 감칠맛을 경험할 수 있게 됐다. 만약 기름진 맛이 또 하나의 기본맛으로 자리매김한다면, 이 맛을 내는 합성조미료가 등장할지도 모른다. 그러면 비만 걱정은 잠시 내려놓고, 마음껏 기름진 맛을 즐기는 시대가 도래하지는 않을까?

---

* 세포 밖 물질의 화학적 신호나 물리적 자극을 받아들이는 부분으로 주로 세포막에 분포한다.

189 일

〈인터스텔라〉(2014)

블랙홀을 돌아서 오면 미래로 갈 수 있다

전직 우주비행사 '조셉 쿠퍼'는 이제는 농부가 돼 아이들을 키우며 살고 있다. 하지만 점차 사막화돼 생명력을 잃어가는 지구의 땅에서 옥수수 이외의 다른 작물들을 재배하기가 불가능해졌다. 이대로 가다간 머지않아 인류가 멸종할 위기다. 그러던 어느 날 우연한 기회에 쿠퍼는 NASA의 비밀 프로젝트에 참여하게 된다. 그것은 인류를 이주시킬 다른 행성을 탐사하는 것이었다.

쿠퍼와 탐사대 일행은 토성 주위에 형성된 웜홀을 통해 먼 우주로 이동하게 되고, 그곳에서 인류가 거주할 만한 행성들을 하나씩 탐사하기 시작한다. 하지만 그 과정에서 불의의 사고로 인해 지구로의 귀환이 불가능해진다. 쿠퍼는 지구의 연구진들이 필요로 하는 정보를 얻고자 블랙홀 속으로 들어가기로 결심한다. 그리고 그곳에서 얻은 정보를 딸에게 전송하는 데 성공한다. 영화에서는 블랙홀의 내부정보가 있어야 중력을 조절할 수 있는 새로운 중력방정식을 완성할 수 있고, 그래야 인류의 대규모 이주가 가능한 것으로 설정돼 있다. 현재의 기술로는 한꺼번에 많은 사람을 싣고 지구의 중력을 벗어나 우주로 나가는 것이 불가능하기 때문이다.

어렵게 귀환한 쿠퍼는 우주에 떠 있는 거대 식민도시에서 다시 딸과 만났다. 하지만 그가 떠날 때 10대였던 딸은 어느새 임종을 앞둔 노인이 돼 있었다. 그도 그럴 것이 그에게는 단 몇 년의 여행이었지만, 그사이 지구의 시간은 수십 년이 흘렀기 때문이었다. 아인슈타인의 일반상대성이론에 따르면 중력이 큰 물체는 그 주변 공간이 휘어진다. 공간만 휘어지는 것이 아니다. 시간 또한 천천히 흐른다. 공간이 휘어지면 빛의 경로도 휘어지는데, 빛의 속도는 언제나 일정한데 더 먼 경로로 돌아가야 하니 걸리는 시간 또한 늘어나는 것이다. 블랙홀을 여행하고 온 쿠퍼의 시간 또한 그랬다.

과거부터 사람들은 시간여행이 가능한지 궁금해했다. 과거로의 여행은 솔직히 잘 모르겠지만, 미래로의 여행이라면 상황이 다르다. 일반상대성이론이 그 가능성을 말해주고 있기 때문이다. 2022년 미국 하버드-스미소니언 천체물리학센터의 카림 엘바드리 박사 연구팀은 지구로부터 약 1500광년 떨어진 곳에서 블랙홀을 발견했다. 지금까지 발견된 것들 중 가장 가까운 거리다. 물론 현재의 기술로 그곳까지 도달할 수는 없지만, 영화에서처럼 웜홀을 이용한다면 그 블랙홀 주변을 돌아서 오는 것만으로도 미래로의 시간여행은 가능할 것이다. 하지만 그 여행은 어디까지나 편도여행이다. 내가 아는 것들이 사라져버린 고독한 미래에서 아마도 다시는 돌아올 수 없을 테니까 말이다.

190 월

과학자의 말

마리 퀴리

**인생에서 그 어떤 것도 무서워할 필요가 없다.
그것은 단지 이해의 대상일 뿐이다**

그녀의 본명은 마리아 스크워도프스카. 폴란드 바르사뱌 태생이다. 당시 폴란드는 러시아의 지배를 받는 암울한 상황이었고, 여성은 대학에 진학할 수도 없었다. 배움에 뜻을 둔 그녀는 다행히도 파리에 살고 있던 언니 부부의 도움으로, 1891년 프랑스 소르본대학으로 유학을 떠날 수 있었다. 그리고 대학 졸업 후 피에르 퀴리(1859~1906)를 만나 결혼한다. 피에르 퀴리는 소르본대학의 교수였으며, 그녀의 능력을 인정한 조력자이기도 했다. 이후 퀴리 부부는 함께 연구를 수행했는데, 그들의 주된 관심사는 방사능이었다. 이 과정에서 새로운 방사능원소인 '라듐'과 '폴로늄'을 발견했는데, 폴로늄은 마리 퀴리의 모국인 폴란드를 기리기 위해 붙인 이름이었다.

새로운 방사능원소의 발견과 방사선의 성질을 규명한 공로를 인정받아 퀴리 부부는 1903년 공동으로 노벨물리학상을 수상했다. 이어 1911년에는 순수한 라듐원소의 분리와 그 특성에 대한 연구로 마리 퀴리 단독으로 노벨화학상을 수상했다. 하지만 영광의 뒤에는 커다란 고통이 뒤따랐다. 방사능을 다루는 과정에서 많은 양의 피폭이 일어난 것이다. 방사능의 위험성에 대한 인식이 부족한 때였으니, 특별한 보호장구도 없이 실험하다 벌어진 일이었다.

1906년 피에르 퀴리는 갑작스러운 마차 사고로 세상을 뜨고 만다. 일부 사람들은 방사능 피폭으로 건강이 악화된 그가 정신을 잃고 쓰러지는 바람에 마차에 치였다고 말하기도 하지만, 정확한 정황은 알 수 없다. 마리 퀴리 또한 급격하게 건강이 나빠졌다. 그녀는 근육통·백내장·난청·이명 등 수많은 병을 달고 살았다. 1934년 스위스의 한 요양원에 입원했지만, 그해 7월 백혈병으로 눈을 감고 말았다. 프랑스는 위대한 여성 과학자의 죽음을 진심으로 애도했다. 그녀의 유해는 가장 명예로운 프랑스인들이 묻힌다는 판테온국립묘지에 남편과 함께 안장됐다.

마리 퀴리는 이런 말을 남겼다. "인생에서 그 어떤 것도 무서워할 필요가 없다. 그것은 단지 이해의 대상일 뿐이다." 과연 그녀는 자신의 말대로 두려움 없는 삶을 살았다. 세상을 이해하고자 하는 순수한 마음이 있기에, 그 어떤 두려움도 없었던 것이다.

191 화

= 세상을 바꾼 과학 사건 =

방사능의 발견(1896)

방사능, 어떻게 사용할 것인가?

프랑스 물리학자 앙리 베크렐(1852~1908)은 1895년 뢴트겐이 엑스선을 발견했다는 소식을 듣고, 자신도 그와 같은 미지의 광선을 연구해보기로 했다. 그는 먼저 인광물질에 주목했는데, 이는 빛을 받았다가 그 빛이 제거돼도 잔광이 남는 물질을 말한다. 참고로 야광 스티커는 바로 이 인광물질로 만든다.

베크렐은 인광물질이 잔광뿐 아니라 눈에는 보이지 않는 어떤 미지의 광선 또한 방출할지 모른다고 생각했다. 그리고 이를 입증하기 위해 인광물질을 검은 종이로 감싸고, 그 주변에 감광지*를 두었다. 그랬더니 검은 종이를 투과한 미지의 광선이 감광지와 반응하면서, 인광물질의 형태를 사진으로 남겼다. 뢴트겐의 엑스선은 강한 전압을 걸어준 음극에서 방출되는 광선인 반면, 베크렐이 발견한 것은 햇빛을 흡수한 인광물질에서 방출되는 광선이었다. 그는 이 광선을 베크렐선이라 명명했다.

베크렐선에 대한 실험을 이어가던 중 그는 흥미로운 사실 하나를 우연히 발견한다. 흐린 날 햇빛을 충분히 받지 못했던 인광물질 또한 베크렐선을 방출했던 것이다. 사실 베크릴선의 방출은 인광물질 때문이 아니라, 그 인광물질과 함께 포함돼 있던 우라늄 때문이었다. 우라늄이 햇빛의 존재와 상관없이 지속적으로 베크렐선을 방출한 것이다.

1896년 베크렐은 오늘날 '방사능'이라 불리는 이 현상을 처음으로 발견했다. 방사능이란 우라늄 같은 물질의 원자핵이 붕괴하면서, 고에너지의 광선을 방출하는 현상을 의미한다. 그 고에너지 광선(베크렐선)을 우리는 '방사선'이라 부른다. 이 방사선은 여러 종류인데, 엑스선 이외에도 알파(α)선, 베타(β)선, 감마(γ)선, 중성자선 등이 있다.

방사능과 방사선이란 명칭을 처음 사용한 사람은 베크렐의 뒤를 이어 베크렐선을 연구한 퀴리 부부였다. 퀴리 부부는 이 과정에서 라듐과 폴로늄이라는 새로운 방사능원소도 발견한다. 베크렐과 퀴리 부부는 그 공로를 인정받아, 1903년 공동으로 노벨물리학상을 수상했다.

2011년 일본 후쿠시마 원전사고는 방사능의 위험을 다시금 일깨웠다. 하지만 원자력발전, 비파괴검사, 암 치료 등에 이용할 만큼 방사능의 유익한 측면 또한 많다. 무조건적으로 금기시할 수는 없는 것이다. 우리는 이것의 양면성을 잘 이해해야만 한다. 그래야 올바른 이용이 가능할 것이기 때문이다.

---

* 빛이나 엑스선·감마선·중성자선 같은 방사선의 작용을 받아서 화학적·물리적 변화를 일으키는 화학물질을 바른 종이.

192 수

과학의 생각

엔트로피 증가의 법칙

시간은 오로지 한 방향으로만 흐른다

고대 그리스인들은 시간이 모든 것을 타락하게 만든다고 생각했다. 새로운 것은 점점 낡고, 태어난 것은 언젠간 사라지기 때문이다. 이처럼 거스를 수 없는 흐름을 우리 또한 매일같이 경험한다. 그래서 이런 부질없는 꿈을 꾸는지도 모르겠다. 잠시만이라도 시간을 되돌리고 싶다는 꿈. 그런데 왜 시간은 한 방향으로만 흐를까?

오래전 아리스토텔레스는 시간은 사물들의 변화와 관련 있는 개념일 것이며, 즉 시간은 그러한 변화를 측정하는 일종의 수(數)와 같은 것이라 주장했다. 그러고 보니 시간의 일정한 방향성처럼, 우리 주변의 사물들 또한 그 변화에 일정한 방향성이 존재한다.

예를 들어 물컵에 잉크 한 방울을 떨어트리면, 잉크가 점차 확산된다. 확산됐던 잉크가 다시 한곳으로 뭉치는 일은 결코 자연스럽지 않다. 처음에 잉크가 한곳에 뭉쳐 있는 것과 물컵 전체로 확산되는 것 사이에는 어떤 차이가 있는 걸까? 과학자들은 이 2가지 상황을 설명하기 위해 '질서'라는 개념을 사용하는데, 처음에 잉크가 한곳에 뭉쳐 있는 것은 '질서 있는 상황'이고, 이후 잉크가 컵 전체로 확산된 것은 '무질서한 상황'이다.

질서 있는 상황에서 무질서한 상황으로의 변화는 모든 사물이 원자나 분자 같은 작은 입자들로 구성돼 있고, 이 입자들이 끊임없이 운동하기 때문에 발생한다. 잉크 또한 눈에는 보이지 않지만, 수없이 많은 작은 입자들로 구성돼 있다.

우주에는 수없이 많은 사물이 존재하고, 그 사물들은 또 수없이 많은 입자로 구성돼 있다. 이 입자들은 한군데 뭉쳐 있는 것보다 이리저리 흩어지는 것이 더 자연스럽다. 질서 있는 상태에서 무질서한 상태로의 변화가 우주에서는 자연스러운 현상인 것이다. 과학자들은 이처럼 질서에서 무질서로 향하는 일정한 방향성을 '엔트로피(entropy) 증가의 법칙'이라 설명한다.

여기서 '엔트로피'란 무질서한 정도를 나타내는 단위와 같은 것인데, 질서 정연할수록 엔트로피가 낮고 무질서할수록 엔트로피가 높은 상태가 된다. 즉 우주는 질서 있는 상태에서 무질서한 상태로 이행하기 때문에, '엔트로피가 증가한다'라고 말할 수 있는 것이다. 어쩌면 그래서 시간이 한 방향으로만 흐르는 것일지 모른다.

193 목

《엔트로피》(제러미 리프킨)

우리 문명은 이대로 괜찮은가?

제러미 리프킨(1945~)에 따르면 현대문명은 약 400년 전 탄생한 기계론적 자연관에 그 근간을 두고 있다. 데카르트·뉴턴·베이컨 등 뛰어난 사상가들이 정립한 이 자연관에 따르면, 우주는 마치 정교한 기계처럼 작동한다. 원인에 따른 결과가 틀림없이 산출되는 인과율이 적용되는 것이다. 그리고 이와 같은 질서 있는 상태는 결코 흐트러지지 않는다.

하지만 리프킨은 이런 자연관은 이제 종말을 고해야 한다고 말한다. 적어도 우리가 살고 있는 지구에서는, 이와 같은 이상적인 질서상태가 계속 유지될 수 없기 때문이다. 지구 시스템이란 '기계'도 시간이 지남에 따라 무질서해진다. 낡고 무용해지는 것이다. 게다가 인간의 무분별한 개발과 소비는 이런 흐름을 더욱 가속화한다.

그는 이에 대한 대안으로 '엔트로피 증가의 법칙'을 제시한다. 엔트로피 증가의 법칙은 열역학제2법칙이다. 제1법칙은 외부와 물질 및 에너지를 교환하지 않는 고립계(예를 들어 우주) 내부의 에너지 총량은 불변하며, 따라서 창조될 수도 파괴될 수도 없다고 설명한다. 단지 그 형태만 바뀔 뿐인데 제2법칙, 즉 엔트로피 증가의 법칙에 따르면 그 고립계에서 에너지의 상태 변화는 한 방향으로만 일어난다. 즉 유용한 상태에서 무용한 상태로, 획득 가능한 상태에서 획득 불가능한 상태로, 질서 있는 상태에서 무질서한 상태로만 변한다는 것이다.

지구의 엔트로피가 더 빠르게 증가하는 것은, 우리가 지구의 에너지원을 너무 과도하게 사용하기 때문이다. 에너지를 사용하더라도 전체 에너지의 양이 줄어드는 것은 아니지만, 이전에는 유용했던 에너지가 더 이상 유용하지 않은 에너지 형태로 전환돼버린다. 예를 들어 땅속에 질서 있게 잘 보존돼 있던 화석연료를 태우면, 다시는 이용할 수 없는 무질서한 형태의 에너지가 돼 흩어져버린다. 리프킨에 따르면 이처럼 에너지를 변환하는 과정에서 우리는 '일정액의 벌금'을 내야 하는데, 그 벌금이 바로 엔트로피다.

리프킨은 이 책에서, 엔트로피의 개념을 통해 우리 인류의 무분별한 에너지 소비에 대해 경고하고 있다. 그런데 사실 지구는 그가 가정한 것처럼 고립계가 아니라 에너지(즉 태양 에너지)의 출입은 가능한 닫힌계에 가깝다.* 그러니 엄밀히 말하자면, 엔트로피의 개념을 직접 적용하는 것이 적절하지는 않다. 따라서 이 책을 읽을 때 이러한 점을 고려해 리프킨의 주장을 비판적으로 수용하는 자세가 필요할 것이다.

---

* 물질 및 에너지의 출입이 가능한 '열린계'와 에너지 출입만 가능한 '닫힌계'는 유입되는 에너지에 의해 엔트로피가 감소할 수도 있다.

수세식 변기

원래 수세식 변기도 냄새가 심했다

루이 14세(1638~1715) 시절 재무장관이던 니콜라 푸케(1615~1680)는 막강한 권력과 함께 엄청난 부를 소유하고 있었다. 1656년 그는 당대 최고의 기술자들을 동원해 파리 인근에 보르비콩트성을 건축했다. 개관식에는 루이 14세도 초대했고 그만을 위해 화려한 방을 따로 마련할 정도로 최대한 대우했지만, 왕은 기분이 언짢았다. 일개 귀족이 왕보다 더 화려한 성을 짓는 것을 용납할 수 없었던 것이다. '태양왕'이란 별명답게 강력한 왕권을 추구했던 루이 14세는 보르비콩트성보다 더 크고 화려한 궁전을 짓기 시작한다. 바로 절대 왕권의 상징인 베르사유궁전이다. 이후 푸케는 공금횡령 혐의로 체포돼 종신형을 선고받는다.

이와 관련해 또 다른 이야기도 전해진다. 루이 14세가 오물로 뒤덮인 루브르궁전(오늘날의 루브르박물관)을 벗어나고 싶어서 베르사유궁전을 건축했다는 설명이다. 당시 성들은 별도의 화장실이 없었다(대신 의자 모양의 변기통을 사용했다). 그래서 많은 사람들이 모이는 날이면 보이지 않는 곳에서 몰래 볼일 보는 것을 당연하게 여겼다. 항상 시끌벅적했던 루브르궁전 또한 예외는 아니었다.

1596년 영국 귀족 존 해링턴(1561~1612)은 물을 흘려보내 오물을 처리할 수 있는 오늘날의 수세식 변기를 고안한다. 그리고 이를 자신의 집과 당시 엘리자베스 여왕(1533~1603)이 머물던 리치먼드성에 설치했다. 존 해링턴은 이 변기를 'WC'라 불렀는데, 이는 'water closet', 즉 '물의 작은 방'이란 뜻이다. 하지만 그의 변기는 외면받았다. 아래에서 올라오는 악취가 심했기 때문이다.

이 문제를 해결한 사람은 1775년 영국 시계공 알렉산더 커밍(1733~1814)이다. 그는 오물이 흘러가는 관을 U자형으로 구부려, 오물이 배출된 이후 그곳에 물이 차도록 해서 악취의 역류를 방지했다. 다시 물을 내리면 변기 안 수위가 높아지면서 새롭게 작용하는 압력이 U자관 안 물을 밀어 올리는데, 그러면 U자관 너머로 오물과 물이 함께 배출되는 원리다.

이때 관 안의 물은 계속해서 밀어 올리는 힘을 받는다. 변기의 수위가 배수관보다 높아 압력 차이가 있기 때문이다. 변기의 물이 배출되면서 그 수위가 배수관과 같아지면, 비로소 밀어 올리는 힘이 사라지고 U자관 안에 새로운 물이 채워진다. 이처럼 물의 높이차를 이용해 높은 곳의 물을 밀어 올린 다음 더 낮은 곳으로 배출하는 것을 '사이펀작용'이라 부른다.

195 토

과학자의 주방

양념장의 또 다른 비밀

진한 양념이 끓는점을 높인다?

모든 요리가 그렇듯 탕 또한 신선한 식재료를 잘 골라야 한다. 양념 또한 빼놓을 수 없다. 양념은 식재료 본연의 맛을 최상으로 이끌어내고, 때로는 보완하는 역할도 하기 때문이다. 사실 요리사의 맛깔난 솜씨는 대부분 여기서 결정된다. 요리의 창의성이 발휘될 수 있는 부분이기도 하다.

과학자의 입장에서 보면 탕이 맛있는 또 하나의 이유로 열을 빼놓을 수 없다. 식재료를 구성하는 고분자물질들이 열에 의해 분해되면서, 소화흡수가 잘되는 상태로 변하기 때문이다. 몸에도 유익하기 때문에, 우리 뇌는 이런 것들을 맛있다고 인식한다. 게다가 가열되면 다양한 화학반응이 일어나면서 새로운 맛과 향성분이 추가되기도 한다.

한국인들처럼 뜨거운 요리를 좋아하는 사람들이 또 있을까? 탕이든 찌개든 팔팔 끓여야 제맛이라고 생각한다. 먹는 순간까지도 뜨거움을 포기할 수 없기에, 다소 위험하지만 때로는 식탁 위에서도 가열을 계속한다. 그런데 아쉽게도 물의 끓는점은 100℃다. 그 이상이 되면 물이 증발하면서 열을 빼앗아 공기 중으로 날아가버린다. 그래서 물을 사용하는 습식 조리는, 보다 고온에서 가능한 굽거나 튀기는 조리에 비해 풍미가 다소 약하다. 아마도 그래서 여러 양념을 가미하는 방식이 추가됐을지도 모른다.

그런데 탕에 양념을 가미했을 때 단지 풍미를 보완하는 효과만 있는 것은 아니다. 양념이 들어가 걸쭉한 상태가 되면 탕의 끓는점이 높아지는데, 그러면 음식이 더 부드러워지고 맛과 향성분들도 더 많이 만들어진다. 이런 현상을 '끓는점오름'이라 한다. 순수한 상태의 물에 다른 물질이 녹거나 분산돼 있으면 끓는점이 100℃ 이상으로 올라가는 현상이다.

물이 끓는 것은 물분자들이 대기압을 이겨내고 기체가 돼, 공기 중으로 확산되는 과정이다. 그런데 만약 분자들의 운동을 방해하는 것이 있으면, 그 과정이 잘 일어나지 않는다. 그러면 이를 극복하기 위해 더 많은 에너지가 필요하고, 그 결과 끓는점이 100℃보다 높아진다. 탕 요리에서는 진하게 풀린 양념이 물분자의 운동을 방해하면서, 끓는점이 100℃보다 높아지는 것이다.

뜨거우면 짜거나 매운, 자극적인 맛에 둔감해진다. 그러면 아무래도 양념을 과도하게 사용하기 쉬우니, 건강을 위해 각별한 주의가 필요하다.

〈타임머신〉(1960)

미래의 역사는 바꿀 수 있다

런던의 한 가정집에 모인 신사들이 불평을 늘어놓는다. 자신들을 초대해놓고 정작 집주인은 집을 비웠기 때문이다. 그런데 약속시간이 조금 지나자 남루한 옷차림에 무척 지쳐 보이는 한 사람이 등장한다. 그는 불평하던 신사들이 기다리던 집주인 '조지'였다. 영문을 몰라 어리둥절한 사람들에게 조지는 자신이 겪은 일에 대해 말하기 시작한다. 자신이 타임머신을 만들었으며, 그것을 이용해 며칠 전부터 미래로의 시간여행을 다녀왔다는 것이다. 사실 그는 자신의 시간여행을 증명하기 위해 사람들을 초대했던 것이다.

믿지 못하는 사람들에게 그는 좀더 구체적인 이야기를 풀어놓는다. 아주 먼 미래에 도착한 그의 앞에 펼쳐진 광경은 평화로운 낙원과도 같았다. 그는 그곳에서 착하기는 하지만 서로에게 무관심한, 스스로를 '엘로이'라 부르는 사람들을 만났다. 하지만 곧 그곳의 숨겨진 비밀을 알게 되자 경악할 수밖에 없었는데, '멀록'이라 불리는 괴물과도 같은 형상을 한 존재들이 엘로이족을 가축처럼 길러 잡아먹고 있었던 것이다.

조지는 그곳에 남아 있던 도서관에서 미래에 관한 정보를 얻을 수 있었다. 괴물이라 생각했던 멀록도 과거에는 엘로이와 같은 인간이었다. 하지만 점차 다른 방향으로 진화하며, 서로 다른 두 종족이 된 것이다. 조지는 멀록에게 잡아먹힐 뻔한 엘로이들을 구하고, 멀록족이 숨겨놓았던 자신의 타임머신을 타고 다시 과거로 귀향한다. 그렇게 해서 지금 이 자리에 있게 된 것이다.

하지만 초대된 사람들은 그의 말을 믿지 않고, 하나둘 자리를 뜨기 시작한다. 그래도 조지는 크게 연연하지 않는다. 그는 다시 미래로 돌아가, 엘로이들을 이끌고 새로운 문명을 건설할 꿈을 꾸고 있다. 원작인 H.G. 웰스의 소설《타임머신》에서는 다시 미래로 떠난 조지가 결국 돌아오지 않는 것으로 설정돼 있다.

아인슈타인의 상대성이론에 따르면, 미래로의 여행은 가능하다. 빛에 가까운 매우 빠른 속도로 여행을 갔다 오거나, 아니면 블랙홀 같은 중력이 강한 곳을 거쳐온다면 여행자의 시간은 천천히 흐르기 때문에 훨씬 더 먼 미래를 목격할 수 있다. 그렇다면 조지의 의도대로 미래의 역사를 바꾸는 일도 가능할 것이다.

다만 영화에서처럼 미래에서 현재로 되돌아오는 일은 불가능할지도 모른다. 그러한 여행은 과거의 역사를 바꿈으로써, 인과율에 위배되는 결과를 만들 가능성이 있기 때문이다. 자세한 내용은 시간여행을 다룬 213일에 다시 살펴보겠다.

스티븐 제이 굴드(1941~2002) ①

과학은 분명 창조적인 인간의 활동이다

진화의 핵심원리인 자연선택은 새로운 종의 탄생보다는 기존 종의 유지와 더 많은 관련이 있다. 자연선택을 통해 생존에 적합하지 않은 '변이'를 가려냄으로써, 기존 종이 환경에 더 잘 적응할 수 있도록 해주는 것이다. 이를 통한 진화는 서서히 점진적으로 일어난다. 이를 '계통점진설'이라 하며, 다윈 이래 진화의 정설로 받아들여졌다.

하지만 1972년 미국 고생물학자 스티븐 제이 굴드와 나일스 엘드레지(1943~)는 이와는 전혀 다른 견해를 제시한다. 이들에 따르면, 계통점진설에서 주장하는 내용은 환경의 변화가 크지 않을 때만 유효하다. 만약 환경이 급격하게 변한다면, 자연선택의 작용은 전혀 다른 방향으로 진행된다. 급격한 환경 변화는 기존의 생존전략을 무의미하게 만들고, 이전과는 전혀 다른 새로운 판을 짜도록 강하게 요구하기 때문이다. 종의 안정적인 유지를 위한 자연선택이 아니라, 새로운 종으로 나아가기 위한 자연선택이 행해지는 것이다.

유전적 변이는 매우 빈번하게 발생하기는 하지만, 대부분 단백질의 구조나 기능에 큰 영향을 주지는 않는다. 그런데 만약 지리적 격리 등과 같은 급격한 환경 변화로 인해 축적된 변이가 생물의 번식과 생존에 유리하게 작용한다면, 이런 변이의 축적이 더욱 가속화된다. 그래서 일정 기간은 종의 변화가 거의 없는 듯 보이다가, 갑자기 급격하게 진화가 일어나는 듯 보이는 것이다. 이런 견해를 '단속평형설'이라 한다. 다윈이 처음 생각했던 것처럼 진화가 '점진적으로 일어나는 것'이 아니라, '끊어졌다가 다시 이어지는 것처럼' 진행되기 때문에 이런 명칭이 붙었다.

현대 진화론에서는 이 2가지 견해 모두 옳은 것으로 받아들여진다. 짧은 시간대를 놓고 본다면 '계통점진설'로 진화를 설명할 수 있지만, 시간대가 매우 길어지면 '단속평형설'의 도입이 필요하기 때문이다.

스티븐 제이 굴드는 이런 말을 남겼다. "과학은 어떠한 감정도 없이 객관적 정보만을 추구하지는 않는다. 과학은 분명 창조적인 인간의 활동이며, 과학의 천재는 정보 처리자가 아니라 예술가에 더 가깝다." 그러고 보니 과학의 발전은 점진적으로 일어나기도 하지만, 때때로 번뜩이는 창조성으로 인해 큰 도약이 일어나기도 한다.

198 화

= 세상을 바꾼 과학 사건 =

전자의 발견(1897)

원자보다 작은 입자를 처음 발견하다

19세기 후반 세계 과학의 중심은 영국이었다. 그중에서도 케임브리지대의 캐번디시연구소는 당대의 내로라하는 과학자들이 모인 과학계의 성지였다. 지금까지 모두 28명의 노벨상 수상자를 배출할 정도로 그 명성은 여전하다. 이 연구소 소장을 지냈던 J.J. 톰슨도 노벨상 수상자들 가운데 한 사람이었다.

앞서 엑스선을 발견한 뢴트겐이 그랬던 것처럼, 톰슨 또한 음극선 실험에 몰두하고 있었다. 진공상태로 만든 유리관의 한쪽 끝과 중간에 각각 음극과 양극을 설치한 후 높은 전압을 걸어주면, 음극에서 어떤 광선이 방출됐다. 이 광선은 반대편에 형광물질을 바른 유리면을 밝게 빛나게 했고, 그 경로 중간에 물체를 두면 그림자가 만들어졌으며, 자석을 사용해 자기장을 걸어주면 경로가 휘어지기도 했다. 과학자들은 이 미지의 광선을 '음극선'이라 불렀다.

1897년 톰슨은 드디어 음극선의 정체를 밝히는 데 성공한다. 그에 따르면 음극선은 음(-)의 전하를 띤 어떤 입자의 흐름이며, 그 질량은 원자보다 훨씬 더 작다. 이후 정밀하게 측정된 전자의 질량은 9.11×10^{-31}kg으로 수소원자를 기준으로 볼 때 원자 질량의 약 1/1800에 불과하다. 그는 발견 당시 이 입자를 그냥 '미립자'라 불렀지만, 후에 다른 과학자들이 '전기(electricity)를 실어 나르는 입자'라는 뜻으로 '전자(electron)'란 이름을 붙여주었다.

참고로 '전기'나 '전자'라는 용어는 '호박(琥珀)'을 뜻하는 고대 그리스어 'ēlektron'에서 기원했다. 만물의 근원은 물이라 주장했던 최초의 과학자 탈레스는 이 호박을 천으로 문지르면 머리카락 등이 들러붙는다고 기록했는데, 정전기현상을 최초로 발견한 것이다.

그런데 이처럼 음전하를 띤 작은 입자가 있다면, 이에 대응해 양전하를 띤 입자도 있어야 할 것이다. 우리 주변의 물질들 대부분은 전기적으로 중성이기 때문이다. 그래서 1904년 톰슨은 다음과 같은 주장을 펼친다. "원자는 전체적으로 균질하게 양전하를 띠고 있으며, 군데군데 음전하를 띤 전자들이 박혀 있다." 일명 '건포도가 박힌 푸딩모델'을 제시한 것이다.

양성자와 중성자로 이루어진 작은 원자핵을 중심으로 그 주변에 전자들이 확률적으로 분포한다는 현대의 원자모델과는 큰 차이가 있지만, 어쨌든 전자를 최초로 발견한 톰슨은 그 공로를 인정받아 1906년 노벨물리학상을 수상했다.

199 수

과학의 생각

시간의 끝은 있는가?

우주가 멈추는 날

뜨거운 물과 차가운 물을 섞으면 미지근한 물이 된다. 그 이유를 과학자들은 이렇게 설명한다. '열은 높은 곳에서 낮은 곳으로 흐른다.' 이런 현상은 앞서 설명한 엔트로피와도 관련 있다. 엔트로피는 무질서한 정도를 나타내는 개념인데, 자연의 현상은 이 엔트로피가 증가하는 방향으로 진행한다. 즉 질서 있는 상태에서 무질서한 상태로 진행하는 것이다.

이 '질서 있는 상태'는 '차이'로, '무질서한 상태'는 '균형'으로 생각할 수도 있다. 예를 들어, 잉크가 확산하는 물컵에서 처음 물과 잉크가 분리된, 질서 있는 상태는 물과 잉크가 '차이'를 보이는 상태다. 반면에 잉크가 완전히 확산해 무질서해진 상태는 물과 잉크가 '균형' 있게 된 상태다. 열이 높은 곳에서 낮은 곳으로 흐르는 현상은 이 '균형'과 관련 있다. 뜨거운 물은 상대적으로 차가워지고, 차가운 물은 상대적으로 뜨거워져서 전체적으로는 미지근한 상태가 되며 물 전체의 온도는 균일해진다. 이렇게 놓고 보면 우리 우주는 '차이'에서 '균형'으로의 일정한 흐름이 있다고 할 수 있다.

양자역학에 의하면 우주는 무의 세계에서 양자적 요동으로부터 생겨났다(양자역학의 우주 탄생 시나리오는 255일에 자세히 살펴보겠다). 요동은 그야말로 종잡을 수 없는 어지러운 운동인데, 우주는 이 요동의 패턴에 따라 우연히 만들어진 것이다. 그래서 초기 우주는 곳곳마다 물질과 에너지밀도의 차이가 있었다. 그리고 그 차이는 우리가 지금 보는 별과 은하 등의 천체들이 만들어지는 원인이 됐다.

아직은 우주에 '차이'가 존재한다. 뜨겁게 타오르는 별들과 은하들이 아직도 곳곳에 흩어져 있는 것이다. 하지만 시간이 더 흐르면 어떻게 될까? 별들이 핵융합을 일으키는 데 필요한 연료가 소진되면 말이다. 그러면 이제 '차이'에서 '균형'으로의 이동이 본격화될 것이다. 온도가 거의 균일해진 우주에서는 에너지의 흐름이 좀처럼 일어나지 않는다. 무언가 변화가 일어나려면 에너지가 높은 곳에서 낮은 곳으로 흘러야 하는데, 그런 현상이 사라지는 것이다.

게다가 우주는 현재도 팽창 중이다. 공간이 확장되면서 에너지가 분산되면, 결국 우주의 에너지는 거의 0인 상태로 수렴한다. 이때의 온도가 절대온도* 0도, 즉 0K(켈빈)이며, 섭씨 온도로는 −273.15℃에 해당한다. 아무런 변화가 없으니 심지어 시간조차도 멈추는 이 시점을 과학자들은 우주의 '열적 죽음'이라 표현한다. 참고로 현재 우주의 평균온도는 절대온도 0K보다 약 2.7℃ 높을 뿐이다.

---

* 분자운동이 멈추는, 이론상 생각할 수 있는 가장 낮은 온도를 기준으로 하는 온도다.

《시간의 역사》(스티븐 호킹)

과학은 근본에 대한 탐구다

스티븐 호킹은《시간의 역사》를 통해 고대부터 현대에 이르기까지 우주에 대한 다양한 생각과 이론을 정리해나간다. 하지만 책의 제목이 그러하듯, 그가 진정 하고 싶은 이야기는 시간에 관한 것이다. 우주의 모든 이야기는 바로 시간에 관한 이야기라고 생각하기 때문이다.

스티븐 호킹은 시간이 마치 발사된 화살과 같아서 오로지 한 방향으로만 흐른다고 말한다. 이 '시간의 화살'은 크게 다음과 같은 3가지 종류가 있다.

첫째, '열역학적 시간의 화살'이다. 엔트로피 증가의 법칙에 따르면 우주는 무질서로, 즉 엔트로피가 증가하는 방향으로 사건들이 발생한다. 예를 들어 향에서 피어난 연기는 이내 방 안 가득 퍼져나간다. 하지만 그 연기가 다시 향으로 모여들지는 않는다. 이처럼 우주의 사건들은 어느 한 방향, 즉 엔트로피가 증가하는 방향으로 일어나는 경향이 있으며, 이는 우주의 시간이 흐르는 방향과도 밀접한 관련이 있다.

둘째, '심리적 시간의 화살'이다. 이는 우리가 직접 느끼는 시간의 방향성과 관련 있는 개념으로, '열역학적 시간의 화살'에 영향을 받는다. 다시 말해 열역학적 시간의 화살이 흐르는 방향과 같이 흐른다는 것이다. 이로 인해 우리는 과거는 기억하지만, 미래는 기억하지 못한다. 현재의 뒤쪽에는 과거가 놓여야지 미래가 놓여서는 안 된다는 의미다. 즉 시간의 흐름을 역행할 수는 없다는 것이다.

셋째, '우주론적 시간의 화살'이다. 1929년 미국 천문학자 허블(1889~1953)은 은하들이 서로 멀어져가고 있다는 사실을 발견했다. 게다가 더 멀리 떨어진 은하일수록 더 빠르게 멀어져갔다. 이는 우주라는 공간이 팽창하고 있음을 의미한다. 그렇다면 우주의 처음은 아주 작은 한 점이었을 텐데, 그 작은 점에서 지금과 같은 거대한 우주로 변화해온 것이다. 호킹에 따르면 이런 변화의 방향성 또한 시간의 흐름이 일방향인 이유가 된다.

이 책은 영국에서 무려 237주 동안 베스트셀러에 올랐고 전 세계에서 2500만 부가 넘게 팔렸다. 스티븐 호킹은 책에서 이렇게 말한다. "우리는 주위에서 볼 수 있는 것들을 이해하고 싶어 하며, 이런 물음을 던지고 싶어 한다: 우주의 본질은 과연 무엇인가? 그 속에서 우리의 자리는 어디이며, 우리와 우주는 어디에서 왔는가? 우주가 지금의 모습을 하고 있는 까닭은 무엇인가?" 현대의 과학은 너무 기술적이고 수학적으로 돼버렸다. 그래서 근본적인 질문을 잘 다루지 않는다. 하지만 과학이 근본에 대한 탐구에서 시작됐음은 부인할 수 없는 사실이다.

신용카드

플라스틱 머니 시대

1980년대만 하더라도 물건을 사려면 적당한 현금을 준비하고 나서야만 했다. 하지만 신용카드가 도입되면서 편리한 결제가 가능해졌다. 〈표준국어대사전〉에 따르면 신용카드란 '상품 또는 서비스의 대금 지급을 은행이 보증해 일정 기간 뒤 지급할 수 있도록 하는, 신용판매제도에 이용되는 카드'를 말한다.

최초의 신용카드는 1950년 미국 사업가 프랭크 맥너마라가 발급한 '다이너스카드(Diners card)'다. 그는 뉴욕 맨해튼의 한 레스토랑에서 현금이 없어 곤혹스러웠던 경험을 토대로, 현금 없이도 외상결제가 가능한 제도를 고안했다. 현금이 필요 없으니 소비자도 편하고, 신용카드제도를 매개로 레스토랑도 단골손님을 확보할 수 있으니 서로 이득이라고 판단한 것이다. 맥너마라는 다이너스클럽이라는 회사를 설립하고 200명의 회원과 27개의 레스토랑을 가맹점으로 해서 사업을 시작했다. 한국의 경우 1978년 외환은행에서 발급한 '외환비자카드'가 일반인이 사용한 최초의 신용카드다.

신용카드가 나오기 이전에도, 어음이나 수표처럼 신용을 바탕으로 거래할 수 있는 제도가 존재하기는 했다. 하지만 확실한 지급보증이 되진 않아 대중적인 거래수단으로 자리 잡지는 못했다. 그런데 신용카드는 은행의 확실한 지급보증이 있으니, 거래에 참여하는 가맹점의 수가 획기적으로 늘어날 수 있었다.

초기의 신용카드는 사용자 이름, 고유번호 등 제한적 정보가 적힌 일종의 회원 신분증에 가까웠다. 오늘날에는 플라스틱 재질의 신용카드 뒷면에 마그네틱테이프를 붙여서 보다 많은 정보를 담는다. 이 마그네틱카드는 1960년 IBM에서 처음 개발했다. 마그네틱테이프의 표면에는 자성을 띤 물질이 띠의 형태로 도포돼 있다. 여기에 N극과 S극의 방향을 자유롭게 바꿀 수 있는 전자석을 이용해, 마치 바코드처럼 일정한 패턴을 입력할 수 있다. 반대로 이 패턴을 읽으면 그 안에 담긴 정보를 얻을 수 있는데, 카드 리더기가 이런 역할을 한다.

현재는 신용카드에 'IC칩'이라고도 불리는 '반도체칩'이 함께 사용되는 추세다. 아주 작고 얇은 사각형 모양의 실리콘 조각 위에 매우 정밀한 회로를 그리고, 여기에 반도체소자* 라고 불리는 작은 부품들을 배치해 만든 것으로 데이터 저장·연산 등의 기능을 함께 수행할 수 있다. 기존 마그네틱테이프에 비해 저장용량이 클 뿐 아니라 데이터를 암호화할 수 있어 보안성도 뛰어나다.

---

* 반도체를 사용한 전자회로 소자. 소자는 전자회로의 구성요소가 되는 낱낱의 부품을 지칭한다.

'잘 섞음'의 원리

물과 기름을 어떻게 섞어놓았을까?

화학자들은 'Likes dissolve likes'라는 말을 자주 쓴다. 번역하자면 '비슷한 것들은 비슷한 것들을 녹인다'이다. 어떤 액체에 다른 물질을 녹일 때 서로 비슷한 성질이어야지, 그렇지 않으면 잘 녹지 않는다는 뜻이다. 이는 '유유상종'이라는 사자성어와도 일맥상통한다.

물질을 분류하는 기준은 많지만, 가장 기본적인 것은 '친수성'과 '친유성'이다. 친수성은 물과 친한 성질, 친유성은 기름과 친한 성질을 의미한다. 예를 들어 소금이 물에는 잘 녹지만 기름에는 잘 녹지 않는 이유는, 소금이 친수성이기 때문이다. 고추기름은 반대다. 고추에 들어 있는 캡사이신은 친유성이어서, 고추를 기름에 볶으면 기름에 잘 녹아 나온다. 매운 요리를 먹어 고통스러울 때 우유가 도움되는 이유도, 우유에는 캡사이신을 녹이는 지방이 풍부하기 때문이다.

요리과정에서 처음과는 다른 성질이 드러나는 경우가 있다. 밀가루는 처음에는 물과 잘 섞이지 않지만, 반죽을 하면 잘 섞인다. 단단하게 뭉쳐 있던 밀가루 알갱이들이 반죽하는 과정에서 풀어지면서, 점차 친수성을 나타내기 때문이다. 물론 그렇다고 물에 완전히 녹는 것은 아니고, 물을 흡수해 탄력성 있는 반죽 덩어리가 된다.

그렇다면 성질이 비슷하지 않으면, 아예 섞는 것이 불가능할까? 그렇지만도 않다. 대표적인 예로 마요네즈를 들 수 있는데, 마요네즈는 식용유·물·식초 등으로 만든다. 기름과 물은 서로 상극인데, 어떻게 이것들이 섞여 있을까? 비밀은 또 다른 재료인 달걀노른자에 있다. 노른자에는 '레시틴'이란 단백질이 있는데, 이것이 식용유와 물을 섞어주는 역할을 한다.

이처럼 서로 비슷하지 않은 것들을 섞어주는 물질을 '계면활성제'라 한다. 레시틴도 이 계면활성제의 일종인 것이다. 우유에 들어 있는 '카세인'도 마찬가지인데, 우유의 주성분인 지방과 물이 잘 섞이게 도와준다. 또 여기에 소금을 넣으면 카세인의 활동이 방해받아 물이 분리되면서 치즈가 만들어진다.

계면활성제의 이런 능력은 내부에 친수성인 부분과 친유성인 부분을 모두 가지고 있기 때문이다. 친수성인 부분은 물과 결합하고 동시에 친유성인 부분은 기름과 결합하면서, 물과 기름이 한데 섞이는 데 도움을 주는 원리다.

203 일

= 영화관에 간 과학자 =

〈벤자민 버튼의 시간은 거꾸로 간다〉 (2008)

시간은 왜 한 방향으로만 흐르는가?

'벤자민 버튼'은 남들과 전혀 다른 삶을 살아간다. 보통 사람이라면 아기로 태어나서 젊은이가 됐다가 노인이 되는 것이 순리겠지만, 버튼은 노인으로 태어나 점점 젊어지고 있다. 태어나자마자 버림받았던 그는 양로원에서 노인들과 함께 살아간다. 하지만 또래 친구가 없어 쓸쓸해하던 어느 날, '데이지'라는 소녀와의 운명적인 만남이 찾아온다.

시간이 흘러 버튼은 점점 더 멋진 청년으로 성장한다. 데이지 또한 아름다운 여인이 됐다. 다시 만난 둘은 사랑에 빠지고 아이까지 갖게 되지만, 버튼은 점점 더 고뇌에 빠진다. '보통 사람들과 달리 점점 더 어려지는 내가 과연 가족을 지킬 수 있을까?' '남들과는 다른 내 존재가 아이에게 나쁜 영향을 주지는 않을까?' 버튼은 자신의 전 재산을 가족에게 남기고 어느 날 홀연히 자취를 감춘다.

세월이 흘러 이제는 노년기에 접어든 데이지는 다시 버튼을 만난다. 하지만 버튼은 데이지를 알아보지 못한다. 아이의 모습을 하고 있는 그는, 심한 치매를 앓고 있기 때문이다. 얼마 후 버튼은 사랑하는 데이지의 품에 안겨 죽음을 맞이한다.

인간은 언젠가는 죽어야만 하는 존재다. 유한한 삶만이 허락되는데, 그 방향 또한 우리가 마음대로 고를 수 없다. 버튼과 같은 삶은 우리에게 허락되지 않는다. 왜냐하면 이 우주의 시간은 한 방향으로만 흐르기 때문이다.

우주는 무수히 많은 입자들로 구성돼 있다. 그런데 이 입자들은 한곳에 '질서' 있게 모여 있기보다는 여러 장소로 '무질서'하게 확산되는 경향이 있다. 예를 들어 방 안에 놓인 방향제는 방 곳곳으로 향입자들을 확산시킨다. 물컵에 떨어트린 잉크는 서서히 물 전체로 확산된다. 하지만 이와 반대 방향으로 사건이 진행되지는 않는다. 향입자가 다시 방향제로 돌아가거나 하는 일은 일어나지 않는 것이다.

우주의 이런 방향성을 '엔트로피 증가의 법칙'이라 한다. 이 법칙이 나타내는 일정한 방향성은, 시간 역시 한 방향으로 흐를 수밖에 없음을 암시한다. 우리 또한 이와 같은 흐름을 거스를 수 없다. 우리를 구성하는 세포는 시간이 흐름에 따라 점차 노화를 겪는다. 질서 있는 상태에서 무질서한 상태로 변하는 것이다. 그 과정에서 우리는 늙어가고 결국에는 죽음을 맞이한다. 그래도 혼자만 젊어지던 버튼이 느꼈을 고독감만은 피할 수 있을 것이다.

204 월

과학자의 말

토머스 에디슨

천재는 1%의 영감과 99%의 노력으로 이루어진다

에디슨의 대표적인 업적은 무엇일까? 본격적인 전기조명의 시대를 연 백열전구, 펄스트리트에 건설한 최초의 상업용 발전소, 소리를 녹음하고 재생할 수 있는 축음기, 텔레비전과 영화의 시대를 앞당긴 가정용 영사기 '키네토스코프', 포드 T형 자동차에 장착되기도 했던 알칼리축전지의 일종인 에디슨 축전지, 전력사용량을 알려주는 전기미터기, 과일 등을 오래 보관하는 진공 보관장치 등 헤아릴 수 없이 많은 후보군이 있다. 그는 거의 2주에 한 번씩 발명을 했는데, 전체 발명품의 수는 약 2300개, 미국 특허청에 등록된 특허만 해도 1093건이다.

하지만 무엇보다 값진 것은 이 발명들의 요람이라 할 수 있는 '먼로파크연구소'다. 1876년 에디슨이 뉴저지 먼로파크에 설립한 이곳은 오늘날 기업 부설 연구소의 효시라 할 수 있는데, 상업화를 목적으로 연구와 시제품 개발을 진행했다. 다시 말해 R&D 전문시설이었다. 먼로파크연구소는 최초의 과학적인 발견을 하거나, 전에 없던 제품을 개발하는 일을 주로 하는 곳은 아니었다. 하지만 응용을 통한 혁신과 사업화에 있어서만큼은 타의 추종을 불허했다. 오늘날 세계 초강대국 미국을 만든 저력을 확인할 수 있는 곳이기도 하다.

이처럼 위대한 미국을 상징하는 에디슨이지만, 명성과는 달리 어린 시절에는 문제아로 낙인찍혔다. 과잉행동장애로 초등학교에서 권고 자퇴를 당하기도 하고, 실험을 하다 헛간을 불태우기도 했으며, '하늘을 나는 알약'을 만들어 친구에게 먹이다가 큰일을 치를 뻔하기도 했다. 비록 정규교육은 거의 받지 못했지만, 그가 성실하고 도전적인 발명가로 성장할 수 있었던 것은 교사였던 어머니의 헌신적 노력 덕분이었다. 어머니는 에디슨을 직접 가르치면서, 그가 관심을 둔 분야를 공부할 수 있도록 적극 지원했다.

에디슨의 성실성과 도전정신은 정말 대단했다. 먼로파크연구소는 그야말로 불이 꺼지지 않는 연구소였다. 그는 한 가지 발명품을 위해 수백 번 이상의 실험을 했다고 한다. 1879년 최초로 상업화에 성공한 백열전구를 개발하기 위해 그는 전 세계에서 갖가지 재료들을 구했다. 그리고 이를 이용해 무려 1만 번이 넘는 실험을 했다고 하는데, 잠자는 시간도 아까워서 하루에 고작 4시간만 잤다고 한다.

그는 한 인터뷰에서 이렇게 말했다. "천재는 1%의 영감과 99%의 노력으로 이루어진다." 언뜻 노력이 중요하다는 말 같지만, 실제로는 '1%의 영감이 없으면 99%의 노력도 소용없다'는 뜻이었다고 한다. 에디슨은 자신의 타고난 천재성을 뽐내고 싶었지만, 기자는 그를 '노력형 천재'로 정의했다. 어쨌든 노력이 중요한 것만큼은 분명한 사실이다.

장거리 무선통신의 성공

IT시대의 시작을 알리다

독일 물리학자 하인리히 헤르츠(1857~1894)는 영국 물리학자 맥스웰(1831~1879)이 주장한 '전자기파'의 존재를 확인해보고 싶었다. 1887년 헤르츠는 인공적으로 전자기파를 만드는 장치를 제작했다. 각기 전극에 연결한 두 금속구 사이에서 고전압의 교류로 인공적인 방전을 일으키면, 전자기파의 형태로 에너지가 방출되는 원리였다. 그는 금속재질의 고리를 방전이 일어나고 있는 금속구들에 가까이 가져갔다. 그랬더니 그 고리에 갑자기 전류가 흘렀다. 전원을 연결하지 않았는데도 말이다. 1831년 영국 물리학자 마이클 패러데이(1791~1867)가 발견한 '전자기유도의법칙'에 따르면 자기장의 변화는 전류를 생성한다. 전자기파에는 전기파동과 자기파동이 혼합돼 있는데, 그 가운데 자기파동이 코일에 생긴 전류의 원인이었다. 헤르츠는 이렇게 전자기파의 존재를 확인한 것이다.

이탈리아 물리학자 마르코니는 헤르츠의 실험이 갖는 가치를 단번에 알아보았다. 그는 헤르츠의 실험보다 더 긴 파장의 전자기파를 이용한다면, 원거리 통신이 충분히 가능하다고 생각했다. 당시 원거리 통신은 1837년 미국 발명가 모스가 발명한 '전신'을 전적으로 이용하고 있었다. 하지만 엄청난 길이의 전선을 설치하고 관리하는 데 막대한 비용이 들었고, 배처럼 이동하는 곳에서는 사용할 수 없었다. 이를 토대로 마르코니는 무선통신의 이점을 확신했다.

그는 먼저 헤르츠의 실험을 재현해보았다. 그리고 점차 자신만의 장치를 개선해나갔다. 이 과정에서 한 가지 아이디어를 추가하기도 했는데, 송신기와 수신기에 높이 솟은 기다란 금속막대기를 덧붙인 것이다. 오늘날 안테나의 원형이다. 이런 노력의 결과, 단 1m에 불과했던 헤르츠의 전파기파의 전송 거리를 무려 2.4km나 늘릴 수 있었다. 당시 영국은 광대한 해외 식민지 경영을 위해 장거리 무선통신에 관심을 보이고 있었다. 영국으로 이주한 마르코니는 1897년 그곳에서 무선통신회사를 설립했다. 그리고 이듬해에 50km 거리인 영국과 프랑스 사이의 도버해협을 무선통신으로 연결했고, 1901년에는 무려 3000km가 넘는 대서양을 연결하는 데도 성공했다.

당시 과학자들 대다수는 아무리 파장이 길어도 전자기파가 수백km 이상 전달되는 것은 불가능하다고 생각했다. 지구는 둥글고, 전자기파는 빛이 그런 것처럼 직진하는 성질이 있기 때문이다. 하지만 그들은 '전리층'의 존재를 알지 못했다. 태양에너지에 의해 공기입자가 이온화돼 형성된 전리층은 지상에서 송출된 전자기파를 반사하는데, 그러면 전달 거리가 훨씬 더 늘어난다.

206 수

과학의 생각

전자기이론

전기와 자기는 서로를 유도한다

'전자기(electromagnetism)'란 '전기'와 '자기'를 융합한 용어다. 그런데 전선을 타고 흐르는 전기와 자석에서 나오는 자기가 왜 융합된 것일까?

1820년 덴마크 과학자 외르스테드(1777~1851)는 신기한 현상을 발견한다. 당시 그는 전선에 전류가 흐르면, 그 전선의 저항에 의해 전선이 가열되는 것을 확인하고 있었다. 그런데 전선 주위에 놓여 있던 나침반이 갑자기 움직였다. 전기와 자기가 밀접한 관련이 있음을 암시하는 현상이었다.

외르스테드의 실험은 영국 물리학자 패러데이의 관심을 끌었다. 그는 이와 관련된 여러 실험을 진행했는데, 그 과정에서 '전자기유도'라는 현상을 발견한다. 자기장에 변화가 생기면, 그 주위에 있던 전선에 전류가 흐르는 현상이다. 그는 이 현상을 설명하기 위해 장(場)과 선(線)의 개념을 도입했다. '장'은 전기력과 자기력이 미치는 공간으로, 각각 전기장·자기장으로 표현한다. '선'은 이 장에서 뻗어나가는 힘의 선으로, 전기력선·자기력선이 있다. 자석 주위에 철가루를 뿌리면 여러 가닥의 선들로 철가루가 배열되는데, 패러데이는 이 이미지에서 선의 개념을 착안했다고 한다.

패러데이의 설명에 따르면 자기장 내의 자기력선들을 전선이 가로지르면, 자기장에 변화가 생기고 이 때문에 전선에 전류가 유도된다. 이 전자기유도현상은 우리 실생활에 매우 유용하게 사용된다. 전기를 생산하는 발전기가 이 현상을 이용하기 때문이다. 발전기 내부에는 자기장을 만들어내는 자석이 있고 그 가운데 전선이 회전하도록 돼 있는데, 그러면 전선이 가로지르는 자기장에 변화가 생겨 전류가 흐른다.

영국 물리학자 맥스웰은 패러데이의 대중 강연을 들으며 전자기현상에 깊은 관심을 갖게 됐다. 패러데이와는 달리 정식 대학교육을 받았고 뛰어난 수학적 재능을 보유했던 그는 전자기현상을 수학적으로 증명하는 일에 매달렸다. 그리고 1864년 전자기현상을 수학적으로 설명할 수 있는 '맥스웰 방정식'을 완성했다.

그는 이를 통해 그동안 별개로 여겨졌던 전기와 자기를 통합했다. 그에 따르면 전기장의 변화(전기의 파동)와 자기장의 변화(자기의 파동)는 서로를 유도한다. 즉 전기의 파동은 자기의 파동을 유도하고, 자기의 파동은 다시 전기의 파동을 유도하면서 두 파동이 서로 직각 형태로 교차하며 하나가 되어 공간을 가로질러 나간다. 이를 '전자기파'라 하는데, 그 속도가 빛의 속도와 같다. 빛 또한 이 전자기파의 일종인데, 전자기파를 파장이 짧은 것부터 나열하면 감마선·엑스선·자외선·가시광선(빛)·적외선·마이크로파·전파다.

207 목

과학자의 서재

《안드로이드는 전기양의 꿈을 꾸는가?》

(필립 K. 딕)

인간다움의 본질은 무엇일까?

방 안에 중국어를 전혀 모르는 사람이 있다. 그리고 그 방에는 수많은 중국어 질문에 대해 적절한 중국어로 답할 수 있도록 돕는 설명서가 있다. 이제 바깥의 한 사람이 중국어로 작성한 질문지를 방문의 작은 틈으로 집어넣는다. 그러면 방 안의 사람은 설명서를 토대로 답을 작성해(사실상 그려서) 다시 틈으로 내보낸다. 미국 철학자 존 설(1932~)은 이런 상황을 가정하고 나서 묻는다. "중국어로 대화가 가능하다고 해서, 그 사람이 실제로 중국어를 한다고 확신할 수 있는가?"

소설《안드로이드는 전기양의 꿈을 꾸는가?》의 배경은 먼 미래의 방사능으로 오염된 지구. 대다수의 사람들은 지구를 버리고 화성으로 이주했다. 지구에 남은 소수 중 한 명인 '릭 데카드'는 현상금 사냥꾼이다. 그런데 그의 사냥감은 사람이 아니라 안드로이드다. 유기체로 만들어지고 고도의 인공지능을 탑재해, 인간과 거의 구별이 불가능한 안드로이드가 노예생활을 하던 화성에서 도망쳐 지구로 숨어들기 시작했기 때문이다.

릭은 이들을 사냥해 받은 돈으로 살아 있는 양(羊)을 사는 것이 꿈이다. 지금은 가난해서 인공적으로 만들어진 전기(電氣)양을 키우는 데 만족할 뿐이지만, 감정이입을 할 수 있는 반려동물을 키운다는 것은 인간다움의 상징처럼 여겨진다. 더구나 살아 있는 동물이라면 더욱 그렇다.

그런데 릭은 안드로이드를 어떻게 식별할까? 그는 안드로이드에게 감정이입과 연관된 몇 가지 질문을 던지고, 그 반응을 유심히 살핀다. 인공지능은 복잡한 수학 논리에 따라 인간과 비슷한 답을 내놓지만, 그것은 어디까지나 정교한 계산일 뿐이지 즉각적인 감정반응은 아니라고 여기기 때문이다. 그런데 어느 날 릭은 한 안드로이드에게 이렇게 묻는다. "전기양의 꿈을 꾸는가?" 안드로이드 또한 감정이 있을지도 모른다는 생각이 들었기 때문이다. 감정을 지닌 인간이 양의 꿈을 꾸고, 양을 갖고 싶어 하는 것처럼 말이다.

미래학자 레이 커즈와일(1948~)은 '중국어 방의 역설'에 대해 이런 반론을 폈다. "우리의 정신 또한 수많은 뉴런세포들의 복잡한 작용일 뿐인데, 중국어 방에서 일어나는 일 또한 이와 별반 다르지 않다. 따라서 방 안의 사람이 중국어를 할 줄 모른다고 할 수는 없을 것이다." 그렇다면 안드로이드의 감정과 인간의 감정을 구분하는 것이 타당할까? 인간의 뇌도 뉴런세포가 복잡하게 작용하는 일종의 기계이지 않은가. 여기서 한 걸음 더 나아가 이런 질문도 가능하다. 과연 인간다움의 본질은 무엇일까?

백열전구

에디슨이 최초가 아니다?

19세기 유럽의 거리를 밝혔던 가로등은 석탄에서 추출한 가스를 연료로 한 가스등이었다. 어둠이 깔리면 사람이 일일이 불을 붙여야 하는 번거로움은 있었지만, 어두운 밤거리가 밝아지며 도시의 치안이 좋아지고 사람들의 생활도 훨씬 더 편리해졌다. 19세기 후반에는 일반 가정집에서도 가스등을 사용하기 시작했다.

그런데 가스등과 비슷한 시기에 등장한 또 다른 방식의 조명이 있었다. '아크등'이라 불리는, 전기를 사용하는 전구였다. 1802년 영국 화학자 험프리 데이비(1778~1829)는 볼타전지의 양극과 음극에 각각 연결한 두 개의 탄소막대가 서로 근접할 때 발생하는 '아크방전'을 이용해 최초의 전구를 발명했다. 아크방전이란 양극과 음극의 재료가 전기저항으로 가열돼 기화하면서 발생한 '플라스마' 기체를 매개로 해서 강한 전류가 흐르는 현상이다. 플라스마는 원자에서 전자들이 분리되면서 이온화되는 현상을 말하며, 원자상태는 전도성이 없지만 플라스마상태는 강한 전도성이 나타난다. 하지만 아크등은 불빛이 너무 강했고, 오래 사용할 수 없었던 탓에 널리 확산되지는 못했다.

오늘날 보통 전구라 불리는 필라멘트전구도 이후 등장했다. 필라멘트에 전류가 흐르면 필라멘트 소재의 저항에 의해 열과 빛이 발생하는 원리를 이용했는데, 여러 제품들이 등장했지만 상용화에는 모두 실패했다. 하지만 성과가 하나 있었다. 탄소성분의 필라멘트가 수명이 더 길다는 사실이 밝혀진 것인데, 에디슨은 이 사실에 주목했다.

에디슨은 오븐에 구운 목화실 조각 등 다양한 재료들로 탄소필라멘트를 만들었는데, 그 가운데 대나무로 만든 탄소필라멘트가 가장 효율적이었다. 한편 전구 안을 진공상태로 만드는 혁신적인 시스템도 고안해 필라멘트의 수명도 더 늘릴 수 있었다. 이러한 크고 작은 발명들이 더해지며 1879년 최초로 상용화에 성공한 전구가 탄생했다. 처음 그 수명은 14시간 30분 정도였다고 한다. 하지만 꾸준한 개량을 통해 점차 수명이 늘어났다. 특히 일본 교토의 한 신사에서 수입한 대나무로 만든 탄소필라멘트는 무려 1000시간 이상을 버텨냈다.

하지만 여전히 해결해야 할 문제점이 하나 남아 있었다. 진공상태가 완벽하지는 않아, 미량의 잔류 기체와 필라멘트의 탄소가 반응해 생긴 탄소가스가 그을음을 만들었던 것이다. 이 문제를 해결하기 위해 1910년 등장한 것이 오늘날도 널리 사용되는 텅스텐필라멘트다. 그을음 문제를 해결했을 뿐만 아니라 내구성도 훨씬 더 좋아졌다.

잘 얼려야 맛도 좋다

급속 냉동기술의 장점

굴튀김을 만들기 위해 얼마 전 얼려두었던 굴을 꺼내 해동시켰다. 그런데 굴의 상태가 영 좋지 않다. 보통 냉동식품의 경우, 식감이 그리 좋지 못하다는 평가를 받는다. 냉동하는 과정에서 식재료의 조직이 파괴되기 때문인데, 더 정확히 말하자면 세포가 파괴되는 것이다.

물은 특이하게도 얼음이 되면 대략 9% 정도 부피가 팽창한다. 그리고 이 과정에서 결정화도 일어나는데, 그중에서 크기가 큰 결정들은 세포를 둘러싸고 있는 세포막을 파괴할 수 있다. 헐크가 몸집이 커지면서 입고 있던 옷이 찢어지듯 말이다. 조직이 파괴된 식재료는 식감도 식감이지만, 해동과정에서 내부의 수분과 함께 여러 맛성분 또한 빠져나가니 좋은 맛도 기대하기 어렵다.

그렇다고 냉동식품을 멀리할 수도 없다. 보관과 운송이 용이하고, 사시사철 다양한 식재료를 이용할 수 있는 장점이 크기 때문이다. 그래서 등장한 것이 바로 급속 냉동으로, 냉동의 장점은 살리되 조직의 파괴는 최소화하는 기술이다.

버즈아이(1886~1956)란 미국 사업가가 잠시 알래스카에 머물 기회가 있었다. 그곳의 이누이트족은 영하 40℃나 되는 혹한의 날씨에 꽁꽁 언 생선을 장기간 보관하면서 식량으로 사용하고 있었는데, 버즈아이는 그 생선으로 만든 요리를 먹어보고는 깜짝 놀라고 만다. 품질이 너무나도 좋았던 것이다. 냉동식품은 식감이 좋지 않다는 기존의 선입견이 깨지는 순간이었다. 그는 급속 냉동방식이 일반적인 방식보다 식재료의 품질을 더 좋게 만든다고 확신했고, 여러 시행착오 끝에 1925년 관련 기술을 개발한다. 이후 이 기술은 '제너럴 푸드'에 이전돼 본격적인 상업화가 시작됐다.

물이 얼음이 되면서 만들어지는 결정들의 균일한 정도는, 어는 속도와 밀접한 관련이 있다. 천천히 어는 경우라면 크고 작은 결정들이 불규칙하게 만들어지지만, 급속하게 얼면 작고 균일한 결정들이 만들어진다. 불규칙한 결정들 가운데 일부 결정들은 그 크기가 세포보다 커서 세포막을 파괴할 수 있다. 하지만 급속 냉동한 작고 균일한 결정들은 그런 우려가 상대적으로 적다.

마침 산지에서 바로 급속 냉동한 굴제품이 있다고 해서 얼른 구입했다. 신선한 굴을 구할 수 없을 때도 요긴하게 쓸 수 있을 것이다. 게다가 영하 45℃에서 급속 냉동했다고 하니, 집의 냉동고로 얼린 굴보다는 그 품질을 기대해봐도 되지 않을까?

〈백 투 더 퓨처〉(1985)

과거로의 시간여행은 가능한가?

영화의 배경은 1985년 미국 캘리포니아. 평범한 고등학생 '마티'는 평소 친하게 지내던 괴짜 과학자 '브라운 박사'의 실험을 돕게 되는데, 바로 타임머신 실험이었다. 그런데 그 순간 들이닥친 테러범들에게 브라운 박사가 살해된다. 겁에 질린 마티는 엉겁결에 타임머신을 타고 30년 전 과거로 떠난다. 마티는 그곳에서 자신의 부모를 만나는데, 일이 꼬이는 바람에 원래라면 이루어졌어야 할 부모의 연애를 방해하고 만다. 만약 부모의 연애가 실패한다면, 미래의 자신이 존재할 원인이 사라진다. 다행히도 영화는 해피엔딩으로 끝난다. 우여곡절 끝에 마티는 자신의 아버지와 어머니가 서로 사랑에 빠지게 하는 데 성공하고, 과거의 브라운 박사의 도움을 받아 무사히 미래로 돌아온다. 한편 미래의 브라운 박사도 가까스로 죽음을 피했다. 과거로 간 마티가 미리 알려준 덕분에 방탄조끼를 착용하고 있었던 것이다.

국내에서는 1987년 개봉한 이 영화는 과거로의 시간여행이라는, 당시로서는 매우 참신한 소재를 바탕으로 큰 인기를 끌었다. 그런데 영화를 본 일부 사람들은 풀리지 않는 의문 하나를 가지게 됐다. 마티의 경우는 해피엔딩으로 끝났기에 망정이지, 만약 그가 과거를 바꿨다면 어떻게 됐을까? 미래의 자신(원인)은 사라졌는데, 그 자신이 자신을 사라지게 만드는 일(결과)을 저질렀다? 원인이 없으면 결과도 없다는 '인과율의 법칙'에 따르면 그런 일은 절대 일어날 수 없다. 그런데 이것보다 더 중요한 문제는 실제로 타임머신을 만들 수 있는가다. 영화에 등장하는 타임머신 자동차는 빠르게 가속한 후 갑자기 사라진다. 빛보다 더 빠르면 시간을 역행할 수도 있다는 생각이 그 모티브가 된 것인지도 모르겠다. 상대성이론에 따르면 빠르게 운동할수록 시간은 천천히 흐르다가, 빛의 속도가 되면 시간이 멈춘다. 그렇다면 빛보다 더 빠르면 시간이 반대로 흐르지 않을까? 물론 상대성이론은 빛보다 더 빠른 물체의 존재를 부정한다.

그렇다고 실망하기에는 아직 이르다. 서로 다른 시공간을 연결하는 웜홀을 이용하면 과거로의 여행이 가능하다는 주장이 있기는 하다. 이는 영화 〈인터스텔라〉의 과학 자문을 맡은 킵 손(1940~) 교수가 제안한 방식이다. 물론 현재의 기술로는 불가능하지만, 어쩌면 먼 미래에는 이 또한 실현되는 날이 올지도 모르겠다. 그런데 그렇더라도 인과율을 파괴하는 방식으로의 여행은 불가능할 것이라고 킵 손 교수는 말한다. 아직은 밝혀지지 않았지만 어떤 우주의 법칙이 그것을 허용하지 않을 것이기 때문이다. 이 영화에서처럼 말이다.

211 월

과학자의 말

마이클 패러데이

갓 태어난 아기가 무슨 쓸모가 있겠습니까?

어느 날 패러데이는 눈이 번쩍 뜨일 만한 이야기를 전해 듣는다. 덴마크 과학자 외르스테드가 전기 실험을 하던 도중 전기와 자기의 상호작용에 관한 놀라운 발견을 했다는 소식이었다. 그에 따르면 전선에 전류가 흐르자 그 주변에 놓여 있던 나침반의 바늘이 움직였다. 호기심이 생긴 패러데이는 이와는 반대로 실험을 해보기로 했다. 전선 주변에서 자석을 이리저리 움직이면서 자기장의 변화를 만들어본 것인데, 놀랍게도 자기장이 변하는 순간 전선에 전류가 흘렀다.

1831년 패러데이의 '전자기유도의법칙'은 이렇게 탄생했다. 오늘날 전기를 생산하는 발전시설은 이 법칙을 이용한다. 둥그런 자석 내부에서 (수력·풍력·화력 등을 이용해) 전선을 회전시키면, 전선 주변의 자기장이 변화함에 따라 전선에 전류가 흐르게 되는 것이다.

대장장이 아버지를 둔 가난한 소년 패러데이는 정규교육을 거의 받지 못했다. 하지만 제본소에서 수습생으로 일하면서 다양한 책을 탐독했고, 특히 과학에 흥미를 느껴 독학으로 지식을 습득했다. 그러던 중 당대의 유명한 과학자 험프리 데이비의 강연을 듣고 감명받아 편지를 써서 그를 직접 만나게 된다. 이것을 계기로 패러데이는 험프리 데이비의 실험 조수이자 왕립연구소 실험실 관리자로 채용되면서, 본격적인 과학자의 길로 들어선다.

그는 과학자로서 많은 업적을 남기기도 했지만 과학의 대중화에도 열심이었다. 그는 매주 열었던 '금요일 밤 강연회'와 12월의 '크리스마스 강연회'를 통해 대중과 적극적으로 만났다. 그중 가장 유명한 강연은 '양초'를 주제로 한 것이다. 그는 이 강연에서 연소의 원리, 수소와 산소의 특성, 탄소의 성질, 연소와 호흡의 관계 등에 관한 방대한 이야기들을 풀어나갔다. 강연 내용은 《촛불 하나의 과학》이라는 책으로 발간되기도 했다.

패러데이는 오늘날 전기문명의 시대를 여는 데 큰 기여를 했지만, 당시 대다수 사람들은 전기에 대한 이해가 부족했다. 그래서 그에게 이렇게 묻곤 했다. "전기라는 것이 참 흥미롭기는 한데 도대체 어떤 쓸모가 있습니까?" 그러자 패러데이는 이렇게 말했다고 한다. "갓 태어난 아기가 무슨 쓸모가 있겠습니까?"

아기를 향한 부모의 사랑처럼, 과학자도 자신의 연구를 순수하게 사랑한다. 무언가 새로운 것을 창조하기 위해서는 그와 같은 마음이 꼭 필요하다.

212 화

= 세상을 바꾼 과학 사건 =

최초의 동력 비행(1903)

모든 비행기의 원형이 탄생하다

1783년 프랑스의 몽골피에 형제는 열기구를 제작해서 세계 최초로 유인 비행에 성공했다. 하지만 기류에 따라 움직여야만 하는 열기구는 새처럼 자유롭게 날고자 하는 사람들의 욕망을 완전히 충족시킬 수는 없었다.

영국 항공과학자 조지 케일리(1773~1857)는 하늘을 나는 새의 모습을 유심히 관찰하던 중 새처럼 날기 위해서는 유선형의 날개가 필요함을 깨달았다. 그리고 그 날개에 작용하는 양력*과 그 양력을 발생시키기 위한 추력**에 대해서도 연구를 진행했다. 고정형 날개만으로도 비행이 가능하다고 생각한 그는 1853년 최초의 유인 글라이더를 제작해, 자신의 마부를 태우고 비행에 성공했다. 그런데 자유로운 비행이라 부르기에 여전히 부족함이 있었다. 열기구보다 더 자유롭기는 했지만, 여전히 기류의 도움이 필요했기 때문이다.

라이트형제는 진짜 새처럼 자유롭게 날기 위해 엔진을 단 유인 글라이더를 제작하기로 마음먹었다. 자전거 수리점을 운영하던 두 형제는 손재주가 좋아 글라이더의 몸체를 스스로 만들 수 있었다. 그리고 자체적으로 제작한 풍동***에서 수없이 실험하며 날개의 모양 등을 다듬었다. 마침 1860년 프랑스 기술자 르누아르(1822~1900)가 최초의 내연기관을 발명한 이래로 엔진의 소형화도 점차 이루어지고 있었다. 글라이더에 부착할 소형 엔진은 찰리 테일러(1868~1956)라는 전문 기술자를 고용해 제작했는데, 82kg의 무게에 출력은 단 12마력(hp)에 불과했다. 이외의 부족한 과학지식은 미국의 대표적 학술협회인 '스미스소니언협회'를 찾아가 과학자들로부터 배우기도 했다.

이런 노력 끝에 1903년 '플라이어(Flyer)호'가 탄생했다. 그리고 그해 12월 17일, 바람이 많기로 유명한 대서양 연안의 작은 마을 키티호크에서 동생 오빌 라이트(1871~1948)가 12초 동안 36m를 날았다. 글라이더처럼 바람을 탄 것이 아니라 바람을 맞으며 비행했다. 최초로 유인 동력 비행에 성공한 것이다. 새처럼 자유롭게 하늘을 날고자 했던 인류의 오랜 소망이 드디어 이루어진 순간이었다. 그리고 오늘날 우리가 비행기라 부르는 모든 것들의 원형이 탄생한 순간이기도 했다.

---

* 유체 속을 운동하는 물체가 진행방향과 수직으로 받는 힘.

** 비행체를 앞으로 나가게 하는 힘.

*** 인공으로 바람을 일으켜 기류가 물체에 미치는 작용과 영향 등을 실험하는 터널형 장치.

213 수

과학의 생각

시간여행자 파티

인과율과 시간여행

과거로의 시간여행이 불가능하다고 주장하는 사람들의 논거 가운데 하나는 인과율이다. 이에 따르면 모든 일은 원인으로부터 발생한 결과이며, 원인 없이는 그 어떤 결과도 발생하지 않는다. 그런데 만약 시간여행자가 과거로 돌아가 역사를 바꾸고(결과) 그 여파로 미래의 본인(원인)이 소멸하게 된다면, 원인 없는 결과가 발생한 셈이 된다. 이렇게 과거로의 시간여행이 불러올 수 있는 역설적인 상황을 과학자들은 '시간 역설'이라 부른다.

스티븐 호킹은 이 인과율을 근거로 과거로의 시간여행이 불가능하다고 단언했다. 그는 시간의 역설 가운데 가장 유명한 '할아버지의 역설'을 제시하기도 했는데, 그 내용은 다음과 같다. "만약 내가 태어나기 전으로 돌아가 할아버지를 살해한다면, 현재의 나는 존재할 것인가? 만약 존재하지 않는다면, 과거로 돌아가 할아버지를 죽일 수 없을 것이다."

그는 자신의 주장을 증명하기 위해 2009년 재미있는 실험을 하나 기획했다. 유명 다큐멘터리 제작사인 디스커버리채널과 공동으로 '시간여행자를 위한 파티'를 연 것인데, 방송을 통해 전달된 초대장에는 파티의 장소를 나타내는 경도와 위도, 파티 시간이 기재돼 있었다.

스티븐 호킹이 워낙 유명인이다보니 그의 방송은 먼 미래에서도 볼 수 있을 것이고, 만약 과거로의 시간여행이 가능하다면 누군가는 분명 초대장을 보고 파티에 올 수 있을 것이란 발상이었다. 물론 (스티븐 호킹이 예상한 것처럼) 아무도 오지 않았다.

그런데 이에 대해 조금 다른 생각들도 있다. 그중 하나는 (앞서 210일에서처럼) 과거로의 여행은 가능하지만, 과거를 바꾸려 시도하면 무언가 개입해 그러한 일을 막는다는 설명이다. 이를 '자기 일관성의 원리'라고도 한다.

과거로의 여행이 가능한 또 다른 경우는 '다세계 해석'으로부터 기인한다. 다세계 해석이란 세계가 무수히 많이 분화돼나간다는 주장이다. 이에 따르면 과거로 간 여행자가 역사를 바꿔도, 그 영향은 원래 세계에 미치지 않는다. 대신 바뀐 역사에 의해 새로운 세계가 만들어지는데, 이는 역사가 바뀌지 않은 원래의 세계와 별도로 존재하게 된다. 이처럼 분화돼 새로 형성된 세계는 기존의 세계와는 단절되니, 인과율에 대한 걱정은 할 필요가 없어진다. 역사가 바뀐 시점부터 새로운 역사가 시작되는 세계인 것이다.

물론 이들 모두는 어디까지나 하나의 가설에 불과하다. 그렇지만 만약 사실로 밝혀진다면, 과거로의 시간여행을 가로막고 있는 큰 제약이 해결되는 것임에는 틀림없다.

《일하지 않는 개미》(하세가와 에이스케)

완벽하다고 다 좋은 것은 아니다

일본 홋카이도대의 하세가와 에이스케(1961~) 교수에 따르면 일개미의 70%는 평상시에 거의 일하지 않고 빈둥거린다. 그리고 10%는 평생 일을 하지 않는다고 한다. 다시 말해 80%는 나머지 개미들에게 무임승차하는 셈이다. 대다수가 일을 하지 않는데도, 어떻게 개미사회는 잘 돌아가는 것일까? 에이스케 교수는 개미사회를 더 자세히 관찰했고, 마침내 그 비밀을 알아냈다.

개미사회에 일거리가 생기면 언제나 그랬듯 20%의 부지런한 개미들이 솔선수범해 일을 도맡아 처리한다. 그런데 이런 일이 계속되다보면, 아무리 부지런한 개미라 할지라도 지칠 수밖에 없다. 만약 진짜로 급박한 상황이 연이어 생긴다면 어떨까? 빠르게 대처해야 하는데 부지런한 개미들이 지쳐서 바로 대응할 수 없다면 말이다.

이때야 비로소 그다음으로 부지런한 개미들이 일하기 시작한다. 일의 시급성을 이들 또한 깨달았기 때문이다. 이와 같은 식으로 조금씩 교대근무가 시행되면서, 개미사회는 급박한 위기상황을 잘 넘기게 된다. 일하지 않는 비효율적 집단이라 평가절하했던 80%의 그룹이 사실은 일종의 예비전력이었던 셈이다. 만약 충분한 예비전력 없이 위기를 맞았다면 개미사회는 어찌 됐을까?

그런데 20 대 80이라는 수치가 어쩌면 낯익을 수도 있겠다. 인구 20%가 전체 부의 80%를 차지하고 있다는 '파레토의 법칙' 때문일 텐데, 이는 이탈리아 경제학자 빌프레도 파레토(1848~1923)가 유럽 각국의 부의 분포를 연구하면서 발견한 법칙이다. 이 법칙은 원래의 내용을 넘어 다양한 분야에서 널리 응용된다. 심지어 로마 황제들 가운데 자연사한 비율이 20%에 불과하다는 사실 또한 이 법칙 때문이라는 주장도 있다.

조직의 경영과 관련해서는 조직 구성원의 20% 정도는 효율적이지만, 나머지 80%는 비효율적이라는 의미로도 사용된다. 그렇다면 개미사회에도 이를 적용할 수 있을 것 같다. 하지만 에이스케 교수는 조금 다른 이야기를 하고 싶었다. 나머지 80%가 당장은 비효율적이고 완전하지는 않아 보일지라도, 무언가 중요한 역할을 맡고 있다는 점을 말이다.

세상을 살다보면 완벽함보다는 그렇지 않은 경우들을 더 자주 만난다. '모든 것이 다 완벽해야 좋지 않은가?'라고 생각할 수도 있지만, 완벽함만으로는 세상이 잘 돌아가지 않는다는 사실도 금세 깨닫게 된다. 에이스케 교수가 보여주었던 개미사회처럼 말이다. 물론 원하는 성과를 내기 위해서는 완벽을 추구해야만 한다. 하지만 완벽하지만은 않은 세상을 받아들이는 여유로움도 동시에 가졌으면 한다.

215 금

= 신기한 과학 발명품 =

필름카메라

버튼만 누르면 됩니다

카메라의 역사는 꽤 오래전으로 거슬러 올라간다. 기원전 4세기경 처음 등장한 '카메라오브스쿠라'가 바로 그것이다. 라틴어로 '어두운 방'이란 의미의 이 장치는, 말 그대로 한 사람이 들어갈 정도 크기의 사방이 막힌 방이다. 다만 한쪽 벽면에 작은 구멍이 있는 것이 특징적인데, 이 구멍을 통해 바깥 풍경이 반대편 벽면에 위아래가 뒤집힌 상태로 투사된다. 어린 시절 갖고 놀던 바늘구멍사진기와 그 원리가 동일하다. 카메라오브스쿠라는 르네상스시대에 들어서 특정한 용도로 활발하게 이용되기 시작했다. 화가들이 풍경화를 그릴 때 이것의 도움을 받은 것이다. 투사된 이미지에 종이를 대고, 그대로 윤곽을 따라 그릴 수 있어서 정확하게 풍경을 묘사할 수 있었다.

그런데 그림에 대한 수요가 점차 늘어나자, 카메라오브스쿠라에 맺힌 상을 영구히 보전할 수 있는 방법을 찾기 시작했다. 프랑스 사진가 니세포르(1765~1833)는 오늘날 아스팔트의 재료인 '역청'이 빛의 노출에 따라 표백과 굳는 정도가 다름을 이용해 1826년 〈르 그라의 집 창에서 본 조망〉이란 최초의 사진을 찍었다. 하지만 장장 8시간 동안 빛의 노출이 필요했기에 상업화에는 실패했다.

현대 사진기의 원형이라 불릴 만한 것은 프랑스 화가 다게르(1789~1851)가 1839년 '은판사진술'을 발명하면서 등장했다. 은을 도금한 동판에 요오드 증기를 쬐면 요오드화은(AgI)이 형성되면서 일종의 감광제* 역할을 한다. 빛이 닿는 부분은 요오드 이온(I^-)의 전자가 은이온(Ag^+)으로 이동하면서 은원자(Ag)가 된다. 여기에 수은 증기를 쬐면 수은과 은이 반응해 밝은색의 아말감이 형성되어 물체의 명암이 뚜렷해진다. 하지만 단 한 장의 사진만 만들어지는 단점이 있다. 그래서 이를 개선하려는 시도들이 있었는데, 대표적으로 1871년 개발된 '유리건판 사진술'이 있다. 브롬화은($AgBr$)과 같은 감광제가 발린 유리판에 빛을 쬐고 약품처리를 해 현상(現像)한 후, 이를 이용해 감광제가 발린 종이에 인화(印畫)한다.

뉴욕 로체스터은행의 서기였던 조지 이스트먼(1854~1932)은 건판을 사용하는 방식이 매우 번거롭다고 생각했다. 누구나 들고 다닐 수 있는 작은 카메라를 지향했던 그는 감광제를 도포한 얇은 롤 형태의 감광필름을 개발했다. 그리고 이를 장착한 최초의 소형 필름카메라를 1888년 출시했다. 이스트먼이 창업한 코닥의 당시 광고 문구는 이랬다. "버튼만 누르세요, 나머지는 우리가 다 알아서 합니다."

---

* 빛이나 엑스선·감마선·중성자선과 같은 방사선의 작용을 받아서 화학적·물리적 변화를 일으키는 화학물질.

216 토

과학자의 주방

동물마다 서로 다른 미각

고양이는 왜 단맛을 느끼지 못할까?

신기하게도 고양이과 동물들은 단맛을 느끼지 못한다고 한다. 단맛을 내는 성분은 탄수화물이 분해되면서 만들어지는데, 이들은 주로 육식을 하기 때문이다. 사용하지도 않는 기능이 있는 것은 낭비이기에, 단맛 수용체가 발달하지 않은 것이다. 이에 반해 잡식성인 개는 인간과 마찬가지로 단맛을 잘 느낀다.

고래는 미각이 단순하기로 유명하다. 오직 짠맛만 느낄 수 있는데, 음식을 입에 넣고 씹는 것이 아니라 바닷물과 함께 통째로 삼키는 식습관 때문이다. 다양한 맛을 느낄 필요가 아예 없으므로, 짠맛 이외의 다른 수용체들은 퇴화한 것이다.

한편 사람은 다른 동물들에 비해 유독 감칠맛에 대한 선호도가 높다. 그 이유는 아직까지 확실치는 않지만, 인간의 모유에 감칠맛을 내는 주성분인 글루탐산이 (우유의 10배나 될 정도로) 많이 함유돼 있기 때문이라는 주장도 있고, 인간이 큰 용량의 뇌를 갖는 방향으로 진화하면서 단백질에 대한 수요가 늘어나 감칠맛에 대한 수용체가 강화됐다는 주장도 있다. 글루탐산·구아닐산·이노신산 등과 같이 감칠맛을 내는 성분들은 단백질을 구성하는 일종의 아미노산이다.

판다가 대나무만 먹게 된 것도 이 감칠맛과 관련이 있다. 2010년 미시간대 연구팀이 발표한 바에 따르면, 판다는 원래 육식동물이었으나 아마도 먹이 경쟁에서 밀려나면서 대나무를 주식으로 하는 방향으로 진화가 일어났을 것이라 한다. 단백질이 풍부해 감칠맛을 내는 육류를 거의 먹지 않게 되자, 감칠맛에 대한 수용체는 그 필요성이 줄어들었다. 그리고 진화과정에서 서서히 그 기능을 잃게 됐는데, 이때가 대략 420만 년 전쯤이었다. 하지만 판다는 아직까지 초식에 적합한 소화기관으로의 완전한 진화가 일어나지 않아, 하루 15시간 이상 대나무를 씹어야만 한다.

한편 모든 동물에게 공통적으로 중요한 맛이 있다. 그것은 바로 쓴맛이다. 야생에서 섭취하는 동식물 중에는 독을 가진 것들이 많다. 쓴맛은 이 독성분을 가려내기 위한 장치다. 그런데 인간은 진화과정에서 독성의 위험을 줄이는 방법을 또 하나 찾았다. 바로 불을 이용한 요리다. 고온으로 가열하면 대부분 휘발성인 독성물질이 제거되기 때문이다. 2015년 펜실베이니아주립대의 조지 페리 교수는 인류가 불을 사용하기 시작한 대략 150만 년 전쯤부터, 다른 유인원들과는 달리 쓴맛에 관한 유전자가 일부 사라지는 진화가 일어났다고 밝혔다.

〈트론〉(2010)

변화는 불완전함에서 시작된다

주인공 '샘 플린'은 예전에 폐쇄된 한 전자오락실에서 의문의 호출신호가 온다는 말을 듣고는 그곳을 조사하기로 한다. 오래전 실종된 아버지와 어떤 연관이 있을지 모른다고 생각했기 때문이다. 그런데 그곳에서 그는 갑자기 디지털화돼 업로드돼버린다. 그리고 이후 도착한 곳은 디지털화된 가상세계, 일명 '그리드'라 불리는 곳이다. 샘은 그곳에서 자신의 아버지 '케빈 플린'과 재회한다.

천재 프로그래머이자 세계적인 소프트웨어회사의 CEO였던 케빈은 완벽한 디지털세계를 창조하고자 했다. 그런데 어느 날 갑자기 어린 아들을 남겨둔 채 홀연히 사라지고 만다. 사실 그는 그동안 자신이 창조한 가상세계에 갇혀 있었던 것이다.

처음 케빈은 자신을 닮은 '클루'라는 프로그램과 함께 그리드를 만들고 있었다. 하지만 그리드 내에서 자연적으로 생성된 프로그램, 일명 ISO의 처리를 두고 케빈과 클루는 갈등을 빚는다. 클루는 완벽한 세상에 방해되는 존재라며 이들을 제거하려 하지만, 케빈이 이에 반대하고 나선 것이다. 결국 클루는 그리드의 창조주인 케빈을 몰아내는 쿠데타를 일으켰고, 자신이 모든 통제권을 장악했다. 현실로 돌아갈 길을 잃어버린 케빈은 그리드 깊숙한 곳으로 숨어들었다.

클루는 플린 부자를 집요하게 쫓는다. 케빈이 숨긴 그리드의 마스터키를 손에 넣어 현실세상으로 가기 위해서다. 우여곡절 끝에 샘은 그리드를 창조하기 위해 만들어진 또 다른 프로그램 '트론'과 '쿠오라'라 불리는 마지막으로 살아남은 ISO의 도움으로 다시 현실로 돌아온다. 하지만 안타깝게도 케빈은 클루를 제거하는 과정에서 희생되고 만다.

영화에서 케빈은 클루에게 이런 말을 한다. "완벽함이란 실현 불가능한 꿈이야. 하지만 늘 우리 눈앞에 있기도 하지." 그는 완벽한 디지털세상을 꿈꿨지만, 완벽함만으로는 세상이 돌아가지 않는다는 사실을 깨달았다. ISO의 등장이 그 계기가 됐던 것이다. 사실 현실의 세상 또한 마찬가지다. 특히 진화의 과정을 보면 더 분명해지는데, 변이의 등장이 진화를 일으키기 때문이다.

유전정보는 DNA 복제를 통해 후대로 전달된다. 그런데 이 과정이 생각만큼 완벽하진 않다. 자연적으로도 DNA가 약 100만 번 복제할 때 한 번꼴로 염기서열의 변화가 생기면서 부모 세대와는 유전적으로 다른 돌연변이가 발생한다. 그리고 이런 변이가 자연선택되면 진화가 일어난다. 다시 말해 불완전함으로 인해 종의 다양성이 생겨나는 것이다. 세상에 완벽함만 있었더라면, 오늘날 우리는 존재하지 못했을 것이다.

니콜라 테슬라(1856~1943)

현재는 그들의 것이지만 미래는 내 것이다

흔히 발명왕 에디슨의 라이벌, 비운의 천재 등으로 알려진 미국 발명가 니콜라 테슬라는 현대 전기문명을 완성한 사람이다. 이 과정에서 그는 에디슨과 이른바 '전류전쟁'을 벌인 것으로 유명하다.

그런데 사실 둘의 관계가 처음부터 라이벌이었던 것은 아니다. 테슬라는 한때 에디슨 기계제작소에서 일하기도 했다. 그때 에디슨에게 교류 시스템을 개발할 것을 제안했지만 이미 직류에 막대한 투자를 한 에디슨은 그 제안을 무시했다. 그러던 어느 날 직류발전기의 성능을 높이는 일을 하던 테슬라는 약속된 보너스가 지급되지 않자 미련 없이 사표를 던지고 만다. 그리고 교류를 이용한 전동기와 발전기 등을 생산하는 자신만의 사업을 시작한다.

그는 교류가 직류보다 실용적인 측면에서 더 우수하다고 믿었다. 우선 교류는 직류에 비해 발전에 더 적합했다. 교류발전기는 패러데이의 전자기유도의 법칙을 이용하는데, 둥그런 자석 내부에 전선을 회전시키면서 전기를 생산한다. 이때 만들어진 전기는 주기적으로 그 크기와 방향이 바뀌는 교류의 형태다. 직류는 이렇게 만들어진 교류를 다시 변환시키는 작업이 필요했다. 게다가 교류는 변압기를 통해 높은 전압을 만들기에 수월하다. 그러면 발전소에서 일반 가정까지 장거리로 전송할 때 전력손실을 최소화할 수 있다. 집 근처에서는 변압기로 다시 전압을 낮춘다.

에디슨의 또 다른 라이벌 조지 웨스팅하우스(1846~1914) 또한 교류의 우수성을 확신했다. 그래서 테슬라를 자신의 회사로 영입하고, 교류와 관련된 그의 특허권들도 대거 사들였다. 그럼에도 에디슨은 자신의 고집을 꺾지 않았다. 심지어 교류의 위험성을 알리기 위해, 고전압 교류를 사용하는 사형집행용 전기의자를 고안하기도 했다. 하지만 이미 대세는 교류가 되고 있었고, 1895년 웨스팅하우스가 나이아가라폭포에 세계 최초의 수력발전소를 세우고 테슬라의 교류 시스템을 도입함으로써 전류전쟁은 마침내 테슬라 측의 승리로 돌아간다.

상업화에 주력했던 에디슨과 달리 테슬라는 상상력이 풍부한 발명가였다. 수십 V의 전압을 순간적으로 수백만V로 승압시켜 인공번개를 만드는 '테슬라코일', 누구나 무료로 에너지를 얻을 수 있도록 무선으로 전기에너지를 송출하는 탑, 무선조종 보트 등 그는 당장의 이익보다는 미래의 꿈을 추구했다. 그는 이렇게 말했다. "현재는 그들의 것이다. 내가 진정으로 노력한 미래는 내 것이다."

원자핵의 발견(1909)

원자의 대부분은 비어 있다

일명 '건포도가 박힌 푸딩모델'이라 불린 톰슨의 원자모델은 어느 정도는 상상의 산물이었다. 비록 전자를 발견하기는 했지만, 원자 안에서 전자가 실제로 어떻게 존재하는지는 관찰할 수 없었기 때문이었다. 하지만 그의 제자 러더퍼드(1871~1937)의 시대에 이르러서는 이런 관찰이 가능하게 됐는데, 관찰을 위한 더 정밀한 수단을 사용할 수 있게 됐기 때문이다.

당시에는 우라늄과 같은 불안정한 방사능물질이 붕괴하면, 높은 에너지를 갖는 방사선이 방출된다는 사실이 알려져 있었다. 방사선은 원자핵을 구성하고 있던 입자의 흐름(알파선·베타선·중성자선 등) 또는 원자핵 붕괴 시 발생하는 에너지에 의한 강력한 전자기파(감마선·엑스선 등)다. 그 가운데 하나인 '알파선'은 양(+)의 전하를 띤 이른바 알파입자*의 흐름인데, 이 알파선은 그의 스승인 톰슨이 실험에 사용했던 음극선에 비해 약 200배가량 더 강한 에너지를 갖고 있다. 1909년 러더퍼드는 이 알파선으로 원자를 관찰해보기로 했다. 이를 위해 가장 얇게 펼 수 있는 금속인 금으로 두께 1/2만cm에 불과한 막을 만들고 거기에 알파선을 쏘았다.

그런데 매우 신기한 현상이 발생했다. 당초 러더퍼드는 매우 강한 에너지를 지닌 알파입자들 거의 대부분은 금박을 그대로 통과하고, 일부는 금원자와 상호작용하면서 궤도가 약간 휘어질 것이라 예상했다. 그런데 대략 8000개 가운데 하나 꼴로 알파입자가 매우 큰 각도로 튕겨 나왔다. 이를 두고 러더퍼드는 '직경 30cm인 대포를 종이에 대고 쏘았는데, 대포알이 튕겨 나오는 것과 같은 놀라운 결과다'라고 말했다고 한다.

이는 원자의 대부분은 빈 공간이며, 그 질량의 대부분은 일정한 지역에 집중돼 있다는 사실을 암시했다. 그리고 알파입자는 양의 전하를 띠기 때문에, 이를 튕겨 나가게 한 것 또한 양의 전하를 띤다는 사실을 알 수 있었다. 원자의 질량 대부분을 차지하면서 양의 전하를 띠고 있고, 음의 전하를 띤 전자와는 분리된 '원자핵'을 발견한 것이다.

실제로 원자핵은 원자 크기의 대략 1/1만 정도에 불과하다고 알려져 있다. 야구장을 원자라 한다면 원자핵은 그 경기장 한가운데 놓인 작은 야구공 정도의 크기다.

이후 원자핵을 구성하는 더 작은 입자인 양성자는 1919년 러더퍼드에 의해, 또 다른 입자인 중성자는 1931년 채드윅(1891~1974)에 의해 발견되면서 원자의 구조가 더 명확해졌다.

---

* 원자핵이 붕괴하면서 떨어져 나온 양성자와 중성자가 각 2개씩 결합돼 있는 입자.

드브로이가설

물질은 입자이면서 파동이다

고대 그리스의 데모크리토스는 만물이 원자라고 하는 더 이상 쪼갤 수 없는 입자들로 구성됐다고 주장했다. 17세기 뉴턴도 이와 비슷한 생각이었다. 그는 빛도 입자들로 구성돼 있다는 '입자설'을 주장했다. 하지만 동시대 또 다른 저명 과학자 크리스티안 하위헌스(1629~1695)나 로버트 훅 등은 빛이 파동이라 주장하며 뉴턴과 대립했다. 빛의 굴절이나 회절(빛이 사물의 경계를 돌아 들어가는 현상. 그림자의 경계가 흐릿한 것도 바로 이 회절현상 때문이다)을 입자설로는 설명하기 곤란했기 때문이다. 하지만 뉴턴의 권위에 힘입어 당시에는 입자설이 더 우위에 있었다.

19세기에는 다시 '파동설'이 정설이 되었는데, 특히 1801년 영국 물리학자 토머스 영(1773~1829)의 실험이 결정적인 계기가 되었다. 그는 일정한 간격을 두고 좁은 틈을 만든 후 빛을 통과시키는 실험(이중슬릿 실험)을 했는데, 놀랍게도 각 틈을 통과한 빛은 스크린에 규칙적인 무늬를 만들어냈다. 그리고 이는 마치 물결파와 같은 파동들이 서로 겹칠 때 나타나는 것과 유사했다. 그는 이러한 간섭현상을 토대로 빛의 파동설을 주장했다. 1864년에는 맥스웰이 빛 또한 일종의 전자기파라는 사실을 규명하기도 했다.

그런데 20세기 들어 아인슈타인은 다시 빛의 입자적 성질을 주장하며 입자설과 파동설의 통합을 시도한다(더 자세한 내용은 225일 참고). 그리고 이러한 시도는 1924년 프랑스 물리학자 루이 드브로이(1892~1987)에 의해 더욱 구체화되는데, 그에 따르면 모든 물질은 파동성을 갖는다. 이러한 주장을 '드브로이가설'이라 한다.

드브로이가설은 현대 양자역학에서도 핵심적인 내용을 이루고 있다. 양자역학에서는 전자와 같은 작은 입자들이 입자의 성질과 더불어 파동의 성질 또한 지닌다고 설명하기 때문이다. 예를 들어 전자는 관찰하기 전에는 그 위치를 정확하게 알 수 없다. 마치 파동이 그런 것처럼 공간에 널리 퍼져 있는 상태와 비슷한 것이다. 하지만 일단 관찰이 시작되면 그 위치가 확정되는데, 마치 입자가 그런 것과 같다.

그런데 드브로이가설은 전자와 같은 작은 입자의 경우에만 적용되는 것은 아니다. 우리 주변의 사물들에도 적용될 수 있는데, 예를 들어 질량 142g인 야구공을 100km/h로 던지면 파장이 1.7×10^{-34}m 정도인 파동으로서의 성질도 나타난다. 이런 파동을 '물질파'라고 하며 물질이 만들어내는 파동이란 뜻이다. 그런데 물질파의 파장은 눈에 보이지 않을 정도로 작다. 따라서 일상생활에서는 이런 파동의 성질을 무시하더라도 큰 문제는 없다. 하지만 전자와 같이 크기가 아주 작다면 상황은 달라진다.

221 목

과학자의 서재

《멋진 신세계》(올더스 헉슬리)

멋진 신세계의 멋지지 않은 인간

과학기술의 발전은 소설 속에서 '멋진 신세계'를 만들어냈다. 인간은 더 이상 늙지도 않고 병에 걸리지도 않는다. 결혼제도도 없고 위험한 자연 출산도 없다. 인간은 공장에서 생명공학적으로 안전하게 생산된다. 인공수정란들을 만들고 하나의 수정란을 분열시켜 96명의 일란성쌍둥이들을 동시에 만드는 방식이다. 나쁜 생각도 하지 않게 됐다. '소마'라 불리는 일종의 최면제를 흡입하면 모든 정신적 스트레스에서 해방되며, 우울증과 같은 정신질환에도 걸리지 않는다. 그 양을 조절하면 더 즐거운 상상에 빠질 수도 있다.

그런데 이 멋진 신세계는 철저한 계급사회다. 알파·베타·감마·델타·엡실론 등 계급별로 사회에 필요한 역할이 부여되고, 그에 따라 신체적인 능력도 차이가 난다. 처음 수정란 단계에서 계급이 정해지면 그에 맞게 산소 공급량이 조절되기 때문이다. 계급이 낮으면 산소량이 적어 두뇌 등이 제대로 발달하지 못해, 반복적인 단순노동만 할 수 있을 뿐이다. 이처럼 맡은 역할에 따른 꼭 필요한 능력만 부여해 계급 간 이동이나 충돌을 방지함으로써 세계의 영구적인 안정을 꾀한다. 소설 속 한 등장인물의 말처럼 '세계는 안정됐고, 사람들은 행복하고 원하는 바를 얻으며, 얻지 못할 대상은 절대로 원하지 않는다'.

그런데 이 세계 바깥에는 여전히 예전 방식으로 살아가는 사람들이 있다. 그곳의 주민인 '존'은 어느 날 이 멋진 신세계를 보기 위해 방문한다. 하지만 그는 이런 말을 남긴다. "나는 안락함을 원하지 않습니다. 나는 신을 원하고, 시를 원하고, 참된 위험을 원하고, 그리고 선을 원합니다. 나는 죄악을 원합니다. 나는 그런 것들 모두를 원합니다." 멋진 신세계에 적응하지 못한 그는 결국 목을 매 자살하고 만다.

이 소설이 쓰인 20세기 초반에는 포드가 도입한 '포디즘'이라고 불리는 대량생산체계가 널리 확산되고 있었다. 제품의 규격화, 생산수단의 전문화, 벨트컨베이어의 도입 등을 통해 효율성을 극대화한 이 시스템은 인간 또한 하나의 부품처럼 취급했다. 물론 그렇다고 인간에 대한 대우가 나빴다는 것은 아니다. 반복노동에 지친 포드 노동자들이 회사를 떠나면서 이직률 문제가 커지자, 포드는 다른 회사보다 2배 높은 임금을 제시했다. 이렇게 고임금은 포디즘의 중요한 요소가 됐다.

당시 많은 이들이 더 먼 미래에는 과학기술의 발전을 통해 훨씬 더 멋진 신세계가 펼쳐질 것이라 예상했다. 하지만 헉슬리(1894~1963)는 여기에 의문을 품었다. "우리가 인간다움이라 부르는 것들이 상실된 '멋진 신세계'에서 우리는 여전히 멋진 존재로서 남아 있을 수 있을까?" 하고 말이다.

디지털카메라

눈의 한계를 뛰어넘어라

과거에 '혁신'이란 단어가 화두였던 시절이 있었다. 그때 이와 관련해 자주 언급되던 사례가 코닥이란 회사였다. 카메라 필름으로 유명했던 바로 그 코닥이다. 1880년 조지 이스트먼이 설립한 코닥은 이후 플라스틱 소재의 편리한 롤 필름을 개발하며 세계 필름시장을 지배했다. 한때 영업이익률이 70%에 달할 정도였다. 하지만 2000년대 들어 디지털카메라의 시대가 급격하게 도래하며 코닥은 몰락하고 만다. 현실에 안주하며 혁신을 등한시했기 때문이었다. 그런데 놀랍게도 1975년 최초로 디지털카메라를 발명한 것 또한 바로 이 코닥이었다.

디지털카메라는 크게 세 부분으로 구성된다. 먼저 필름카메라에도 있는 렌즈다. 렌즈는 크면 클수록 더 많은 빛을 모을 수 있으니 유리하다. 그다음 렌즈를 통과한 빛이 닿는 이미지 센서가 있다. 이 센서에서 빛은 전기신호로 바뀐다. 그리고 마지막 구성요소인 프로세서를 거치면서, 전기신호가 이미지의 형태로 처리돼 저장된다. 이 세 요소가 잘 조화를 이루어야 최고 성능의 디지털카메라라 할 수 있다.

그런데 그중에서도 이미지 센서와 관련된 '화소(pixel)'란 개념이 특히 주목을 받는다. 여기서 화소란 사진의 기본 구성단위로, 색을 표현하는 일종의 점과 같은 것이다. 예를 들어 1억 화소라 함은 1억 개의 화소들로 사진이 구성된다는 뜻이다. 필름에서는 표면에 코팅돼 있는 각각의 감광제 입자에 해당하는 개념이다. 디지털카메라의 경우는 필름의 감광제 입자에 비해 훨씬 더 균일하면서도, 고밀도로 화소를 배치할 수 있는 장점이 있다. 한마디로 해상도가 좋아지는 것이다.

하지만 높은 화소 수가 만능인 것은 아니다. 탑재되는 이미지 센서의 크기는 분명 물리적 한계가 있기 때문이다. 센서 내의 화소 수를 계속 늘리다보면 개별 화소의 크기가 작아지고, 그러면 각각의 화소가 받아들이는 빛의 양 또한 줄어들 수밖에 없다. 해상도는 좋아지겠지만, 사진의 품질이 크게 좋아지는 것은 아니다. 게다가 사진을 크게 확대해서 볼 것이 아니라면, 화소 수가 높은 사진은 카메라의 저장용량을 의미 없이 잡아먹기만 한다.

하지만 지금도 화소 수 경쟁은 치열하게 전개된다. 카메라의 기술력을 상징하는 대표적인 지표이기 때문이다. 이제 그 목표는 6억 화소다. 5억 화소 정도의 해상도를 지닌 사람 눈의 한계를 뛰어넘으려는 것이다.

223 토

과학자의 주방

요리는 모든 경험의 집합체다

요리가 불러일으키는 공감각

오랜만에 찾아간 국숫집이 문을 닫았다. 단골 가게가 문 닫는 일이 그리 드문 일은 아니지만, 오늘따라 유난히 상실감이 크다. 잃어버린 것이 단지 맛있는 요리만은 아니기 때문이다.

요리를 즐길 때 우리는 보통 '맛을 즐긴다'고 한다. 더 정확히는 미각의 맛과 후각의 향을 즐기는 것이다. 이 두 감각을 합쳐 풍미라 말하기도 한다. 하지만 요리와 관련된 감각이 이뿐은 아니다. 대표적으로 시각이 있다. '보기 좋은 떡이 먹기도 좋다'라는 속담처럼 요리를 평가하는 요소로서 시각은 큰 비중을 차지한다.

삼차(三叉)신경*이라 불리는 감각도 요리와 관련이 있다. 특히 매운맛을 즐기는 한국인들에게는 매우 중요한 감각인데, 청양고추를 한입 베어 물었을 때의 그 얼얼함은, 혀에서 느끼는 다른 미각들과는 전혀 다른 감각이다. 이는 캡사이신이란 물질이 세포를 자극해 아픔을 느끼는 통각의 일종으로, 미각은 아니지만 우리 뇌는 다른 맛신호들과 통합해 맛에 대한 하나의 경험으로 인식한다. 그런데 이것으로 끝이 아니다. '공감각'이라는 것이 남았는데, 이는 '하나의 감각이 다른 영역의 감각을 일으키는 일'이나 '그렇게 일으켜진 감각'을 의미한다. 예를 들어 어떤 소리를 들으면 어떤 색깔이 떠오르는 일이 그렇다. 요리를 즐기면서 느끼는 감각들이 서로 연관되고 확장되면서, 요리 그 자체와 직접적 관련이 없는 감각들 또한 불러일으킬 수 있는 것이다.

우리 뇌는 뉴런이라 불리는 약 860억 개의 신경세포들로 구성돼 있다. 이것들이 어떻게 연결되는지에 따라 우리의 기억이 저장되고 생각이 만들어진다. 그리고 이 연결에 의해 다양한 감각들이 서로 묶이면서 공감각이 생겨난다. 지금은 사라진 국숫집을 그리워하는 것은 단순히 맛에 대한 기억만이 아니라, 그것과 연관되고 확장된 또 다른 감각들이 그리운 것이다. 그곳에서 어울렸던 사람들에 대한 기억들, 포근하게 맞아주었던 주인아주머니의 미소 등, 어쩌면 이것을 추억이라 부를 수 있을지도 모르겠다.

요리는 복합적인 경험이다. 단지 맛으로만 평가하기엔 너무나도 다채롭고 깊은 경험이다. 단지 맛만 강조할 것이 아니라, 이런 경험들 또한 소중하게 생각하는 요리문화가 확산됐으면 한다.

---

* 뇌신경의 일부. 세 갈래로 나뉘는 형태를 취하며, 얼굴의 통각·촉각 등 감각과 일부 운동 기능을 담당한다.

〈딥 임팩트〉(1998)

어느 날 멸종이 갑자기 찾아왔다

2005년 7월 4일, '딥 임팩트'라는 이름의 탐사선이 '템펠1'이라는 혜성과 충돌했다. 이 탐사선의 임무는 혜성과 충돌한 후 떨어져 나온 입자들을 분석해 혜성의 구성성분을 알아내는 것이었다. '깊숙한 곳까지 전달되는 강한 충격'이란 뜻의 '딥 임팩트(deep impact)'는 사실 한 할리우드 영화의 제목에서 따온 것이었다. 그 영화는 소행성과 지구의 충돌 위기를 다룬다.

영화 속에서 특종을 학수고대하는 앵커 '제니 러너'는 재무장관의 갑작스러운 사임에 의구심을 갖는다. 취재 과정 중 재무장관의 비서로부터 '엘리'라는 이름을 듣고 불륜 스캔들이라 짐작하지만, 곧 그 이름에 숨겨진 비밀을 알게 된다. 엘리는 사실 'Extinction Level Event'의 약자인 'E.L.E'였던 것이다. 번역하자면 '멸종 수준의 사건'.

미국 정부는 엘리라는 암호명하에 조만간 닥쳐올 거대한 소행성과 지구의 충돌을 대비하고 있었다. 지하 깊숙한 곳에 요새를 건설하는 한편, 러시아와 협력해 우주선 메시아호를 제작한다. 이 우주선의 임무는 소행성에 착륙해 원자폭탄을 설치한 후 폭파시켜 소행성의 궤도를 변경하는 것이었다. 하지만 임무에 실패하고 만다. 원자폭탄으로 소행성이 두 동강이 났을 뿐 궤도는 바뀌지 않았다. 이에 메시아호의 선장 '키니'는 중대한 결심을 한다. 작은 소행성은 포기하더라도 종말적 파국을 몰고 올 큰 소행성을 막기 위해 그 안으로 우주선을 몰고 들어가 자폭하기로 한 것이다.

지금으로부터 약 6500만 년 전의 지구도 이와 비슷한 일을 겪었다. 직경 10km에 달하는 거대한 소행성이 지금의 멕시코 유카탄반도에 충돌한 것이다. 충격으로 인해 순식간에 수많은 생명체가 목숨을 잃었다. 하지만 이것으로 끝이 아니었다. 폭발과 함께 엄청난 양의 분출물이 대기 중으로 솟구쳐 올랐고, 미세한 분진이 성층권에 오랫동안 머무르면서 태양빛을 차단해버렸다. 그러자 대부분의 식물이 멸종했고 그 여파로 지구 생태계는 붕괴했는데, 몸집이 큰 생명체일수록 타격이 컸다. 이때 공룡을 포함한 생물종의 약 75%가 멸종했다고 한다.

이제 현대인들은 지구온난화로 인한 제6차 대멸종을 걱정한다. 하지만 의외로 그 멸망이 저 먼 곳으로부터 갑작스럽게 찾아올 수 있다. 영화에서처럼 그 위기 또한 잘 극복할 수 있기를 바란다.

알베르트 아인슈타인 ②

상상력은 지식보다 중요하다

아인슈타인 하면 가장 먼저 떠오르는 것은 아마도 '상대성이론'일 것이다. 과거에는 시간과 공간이 절대적이라 믿었다. 시간은 우주 어디서나 동일하게 흐르고, 공간은 마치 고정된 연극 무대처럼 결코 변하지 않는다고 여긴 것이다. 하지만 아인슈타인은 상대성이론으로 시간과 공간이 상대적으로 변한다는 사실을 입증했다.

상대성이론을 처음 발표한 것은 1905년, 그의 나이 불과 26세일 때다. 그런데 아인슈타인이 이때 동시에 발표한 중요한 논문이 2개 더 있다. 하나는 '광전효과', 또 하나는 '브라운운동'에 관한 것이다. 주제가 조금 생소하게 들릴지는 모르나, 이 두 논문 모두 상대성이론만큼이나 현대과학에서 중요한 가치를 지닌다. 특히 광전효과에 대한 연구는 그에게 노벨상을 안겨주었다. 아인슈타인은 '상대성이론'으로 노벨상을 받은 것이 아니다!

광전효과란 금속에 빛을 비췄을 때 전자가 튀어나오는 현상을 말한다. 아인슈타인은 빛이 '광양자'라고 하는 아주 작은 입자들로 구성돼 있으며, 그 광양자가 금속의 전자들과 충돌하면서 에너지를 전달해 전자가 튀어나온다고 설명했다. 이 광양자는 보통의 입자들과는 다르게 각각 고유한 파장을 지니고 있으며, 그 파장에 따라 에너지가 결정된다. 그에 따르면 빛은 파동의 형태로 공간을 나아가다가, 전자와 만나면 입자의 형태로 에너지를 전달한다.

브라운운동은 기체나 액체 속에 떠 있는 아주 작은 물체들의 불규칙한 운동을 말하는데, 1827년 영국 식물학자 로버트 브라운(1773~1858)이 물 표면의 꽃가루가 이리저리 운동하는 것을 발견한 데서 그 명칭이 기인한다. 이런 운동의 원인은 기체나 액체를 구성하는 분자들이 자체의 열에너지에 의해 운동하면서 작은 물체와 충돌하기 때문이었다. 아인슈타인은 그 과정을 이론적으로 설명했다. 당시에도 원자나 분자에 대한 개념은 널리 알려져 있었으나, 그 실재성에 대해서는 논란이 많았다. 그런데 분자들의 운동을 전제로 한 아인슈타인의 이론에 의해 논란이 종식되었다.

흔히 뉴턴이 '광학' '만유인력의법칙' 등의 기초를 마련한 1666년(이때 뉴턴은 흑사병을 피해 귀향해 있었다)을 '기적의 해'라 부른다. 그런데 아인슈타인의 1905년 또한 대단한 해였다. 그래서 또 하나의 '기적의 해'라 부른다.

아인슈타인은 자신의 성공 비결에 대해 이렇게 말했다. "나는 나의 상상력으로 무엇이든 자유롭게 그릴 수 있으니 이만하면 충분히 예술가다. 상상력은 지식보다 중요하다. 지식에는 한계가 있지만, 상상력은 세상을 감싸 안는다." 그의 뛰어난 상상력이 있었기에, 그처럼 기적 같은 일이 가능했을 것이다.

질소비료의 합성(1909)

인류를 구한 영웅의 어두운 뒷모습

영국 경제학자 토머스 맬서스는 1798년 발간한 저서《인구론》에서 다음과 같이 주장했다. "인구는 기하급수적으로 증가하지만, 식량은 산술급수적으로 증가한다." 토지의 생산성 증대에는 한계가 있어서 노동력을 아무리 많이 투입해도 생산량 증가는 점차 둔화돼, 늘어나는 인구를 부양할 수 없는 시기가 도래한다는 뜻이었다.

19세기 유럽은 이 문제를 심각하게 받아들였다. 의학기술의 발전으로 영유아의 사망률이 낮아지고, 평균수명도 점차 늘어나고 있었기 때문이었다. 이대로 가다간 정말로 맬서스의 예언대로 기아와 빈곤의 시대가 도래할지도 모른다는 불안감이 팽배했다.

난세에 영웅이 난다고 했던가. 때마침 인류의 희망으로 등장한 영웅이 있었으니 독일 화학자 프리츠 하버(1868~1934)였다. 그의 노력으로 1909년 질소비료를 인공적으로 합성하는 손쉬운 방법이 개발된 것이다.

식물을 구성하는 주요 원소는 탄소(C)·수소(H)·산소(O)·질소(N)다. 탄소·수소·산소는 물이나 공기를 통해 식물이 손쉽게 얻을 수 있지만, 문제는 질소다. 공기 중에 존재하는 질소분자(N_2)는 매우 안정적이어서, 여기서 질소원소를 얻기란 매우 어렵다. 질소비료를 만들기 위해서는 질산염이나 암모니아(NH_3)와 같은 반응성 높은 물질이 이용된다. 그 전까지는 주로 남미의 초석(질산칼륨의 광물)이나 구아노(바닷새의 배설물이 쌓여 굳어진 덩어리)가 원료로 사용됐다. 하지만 식량 생산을 획기적으로 늘릴 정도로 풍부한 양을 자연에서 얻기에는 한계가 있었다.

하버는 공기 중에 풍부한 질소(N_2)와 수소(H_2)를 반응시켜 암모니아(NH_3)를 인공적으로 합성하고자 했다. 다만 낮은 반응성이 문제였는데, 이를 해결하기 위해 고압의 환경에서 진행하는 새로운 공정과 다양한 종류의 촉매를 개발했다. 촉매는 직접 화학반응에 참여하지는 않지만, 반응이 빠르고 손쉽게 일어날 수 있도록 도움을 주는 물질이다. 이와 같은 암모니아 합성법을 흔히 '하버-보슈법'이라 부른다. 후에 독일 화학기업 바스프에 근무하던 화학자 카를 보슈(1874~1940)가 더 획기적인 철 기반의 촉매를 개발했기 때문이다.

그런데 수십억 명을 기아에서 해방시킨 영웅 하버의 말년은 그리 행복하지 못했다. 그는 제1차세계대전 중 화학무기인 염소가스 개발에 참여했는데, 그 사실을 부끄럽게 여긴 아내가 자살하고 만 것이다. 게다가 유대인이란 이유로 조국에서도 버림받았다. 그는 영국을 거쳐 이스라엘로 망명하던 도중 스위스에서 심장마비로 죽었다. 그러고 보면 영웅이 끝까지 영웅답게 남는 일 또한 쉽지는 않은 듯하다.

227 수

과학의 생각

오컴의 면도날

가능한 한 단순하게 만들어야 한다

14세기 영국 수도사 윌리엄 오컴(1285?~1349?)은 자신의 저서에서 이렇게 말했다. "불필요한 가정을 하지 말 것. 더 적은 수의 논리적 설명이 가능할 경우 더 많은 논리를 만들지 말 것." 가급적 단순한 설명이 더 바람직하다는 뜻인데, 후대에 그의 생각을 '오컴의 면도날'이라 불렀다. 여기서 면도날은 불필요한 가정은 가차 없이 잘라버린다는 의미를 담고 있다.

예를 들어, 아침에 차의 시동이 걸리지 않으면 2가지 생각이 들 수 있다. 첫째, '전지가 방전됐나보다'. 둘째, '나와 사이가 좋지 않던 누군가 일부러 내 차를 고장낸 것이 분명하다'. 명백한 증거가 있다면 모를까, 보통은 첫 번째 생각이 더 합리적이다. 불필요한 가정 없이 단순한 논리를 전개했기 때문이다.

오컴은 당시 신학자들 사이에서 벌어지던 치열한 논쟁을 좀더 생산적으로 이끌기 위해 이런 원칙을 제시했다. 하지만 이는 오늘날 과학의 바탕을 이루는 기본적인 생각이기도 하다. 고대·중세과학에서 근대과학으로 이행하는 과정에서도 이 원칙은 잘 드러난다.

코페르니쿠스는 지구 중심 모델이 천체의 운행을 설명하기에는 너무 복잡하다고 생각했다. 그보다는 태양이 중심이 되는 편이 훨씬 더 단순했다. 이후 천체가 완벽하게 원운동을 한다는 불필요한 가정마저 버리자, 케플러는 단 3가지 법칙만으로 천체의 운동을 정확하게 설명할 수 있었다. 뉴턴에 이르러서는 이 모든 것이 만유인력의법칙으로 통합됐다.

18세기의 라플라스는 나폴레옹 앞에서 이렇게 말하기까지 했다. "제게 그러한(더 이상 신의 존재라는) 가설은 필요 없습니다." 뉴턴만 하더라도 과학법칙을 만든 신의 존재를 가정했지만, 이제는 그 가정도 불필요해진 것이다.

현대의 끈이론도 이와 관련이 있다. 하나의 끈이 진동하는 패턴에 따라 우주를 구성하는 17가지 기본입자들이 표현되는데, 더 단순한 방식으로 만물의 근원을 설명하려는 새로운 시도다. 만물의 기본구조를 하나의 끈으로 봄으로써, 만물에 작용하는 4가지 기본 힘인 '만유인력' '전자기력' 그리고 원자핵 안에서 작용하는 힘인 '강력'과 '약력'을 단 하나의 원리로 다룰 수 있게 됐다. 만약 이 이론이 옳다면, 가장 단순한 형태인 '만물의 이론(Theory of Everything)'이 될 수도 있다.

아인슈타인은 이렇게 말했다. "모든 것은 더 단순해질 수 없을 정도로 가능한 한 단순하게 만들어야 한다."

《1만 년의 폭발》(그레고리 코크란·헨리 하펜딩)

'자연선택'에서 '자연'은 무엇을 말하는가?

일반적으로 학계에서는 인류의 진화가 대략 5만 년 전쯤에 멈췄다고 보는데, 이 시기에 이르러 호모사피엔스가 문화를 창조하면서 자연선택에서 벗어났기 때문이라고 설명한다. 그런데 《1만 년의 폭발》의 저자 그레고리 코크란(1953~)과 헨리 하펜딩(1944~2016)은 이런 주장에 의문을 제기한다. 최근 들어 진화가 중단된 것이 아니라, 오히려 1만 년 전부터 그 진화가 더 급속하게 일어나고 있다는 것이다.

1만 년 전이라면 인류가 오랜 수렵·채집생활에서 벗어나 농경사회로 진입하던 시기다. 이 시기의 특징은 도시화라 할 수 있는데, 식량 생산이 획기적으로 증가하면서 많은 인구를 부양할 수 있게 됐기 때문이다. 그런데 이런 인구 밀집은 서로 간의 상호작용을 더 활발하게 만들어서, 인류의 진화를 가속화시키는 결과를 낳았다. 경쟁과 자연선택이라는 진화의 과정이 더 빠르게 일어난 것이다.

예를 들어 질병에 대한 면역이 그렇다. 가축을 기르기 시작하면서 인류는 각종 질병에 시달리게 됐다. 천연두·홍역 등이 모두 가축을 매개로 해서 인간에게 전파됐다. 도시들 간의 교역이 활발했던 유라시아 대륙과는 달리 아메리카 대륙은 그렇지 않았다. 그래서 유럽의 정복자들과 함께 찾아온 전염병에 그토록 취약할 수밖에 없었던 것이다. 유럽인들에게 흔한 락토오스 내성 또한 이와 비슷한 사례다. 대부분의 동물은 성체가 되면 더 이상 젖을 먹지 않기 때문에, 젖에 포함된 락토오스를 분해하는 효소의 생산이 멈춘다. 하지만 젖소를 키우고 우유를 먹는 유럽인들은 성인이 돼도 이 효소의 생산이 지속된다.

1만 년보다 더 짧은 시간 동안에도 큰 폭의 진화가 일어날 수도 있다. 《1만 년의 폭발》에서는 그 예로 '아슈케나지의 유대인'들을 든다. 이들은 유럽, 특히 동유럽 지역에 초기부터 정착했던 유대인들을 말하는데, 기타 중동 지역의 다른 유대인들에 비해 지적 능력, 흔히 아이큐(IQ)라 불리는 것이 더 높다. 이는 그들의 역사와도 밀접한 관련이 있다. 당시 사회에서 천대받던 이들이 종사할 수 있는 가장 좋은 직업은 금융업이었다. 오늘날도 그렇지만 이 분야는 뛰어난 언어·수리 능력을 필요로 한다. 이런 역사적인 배경이 그들의 진화를 일정한 방향으로 가속화시킨 것이다. 게다가 이들은 다른 인종과 통혼도 잘 하지 않았다.

그렇다면 이렇게 결론지을 수 있을 것 같다. 진화론에서 말하는 '자연선택'의 주체는 좁은 의미의 '자연'일 수도 있지만, 인류의 역사·문화 등을 포함하는 광의의 '자연'일 수도 있다.

229 금

= 신기한 과학 발명품 =

안전 엘리베이터

혹시 엘리베이터가 떨어지지는 않을까?

1854년 뉴욕 만국박람회장, 사람들이 갑자기 고함을 지르기 시작했다. 전시된 엘리베이터의 줄이 끊어지면서 거기 탄 사람이 함께 떨어지고 있었기 때문이다. 하지만 다행히 큰 사고는 일어나지 않았다. 엘리베이터의 안전장치가 작동한 덕분이다. 당시 엘리베이터에 타고 있던 사람은, 오늘날에도 엘리베이터 전문회사로 유명한 오티스의 창업자 엘리샤 오티스(1811~1861)였다.

엘리베이터의 역사는 매우 오래됐다. 고대 로마의 콜로세움에도 엘리베이터가 설치돼 있었다. 물론 전기의 힘이 아닌 여러 사람의 힘으로 천천히 움직이는 수동식 엘리베이터였다. 이 엘리베이터를 타고 지하에 머물던 검투사들이 시민들의 환호를 받으며 지상으로 올라왔다. 산업혁명기에는 증기를 동력으로 하는 산업용 엘리베이터가 개발됐다. 하지만 낙하사고가 자주 일어났고, 오티스는 이 문제를 해결하고자 했다.

엘리베이터의 핵심은 도르래에 있다. 도르래는 회전하는 둥근 바퀴에 줄을 걸어줌으로써 힘의 방향을 바꾸는 장치다. 도르래를 기준으로 한쪽은 하강하고, 다른 쪽은 상승하기 때문이다. 이 도르래는 다시 힘의 방향만 바꿔주는 '고정도르래'와, 방향뿐 아니라 힘의 크기도 줄여주는 '움직도르래'로 나눌 수 있다. 움직도르래는 비록 시간이 오래 걸리기는 하지만, 더 작은 힘으로 무거운 물체를 들어 올릴 수 있다. 오늘날 엘리베이터에는 고정도르래만 설치돼 있다. 강력한 전기의 힘이 있으니 굳이 움직도르래가 필요 없는 것이다. 게다가 빠른 이동을 위해서라면 더욱 그렇다.

엘리베이터는 기본적으로 사람 등이 탑승하는 공간과 그와 비슷한 무게의 평형추가 서로 엇갈려, 상하로 움직이는 구조다. 탑승공간과 평형추를 연결한 강철 케이블이 도르래에 걸쳐져서 서로 반대 방향으로 힘을 받는다. 그리고 전동기는 이 케이블을 감았다 풀었다 하면서 탑승공간을 위아래로 이동시킨다. 평형추는 탑승공간과 반대로 움직이면서 전동기의 부담을 덜어주는 역할을 한다.

그리고 여기에 또 하나의 중요한 장치가 붙는데, 바로 오티스가 발명한 안전 제동장치다. 만에 하나 케이블이 끊어졌을 때 이상속도를 감지하고 브레이크를 걸어준다. 전기를 쓰는 최초의 엘리베이터는 1880년에 독일 전기기술자 에른스트 베르너 폰 지멘스(1816~1892)가 발명했다. 오티스와 지멘스의 발명 덕분에 엘리베이터의 이용도가 높아졌고, 고층건물들을 지을 수 있게 됐다.

230 토

과학자의 주방

액체인가, 고체인가

도토리묵 안에 갇혀버린 물

예전에 작은 텃밭을 가꾼 적이 있다. 주기적으로 비료도 주고 잡초도 뽑고 물도 주면서 정성스럽게 가꾸었지만, 이내 귀찮은 일이 돼버렸다. 재미있는 취미가 지겨운 노동이 된 것이다. 그럼에도 포기하지 않았던 이유는 텃밭 옆 한 작은 음식점 때문이었다. 그곳의 도토리묵무침을 먹는 재미로라도 텃밭에 나갔던 것이다.

도토리묵을 만드는 방법은 의외로 간단하다. 도토리 가루에 물을 적당한 비율로 섞어 반죽한 후 끓이면 매우 걸쭉한 상태가 되는데, 이를 그릇에 부어 식히면 금세 완성된다. 도토리묵은 대부분 물이어서 말랑한데, 고체처럼 일정한 형태를 유지하는 것이 신기하기만 하다. 수분이 많아 먹기 편하면서도 잘 상하지 않으니, 예부터 먼 길을 떠나는 나그네들에게 유용한 음식이었다고 한다.

도토리의 주성분인 전분은 탄수화물의 일종으로, 포도당이라 불리는 작은 분자들이 수천·수만 개가 연결돼 만들어지는 긴 실 모양의 고분자물질이다. 전분은 호화라고 하는 매우 특이한 반응을 일으킨다. 전분에 물을 첨가하고 가열하면 끈적한 상태로 바뀌는 것인데, 탕 요리나 소스의 점도를 높이기 위해 전분을 추가하는 이유가 여기에 있다.

사실 이런 걸쭉한 상태는 여전히 액체에 가깝다. 모양도 일정하지 않고 흘러내리기 때문이다. 물론 물처럼 완전한 액체는 아니니, 이를 구분하여 '졸(sol)'이라 부르기도 한다. 쉽게 말하자면 고체가 되기 전 단계라 할 수 있는데, 전분을 구성하는 긴 실 모양의 고분자물질들이 물에서 풀어지고 서로 엉키면서 끈적한 점성이 생기는 것이다.

그런데 도토리의 전분은 조금 특이하다. 처음에는 끈적한 상태이다가 식으면서 점차 고체와 비슷한 상태로 변한다. 고분자물질들이 서로 엉키는 과정에서 다른 종류의 전분에 비해 더 단단한 구조가 만들어지기 때문이다. 그리고 그 구조 안에 물이 갇혀버리게 된다. 이런 상태를 '겔(gel)'이라 부른다. 앞서 등장했던 졸보다는 더 고체에 가까운 성질을 갖고 있다.

두부가 만들어지는 과정도 이와 유사한데, 콩의 단백질 고분자들이 서로 엉키면서 물을 가두고 있는 겔과 같은 상태가 되는 것이다. 이때 간수라 불리는 물질의 도움이 필수적이다. 간수가 있어야 단백질들이 더 견고하게 엉키기 때문이다.

〈마션〉(2015)

촉매를 몰랐다면, 과연 살아남을 수 있었을까?

화성탐사대의 일원이었던 '마크 와트니'는 거대한 모래폭풍이 몰아치는 가운데 화성에서 실종되고 만다. 그가 생존했을 가능성이 없다고 판단한 다른 대원들은 폭풍으로 탐사선마저 위태로워지자 서둘러 화성을 떠난다. 하지만 그는 가까스로 살아남았다. 문제는 모든 통신이 두절됐고, 다음 탐사팀은 4년 후에나 도착할 예정이라는 것이다. 게다가 화성 기지에 남은 식량은 300일 치에 불과했다. 하지만 그는 어떻게든 버텨보기로 한다.

다행히도 와트니는 식물학자였다. 그는 우선 화성의 흙을 가져와 기지 안에 밭을 만들었다. 그리고 사람의 인분으로 만든 거름도 뿌렸다. 그런데 문제가 있었다. 충분한 물을 구할 수 없다는 것이었다. 와트니는 이런저런 궁리를 하다가 아이디어를 떠올린다. 기지에 보관 중이던 하이드라진(NH_2NH_2)을 이용하면 물을 만들 수 있다는 사실을 깨달은 것이다.

장기간 안정적으로 보관이 가능하고 연소가 쉽다는 장점이 있어서 로켓 연료로 주로 사용되는 하이드라진은 고온에서 질소(N_2)와 수소(H_2)로 분해되고, 이 과정에서 추진력을 얻는다. 그리고 이때 '이리듐 금속'의 미세한 입자를 같이 분사하면, 반응이 더 활발히 일어나 추진력이 훨씬 커진다. 이리듐이 일종의 촉매 역할을 하는 것이다.

촉매는 보통 미세한 분말 형태의 금속을 많이 사용한다. 반응에 참여하는 물질들이 금속 표면에 결합하면, 그렇지 않은 경우보다 반응을 일으키는 데 필요한 에너지 수준이 훨씬 더 낮아지기 때문이다.

와트니는 이 원리를 이용하기로 했다. 그는 먼저 액체상태인 하이드라진을 이리듐 촉매 위에 서서히 떨어트렸다. 원래는 350℃ 이상에서 질소와 수소로 분해되지만, 이리듐 촉매는 그 반응 온도를 훨씬 더 낮게 만들어 상온에서도 가능하도록 했다. 그는 이렇게 얻은 수소(H_2)를 연소시켜, 즉 산소(O_2)와 반응시켜 마침내 물(H_2O)을 만들어냈다. 그리고 감자 재배에 성공한다.

비록 얼마 후 발생한 불의의 사고로 감자 농사는 망치고 말았지만, 그는 우여곡절 끝에 지구에 자신의 생존 사실을 알리는 데 성공한다. 지구로 귀환하던 탐사선은 다시 화성으로 돌아오고, 마침내 와트니가 구조되며 영화는 끝이 난다.

닐스 보어(1885~1962)

신이 주사위로 뭘 하든 이래라저래라 하지 마세요

덴마크를 대표하는 물리학자 닐스 보어는 1913년 원자의 구조를 설명할 수 있는 새로운 '행성모델'을 제시했다. 원자핵을 중심으로 전자가 회전운동을 한다는 원래의 행성모델은, 1909년 원자핵을 발견한 영국의 러더퍼드가 제창한 것이다. 그에 따르면 원자의 중심에는 질량의 대부분을 차지하는 원자핵이 존재하고, 그 주위를 마치 태양을 중심으로 도는 지구처럼 전자들이 돈다.

보어는 여기서 더 나아가, 전자들이 에너지 수준이 각기 다른 여러 개의 궤도를 돌고 있으며, 높은 에너지의 궤도에서 낮은 궤도로 전자가 이동하면 그 차이만큼 에너지를 방출한다고 주장했다. 전자가 가지는 에너지가 연속적이 아니라 마치 한 계단씩 오르는 것처럼 불연속적이라는 주장인데, 초기 양자역학의 아이디어를 원자모형에 도입한 것이다.

양자역학의 핵심개념 중 하나인 '양자'는 어떤 물리량의 최소 단위를 의미한다. 기존의 물리학에서는 물리량이 연속적이라 보았다. 그것이 에너지든, 질량이든 또는 그 어떤 물리량이든 임의의 값으로 계속 분할할 수 있다고 본 것이다. 하지만 양자역학에 따르면 그런 분할에는 한계가 있으며, 모든 물리량은 그 최소 단위, 즉 양자를 갖는다. 우리가 측정하는 물리량은 그 양자의 정수배에 해당하는 값이다. 예를 들어 앞의 원자모델에서 각 전자들이 가질 수 있는 에너지는, 아주 작은 값에서 아주 큰 값까지 연속적으로 존재하지 않는다. 더 이상 분할할 수 없는 최소 에너지를 기본단위로 하여, 그 정수배만큼의 값으로만 존재한다. 그러다보니 각 에너지 수준이 불연속적으로 나타난다. 따라서 전자들은 '양자적 성질'을 지니고 있다.

양자의 또 다른 대표적인 예로는, 빛을 구성하는 '광양자'가 있다. 보통 빛은 입자와 파동의 성질을 함께 갖는다고 알려져 있는데, 광양자란 빛을 입자의 성질로 파악했을 때 나타나는 개념이다. 물론 광양자는 파동의 성질도 있어, 그것의 고유한 파장에 따라 에너지의 크기가 결정된다. 이 에너지도 불연속적이며, 기본단위의 정수배로 광양자의 에너지가 결정된다.

이처럼 가장 최소 단위 물리량을 의미하는 '양자'를 그 핵심개념으로 하다보니, 양자역학은 필연적으로 아주 작은 미시세계를 다룰 수밖에 없다. 그런데 원자 크기 이하인 미시세계의 현상들은 우리가 흔히 경험하는 거시세계와는 완전히 딴판이다.

거시세계에서는 매 순간 모든 것이 확정적이다. 예를 들어 운동하는 물체의 위치와 속도 등은 언제나 정확하게 측정할 수 있다. 하지만 양자역학에 따르면, 전자와 같은 아주 작은 입자는 그렇지 않다. 이 입자의 위치를 측정하려고 하면 그 속도가 확정되지 않고, 속도를 측정하려고 하면 그 위치가 불확정해진다. 이를 '불확정성원리'라고 하는데, 전자와 같은 작은 입자들은 그 상태가 불확정적인 상태에 있다고 할 수 있다. 정확히 어디에서 어떤 운동을 하고 있는지 기술할 수 없으며, 각각의 상태가 갖는 확률값을 파악할 수 있을 뿐이다.

이처럼 우리의 직관과 잘 맞지 않는 양자역학을 어떻게 이해해야 할까? 보어와 동료들은 고민 끝에 대안을 하나 내놓았다. 바로 '코펜하겐 해석'이다. 보어가 설립한 닐스보어연구소가 코펜하겐에 있어서 이런 이름이 붙었다. 완전히 정확하지는 않지만, 대략 이런 방식으로 이해하면 된다는 일종의 해설서인 셈이다. 이 해석의 핵심은 다음과 같다.

첫째, 미시세계의 불확정성은 '입자-파동의 이중성', 즉 물질이 입자이면서 동시에 파동으로서의 성질도 지니기 때문에 발생한다. 앞서 살펴본 바 있는 물질파 이론에 따르면, 모든 물체는 입자인 동시에 파동인데, 입자의 크기가 작을수록 파동으로서의 성질은 더 커진다. 따라서 거시세계의 물질이라면 파동으로서의 성질은 무시해도 좋을 정도지만, 전자와 같은 미시세계의 물질이라면 파동성을 무시할 수 없다. 공간에 널리 퍼져 있는 파동성이 입자성에 가미되면서, 우리가 단순히 입자라 알고 있었던 물질의 상태는 매우 불확정적이게 된다. 예를 들어 전자의 위치를 정확하게 확정하면 이는 전자의 입자성에 따른 것인데, 그 외의 물리량인 속도는 여전히 파동성을 지니고 있어 불확정인 상태다. 반대로 속도를 측정해 확정하면 속도는 입자성과 관련되지만, 위치는 파동성에 따라 불확정적이게 된다. 따라서 측정하기 전이라면, 위치든 속도든 모든 물리량은 기본적으로 불확정한 상태다.

코펜하겐 해석의 두 번째 특징은 '중첩상태'다. 미시세계의 입자들은 입자-파동의 이중성으로 인해 관측 이전에는 불확정인 상태인데, 이는 여러 상태들이 중첩된 상태라고 말할 수도 있다. 이 상태일 수도 있고 저 상태일 수도 있다는 뜻인데, 양자역학에서는 이 상태들을 파동함수로 나타낸다. 이 파동함수를 통해 각 상태들의 확률값을 구할 수 있다. 따라서 현대의 원자모형에서는 전자들이 핵을 중심으로 확률적으로 분포한다고 설명한다.

마지막 세 번째 특징은 '파동함수의 붕괴'다. 비록 미시세계는 관측 이전에는 불확정한 상태이지만, 일단 관측이 되면 하나의 상태로 확정된다. 전자의 위치를 확정하거나, 또는 그 속도를 확정할 수 있다는 말이다. 그렇다면 이전의 확률값들은 어떻게 되는 것인가? 이에 대해 코펜하겐 해석은 관측의 순간 기존의 파동함수가 붕괴하면서, 여러 중첩상태들 가운데 하나의 '고유상태'로 환원되는 것이라고 설명한다. 예를 들어 전자의 위치 또는 속도가 관찰되면, 기존의 여러 확률분포들은 사라지고 하나의 확정된 상태만 남는 것이다.

그런데 아인슈타인은 이런 해석이 영 맘에 들지 않았다. 아인슈타인은 우주의 모든 것은 관찰 여부와 무관하게 이미 그 상태가 결정돼 있다고 생각했기 때문이다. 그래서 그는 이렇게 말했다. "신은 우주를 가지고 주사위 도박을 하지 않는다." 보어는 이렇게 응수했다. "아인슈타인, 신이 주사위로 뭘 하든 이래라저래라 하지 마세요."

제5차 솔베이 학술회의(1927)

과학 히어로들의 대격돌

1927년 10월, 벨기에 브뤼셀에서 제5차 솔베이 학술회의가 열렸다. 벨기에의 화학자이자 성공한 사업가였던 에르네스트 솔베이(1838~1922)의 후원으로 1911년 시작돼, 현재도 이어지고 있는 이 회의는 3년마다 저명한 과학자들을 초청한다. 매번 세간의 관심을 끌었지만, 특히 제5차 회의는 그중 하이라이트였다.

우선 초대받은 사람들이 대단했다. 29명 중 17명이 이미 노벨상을 받았거나, 후에 받을 인물들이었다. 아인슈타인, 닐스 보어, 마리 퀴리, 물리학자 베르너 하이젠베르크(1901~1976) 등등. 그야말로 별들의 잔치이자 과학 히어로들의 대단한 회합이었다. 하지만 이것만으로 그해 가을의 회의가 그토록 유명해졌던 것은 아니다. 다루었던 내용 또한 범상치 않았다. 공식적인 주제는 '전자와 광양자'였지만. 열띤 논쟁이 벌어진 것은 당시 막 대두되던 양자역학에 관해서였다. 이 회의에서 보어는 하이젠베르크 등 그의 동료들과 함께 양자역학에 대한 새로운 해석을 정립한다. 이후 '코펜하겐 해석'이라 불리게 되는 것이다. 그 주요 내용은 다음과 같다.

'물질은 입자-파동의 이중성을 지닌다' '물질은 중첩상태인데 그 상태는 파동함수로 표시될 뿐이다' "그리고 물질의 상태를 관측하면 이 파동함수가 붕괴하면서 '고유상태'로 환원된다". 예를 들어 전자의 위치를 시간에 따른 확률로 계산하면, 원자핵 주위 일정 공간에 있을 확률이 매우 높다. 하지만 그 밖의 장소, 예를 들어 저 멀리 안드로메다에 존재할 확률도 0이 되지는 않는다. 그 정확한 위치는 관측할 때 확정될 뿐이며, 관측 전이라면 정확한 상태를 특정할 수 없다.

그런데 아인슈타인은 이런 해석에 반대했다. 빛이 불연속적인 에너지를 갖는 '광양자'라는 일종의 양자들로 구성돼 있음을 입증함으로써, 양자역학이 태동하는 데 큰 기여를 했음에도 불구하고 그랬다. 그는 관측의 유무에 따라 물질의 상태가 결정된다는 해석이 맘에 들지 않았던 것이다. 물질의 상태는 비록 관측 이전이라도 확정돼 있다는 것이 그의 믿음이었다.

솔베이 학술회의 동안 아인슈타인은 보어 진영과 치열한 토론을 펼쳤다. 아인슈타인이 코펜하겐 해석을 무너뜨릴 사고실험을 제안하면, 보어 진영은 이를 검토한 후 반박하는 형태로 진행됐다. 매번 아인슈타인은 더 정교한 사고실험을 제시했지만, 결국 코펜하겐 해석을 무너뜨리는 데는 실패했다. 이미 대세는 기울었고, 20세기 위대한 과학자는 이제 자신의 시대가 저물고 있음을 깨달았다.

234 수

과학의 생각

슈뢰딩거의 고양이

고양이는 살아 있을까? 아니면 죽어 있을까?

1927년 열린 제5차 솔베이 학술회의는 양자역학의 기틀을 마련하는 계기가 됐다. 닐스 보어를 중심으로 하는 코펜하겐 진영이 일반인들의 직관으로는 이해하기 어려운 양자역학적 현상들을 해석하는 기준인 '코펜하겐 해석'을 제시한 것이다. 그러나 아인슈타인은 끝까지 이 해석에 반대하며 코펜하겐 진영과 대립했다.

아인슈타인과 마찬가지로 에르빈 슈뢰딩거 또한 이런 해석이 맘에 들지 않았다. 그래서 하나의 사고실험을 고안했다. (이해를 돕기 위해 약간 변형을 가했다.) 진공상태인 작은 상자에 전자 하나를 넣는다. 상자를 반으로 나누고 한 상자는 저 멀리 안드로메다로 보낸다. 그러면 각 상자에 전자가 있을 확률은 50%다. 지구에 남겨진 상자를 밀폐된 작은 방 안에 넣고, 고양이 한 마리도 같이 넣는다. 그리고 상자 속에서 전자가 발견되면 독극물이 분출되는 장치도 설치한다. 잠시 후 상자가 열린다.

우리의 상식과 직관에 따른다면 고양이는 살아 있든지 아니면 죽어 있든지 둘 중 하나일 테지만, 양자역학의 설명은 다르다. 관측 전에는 전자의 존재 여부를 알 수 없으니(양자역학의 표현으로는 전자의 존재상태 또는 비존재상태가 중첩돼 있으니), 고양이 또한 살아 있음과 죽어 있음의 중첩상태여야 한다. 물론 방문을 열어 확인하면 고양이는 하나의 상태로 확정된다. 고전역학에 의하면 숨겨진 변수로 인해 물질의 상태를 정확히 알 수 없을 때 확률을 도입하지만, (우리가 모를 뿐이지) 상태는 이미 결정돼 있다. 그런데 양자역학의 확률은 이 숨겨진 변수와 관련이 없는 개념이다. 다시 말해 상태가 결정돼 있지 않다.

하지만 슈뢰딩거는 이것은 말도 안 되는 상황이라 생각했다. 어떻게 살아 있는 고양이와 죽어 있는 고양이가 중첩상태일 수 있는가? 만약 고양이가 살아 있음이 확인된다면, 그 고양이의 기억 속에는 죽었던 상태의 기억 또한 함께 남아 있다는 말인가? 그는 상식과 직관에 위배되는 이런 설명이 아무리 그럴싸해 보이더라도, 순진하게 받아들여서는 안 된다고 생각했다. 그래서 이와 같은 사고실험을 고안한 것이다. 그런데 아이러니하게도 오늘날 그의 이 실험은 양자역학의 의미를 쉽게 전달하고자 하는 목적으로 더 많이 활용되고 있다. 슈뢰딩거가 이 사실을 안다면 어떤 기분일까?

《이토록 기묘한 양자》(존 그리빈)

양자세계에 다양한 해석이 존재하는 이유

원자 크기 이하의 미시세계를 다루는 양자역학은 여러모로 우리의 직관과는 잘 맞지 않는다. 하지만 양자역학의 방정식들은 관련된 계산을 하고, 실험 결과를 예측하는 데는 아주 잘 들어맞았다. 그래서 양자역학에 대해 '왜'라는 질문을 던지면, '닥치고 계산이나 해'라는 소리를 들을 수밖에 없었다고 영국 천체물리학자 존 그리빈(1946~)은 회고한다. 자동차가 어떻게 작동하는지 몰라도 전문 레이서가 차를 잘 몰 수 있는 것처럼, 양자역학 또한 그런 것이다.

이런 어려움 때문에 여러 해석들이 등장하기 시작했다. 일반인의 언어로 나름 이해하려는 시도가 이루어진 것이다. 이런 해석은 양자역학을 이해하기 위해 고군분투하는 물리학자들을 위한 일종의 위안이기도 했다. 존 그리빈은《이토록 기묘한 양자》에서 양자역학에 대한 해석 6가지를 공평한 관점에서 다룬다. 모든 해석이 각기 나름의 관점을 갖고 양자역학을 들여다보기에, 어떤 해석은 맞고 어떤 해석은 틀리다는 식의 접근법은 옳지 않다고 말한다.

먼저 가장 유명하면서도 주류가 되는 해석은 '코펜하겐 해석'이다. 앞서 말한 입자-파동의 이중성, 관측 전의 중첩상태와 관측 후의 고유상태로의 환원 등과 같은 핵심내용은 이미 많은 사람들에게도 친숙한 내용이 됐다.

두 번째 '파일럿 파동 해석'에 따르면, 입자가 이동하기 전 파동을 내보내고 입자는 그 파동을 타고 이동한다. 이 파동을 파일럿 파동이라 부르며, 입자의 경로는 이미 결정돼 있지만 이 파동이 이를 숨기고 있다고 해석한다.

세 번째 '다세계 해석'은 파동함수가 붕괴돼 여러 중첩상태 가운데 하나의 고유상태만 확정될 경우, 나머지 상태들은 어떻게 되는가에 대한 질문으로부터 출발했다. 1957년 미국 물리학자 휴 에버렛(1930~1982)은 이에 대해 매우 독창적인 해석을 내놓았다. 각각의 상태마다 또 다른 세계로 '분기'돼 나간다는 것이다. 예를 들어, 슈뢰딩거의 고양이를 관측했을 때 만약 그 고양이가 살아 있었다면, 고양이가 죽어 있던 상태는 사라지는 것이 아니다. 고양이가 살아 있음이 확인된 이 세계와 별도로, 고양이가 죽어 있는 세계가 그 순간 새롭게 생겨난다. 혹 고양이가 죽어 있음이 관찰될 경우도, 이와 같은 분기는 동일한 방식으로 일어난다.

그 밖에도 조금 생소한 해석인, '결어긋남 해석' '앙상블 해석' '거래 해석' 등이 이 책에서 소개된다. 각각의 해석을 듣다보면 '그럴 수도 있겠구나' 하면서 고개를 끄덕이게 된다. 저자의 말처럼 이 기묘한 양자의 세계는 단 하나의 해석만으론 다 들여다볼 수 없는 것 같다.

236 금

신기한 과학 발명품

양자컴퓨터

기존 컴퓨터의 한계를 넘어라

반도체의 나노 경쟁이 치열하다. 보통 반도체칩이라 부르는 것은 손톱보다 작고 얇은 사각형 실리콘 조각에 선폭이 나노 단위인 정밀회로를 새기고, 여기에 0과 1 데이터를 저장하고 처리할 수 있는 트랜지스터와 같은 반도체소자들을 배치해 만든다. 예를 들어, 5nm(1nm는 1/10억m다) 공정으로 만든 애플의 M1칩은 트랜지스터 160억 개가 들어간다. 정밀한 칩을 사용할수록 컴퓨터의 성능은 개선되지만, 여기에는 분명 물리적 한계가 따를 수밖에 없다. 그래서 최근 각광받는 것이 바로 양자컴퓨터다.

일반 컴퓨터가 처리하는 정보의 최소 단위는 0과 1로 구성된 '비트(bit)'다. 컴퓨터는 이진수 0과 1로 데이터를 처리하는데, 1비트는 0과 1로 2개의 데이터를, 그리고 2비트는 00, 01, 10, 11로 4개의 데이터를 처리할 수 있다는 의미다. 3비트는 2^3개, 4비트 2^4개, 이런 식으로 비트가 커질수록 처리용량은 급격히 늘어난다. 현재 많이 사용되는 64비트 컴퓨터의 경우 2^{64}개 단위로 데이터를 처리할 능력이 있다. 그런데 양자컴퓨터는 이와는 다른 방식으로 데이터를 처리한다.

양자역학에 따르면 전자나 광양자와 같은 아주 작은 입자들은 양자적 성질을 지닌다. 대표적으로 양자는 (관측 전에는) 그 상태가 중첩의 특성을 보인다. 예를 들어, 한 양자의 (관측했을 때의) 고유한 상태를 0과 1이라 한다면, (관측 전에는) 이 두 상태가 서로 중첩된 상태로 존재한다. 즉 '0이고 1'인 상태이다. 이 최소 단위를 '큐비트'라 하여 기존의 비트와 구분한다.

앞서도 설명한 것처럼 1비트는 2개의 데이터(0 또는 1)를 따로 처리하지만, 1큐비트는 이 데이터들을 동시에(0이고 1) 처리한다. 따라서 1큐비트는 2비트에 해당하는 속도를 갖게 되는데, 큐비트의 수가 많아질수록 속도 차이는 엄청나게 벌어진다. 예를 들어 2큐비트는 2^2비트에 해당하는 속도이고, 10큐비트는 2^{10}비트, 그리고 100큐비트는 2^{100}비트가 되는 식으로 지수함수적으로 그 성능이 증가한다.

관측 전에는 이러한 처리가 동시에 이루어지지만, 관측했을 때는 단 하나의 결과만 얻어진다. 따라서 양자컴퓨터는 이러한 관찰을 동시적으로 여러 번 해서 다른 결과들 또한 얻을 수 있도록 설계한다. 마치 수많은 다른 컴퓨터가 진행한 계산 결과들을 동시에 한데 모으는 것과 비슷하다고 할 수 있다.

237 토

과학자의 주방

과일튀김의 비밀

압력을 낮추면 끓는점도 낮아진다

동남아에는 각종 튀김 요리가 많다. 아무래도 더운 지방이다보니 음식을 오래 보존할 수 있는 튀김 조리법이 보편화됐을 것이다. 그중에서도 유독 눈길을 끄는 것은 과일튀김이다. 과일을 튀기면 고온의 열에 의해 탄수화물이 당분으로 분해되면서, 단맛이 더욱 강조된다. 물론 식욕을 자극하는 바삭거리는 식감 또한 빼놓을 수 없다. 연한 육질의 과일이 고온에서 튀겨졌는데도, 그 형태가 거의 그대로 유지되는 것은 참으로 신기하기만 하다. 여기엔 어떤 비밀이 숨어 있을까?

튀김은 그 재료에 따라 기름 온도를 조절한다. 예를 들어, 일본의 튀김 요리인 덴푸라를 만들 때 어패류는 190℃ 정도에서 조리하지만, 열에 약한 야채류는 170℃에서 짧게 튀겨 낸다. 그런데 바나나와 같은 과일은 야채류보다 더 열에 취약하다. 따라서 기름 온도를 더 낮춰야 하지만, 문제는 그러면 기름이 끓지 않아 대류가 일어나지 않는다는 것이다. 대류가 없으면 열이 골고루 전달되지 않아 튀김이 잘 만들어지지 않는다.

이를 위해 고안된 것이 '진공튀김기'다. 높은 산에 올라가 밥을 지으면 밥이 설익는데, 기압이 낮아 물의 끓는점이 낮아지기 때문이다. 진공튀김기는 이 원리를 이용한다. 밀폐된 튀김기 안을 진공상태로 만들어 기름의 끓는점을 낮춘 것이다. 사실 과학적으로 진공이라 함은 공기입자가 거의 없는 상태를 말하지만, 실제 진공튀김기는 그 정도까지 공기를 제거하지는 못한다. 기껏해야 대략 0.03기압 정도를 만들 뿐이어서, 정확하게는 '저압튀김기'라 부르는 것이 맞을 듯하다. 참고로 인공핵융합로에서 구현되는 진공은 대기압의 무려 1/10억 수준이다.

여하튼 이 0.03기압만 하더라도 과일을 튀기는 데는 큰 도움이 된다. 보통은 150℃ 이상에서나 가능했던 기름의 대류현상이 80℃ 이하에서도 일어나기 때문이다. 따라서 훨씬 낮은 온도에서도 제대로 된 튀김 요리가 가능해진다. 물론 연약한 과일의 육질이 손상되는 것도 최소화할 수 있다.

이 기술은 원래 감자칩의 대량생산을 위해 개발됐다. 감자칩은 오랫동안 보관해 가격이 저렴해진 감자를 주로 사용하는데, 문제는 이 감자들의 육질이 매우 연약하다는 것이다. 따라서 얇게 썰어 칩 형태로 튀기는 것이 쉽지 않다. 하지만 압력이 낮은 상태라면, 저온에서 튀기는 것이 가능해 온전한 감자칩의 형태를 잘 유지할 수 있다.

〈존 카터: 바숨 전쟁의 서막〉(2012)

순간이동하는 것은 나의 무엇인가?

미국 남북전쟁 중 가족을 모두 잃은 '존 카터'는 자신이 근무하던 기병대를 탈영해 폐인처럼 지낸다. 어느 날 뜻하지 않게 인디언 부족과의 싸움에 휘말린 그는 동굴로 피신하는데, 그곳에서 정체불명의 사내로부터 공격을 받는다. 사실 그 사내는 '썬족'이라 불리는 외계종족이었다. 존 카터는 엉겁결에 그를 총으로 쏘고, 사내는 자신의 목걸이를 손에 쥔 채 '바숨'이란 말을 하던 도중 죽고 만다. 그 목걸이를 손에 꼭 쥐고 자신도 바숨이란 단어를 말해보는 존 카터. 잠시 후 그는 깜짝 놀라고 만다. 미지의 어떤 곳으로 순간이동을 했기 때문이다.

그가 이동한 곳은 바숨이라는 외계행성으로, 지구인들의 언어로는 화성이라 불리는 곳이다. 중력이 지구의 1/3에 불과한 화성에서 존 카터는 초능력자가 된다. 상대적으로 강한 중력에서 근력이 단련돼서 수십m 위를 뛰어오를 수 있을 정도다. 그는 자신의 능력을 이용해 화성인들을 돕는다. 화성을 지배하고자 하는 썬족과 맞서 싸운 것이다.

순간이동장치는 SF영화에 자주 등장하는 단골 아이템 가운데 하나다. 1966년부터 계속 제작되고 있는 〈스타트렉〉 시리즈에서도 등장하면서, 일반인들에게도 매우 친숙한 개념이 됐다. 그런데 이 장치는 어떤 원리로 물체를 순간적으로 이동시킬 수 있을까?

이 영화에서의 원리는 명확하지 않지만, 〈스타트렉〉의 경우는 물질을 에너지로 변환해 전송하고, 다시 그 에너지를 물질로 변환하는 것으로 설정돼 있다. 전송장치에 들어간 주인공이 'Beam me up'이라 외치는 것은 '나를 에너지 형태로 쏘아달라'는 뜻이다. 물론 이 장치의 세부적인 기술은 아직까지는 비밀이다.

또 하나 생각해볼 수 있는 것은 정보의 이동이다. 물질의 세부정보를 스캔한 다음 이를 전송하고, 그 정보를 바탕으로 동일한 물질을 재조합하는 것이다. 일종의 복제인데 이 과정에서 원본은 폐기돼야 한다. (만약 남으면?) 이 전송은 전파 등을 이용한 고전적인 방식으로도 가능하지만, 뒤에서 살펴볼 (2022년 노벨물리학상의 주제이기도 한) '양자 원격전송기술'을 이용할 수도 있다. 물론 그 많은 정보를 완벽하게 스캔해 전송하고, 그 정보를 이용해 물질을 재조합하는 기술이 등장하기까지는 많은 시간이 걸릴 것이다.

239 월

과학자의 말

베르너 하이젠베르크

전문가라면 최악의 실수를 알고, 그것을 피할 수 있어야 한다

독일 물리학자 하이젠베르크는 1920년대 보어와 함께 '코펜하겐 해석'을 주도했다. 그는 양자역학을 창시한 공로를 인정받아 1932년 슈뢰딩거, 디랙과 함께 노벨물리학상을 수상하기도 했다.

그런 그가 1941년의 어느 날 덴마크 코펜하겐의 보어를 방문했다. 이전이라면 두 학자의 만남이 화목한 분위기에서 진행됐겠지만, 그날의 분위기는 사뭇 달랐다. 친구이자 사제지간이었던 둘의 관계가 1940년 독일이 덴마크를 점령하면서 틀어졌기 때문이다. 하이젠베르크는 나치에 협력해 원자로를 연구하고 있었고, 스승 보어는 조국 덴마크에서 숨죽이며 살다가 이후 나치를 피해 영국으로 간신히 탈출했다. 여하튼 그날의 방문에 대해서는 서로 다른 이야기들이 전해진다.

종전 후 하이젠베르크의 회고에 따르면, 원자폭탄 개발에 과학자가 참여하는 것에 대한 도덕적 문제를 논의하기 위한 자리였다고 한다. 거기에 덧붙여 자신의 원래 의도는 보어로부터 그 참여가 비도덕적인 이유를 듣고자 함이었다고 진술한다. 또한 자신은 의도적 태업을 통해, 나치가 원자폭탄을 개발하지 못하도록 방해했다고 주장하기도 했다.

하지만 이런 내용의 회고를 알게 된 보어는 대단히 화를 냈다고 전해진다. 그리고 한 통의 편지를 준비했는데, 그 편지에서 보어는 그날 분명 하이젠베르크로부터 나치에 협력해 원자폭탄에 관한 연구를 진행하고 있으며, 그 성공을 확신한다는 말을 들었다고 주장했다. (이 편지가 실제로 발송되지는 않았다.)

그날의 진실이 무엇인지는 아직도 명확하지 않다. 각자의 입장이 확연히 달랐으니 말이다. 하나의 사실을 놓고 기억한 것이 미묘하게 달랐을지도 모르고, 종전 후 자신에게 유리한 방향으로 의도적으로 기억이 왜곡됐을지도 모른다.

하이젠베르크는 이런 말을 남겼다. "전문가라면 자신의 연구 주제에서 가장 최악의 실수가 무엇인지, 그리고 그것을 어떻게 피할지 알아야만 한다." 하지만 그를 보면서 이런 의문이 든다. 1941년 당시 하이젠베르크는 자신이 하던 일의 최악의 실수와 그것을 피하는 방법을 정말로 알고 있었을까?

과학자와 같은 전문가들이 그저 자신이 좋아하는 일을 묵묵히 할 수 있는 세상이 계속됐으면 좋겠다. 최악의 실수까지 고려해야 하는 상황이 부디 오지 않기를 바랄 뿐이다.

240 화

페니실린의 발견(1928)

평균수명 80세 시대를 열다

고대 로마인의 평균수명은 17세였다. 산업혁명이 한창이던 18세기 유럽인의 평균수명도 그리 길지 않은 30세였다. 하지만 오늘날은 바야흐로 평균수명 80세의 시대가 됐다. 무엇이 이토록 급격한 변화를 이끌었을까?

과거 평균수명이 짧았던 것은 아무래도 질병의 영향이 컸다. 지금은 쉽게 고치는 병일지라도, 치료법이 마땅치 않았던 예전에는 속수무책인 경우가 많았던 것이다. 특히 어린 영유아의 높은 사망률은 평균을 더욱 깎아 먹었다.

19세기 이후 의학기술이 비약적으로 발전하면서, 질병 또한 극복될 수 있다는 희망을 주었다. 예를 들어 1880년 발명된 백신은 인체의 면역반응을 이용해, 보이지 않는 치명적인 적인 미생물에 대항할 수 있도록 해주었다. 하지만 미생물을 직접 죽이는 것은 무척 어려웠다. 다양한 미생물마다 각각 적당한 물질을 찾아야 했고, 또 그 물질을 찾았다고 해도 인체에 대한 유해성 문제가 있었던 것이다. 그러던 중 가히 기적이라 불릴 만한 항생물질이 우연히 발견됐는데, 바로 '페니실린'이다.

페니실린은 다양한 미생물에 효과가 있었고 인체에 거의 무해했다. 페니실린은 제2차세계대전 중에 대량생산됐는데, 덕분에 예전이라면 목숨을 잃거나 팔다리를 절단해야 했을 수많은 병사들을 구했다. 당연히 전후에도 많은 이들의 목숨을 구했다. 그 덕분에 평균수명이 오늘날처럼 급격하게 늘어날 수 있었던 것이다.

1928년 영국 미생물학자 알렉산더 플레밍(1881~1955)은 주로 어린이들에게 부스럼을 일으키는 포도상구균을 연구하기 위해 이를 배양하고 있었다. 그런데 여름 휴가를 다녀온 그는 놀라운 광경을 목격하게 된다. 그의 실험실 아래층에 곰팡이를 연구하는 실험실이 있어서, 그 영향으로 배양접시에 푸른곰팡이가 피어 있었다. 그런데 그 곰팡이 주위로는 균이 모두 죽어버린 것이다.

플레밍은 푸른곰팡이가 어떤 항생물질을 만든다는 사실을 확인했다. 그리고 이 물질을 페니실린이라 불렀다. 하지만 페니실린의 상용화에는 실패했고, 1939년에 이르러서야 옥스퍼드대의 플로리(1898~1968)와 체인(1906~1979)에 의해 대량생산의 길이 열렸다. 세 사람은 1945년 노벨생리의학상을 수상했다.

곰팡이 때문에 실험을 망친 불운이라 여길 수도 있었지만, 플레밍은 그 불운을 행운으로 바꿔놓았다. 준비된 자이기에 그것이 가능했을 것이다.

241 수

과학의 생각

다세계 해석

고양이가 죽어 있는 우주 또는 살아 있는 우주

1927년 제5차 솔베이 학술회의에서 논의된 코펜하겐 해석에 따르면, 미시세계에서는 여러 상태가 중첩되지만 관찰이 이루어지면 비로소 (파동함수가 붕괴되며) 하나의 상태로 확정된다. 관찰 전에는 각각의 중첩상태들에 대한 확률분포만 알 수 있을 뿐이다.

이런 해석에 대해 아인슈타인을 중심으로 한 몇몇 과학자들은 격렬히 반대했다. 하지만 이미 대세는 기울고 있었다. 바야흐로 양자역학의 시대가 도래한 것이다. 물론 그렇다고 코펜하겐 해석이 무조건적으로 다 받아들여진 것은 아니다.

이 해석에 따르면 관찰 전의 여러 상태들은 각각의 확률을 갖는다. 그리고 그 모든 상태의 확률을 더하면 1이 돼야 한다. 예를 들어 주사위를 던져서 각각의 숫자가 나올 확률은 1/6인데, 이 확률들을 모두 더하면 1이 되는 것과 같은 원리다. 그런데 관찰을 하면 단 하나의 상태만 남고 나머지는 모두 사라진다. 그렇다면 다음과 같은 의문이 제기된다. 왜 단 하나의 상태만 갑자기 확률이 1이 되고, 나머지 상태들의 확률은 0으로 변하는가? 선택된 단 하나의 상태는 어떤 이유로 선택된 것인가?

1957년 미국 물리학자 휴 에버렛은 자신의 박사논문에서 이 문제에 대해 다음과 같은 매우 독창적인 해석을 내놓는다. "관찰 전의 여러 중첩상태들은 사라지지 않는다. 그것들은 각각의 세계에서 실현된 상태로 존재한다."

다시 슈뢰딩거의 고양이 실험으로 돌아가보면, 상자 속의 전자는 존재상태와 비존재상태가 중첩되다가 관찰 후 하나의 상태만 남는 것이 아니다. 관찰 후에도 두 상태 모두 각각 실현된 상태로 존재한다. 다만 그 실현된 세계가 다를 뿐이다. 당연히 관찰자도 각각의 세계에서 별도로 존재한다.

이는 방 안의 고양이에게도 동일하게 적용된다. 그렇다면, 방문을 열었을 때 고양이가 살아 있는 세계와 죽어 있는 세계가 모두 함께 존재하는 것이다. 이를 '다세계 해석'이라 부른다. 물론 이처럼 실제로 여러 세계가 공존하는지를 직접 증명하는 것은 불가능하다. 그래서 이론이 아니라 해석으로 남았다. 하지만 코펜하겐 해석과 더불어 양자역학의 주된 해석 가운데 하나로 인정받고 있다.

그런데 우리 우주는, 고양이가 살아 있는 우주일까? 아니면 죽어 있는 우주일까?

《멀티 유니버스》(브라이언 그린)

우리도 우주를 만들 수 있다?

우리 우주의 지름은 약 930억 광년이다. 빛의 속도로도 930억 년이 걸려야 횡단할 수 있으며, 지구인의 단위로 환산하면 8.8×10^{26}m에 이르는 엄청난 거리다. 하지만 결코 무한하지는 않다. 그렇다면 이 공간 안 입자들의 수 또한 유한할 수밖에 없다. 별, 행성 그리고 우리를 포함한 모든 사물은 입자들로 구성되는데, 입자들이 조합해 사물들을 만드는 경우의 수 또한 유한할 수밖에 없다. 미국 컬럼비아대의 브라이언 그린(1963~) 교수는 이 경우의 수를 계산했다. 그 값은 무려 10의 10제곱의 122제곱. 도무지 상상이 가지 않을 정도로 엄청난 수지만, 그래도 앞서 말한 것처럼 유한한 값이다.

그렇다면 이런 상상이 가능할 것이다. 만약 우주 밖으로도 공간이 무한하다면, 그리고 그곳에도 우리 우주처럼 입자들이 존재한다면, 그 입자들을 조합하는 경우에 따라서 매우 다양한 우주들이 존재할 수 있다. 그리고 언젠가는 우리 우주와 동일한 우주, 즉 입자들이 동일한 방식으로 조합된 우주가 등장할 수도 있다. 수학적으로 계산해보면, 930억 광년×10의 10제곱의 122제곱 정도 떨어진 거리에서 이런 일이 발생한다. 브라이언 교수는 이를 '누벼 이은 다중우주'라 부른다.

한편 우주가 초기에 아주 급격한 팽창(인플레이션)을 겪었다는 '인플레이션 우주론'에서도 또 다른 우주의 존재 가능성이 제기된다. 왜냐하면 무한한 공간의 어딘가에서는 지금 이 순간도 아주 작은 공간이 급격하게 팽창하며, 또 다른 우주가 탄생하고 있을지도 모르기 때문이다. 이를 '인플레이션 다중우주'라 한다.

양자역학의 '다세계 해석' 또한 여러 우주의 가능성을 말한다. 예를 들어 슈뢰딩거의 고양이가 죽어 있는 우주와 살아 있는 우주가 모두 존재할 수 있는 것이다. 다세계 해석은 이런 식으로 우주가 끊임없이 분화돼간다고 주장하는데, 이른바 '양자 다중우주'다.

그린 교수가 설명하는 다중우주(그에 따르면 모두 9가지 종류가 있다)의 또 다른 가능성은 '시뮬레이션 다중우주'다. 영화 〈매트릭스〉의 가상세계처럼, '우리 우주 또한 컴퓨터 프로그램으로 만들어진 가상의 시뮬레이션이지 않을까?'라는 상상에서 출발한 개념이다. 만약 그렇다고 한다면, 얼마든지 원하는 우주를 만들어낼 수 있지 않을까? 어쩌면 우리 우주도 그 가운데 하나일지 모른다. 그리고 어쩌면 먼 미래의 우리 후손들은 컴퓨터 앞에 앉아 자신만의 우주를 만들고 있을지도 모를 일이다.

양자 원격전송

빨라서 좋은 것이 아니다

2022년 노벨물리학상의 영광은 '양자얽힘'이 실재한다는 사실을 증명한 프랑스 물리학자 알랭 아스페(1947~) 등 3명의 과학자들에게 돌아갔다.

양자얽힘이란 멀리 떨어진 두 양자가 서로 얽혀 있어, 한 양자의 상태가 확정되면 다른 양자의 상태가 이와 관련해 즉시 확정되는 현상을 말한다. 얽힌 상태의 예로 '파이온'이란 소립자가 붕괴될 때 만들어지는 '전자'와 '양전자'가 있다. 그런데 전자나 양전자는 지구가 자전을 하듯 축을 중심으로 회전한다. 이와 관련된 물리량을 '스핀'이라 하는데, 축을 기준으로 오른쪽 방향(스핀업, +1/2)과 왼쪽 방향(스핀다운, -1/2)의 두 종류가 있다. 이에 반해 파이온은 자전을 하지 않는다(더 정확히는 두 스핀값이 중첩상태다). 즉 스핀값이 0이다.

스핀값이 0인 파이온에서 만들어진 전자와 양전자는 각기 서로 다른 방향으로 자전을 해야 한다. 원래 0인 상태에서 동시에 생겨났기 때문이다. 그렇다면 전자의 스핀값이 정해진다면 동시적으로 양전자의 스핀값 또한 정해져야 한다. 이 현상이 '얽힘'이다.

고전물리학에서는 정보 전달에 일정한 시간이 필요하다. 아무리 빨라도 빛의 속도를 넘지는 못한다. 그런데 양자얽힘의 경우는 동시적 사건이다. 한 양자의 상태가 확정되면, 그에 따라 다른 양자의 상태가 확정되는 데 시간이 걸리지 않는다는 뜻이다. 이 때문에 아인슈타인은 이를 '유령 같은 원격작용'이라 부르며 비판하기도 했다.

노벨상 수상이 발표되자 언론에서는 '양자 원격전송'에 대해 언급하기 시작했다. 이는 양자얽힘을 이용할 수 있는 구체적인 사례이기 때문이다. 예를 들어 다음과 같은 방식이 있다. 위성에서 얽힌 상태인 양자들을 동시에 생성시킨 후, 각각을 멀리 떨어진 장소로 쏘아 보낸다. 이후 한곳의 양자들을 일정한 상태들로 확정시키면, 다른 곳의 양자들 또한 즉시 자신의 상태들을 확정한다. 그러면 이를 통해 정보를 즉시 전달할 수 있다.

다만 수신하는 쪽에서 양자들의 상태를 관측했을 때 그 상태의 확정이 양자 전송에 의한 것인지, 아니면 관측에 따른 단순한 상태의 확정인지를 알 수 없기 때문에 여전히 고전적인 통신은 필요하다. 다시 말해 양자 전송을 실시한다는 사실을 전화 등 다른 수단으로 알려주어야 한다는 것이다. 따라서 전송속도에 따른 이점은 거의 없다고 볼 수 있다. 다만 매우 중요한 이점이 하나 있는데, 그것은 보안성이다. 중간 경로가 없는 전송이기 때문에 해킹이 원천적으로 불가능한 것이다.

더 오래, 더 안전하게

미생물 증식을 억제하는 방법들

냉장고 문을 열자 먼저 눈에 들어오는 것은 파스타 면. 서랍을 여니 이번엔 진공포장된 마늘이 보인다. 다른 밀키트에 있던 것을 따로 보관해둔 것 같다. 그럼 오늘의 야식 메뉴가 정해졌다. 알리오 올리오 파스타. 마늘과 올리브오일, 건고춧가루만 있으면 가능한 메뉴다.

먼저 파스타 면을 삶아내고, 면수는 나중에 볶을 때 다시 써야 하니 따로 보관해둔다. 이제 가장 중요한 마늘을 볶을 차례다. 그런데 포장을 뜯자 멀쩡해 보이던 마늘에서 좋지 않은 냄새가 확 피어오른다. 진공포장이라 꽤 오래 보관할 수 있을 줄 알았는데 너무 과신한 모양이다. 진공포장은 공기와의 접촉을 최대한 차단해, 미생물의 번식을 억제하는 방법이다. 그런데 일부 유해한 미생물들은 산소 없이도 증식이 가능하다.

미생물이 증식하려면 몇 가지 조건이 필요하다. 먼저 영양분인데, 식재료는 그 자체가 영양분이니 오래 보관하기가 어렵다. 두 번째 조건은 온도, 보통 5℃ 이상의 온도에서 미생물이 활발하게 활동한다. 그래서 냉장고 온도를 4℃ 이하로 유지하도록 권고한다. 한편 미생물도 고온에서는 생존이 어렵다. 그래서 70℃ 이상에서 살균처리를 진행하기도 한다. 그렇다면 미생물이 좋아하는 5~70℃ 부근의 위험 구간은 피하는 것이 좋다.

산소와 습도 또한 중요한 조건이다. 앞서도 등장했던 진공포장은 산소와의 접촉을 최대한 줄이려는 방법이다. 물이 부족하면 더욱 치명적인 효과를 만들어낸다. 산소가 필요 없는 미생물도 물은 반드시 필요하기 때문이다. 그래서 건조를 하기도 하는데, 보통 무게 대비 수분의 함량이 10% 이하가 되면 미생물의 증식이 지연된다.

아예 미생물을 제거한 상태로 보관하기도 한다. 열처리, 화학약품, 방사선 등이 이용되는데, 모든 미생물을 완전히 없애버리는 '멸균', 일부 유해 미생물들만 제거하는 '살균'의 2가지 방식이 있다. 당연히 멸균이 더 안전하게 오래 보관할 수 있지만, 유익한 미생물을 남긴다는 점에서 살균이 갖는 장점도 있다. 예를 들어 통조림은 멸균처리를 하지만, 우유는 살균처리를 하는 것이 보통이다.

비록 오늘 나의 마늘은 실패했지만, 현대의 과학적인 보관기술은 엄청난 축복임이 틀림없다. 매번 새롭게 재료를 구해야만 하는 번거로움을 줄여주었기 때문이다.

〈소스 코드〉(2011)

가상세계에도 다세계가 있을까?

'죽은 후에도 바로 직전 8분의 기억은 남아 있다.' 영화 〈소스 코드〉는 이런 가설에서 출발한다. 미국 정부는 얼마 전 벌어진 열차 테러의 진범을 잡기 위해, 테러로 사망한 사람의 기억을 이용하기로 한다. 그것도 서둘러야만 하는데, 테러범이 몇 시간 후 또 다른 테러를 예고했기 때문이다.

이 작전을 위해 소환된 '콜터' 대위는 사람의 기억을 프로그램화하여 가상세계를 만들어주는 프로그램, 일명 '소스 코드'를 통해 사망한 사람의 기억 속으로 들어간다. 하지만 단 8분의 기억만으로 테러범을 찾기란 여간 어려운 일이 아니다. 좀처럼 단서를 찾지 못한 채 8분이 지나면 어김없이 테러는 일어나고 대위는 현실로 돌아온다. 그런데 대위의 현실은 좀 뜻밖이다. 참전 군인인 그는 전투에서 중상을 입고 현재 식물인간 상태이기 때문이다. 그는 오로지 소스 코드를 통해서만 외부와 소통이 가능하다.

수많은 시도 끝에 대위는 테러범의 정체를 알아내고, 현실세계에서 테러범이 체포되면서 예고된 테러도 막아낸다. 공식적으로 대위의 임무는 끝났지만, 그는 자신에게 명령을 전하던 '굿윈' 대위에게 부탁을 하나 한다. 자신을 다시 소스 코드 안으로 들여보내주고, 8분이 지나면 자신의 생명유지장치도 꺼달라고 한 것이다.

그런 그에게 굿윈은 '이 기계는 과거를 바꾸는 것이 아니라 미래를 바꾸는 것이다'라 말한다. 미래의 테러를 방지하기 위해 과거의 기억을 조사하는 것은 가능하지만, 과거 그 자체는 바꿀 수 없기 때문이다. 이미 임무를 끝낸 그가 다시 소스 코드로 들어가려는 이유를 굿윈은 이해할 수 없었지만, 그에 대한 연민 때문인지는 몰라도 부탁을 들어주기로 한다.

가상세계로 돌아간 대위는 그곳에서 테러범을 체포하고 열차 테러를 막는다. 물론 그렇다고 현실세계의 과거를 바꾸지는 못한다. 그런데 8분이 지나자 신기한 일이 일어난다. 잠시 세계가 정지한 듯하더니 대위의 가상세계가 새롭게 이어지는 것이다.

양자역학의 '다세계 해석'에 따르면, 이 우주는 무한한 가능성들 가운데 하나일 뿐이다. 지금 이 순간에도 세계는 계속 분화돼나간다는 뜻이다. 하지만 이는 어디까지나 현실세계에 국한된 이야기다. 그런데 이 영화의 상상력은 참으로 기발하다. 가상세계에서도 다양한 미래들이 분화돼갈 수 있음을 보여주기 때문이다. 기존의 가상세계에서는 결국 열차 테러가 일어나면서 콜터 대위는 다시 현실로 복귀해야만 했다. 하지만 그가 새롭게 바꾼 가상세계에서는 열차 테러가 일어나지 않고, 그는 다시 현실로 돌아오지 않으면서 그곳에서 자유롭게 살아갈 수 있게 되었다.

246 월

과학자의 말

에드윈 허블

오감을 갖췄다면 우주를 탐험할 수 있다

1923년의 어느 날 밤, 천문학자 에드윈 허블은 여느 때처럼 밤하늘을 관측하고 있었다. 관측대상은 '안드로메다성운'. 성운이란 별과 별 사이에 존재하는 가스와 먼지 등으로 구성된 물질을 말하는데, 오늘날 우리가 '안드로메다은하'라 부르는 것을 당시에는 이렇게 불렀다. 왜냐하면 과거에는 우리 은하가 우주의 전부라고 믿었기 때문이다. 당시 관점에서 안드로메다는 우리 은하에 속해 있는 하나의 성운일 뿐이었다.

그런데 허블은 우연하게도 안드로메다성운에서 '세페이드 변광성'이라는 것을 발견한다. 변광성이란 밝기가 주기적으로 변하는 별인데, 그중 세페이드 변광성이라 불리는 것들은 변광주기가 별의 절대적인 밝기(32.6광년 떨어진 곳에 갖다 놓았을 때 보이는 밝기)와 정비례한다. 따라서 변광주기를 관측하면 절대적인 밝기를 구할 수 있고, 이를 토대로 그곳까지의 거리를 추정할 수 있다. 예를 들어 절대적인 밝기보다 관측되는 실제 별빛이 더 어둡다면, 기준이 되는 거리보다 멀리 떨어진 것이다. 허블이 이 변광성을 이용해 거리를 측정하자 믿지 못할 값이 나왔다. 지구로부터 90만 광년! 당시 우리 은하의 크기는 대략 10만 광년 정도로 알려져 있었다.

사실 허블 이전에도 안드로메다성운이 또 다른 외계 은하일지도 모른다고 생각한 사람들이 있었다. 예를 들어 천문학자 히버 커티스(1872~1942)는 1920년 할로 섀플리(1885~1972)와 이에 관한 논쟁을 벌이기도 했다. 커티스가 안드로메다성운이 실제로는 은하라고 주장하자, 섀플리가 반박한 것이다. 하지만 둘 다 확실한 증거는 없었는데, 이제 허블이 그 논쟁의 종지부를 찍었고, 그는 천문학계의 떠오르는 스타가 됐다. 하지만 그를 진짜로 유명하게 만든 사건은 따로 있었다. 우주를 바라보는 인류의 관점을 완전히 바꿔놓을 역사적 사건이 그를 기다리고 있었다. (이는 247일에 바로 알아보자.)

허블은 어릴 적부터 천문학자가 되는 것이 꿈이었지만, 법학을 전공한 후 변호사가 됐다. 하지만 결국엔 천문학으로 전향했고, 제1차세계대전 참전 직후인 1919년부터는 윌슨산 천문대에서 연구원으로 일했다. 그는 평소 '천문학을 하려면 단단히 각오를 해야 할 것'이라 말하곤 했다. 밤을 지새우며 홀로 하늘을 바라보는 일의 고독감을 그 누구보다도 잘 알았기 때문이다.

하지만 그는 이렇게 말하기도 했다. "오감을 갖추고 있다면 인간은 자신 주변의 우주를 탐험할 수 있으며, 이를 모험과학이라 부른다." 누군가에겐 쓸쓸하고 고독한 일일지 몰라도, 허블 자신에게는 밤하늘을 관측하는 일이야말로 신나는 모험이었던 것이다.

247 화

= 세상을 바꾼 과학 사건 =

멀어져가는 은하를 관측하다(1929)

우리 우주는 팽창 중이다

윌슨산천문대의 에드윈 허블은 이미 유명인사였다. 몇 해 전 안드로메다 '성운'을 관찰하다가, 그것이 실제로는 우리 은하와 같은 독립된 '은하'라는 사실을 발견했기 때문이다. 이후로도 많은 은하들이 발견되며, 우주가 우리 생각보다 훨씬 더 크다는 사실이 밝혀졌다.

그런데 허블을 더욱 유명하게 만든 사건은 따로 있었다. 1920년대 베스토 슬라이퍼(1875~1969) 등 몇몇 천문학자들이 우리 은하로부터 주변 은하들이 멀어져가고 있음을 발견했다. 하지만 그 은하들까지의 거리는 알 수 없었다. 그런데 허블은 (246일에서 살펴본 것처럼) 운 좋게도 그 거리를 측정할 수 있었다. 그래서 거리에 따른 은하들의 후퇴속도를 비교했는데, 놀랍게도 멀리 떨어진 은하일수록 그 속도가 더 빨랐다. 예를 들어 우리 은하에서 326만 광년 떨어진 은하의 후퇴속도가 500km/s라면 그보다 2배 떨어진, 즉 752만 광년 거리의 은하는 1000km/s의 속도로 멀어져가고 있었다.

이는 우주라는 공간이 팽창하고 있음을 의미했다. 따라서 은하들 사이의 거리가 점점 멀어지는데, 더 멀리 떨어진 은하일수록 그 멀어지는 정도가 누적돼 나타난 것이다. 우주에는 중심이 없으므로, 우리 은하 또한 다른 이웃 은하들을 기준으로 멀어져가는 것은 마찬가지다.

오늘날 정확한 관측에 의하면 326만 광년 떨어진 은하의 후퇴속도는 약 72km/s로 허블의 관측 결과와는 큰 차이를 보인다. 허블의 시대에는 정밀한 관측이 불가능했기 때문이다. 하지만 멀리 떨어진 은하일수록 그 거리에 비례해 더 빨리 멀어져간다는 경향을 확인하는 데는 아무 문제가 없었다. 오늘날 우리는 이를 '허블의법칙'이라 부른다.

그런데 사실 허블의 발표가 있기 2년 전인 1927년, 벨기에의 천문학자이자 성직자인 조르주 르메트르(1894~1966)는 아인슈타인의 일반상대성이론을 토대로 우리 우주의 팽창 가능성을 발견하고, 이에 대한 가설을 세웠다. 하지만 크게 주목받지는 못했다. 이런 점을 고려해 2018년 국제천문연맹은 직접적인 증거를 발견한 허블뿐만 아니라 르메트르까지 포함해 '허블-르메트르의 법칙'이라 불러야 한다고 제안한 바 있다.

이전에는 우주가 팽창도 수축도 하지 않는 정적인 상태라 믿었다. 20세기 가장 위대한 과학자라 불리던 아인슈타인 또한 그랬다. 하지만 허블로 인해 그런 믿음은 부서졌다. 우주를 바라보는 인류의 관점이 순식간에 완전히 바뀌고 만 것이다. 그리고 우리에게 또 다른 질문을 남겼다. 우주는 어떻게 시작됐으며, 그 시작 이전은 어떤 모습이었을까?

248 수

과학의 생각

빅뱅이론

우주에도 처음이 있었다

고대의 과학자들은 매우 다양한 우주관을 갖고 있었다. 아낙사고라스는 우리 우주가 유일한 우주이면서, 시간에 있어서 시작을 갖는다고 주장했다. 엠페도클레스는 시간의 순서에 따라 일련의 우주들이 존재하며, 그 우주들은 (그 어떠한 일도 발생하지 않는) 간격들에 의해 분리된다고 주장했다. 그런데 이들과는 달리 헤라클레이토스와 아리스토텔레스는 시간에 있어서 시작도 끝도 없는 단일한 우주를 믿었다. 완벽해야 할 이 우주에 시작과 끝이 있어서는 안 된다고 생각했기 때문인데, 이에 따르면 우주는 그 상태 그대로 영원히 존재한다.

20세기 초까지 지배적이었던 생각 또한, 이와 같은 '시작도 끝도 없는 단일한 우주'였다. 이를 '정적우주론'이라고도 하는데, 위대한 뉴턴도 이를 신봉했다. 하지만 문제가 하나 있었다. 만유인력의법칙에 의하면 질량이 있는 물질은 서로를 끌어당긴다. 그런데 우주에는 물질들이 많이 분포하고 있어서 만약 이 분포에 약간의 쏠림이라도 생긴다면, 그 점을 중심으로 우주 또한 수축해야 할 것이다. 뉴턴은 고민 끝에 이렇게 말했다. "우주의 붕괴를 막기 위한 '신의 기적'이 필요할 것이다."

20세기 최고의 지성 아인슈타인 또한 정적우주를 믿었다. 그래서 1927년 자신의 상대성이론을 토대로 우주의 팽창 가능성을 수학적으로 발견하고, 그 가설을 자랑스럽게 말하던 벨기에의 젊은 성직자 조르주 르메트르에게 이렇게 이야기하고 말았다. "자네의 계산은 정확하지만 물리학은 영 엉망이군." 하지만 1929년 우리 우주가 팽창 중이라는 허블의 직접적인 발견이 있자, 유서 깊은 정적우주론은 마침내 폐기되고 만다. 아인슈타인은 당연히 자신의 잘못을 인정해야만 했다.

우주의 역사를 보여주는 필름을 뒤로 감아본다고 하면, 그 과거를 볼 수 있을 것이다. 현재의 우주가 팽창 중이니 과거로 감기는 필름 속 우주는 수축하고 있어야 한다. 팽창이란 더 작은 공간에서 시작하는 과정이기 때문이다. 계속 필름을 되감으면 우주는 계속해서 줄어든다. 수백억 광년 떨어진 별들과 은하들도 매우 가까운 거리에 오밀조밀 모여든다.

공간이 더 줄어들면 어떨까? 이제는 별들과 은하들이 생성되기 이전의 모습이 펼쳐진다. 물질을 구성하는 기본입자들이 빽빽하게 들어차 있어, 그 온도가 수억℃에 달할 정도로 어마어마하다. 이런 상태의 우주를 '빅뱅(Big Bang)우주'라고 부르는데, 이 초고온·초고밀도 상태에서 폭발하듯 우주가 팽창했다고 생각했기 때문이다.

《부분과 전체》(베르너 하이젠베르크)

부분이 아니라 전체를 봐야 한다

독일 물리학자 베르너 하이젠베르크는 '불확정성원리'를 정립해 양자역학이 태동하는 데 큰 역할을 했다. 이 원리에 따르면 입자들은 그 위치와 운동상태를 동시에 정확하게 측정할 수 없다. 예를 들어, 전자의 위치를 확정하기 위해 고정시키면 그 전자의 운동상태를 알 수 없게 되고, 전자의 운동상태를 파악하려고 하면 위치가 계속해서 바뀐다. 그리고 이런 불확정성은 입자의 크기가 작을수록 더 크게 발생한다.

양자로 대변되는 미시세계에서는 모든 것이 불확실하다. 단지 확률만 주어질 뿐인데, 위치나 운동상태 등도 관측이 이루어지기 전에는 그렇다. 우리는 전체의 모습을 그저 어렴풋이 그릴 수밖에 없는 것이다. 하지만 관측이 이루어지면 정확한 위치를 알거나, 아니면 운동상태를 알 수 있게 된다. '전체'의 서로 다른 '부분'들을 볼 수 있게 되는 것이다.

이 책《부분과 전체》는 하이젠베르크가 10대 시절부터 노년기에 접어들 때까지 자신이 만났던 사람들과 나눈 대화를 중심으로 이야기가 전개된다. 그는 매우 역동적인 시대를 살았고, 그 중심에 있었던 인물이다. 20세기 초 과학분야에서는 큰 변화가 일어나고 있었다. 뉴턴역학의 시대가 저물고 아인슈타인의 상대성이론이 주류가 됐다. 그리고 다시 양자역학의 시대로 접어들고 있었다. 그는 여러 위대한 과학자들과의 토론을 통해 자신의 이론을 정립해나간다.

20세기 초는 정치적으로도 매우 혼란스러운 시기였는데, 그는 두 차례의 세계대전을 모두 겪어야만 했다. 특히 제2차세계대전 중에는 원자폭탄을 개발하라는 조국의 지시를 받아야만 하는 처지였다. 그의 회고에 따르면 예산 부족으로 프로젝트 진행이 어렵다는 보고서를 작성해, 독일의 계획을 지연시켰다고 한다.

어쩌면 이런 경험들이 그로 하여금 '부분과 전체'라는 생각을 떠올리게 했는지도 모른다. 과학자 하이젠베르크는 작은 한 부분에 불과하다. 그런데 부분은 전체에 속하므로, 전체와 분리해 부분만 이해할 수는 없다. 그의 진정한 모습은 과학자로서의 삶뿐 아니라 그를 둘러싼 전체를 이해할 때 비로소 제대로 파악할 수 있다. 앞서 등장했던 '불확정성원리'의 전자들처럼 말이다. 만약 그가 당시와는 다른 '전체'에 포함됐다면, 과연 어떤 삶을 살았을까?

250 금

= 신기한 과학 발명품 =

영화

스크린을 뚫고 나올 것만 같은 열차

1895년 세계 최초의 영화 상영회가 프랑스의 한 카페에서 있었다. 10편의 단편영화가 상영됐는데, 지금처럼 사람들을 몰입시키는 뚜렷한 이야기 구조도 그 어떤 특수효과도 없이, 그저 일상생활 속 여러 모습을 촬영한 것이었다. 예를 들어, 가장 처음 상영한 영화는 공장에서 우르르 퇴근하는 사람들의 모습을 담고 있었다. 하지만 사람들은 움직이는 화면 그 자체를 신기해했고 때로는 열광하기도 했다. 그중에서도 가장 폭발적인 반응을 이끌어낸 것은 후에 〈열차의 도착〉이란 이름이 붙여진 한 편의 영화였다.

저 멀리서 스크린을 향해 달려오는 열차의 형상은 점점 더 커져갔다. 관객들은 웅성거리며 불안해하기 시작했다. 마침내 열차가 스크린에 매우 가깝게 접근하자, 관객들은 혼비백산했다. 비명을 지르며 쓰러지는 이들도 있었고, 어떤 이들은 자리를 황급히 떠났다. 열차가 곧 스크린을 뚫고 자신들을 덮치리라 생각했던 것이다. 흑백의 영상에 화질까지 매우 좋지 않았지만, 관객들은 그 영화를 마치 실제처럼 받아들였다.

사실 그보다 앞서 발명왕 에디슨이 1888년 '키네토그래프'라는 필름을 이용한 촬영기를, 그 이듬해에는 일종의 영사기인 '키네토스코프'를 발명한 바 있다. 하지만 본격적인 영화의 시작은 아니었다. 작은 구멍을 통해 혼자 영상을 감상하는 용도였기 때문이다. 스크린을 통해 대중들이 즐길 수 있는 본격적인 영화는 1895년 프랑스의 뤼미에르형제가 촬영기와 영사기를 결합한 '시네마토그래프(cinematograph)'란 기계를 발명함으로써 시작됐다. 시네마토그래프는 '움직임'을 뜻하는 그리스어 'kinema'와 '기록하다'를 의미하는 'graphein'의 합성어다.

영화는 잔상효과의 원리를 이용한다. 우리는 눈으로 본 것이 실제보다 조금 더 오래 머물렀다고 느낀다. 이를 잔상효과라 하는데, 눈앞에 있던 불빛이 사라져도 잠시 그 불빛이 그곳에 있는 것처럼 느껴지는 이유다. 영화촬영기로 실제로 촬영된 것은 연속적인 장면이 아니라, 아주 짧은 간격으로 찍은 일련의 장면들이다. 하지만 이 장면들을 이어서 보았을 때 이전 장면의 잔상효과로 인해 다음 장면과 겹쳐지면서, 마치 연속적인 장면처럼 착각을 일으키게 되는 것이다. 시네마토그래프의 영화에는 1초당 16장의 사진들이 담겨 있었다. 오늘날의 영화에는 1초당 24장이 담긴다.

251 토

물을 부으면 되살아나는 식재료

동결건조의 숨겨진 비밀

동결건조란 수분을 함유한 식재료를 얼린 후 건조하는 가공법을 말한다. 원래는 혈액을 안전하게 보관하는 방법으로 1930년대에 개발됐다고 하는데, 이후 식품산업에서도 활용됐다. 건조된 식품은 미생물에 의한 부패가 지연돼 보관성이 좋아지는 장점이 있다. 동결건조는 여기에 더해 원상회복력 또한 우수하다. 물이 첨가되면 식재료 본연의 색과 향, 식감을 꽤 만족스러울 정도로 되살릴 수 있는 것이다.

그런데 얼음과 같은 고체도 증발할까? 아이스크림 케이크를 포장할 때 넣어주는 드라이아이스는 이산화탄소를 고압·저온 환경에서 고체로 만든 것이다. 드라이아이스는 상온에서 쉽게 증발하는데, 이처럼 고체가 액체상태를 거치지 않고 기체로 되는 현상을 '승화'라 한다.

얼음도 승화가 일어나기는 하지만 그 속도가 매우 느리다. 그래서 대부분 동결건조는 진공상태에서 진행한다. 진공에서 수분의 증발이 빨라지는 현상을 이용한 것인데, 건조된 야채, 분말수프, 큐브 형태의 육수제품 등은 모두 이런 방식으로 만들어진다. 이에 반해 자연방식 동결건조는 꽤 오랜 시간이 걸린다. 강원도의 특산물인 황태는 명태를 20회 정도 얼렸다 녹였다를 반복하며 만들어진다.

동결건조된 식재료가 원상회복력이 좋은 이유는 첫째, 저온에서 냉동시킨 후 오랫동안 천천히 건조하면, 뜨거운 열풍을 가하는 일반적인 건조방식에 비해 맛과 영양의 손실을 최소화할 수 있기 때문이다. 두 번째는 식재료의 조직이 거의 원형 그대로 유지된다는 점이다. 식재료의 대부분인 수분이 고체가 된 후 승화해 제거되면 조직 구조의 외형은 그대로 유지되는데, 그 모습이 마치 스펀지와 비슷하다. 스펀지가 그렇듯 동결건조된 식재료도 물을 만나면 빠르게 흡수해, 건조 전의 원래 상태로 회복하게 된다.

그런데 동결건조는 영하 40℃ 정도에서 급속 냉동 후 진행해야 한다. 물이 얼음이 되면 부피가 약 9% 정도 팽창하면서 결정화가 일어나는데, 그 과정이 천천히 진행될수록 결정들의 크기는 불균일해진다. 그러면 어떤 결정들은 크기가 세포보다 커서 세포를 파괴하게 된다. 이에 반해 급속 냉동은 결정들을 작은 크기로 균일하게 만드는 특징이 있다.

〈퍼스트 어벤져〉(2011)

냉동인간의 비밀

미국 영화사 마블이 제작하는 슈퍼히어로 영화들은 전 세계적으로 엄청난 인기를 얻고 있다. 〈퍼스트 어벤져〉는 이 슈퍼히어로들 중 대장 격인 캡틴 아메리카의 탄생기를 다룬다. 제2차세계대전 시기, '스티브 로저스'는 남들보다 왜소하고 마른 체격 때문에 계속 입대 실격 판정을 받는다. 하지만 타고난 선함과 불굴의 의지를 지닌 그는 마침내 신체 능력이 우월한 전사를 양성하는 미군의 비밀 프로젝트, 일명 '슈퍼 솔저 프로젝트'에 참여해 캡틴 아메리카로 거듭난다. 초인적인 신체 능력으로 연합군의 승리를 이끈 그는, 불행히도 적의 비밀병기를 막다가 그린란드의 차가운 바닷속으로 추락하게 된다. 오랜 세월이 지나 냉동 상태인 캡틴 아메리카가 발견되고, 그는 현대의 뉴욕에서 다시금 눈을 뜬다.

자연적으로 냉동됐던 사람이 다시 살아날 수 있을까? 슈퍼히어로인 캡틴 아메리카는 가능할지 몰라도 보통 사람이라면 불가능하다. 냉동되는 과정에서 세포조직의 파괴가 일어나기 때문이다. 물이 얼음이 되면 결정화가 진행되면서 약 9% 정도의 부피팽창이 일어난다. 그런데 문제는 결정의 크기가 균일하지 않다는 점이다. 이때 일부 큰 결정들은 세포막을 파괴하기도 한다.

급속 냉동은 어떨까? 어는 속도가 빠르면 결정화도 균일하게 일어난다. 세포보다 큰 결정이 거의 생기지 않으니, 세포 파괴를 어느 정도는 방지할 수 있다. 실제로 액체질소를 사용해 영하 196℃에서 인체의 급속 냉동을 진행하기도 하지만, 9%의 부피팽창과 얼음의 뾰족한 결정들로 인한 세포의 훼손 우려는 여전하다. 그래서 등장한 것이 글리세롤 등의 동결방지제다. 이 물질을 혈액 등 체액과 교환시키면 부피팽창과 얼음 결정의 문제를 어느 정도 해결할 수 있다. 극저온에서 결정화되지 않고, 마치 유리처럼 무결정상태가 되기 때문이다. 이를 '유리화 동결법'이라 한다. 하지만 독성의 우려가 있다. 다행히도 최근 극지생물로부터 분리한 '결빙방지 단백질'에 대한 연구가 진행되고 있다. 얼음의 결정화를 억제하고 어는점을 낮출 수 있는데, 조만간 무독성 동결방지제의 등장이 기대된다.

하지만 그렇더라도 해결할 문제는 남아 있다. 세포 내부까지 수분을 완전히 교체하기는 힘들고, 인체처럼 큰 물체를 동시에 급속 냉동시키는 일의 어려움도 있다. 안팎의 냉각속도가 조금만 다르더라도, 이로 인한 세포의 훼손이 발생할 수 있기 때문이다. 물론 미래에는 이 문제들 또한 해결될지도 모른다.

자신의 의지로 냉동인간이 된 최초의 인물은 심리학 교수였던 제임스 베드퍼드(1893~1967)다. 현재는 그를 포함해 전 세계에 600여 명의 냉동인간이 있다고 한다.

벤저민 프랭클린(1706~1790)

오늘 할 일을 내일로 미루지 마라

양초와 비누를 제조하는 가난한 집안의 17남매 중 15번째로 태어난 벤저민 프랭클린은 뱃사람이 되고 싶었지만, 아버지의 반대로 꿈을 접어야만 했다. 대신 형이 운영하던 인쇄소에 수습공으로 들어갔는데, 이때 그의 나이 12세였다. 이후 필라델피아로 이주한 그는 인쇄소를 차려, 나름 성공한 사업가가 됐다. 그가 과학에 관심을 가진 것은 이때부터였다. 그는 지진에 관한 연구를 논문으로 발표하기도 했고, 근거리와 원거리 모두 선명하게 볼 수 있는 다초점 렌즈를 발명하기도 했다. 오늘날까지도 사용되는 일명 '프랭클린 스토브'라 불리는 열효율이 좋은 난로도 개발했다. 하지만 사람들이 그를 과학자로 인식하게 만든 중요한 계기는 이른바 '연날리기 실험'이었다.

1752년 6월의 어느 비 오는 날, 프랭클린은 아들과 함께 직접 만든 연을 하늘 높이 날렸다. 그 연에는 30cm 정도 되는 얇은 철사가 붙어 있었고, 대마 재질의 연줄 끝에는 물에 잘 젖지 않는 명주로 된 줄을 연결해 혹시 모를 감전사고를 방지하고자 했다. 그리고 두 줄 사이에 금속으로 된 열쇠를 매달았다. 프랭클린은 번개가 일종의 전기라는 가설을 세우고, 이를 증명하고자 한 것이다. 정전기가 발생할 때 작은 불꽃이 생기는 것을 보고 당시 이런 생각을 하는 사람들이 종종 있었다. 만약 이 가설이 맞다면 젖은 연줄을 타고 전기가 흘러, 금속 열쇠가 전기를 띠게 될 것이었다.

프랭클린은 자신과 명주로 된 줄이 비에 젖지 않도록 작은 헛간에 들어가 문가에서 실험을 진행했다. 매우 위험천만한 실험이었지만 다행히도 성공적으로 끝났다. 프랭클린은 번개가 일종의 전기현상임을 증명한 것이다. 열쇠에 손을 가까이 가져가자 전기를 느꼈으며, 그 전기를 라이덴병에 저장할 수도 있었다. 그는 더 나아가 번개로부터 사람들을 보호할 수 있는 피뢰침을 발명했다.

프랭클린은 존경받는 정치가이기도 했다. 국회의원을 지냈고 미국 〈독립선언서〉 작성에 참여했으며, 독립혁명 당시 프랑스의 적극적인 협력을 이끌어내는 데 기여하기도 했다. 근면 성실을 강조하는 계몽주의 사상가였던 그는 '오늘 할 일을 내일로 미루지 마라' 등과 같은 많은 명언을 남겼다.

가난한 집안의 아들로 변변한 교육조차 받지 못했지만, 미국인이라면 누구나 존경할 만한 사업가·사상가·정치가·과학자가 된 벤저민 프랭클린. 그는 흔히 말하는 아메리칸드림의 상징과도 같은 인물이다. 100달러 지폐에 있는 초상이 이를 말해준다.

254 화

최초의 컴퓨터 발명(1943)

전쟁의 급박함이 컴퓨터를 만들게 하다

제2차세계대전이 발발한 1939년, 영국 블레츨리파크에 위치한 암호해독부에 내로라하는 천재들이 모였다. 독일의 암호체계를 해독하기 위해서였다. 이 암호체계는 '에니그마'라고 하는 기계를 이용했는데, 커다란 타자기 모양의 기계에 (알파벳의 숫자인) 26개의 입력단자와 출력단자의 연결을 임의적으로 바꿀 수 있는 '배전반', 그리고 서로 맞물려 돌아가는 26개의 톱니를 지닌 3개의 '회전자'가 장착돼 있었다.

먼저 배전반의 배선을 바꾸면, 입력과 출력이 달라진다. 예를 들어 a를 누르면 k가 출력되는 식이다. 그다음은 회전자들의 배열을 조절하는데, 그러면 다시 3번에 걸쳐 배선이 또 변경된다. 이 에니그마에 문장을 입력하면, 해독이 매우 어려운 암호문이 만들어졌고, 이는 또 다른 에니그마를 통해서만 해독할 수 있었다. 서로 약속된 해독방식(배전반 설정 및 회전자 조정), 일명 '암호열쇠'가 필요했는데, 독일은 한 달 치가 수록된 코드북을 서로 나눠 갖고 24시간마다 암호열쇠를 변경했다.

사실 이 암호체계를 먼저 해독한 것은 독일의 침공 위협을 받던 폴란드였다. 1938년 폴란드 수학자들이 암호문만 있으면 (암호열쇠가 없어도) 수시간 내 해독 가능한 방법을 찾은 것이다. 하지만 이후 독일은 에니그마의 회전자의 종류를 5개로 늘렸고, 이를 통한 암호조합은 그 경우의 수가 대략 159×10^{18}개나 됐다! 인간의 계산만으로는 수만 년이 걸릴 엄청난 수였다. 그러자 기존의 방식은 무용지물이 됐고, 영국은 폴란드로부터 넘겨받은 자료를 토대로 새로운 방식을 찾기 시작했다.

9000명에 달하는 블레츨리파크의 천재들 가운데 가장 인상적인 인물은 수학자 앨런 튜링(1912~1954)이었다. 그는 케임브리지대학 시절에 오늘날 컴퓨터의 기본개념을 이용한 자동계산기계 '튜링머신'을 제안했던 인물이다. 그런 그의 천재성을 발휘할 기회가 찾아온 것이다. 그는 매우 복잡한 암호체계를 해독하기 위해서는 자동화된 기계의 힘을 빌려야 한다고 생각했다.

1943년 앨런 튜링은 동료들과 함께 에니그마를 해독할 수 있는 장치를 개발하는 데 성공한다. 프로그램을 작성해 연산을 수행할 수 있는 최초의 컴퓨터 '콜로서스(영어로 거인을 의미한다)'를 만든 것이다. 1944년 초 첫 번째 암호문을 해독했으며, 그해 6월 노르망디상륙작전이 성공하는 데도 큰 기여를 했다. 참고로 독일은 종전 때까지도 자신들의 암호체계가 해독된 줄은 꿈에도 몰랐다고 한다.

255 수

과학의 생각

빅뱅 이전은 무엇인가?

색즉시공 공즉시색

우주의 시작을 '빅뱅우주'만으로 다 설명할 수는 없다. 물질들이 초고온·초고밀도로 응축하는 데는 분명 한계가 있기 때문이다. 기본입자들이 (비록 작기는 하지만) 유한한 크기임을 고려할 때, 이 우주에 존재하는 모든 물질들을 넣을 수 있는 최소 공간 역시 유한한 크기일 수밖에 없다. 그렇다면 이런 질문들이 떠오른다. '빅뱅 이전에는 무엇이 있었던 것일까?' '공간과 물질들은 어떻게 생겨난 것일까?' 너무나도 골치 아픈 문제가 아닐 수 없다.

이 문제를 해결하려면 양자역학의 개념 하나를 이해해야 한다. 10^{-35}m 정도 되는 초극미의 세계는 매우 혼란스러운 세계다. 아무것도 없는 진공 같지만, 실제로는 에너지의 변동이 매우 심하게 일어난다. 이를 '양자적 요동'이라 한다. 즉 무(無)의 세계에서도 무언가 생겨난다는 뜻인데, 이것이 어떻게 가능할까? 비유를 통해 설명하자면 다음과 같다. 어느 빈털터리가 누군가에게 100만 원을 빌린다. 물론 언젠가는 그 돈을 돌려주어야 한다. 이를 다른 방식으로 표현해본다면, '(+)100만 원'이 생겼지만 동시에 '(-)100만 원'이 생긴 것이다.

진공에서 순간적으로 어떤 음(-)의 에너지가 생성되더라도 같은 크기의 양(+)의 에너지가 동시에 생성되면, 전체적으로는 0인 상태다. 대부분 동시적인 상쇄를 거치면서 진공의 상태는 큰 변화가 없어 보이지만, 어떤 이유로 인해 진공의 상태가 조금 불안정해질 수 있다. 그러한 상태의 진공은 다시금 새로운 안정상태를 찾아가는데, 마치 물이 얼음이 되는 것처럼 급격한 전환이 일어난다. 그 시나리오는 다음과 같다.

먼저 척력이 작용하는 음의 에너지로 인해 초극미의 공간이 급격한 팽창(인플레이션)을 시작한다. 그리고 그와 동시에 이 팽창된 공간을 양의 에너지, 그리고 그 에너지에서 변환된 물질들이 가득 채운다. 바로 이 상태가 빅뱅우주이며, 진공의 새로운 안정 상태다. 이후로도 빅뱅우주는 팽창을 계속하며 현재와 같은 모습의 우주가 되었다.

불교 경전 가운데 하나인 《반야심경》에는 '색즉시공(色卽是空) 공즉시색(空卽是色)'이란 글귀가 있다. 물질적인 현상은 실체가 없고 실체가 없음은 곧 물질적인 현상이란 뜻으로, 물질적인 현상과 실체가 없음이 같다는 것을 의미한다. 무에서 시작한 우주의 탄생에도 이 글귀를 적용해볼 수 있지 않을까?

《무로부터의 우주》(로렌스 크라우스)

어떻게 우주는 무언가로 가득 차게 됐는가?

행성, 별, 그리고 은하까지 우주는 매우 많은 것들로 차 있다. 왜 우리 우주는 텅 비어 있지 않고, 이 많은 것들을 포함해야만 하는가? 이 많은 것들은 어떻게 생겨난 것일까?

다행히도 현대의 과학은 이에 대해 꽤 많은 것들을 알려준다. 특히 양자역학은 팽창하는 우주를 소급해 올라가면 만나게 되는 초고온·초고밀도의 빅뱅우주, 그 이전까지도 설명할 수 있는 단계에 이르렀다. 그에 따르면 텅 비어 보이는 진공, 즉 무(無)의 상태에서 생겨난 양자적 요동이 확대되면서 이 모든 것들이 생성됐다.

하지만 그렇다고 모든 문제가 해소된 것은 아니다. 무에서 왜 하필 이런 우주가 태어났는지에 대한 의문은 남기 때문이다. 우리 우주의 법칙들은 어떻게 정해졌으며, 왜 그것들이어야만 하는가? 양자적 요동의 무한한 가능성들 가운데 콕 집어 우리 우주를 탄생시킨 원인은 무엇이었을까?

크라우스(1954~) 교수는 과학에서 '왜'라는 질문은 합당하지 않다고 생각한다. '왜'라고 물으면 그 '목적'에 대해 이야기해야 하는데, 그러자면 과학의 범위를 넘어서기 때문이다. 따라서 과학의 질문은 '왜'보다는 '어떻게'가 더 바람직한 것이다. 그렇다면 '왜 우리 우주는 텅 비어 있지 않은가?'라는 질문도 '어떻게 우리 우주는 이처럼 무언가로 가득 차게 됐는가?'로 바뀌어야 한다.

크라우스는 그동안의 과학적 성과를 바탕으로, 무에서 어떻게 무언가가 생겨나게 됐는지를 설명한다. 그리고 다중우주들이 존재할 가능성을 바탕으로, 우리 우주가 이와 같은 우주임을 설명하기 위해 더 이상 '왜'를 물을 필요가 없다고 말한다. 무한한 종류의 우주들 가운데 '우연하게' 탄생한 존재일 것이기 때문이다. 그러면 우리 우주를 관장하는 어떤 목적을 갖는 존재를 가정할 필요도 없어진다.

"우리는 우주적 시간의 범위에서 볼 때 매우 특별한 시기에 살고 있다. 지금은 관측을 통해 우리가 특별한 시기에 살고 있음을 눈치챌 수 있는 유일한 시기다." 그가 이렇게 말하는 이유는 팽창하는 우주에서 한참의 시간이 흐르면, 지금처럼 가득 차 있는 물질들 또한 사라질 것이기 때문이다. 그리고 우리들 또한 사라지고 말 것이다.

진공관

전자공학의 시대를 열다

에디슨의 탄소필라멘트 전구는 여전히 그을음이 발생했다. 내부에 남은 미량의 공기가 탄소필라멘트와 반응해 탄소기체가 생성됐기 때문이었다.

1883년 에디슨은 이런 생각을 했다 '전구 안에 금속판을 넣어두면, 금속판이 탄소기체와 반응해 이를 흡수하지 않을까?' 그런데 삽입된 금속판에 양극을 연결하자, 신기하게도 전류가 흘렀다. 금속판이 (양극 외에) 음극에 연결돼 있지도 않고, 진공인 전구 안에 고립돼 있는데도 그런 것이다. 아쉽게도 에디슨은 그 원인을 밝혀낼 수 없었다. 1901년 영국 물리학자 오언 리처드슨(1879~1959)은 '에디슨효과'라 불리는 이 현상의 원인이 고온으로 가열된 물체(필라멘트)에서 전자가 방출되기 때문이라고 주장했다.

1904년 에디슨 전기조명회사에서 자문을 맡은 적이 있던 영국 과학자 존 앰브로즈 플레밍(1849~1945)은 필라멘트에서 튀어나온 전자들을 잘 포획할 수 있도록, 필라멘트 주변을 얇은 금속판(플레이트)으로 둘렀다. 이 플레이트에 양극을 연결하면 전류가 흐르고(전자를 끌어당긴다) 음극을 연결하면 전류가 차단됐는데(전자를 밀어낸다), 가장 기본적인 2극 진공관의 탄생이었다. 필라멘트를 음극, 플레이트를 양극이라 하여 2극이란 명칭이 붙었다.

이 2극 진공관은 전류의 흐름을 켰다(1) 껐다(0) 하는 스위치 역할을 할 수 있다. 이후 등장하는 반도체소자의 기본적인 기능을 갖고 있는 것이다. 이것이 처음 사용된 곳은 마르코니의 무선통신회사였는데, 플레밍은 이 회사의 자문이기도 했다.

1906년 미국 발명가 디포리스트(1873~1961)가 플레이트와 필라멘트 사이에 망사 형태의 금속판(그리드)을 삽입해 3극 진공관을 개발했다. 별도의 음극에 연결된 이 그리드는 전자의 흐름을 방해하는데, 음극의 전압이 약간만 변해도 그 영향은 훨씬 더 크게 나타났다. 따라서 그리드의 전압을 조절하면 전류가 한 방향으로만 흐르게 하는 스위칭뿐 아니라, 입력된 전기신호를 더 크게 만드는 증폭 기능도 가능했다. 예를 들어 음성신호를 전압의 변화로 바꾸어 입력하면 증폭된 (전류의) 출력신호를 얻을 수 있는 것이다.

2진법의 논리회로 구성 및 데이터 저장이 가능한 스위칭 기능과, 약해진 전기신호를 증폭할 수 있는 기능까지 갖게 되면서 진공관은 라디오, 텔레비전, 레이더 등 전자제품의 필수 부품이 되었다. 1943년 최초로 등장한 컴퓨터 '콜로서스'에도 진공관이 1500개나 들어갔다.

258 토

과학자의 주방

튀김에 빵가루를 사용하는 이유

묻고 더블로 가!

튀김의 종류는 셀 수 없을 정도로 많지만, 일식(日食)을 기준으로 본다면 크게 '덴푸라' '가라아게' '프라이'로 구분해볼 수 있다. 먼저 덴푸라는 밀가루 등으로 만든 튀김옷을 얇게 입혀 튀겨내는 요리다. 속재료는 어패류와 야채 등이 사용되는데, 본래의 부드러움을 유지하기 위해 빠르게 튀겨내는 것이 중요하다. 가라아게는 주로 닭고기를 사용한다. 닭고기에 밑간을 한 후 밀가루나 전분가루를 묻혀 튀겨낸다. 별도의 튀김옷을 만드는 과정이 생략돼 바삭한 식감보다는 (도시락 반찬처럼) 오래 보관하려는 목적으로 만들어진 요리다.

마지막 프라이는 튀김의 특성을 가장 잘 살린 조리방식이다. 겉은 바삭하면서도 속은 촉촉한, 이질적인 식감의 완벽한 조화를 추구하기 때문이다. 이를 위해 사용하는 비밀무기가 하나 있는데, 바로 빵가루다. 프라이의 대표인 '돈카츠'에서 빵가루가 어떤 역할을 하는지 함께 살펴보자. (그 밖에 에비프라이, 크로켓도 프라이의 일종이다.)

돈카츠를 만드는 과정을 보면, 먼저 속재료인 고기의 표면에 밀가루를 묻힌다. 이 밀가루는 조리과정에서 호화반응을 거치며, 속재료의 수분 유출을 방지하는 보호막 역할을 한다. 밀가루 다음으로는 계란물을 입힌다. 튀김의 고소한 맛을 살리기 위해서이기도 하지만, 더 중요한 역할은 그다음에 묻히는 빵가루가 잘 달라붙게 하기 위함이다. 일종의 천연 접착제인 셈이다. 마지막으로 등장하는 빵가루는 튀김 표면의 바삭함을 책임진다.

앞서 다른 글에서 튀김의 바삭함은, 조리과정에서 튀김옷에 형성되는 다공질 구조 때문이라 설명한 바 있다. 그런데 빵가루에는 다공질 구조가 이미 존재한다. 밀가루 반죽으로 빵을 만드는 과정에서도 많은 구멍들이 생겨나기 때문이다. 하지만 빵은 수분을 모두 제거하지 않기 때문에, 바삭함보다는 부드러운 식감을 지니게 된다.

이제 빵가루를 묻힌 재료를 뜨거운 기름에 넣으면 재미있는 일이 일어난다. 빵가루에 남아 있던 수분이 마저 증발하면서, 더 많은 구멍들이 만들어지는 것이다. 이미 빵가루에 있던 구멍들에 더해 새로운 구멍들이 추가되는 것인데, 이를 통해 극강의 바삭함을 갖게 된다. 영화 〈타짜〉(2006)의 명대사처럼 '묻고 더블로 가는 것'이다.

〈트루먼 쇼〉(1998)

하늘의 별은 모두 몇 개일까?

주인공 '트루먼'은 태어나서 단 한 번도 스튜디오를 떠나본 적이 없다. 자신이 전 세계로 방송되는 리얼리티쇼의 주인공이라는 사실도 모르고 있다. 그의 아내를 비롯해 주변 인물들 모두 연기를 하고 있지만, 그는 이 모든 것이 진짜라고 철석같이 믿고 있다.

그러던 어느 날 대형 방송사고가 일어나고 만다. 커다란 돔스튜디오 천장에 매달려 있던 조명이 떨어진 것이다. 깜짝 놀란 트루먼은 조심스레 그 조명을 들어보는데, 거기에는 '시리우스'라는 글자가 쓰여 있다. 시리우스는 밤하늘에 가장 밝게 빛나는 별로, 지구에서 약 8.6광년 떨어져 있다. 아마도 이 조명은 가상의 하늘에서 시리우스 별을 담당한 조명이었을 것이다.

우리가 육안으로 볼 수 있는 별은 대략 6000개 정도라 한다. 물론 빛이 거의 없고 대기가 깨끗하다는 조건이 있어야 가능한 숫자다. 서울 같은 도심이라면 그 숫자는 급격하게 줄어든다. 트루먼은 소도시에 살고 있으니, 대략 수백 개의 조명만으로도 밤하늘의 연출이 가능하지 않았을까 추측해본다.

그렇다면 우주에 존재하는 실제 별의 숫자는 6000개 정도에 불과한 것일까? 과학자들은 이 우주에 수천억 개의 은하가 존재한다고 추정한다. 그리고 각 은하에는 또 수천억 개의 별들이 존재한다. 그야말로 셀 수 없이 많은 별이 있는 것인데, 만약 우주의 크기가 우리가 생각하는 것보다 더 크다면 별의 수는 거의 무한에 이른다.

1823년 독일 천문학자 올베르스(1758~1840)는 이에 관해서 의문이 생겼다. 당시에는 우주의 크기가 무한하다고 생각했는데, 만약 그렇다면 무수히 많은 별빛들로 인해 밤하늘도 환하게 빛나야만 될 터였다. 그런데 왜 밤하늘은 이처럼 어두운 것일까? 이를 '올베르스 의역설'이라 부른다.

우리가 모든 별을 다 보지는 못하는 이유는 우주가 빅뱅우주에서 시작해 지금도 팽창 중이기 때문이다. 우주의 유한한 나이, 공간의 팽창, 유한한 빛의 속도를 고려할 때 아직 우리에게 도달하지 못한 별빛도 있다. 한편 우주의 후퇴속도는 외곽으로 갈수록 더 빨라져 마침내 빛의 속도를 넘어버리기 때문에 이 경우는 아무리 시간이 지나도 별빛이 도달할 수 없다. 게다가 지금 별빛이 도달하는 경우라도 멀리 떨어진 별일수록 공간의 팽창으로 빛의 파장 또한 길어지는데, 만약 적외선 영역으로 들어가면 이 또한 눈으로는 볼 수 없다.*

* 관찰자에게서 광원이 멀어져가면 빛의 파장 또한 점점 더 길어지는데, 이를 적색편이 현상이라 한다.

260 월

과학자의 말

앨런 튜링

**무엇이든 상상할 수 있는 사람이라면,
불가능한 것도 창조할 수 있다**

애플의 로고는 한입 베어 문 사과 모양이다. (그 이전의 것은 사과나무 아래에 한 소년이 앉아 있는 그림이었다.) 이를 두고 한입 베어 문 사과가 뉴턴의 사과를 의미한다는 해석이 사람들 사이에 회자됐다. 그런데 왜 하필 '한입 베어 문' 사과일까? 사람들은 다시 그 의미를 해석하기 시작했다. 그리고 마침내 그럴싸한 답을 찾았다. 애플의 로고는 뉴턴의 사과가 아니라 '앨런 튜링의 사과'다!

앨런 튜링은 최초의 컴퓨터인 '콜로서스'를 발명한 인물로 유명하다. 콜로서스는 제2차 세계대전 당시 해독이 불가능하다고 여겼던 에니그마 암호체계를 와해시켰고, 연합군이 승리하는 데 큰 기여를 했다. 하지만 영국 정부는 이 민감한 기술이 다른 나라로 넘어가는 것을 꺼렸다. 그래서 군사기밀이란 명분하에 튜링과 동료들의 흔적을 모두 지워버렸다.

이 잊혀진 영웅의 삶은 이후에도 고달팠다. 당시 중범죄로 인식되던 동성애 혐의로 체포된 것이다. 그에게는 2가지 선택지가 주어졌다. 감옥에 가거나 아니면 화학적 거세를 당하거나. 연구를 계속하고 싶었던 그는 화학적 거세를 선택했다. 그런 일이 있고 2년 뒤, 튜링은 돌연 스스로 목숨을 끊고 말았다. 그의 시신 옆에는 '한입 베어 문' 사과가 놓여 있었다. 그리고 그 사과에는 청산가리가 묻어 있었다. 애플의 한입 베어 문 사과와 앨런 튜링은 이렇게 연관 지어졌다.

좀 김이 빠지는 이야기지만, 애플의 로고는 앨런 튜링과는 아무런 관련이 없다고 한다. 이 로고의 디자이너가 직접 밝힌 사실이다. 그에 따르면 본래의 사과 로고가 자칫 체리처럼 보일까봐, 한입 베어 문 형태로 변경했다고 한다.

위대한 영웅은 쓸쓸한 최후를 맞았지만, 그나마 다행인 것은 뒤늦게나마 재평가가 이루어지고 있다는 점이다. 지난 2021년 새롭게 발행된 50파운드 지폐에는 앨런 튜링의 얼굴이 실렸다. 아이작 뉴턴, 찰스 다윈, 경제학자 애덤 스미스(1723~1790), 엘리자베스 2세(1926~2022) 등과 어깨를 나란히 하며 영국을 대표하는 위인의 반열에 오른 것이다.

컴퓨터뿐 아니라 인간처럼 사고하는 기계, 즉 인공지능의 도래도 예언했던 그는 이런 말을 남겼다. "무엇이든 상상할 수 있는 사람이라면, 불가능한 것도 창조할 수 있다."

261 화

= 세상을 바꾼 과학 사건 =

트리니티 실험(1945)

나를 불태워 새롭게 만드소서

1939년 8월 아인슈타인의 서명이 기재된 편지 한 통이 루스벨트 대통령에게 전달된다. 독일이 가공할 위력의 폭탄을 개발하고 있을지 모르니, 서둘러 대응책을 마련해야 한다고 촉구하는 내용이었다. 실제로 제2차세계대전 발발 전인 1939년 4월경부터 독일은 비밀 연구를 추진하고 있었고, 미국·영국·소련을 비롯한 열강들 또한 핵분열에너지의 군사적 이용 가능성에 대해서는 이미 알고 있었다. 미국 정부는 재빠르게 대응했다. 이와 관련된 국내 연구에 자금을 대고, 원자폭탄 개발 가능성을 조사하기 시작한 것이다.

그러다 1941년 12월 일본의 진주만공격으로 미국이 참전하게 되자 핵무기 개발은 본격적인 궤도에 오른다. 이를 위해서는 먼저 여러 종류의 새로운 시설들이 필요했다. 우라늄·플루토늄과 같은 핵물질을 생산할 수 있는 시설과 각종 실험시설의 건설이 시급해진 것이다. 이를 위해 1942년 8월 미국 공병단 내에 전담조직인 '맨해튼 지구(district)'가 신설됐다. 초기 핵분열 연구가 맨해튼 소재의 컬럼비아대에서 많이 진행됐기 때문에 이런 명칭이 붙었다고 전해진다. 프로젝트의 공식 명칭은 '대체자원 개발', 그리고 '맨해튼'은 암호명으로, 이 프로젝트는 이른바 '맨해튼계획'이라 불렸다.

비밀 군사 프로젝트라는 점, 빠른 시일 내에 관련 시설을 건설해야 한다는 점에서 전체 프로젝트의 책임은 육군 공병대가 맡았지만, 본격적인 무기 연구는 과학자들이 맡았다. 연구 부분의 총책임자는 물리학자 로버트 오펜하이머(1904~1967)였다. 그는 자신이 소장으로 있던 로스앨러모스연구소를 중심으로 미국 전역에서 분산해 진행되던 프로젝트를 총괄 관리했다.

1945년 7월 16일 뉴멕시코주 앨라모고도의 한 폭격시험장에서 높이 약 30m의 철탑에 설치된 미지의 물체가 폭발했다. 버섯구름이 12km까지 치솟았고, 160km 떨어진 곳에서도 충격파를 느꼈으며, 섬광은 400km 먼 곳에서도 목격될 정도로 엄청난 폭발이었다. 일명 '트리니티 실험'이라고 불리는 인류 최초의 핵실험이었다.

트리니티란 기독교에서 '삼위일체'를 뜻한다. 이를 암호명으로 붙인 사람은 오펜하이머였다. 당시 그는 16세기 영국 시인 존 던(1572~1631)의 시가 갑자기 생각났다고 한다. "삼위일체 하나님이시여 (…) 나를 불태워 새롭게 만드소서." 아마도 가공할 무기를 만들어낸 자신의 죄를 회개하는 뜻은 아니었을까?

262 수

과학의 생각

질량-에너지 등가의 법칙

빛은 물질로, 물질은 빛으로

1905년 특허청에서 근무하던 아인슈타인은 방사능물질인 라듐이 강한 빛(방사선)을 방출한 이후, 약간의 질량 감소가 있다는 사실을 듣고서는 큰 흥미를 느꼈다. 빛과 질량 사이의 어떤 연관성을 알아차린 것이다. 흔히 빛이 에너지를 실어 나른다고 하는데, 어쩌면 '빛이 질량을 실어 나른다고 할 수도 있지 않을까' 하는 생각이었다.

아인슈타인은 물체의 운동에너지 공식을 자신의 상대성이론에 접목해 계산한 결과, 정지한 질량 또한 일정량의 에너지를 갖고 있다는 사실을 발견한다. 이전의 고전역학과는 달리 질량과 에너지 간의 상호 호환성을 확인한 것이다. 앞서 라듐에서 나온 방사선의 에너지는 라듐원자의 감소된 질량에 해당하는데, 그의 말대로 '빛이 질량을 실어 나른 것'이다.

'질량-에너지 등가의 법칙'은 질량과 에너지는 동등한 가치를 갖는다는 의미다. 질량이 'm'인 정지한 물체는 그 질량에 빛의 속도(c)의 제곱을 곱한 값, 즉 mc^2만큼의 에너지에 해당한다. 예를 들어, 어떤 물질 1g 모두가 에너지로 전환되면 대략 900억kJ인데, 이는 석유 약 2000t을 태웠을 때 나오는 에너지에 해당한다. 이와는 반대로 에너지도 질량으로 환산할 수 있다. 만약 어떤 물체가 'E'만큼의 에너지를 방출한다면, 그 물체는 E/c^2만큼의 질량이 줄어든다.

하지만 일상생활에서 이런 전환을 관찰하는 것은 어렵다. 우선 대부분 물질은 대단히 안정적이어서 에너지로의 변환이 쉽지 않다. 그리고 빛의 속도가 워낙 큰 값이어서(게다가 이것을 제곱까지 한다), 에너지가 아주아주 크지 않고서는 유의미한 질량 감소를 알아차릴 수 없기도 하다. 질량-에너지 등가의 관계를 정확하게 검증하려면 인공적인 핵분열 실험이 필요했다.

최초의 핵분열 실험은 1938년 이루어졌다. 독일 화학자 오토 한, 프리츠 슈트라스만(1902~1980)과 오스트리아 물리학자 리제 마이트너가 우라늄 원자핵에 중성자를 충돌시키면, 핵이 분열되면서 강한 에너지가 방출됨을 확인한 것이다. 1945년에는 미국 맨해튼계획을 통해 최초의 원자폭탄이 등장했으며, 1954년에는 소련 오브닌스크에서 원자력 발전을 통한 최초의 송전이 이루어졌다.

뉴턴은《광학》에서 이런 말을 남기기도 했다. "빛은 물질로, 그리고 물질은 빛으로 전환될 수 있다." 비록 연금술과 관련된 말이긴 했지만, 어쨌든 훗날 아인슈타인은 이를 입증했다.

《촛불 하나의 과학》(마이클 패러데이)

위대한 과학자의 따뜻한 격려

〈표준국어대사전〉은 '과학'을 이렇게 정의한다. '보편적인 진리나 법칙의 발견을 목적으로 한 체계적인 지식.' 그런데 이와 같은 체계적인 지식은 어디서 얻어야 할까? 그곳은 바로 자연이다. 하지만 자연은 그리 쉽게 지식을 알려주지 않는다. 그래서 필요한 것이 바로 '실험'이다. 자연에 이런저런 질문을 던지고 그가 내놓는 답을 관찰하는 것이다. 과학자라고 하면 응당 실험하는 모습이 제일 먼저 떠오른다. 그런데 이 과학자는 특히 더 그렇다. 바로 마이클 패러데이다.

정규교육은 받지 못했지만, 타고난 총명함과 성실함으로 그는 위대한 과학자가 됐다. 손재주가 좋았던 그는 자신이 직접 제작한 실험장치를 통해 자연과 대화했는데, 특히 화학과 전기분야에서 뛰어난 업적을 남겼다. 그는 대중과의 소통에도 열심이었다. 매년 크리스마스 시즌에 영국왕립학회에서 개최한 대중 강연의 연사로 자주 등장했던 것이다. 이 책《촛불 하나의 과학》은 1860년에서 1861년까지 총 6회에 걸친 그의 강연을 엮은 것이다.

강연의 주제는 '촛불'이다. 촛불 하나로 긴 강연들이 진행되고, 한 권의 책이 만들어졌다. 그는 먼저 양초의 원료와 모양에 대해 살핀다. 그다음은 가열된 공기가 만들어내는 촛불의 독특한 모양에 대해서 실험을 통해 설명한다. 그 밖에도 촛불과 관련된 다양한 과학원리를 하나도 빠짐없이 다루는데, 액체상태의 파라핀을 심지가 빨아들이는 '모세관현상', 파라핀의 연소과정에서 발생하는 물과 이산화탄소의 검출방법, 촛불의 연소가 사실은 우리의 호흡과정과 유사하다는 사실 등을 실험을 통해 증명한다.

단순히 과학지식의 전달이 목적이었다면, 예를 들어 '양초라는 탄소화합물이 자신의 화학에너지를 연소과정에서 열과 빛에너지로 전환하면서 물과 이산화탄소를 그 부산물로 만들어낸다'는 식으로 짧게 설명할 수도 있을 것이다. 하지만 그는 실험, 즉 자연과 대화하는 과정을 대중에게 직접 보여주고자 했다.

이 책의 머리말에 이런 글귀가 있다. "평범한 교사는 가르치고, 좋은 교사는 설명하고, 훌륭한 교사는 모범을 보이고, 위대한 교사는 격려한다." 어린 시절 패러데이도 과학 강연을 들으면서 과학자의 꿈을 키웠다고 한다. 그래서일까? 그 또한 이 강연을 통해 과학의 세계로 나아가도록 우리를 격려하고 있다.

원자폭탄

원자폭탄은 한 종류가 아니다?

1942년 시작된 맨해튼계획은 비밀무기인 원자폭탄을 개발하는 데 성공한다. 그리고 1945년 8월 6일 '리틀보이'라는 이름의 첫 번째 원자폭탄이 히로시마에 투하됐다. 3일 후에는 두 번째 폭탄인 '팻맨'이 나가사키를 폐허로 만들었다. 이 2발의 폭탄으로 20만 명 이상이 숨졌고, 8월 15일 일본은 무조건항복을 선언했다.

리틀보이는 우라늄을 사용했다. 자연에 존재하는 우라늄은 대부분(99.3%) 양성자가 92개, 그리고 중성자는 146개로 구성된 '우라늄-238'다. 하지만 원자폭탄을 만들려면 (훨씬 불안정하면서도) 희귀한(0.7%) 원소인 '우라늄-235'가 필요하다. 이는 우라늄-238보다 중성자를 3개 덜 포함하고 있는 물질이다. 우라늄 농축이란 이 우라늄-235의 비율을 90%까지 올리는 과정이다.

우라늄-235가 일정 질량(이를 '임계질량'이라 한다) 이상이 되면 핵분열이 연속적으로 일어나게 되며, 이때 우라늄의 질량이 줄어드는 현상이 발생한다. 그리고 그 줄어든 질량만큼의 막대한 에너지가 생성되는데, 이는 아인슈타인의 질량-에너지 등가의 법칙에 기초한다. 질량과 에너지는 상호 변환된다는 이 원리에 따르면, 어떤 물질 1g은 석유 2000t을 태웠을 때의 에너지에 해당한다.

리틀보이의 내부에는 우라늄-235가 양쪽에 따로 분리돼 있다. 각각의 우라늄-235는 아직 임계질량 이하이므로 연속적인 핵분열이 일어나지는 않지만, 기폭장치를 사용해 한쪽의 우라늄-235 덩어리를 다른 덩어리 쪽으로 강하게 쏘면, 이 두 덩어리가 합쳐져 임계질량을 넘어서면서 핵분열이 연속적으로 일어난다. 임계질량은 대략 50kg 내외로 알려져 있다. 이러한 방식을 '포신형'이라 하는데, 마치 포를 쏘는 듯하다 하여 이런 명칭이 붙었다.

팻맨의 경우는 '플루토늄-239'란 물질을 사용했는데, 이는 우라늄에서 인공적으로 만들어진 물질이다. 우라늄 농축은 비용이 많이 드는 반면, 플루토늄은 원자력발전의 부산물로 생성되며 폐연료봉을 화학적으로 재처리해 비교적 쉽게 추출한다. 게다가 우라늄에 비해 임계질량이 더 작은 장점도 있다.

작동방식도 리틀보이와 차이가 있는데, '내폭형'이란 방식을 사용한다. 폭탄 내부에 플루토늄-239를 성긴 상태로 넣어두고 그 주위에 폭약을 배치하는데, 기폭장치가 이 폭약을 터트리면 그 압력으로 플루토늄이 압축되면서 임계질량을 넘는 한 덩어리가 된다. 그러면 연속적인 핵분열이 일어나며 엄청난 폭발을 일으킨다.

맛있게 퍼트린다

고농도에서 저농도로의 확산

잔치국수는 감칠맛 나는 시원한 국물이 핵심이다. 보통은 멸치·다시마·말린 표고버섯 등을 끓는 물에 넣어 육수를 만드는데, 멸치에는 이노신산, 다시마에는 글루탐산, 표고버섯에는 구아닐산과 같은 감칠맛을 내는 아미노산이 풍부하게 들어 있다. 그런데 이런 유용한 성분들은 왜 재료 안에 가만히 있지 않고 국물로 확산되는 걸까?

확산이란 물질의 농도가 높은 곳에서 낮은 곳으로 물질이 이동하는 현상을 말하는데, 이를 통해 전체적인 농도가 균일한 상태가 된다. 멸치 육수를 예로 든다면, 멸치 안에 높은 농도로 들어 있던 유용한 물질들이 바깥의 물로 빠져나오면서, 농도가 옅어지고 희석된다. 이처럼 물질들이 한곳에 모여 있지 않고 넓게 퍼지려는 경향은 과학자들이 말하는 '엔트로피 증가의 법칙'과도 일맥상통한다. '질서 있는 상태(모여 있음)에서 무질서한 상태(흩어짐)로 사건이 진행된다'는 이 법칙은 우리 우주의 기본법칙들 가운데 하나다.

확산은 크게 3가지 요인에 의해 영향을 받는다. 첫째는 열이다. 물질이 이동하려면 에너지가 필요한데, 요리하는 과정에서 주어지는 열이 이 에너지의 공급원이 된다. 따라서 팔팔 끓는 물에서 우려내야, 원하는 성분을 제대로 얻을 수 있다. 두 번째 요인은 확산되는 물질의 분자 크기인데, 아무래도 분자의 크기가 작으면 작을수록 확산현상이 수월하게 일어난다. 글루탐산과 같은 작은 크기의 아미노산은 짧은 시간 동안에도 물로 확산돼 나오지만, 그보다 훨씬 더 큰 크기인 단백질·지방 등은 확산에 오랜 시간이 걸린다. 그래서 곰탕 등에 사용되는 육수는 장시간 우려야 하는 것이다.

마지막 요인은 확산돼 들어가는 매질의 상태다. 육수를 만드는 것이라면 보통은 그 매질이 물이기 때문에, 물질이 확산되는 데 큰 지장은 없다. 하지만 갈비찜의 경우처럼 유용한 맛성분들을 바깥의 고농도 육수에서 고기 안쪽으로 확산시켜야 할 경우라면 별도의 조치가 필요하다. 그래서 사전에 충분히 숙성시키고, 고온에서 오래 가열해 식재료의 조직을 가급적 연하게 만든다. 그러면 내부 곳곳으로 맛성분들의 확산이 잘 일어난다.

한편 확산은 유용하지 않은 물질을 제거하는 데도 쓰인다. 예를 들어, 수육은 고기를 삶는 과정에서 고기의 잡내성분들이나 기름 등을 바깥으로 확산시켜 고기의 담백한 맛만 남긴다.

266 일

〈토탈리콜〉(1990)

원자로가 화성의 대기를 만든다?

영화의 배경은 서기 2084년. 평범한 광산 노동자인 '퀘이드'는 요즘 들어 화성에 관한 꿈을 반복적으로 꾼다. 그는 태어나서 단 한 번도 화성에 가본 적이 없다. 지구의 식민행성이기는 하지만, 평범한 노동자가 그리 쉽게 갈 수 있는 곳은 아니기 때문이다. 하지만 호기심이 발동한 그는 가짜 기억을 심어주는 '리콜'이란 회사를 통해 화성을 간접체험해보기로 한다.

여러 가상체험 중 퀘이드가 고른 것은 비밀정보원의 기억. 그런데 기억이식 작업 중에 문제가 발생한다. 가짜 기억이 퀘이드의 진짜 기억과 충돌하며 시스템에 오류가 생긴 것이다. 그 과정에서 퀘이드는 자신의 진짜 기억을 조금이나마 떠올리게 됐다. 사실 그는 화성에서 온 진짜 비밀정보원이었던 것이다. (참고로 '토탈리콜'은 '기억의 완전한 재생'이란 뜻이다.)

퀘이드는 화성을 자신만의 왕국으로 삼으려던 화성 총독 '코하겐'의 부하였지만, 그에게 반기를 들다가 실패해 기억을 삭제당하고 지구로 쫓겨와 있었다. 그는 자신을 둘러싼 비밀을 알아내기 위해 화성으로 향한다. 그곳에서 사건의 전말을 알게 된 그는 화성인들을 억압하는 코하겐에 맞서 싸운다.

그는 이 과정에서 아주 오래전 외계문명이 화성에 남겨놓고 간 공기제조장치를 가동시킨다. 이 장치의 존재나 작동법은 화성인들에겐 극비사항이었다. 코하겐은 생존에 필수적인 공기를 통제해서 화성인들을 마음대로 억압하고 있었는데, 만약 화성의 공기가 풍부해진다면 그는 더 이상 권력을 유지할 수 없을 것이기 때문이다.

그런데 이 장치의 작동원리가 참 신기하다. 영화에서는 이것이 외계인들이 건설한 거대한 원자로라고 설정돼 있다. 이 원자로가 가동되면서 발생한 열은 화성의 극관(極冠), 그러니까 화성의 북극과 남극에 존재하는 빙하들을 녹이면서 수증기와 기체를 만들어 (희박했던) 화성의 대기가 풍부해진다. 물론 그 밖에도 적당한 비율로 산소·질소 등을 조정하는 또 다른 첨단장치도 분명 존재할 테지만, 아쉽게도 영화 속에서 그에 대한 더 이상의 설명은 없다.

2015년부터 미국 NASA는 미국 에너지부와 함께 화성에 건설할 소형원자로를 개발하고 있다고 한다. 미래의 화성 거주지에 필요한 전력을 생산하기 위해서다. 어쩌면 영화에서나 상상했던 인류의 화성 거주가 현실이 될 날이 올지도 모르겠다.

과학혁명은 인간의 교만함에
사망 선고를 내렸다.

_ 스티븐 제이 굴드

로버트 오펜하이머

나는 죽음이요, 세상을 파괴하는 자다

오펜하이머는 뉴욕의 한 부유한 유대인 가문에서 태어났다. 어릴 때부터 영민했으며 언어에도 소질이 있어 고대 그리스어로 된 원전, 산스크리트어로 쓰인 고대 인도의 철학서 등을 즐겨 읽었다고 전해진다. 1925년 하버드대 화학과를 수석 졸업한 그는, 유럽에서 유학한 후 미국으로 돌아와 물리학자의 길을 걸었다. 하지만 운명은 그가 평범한 과학자로 살도록 허락하지 않았다.

1930년대 세계는 그야말로 격동의 시대였다. 파시즘의 광풍이 전 유럽을 휩쓸었고, 마침내 제2차세계대전이 터졌다. 미국은 독일이 먼저 원자폭탄을 손에 넣을까봐 전전긍긍했다. 그래서 모든 국력을 총동원하기로 했는데, 이른바 맨해튼계획의 시작이다. 오펜하이머는 프로젝트의 핵심인 원자폭탄의 설계와 제작을 책임졌다. 열렬한 애국자이기도 했던 그는 뛰어난 리더십으로, 다양한 이력을 지닌 개성 강한 과학자들을 잘 이끌었다.

프로젝트는 대성공이었다. 1945년 7월 16일 인류 최초의 핵실험인 '트리니티 실험'이 진행됐는데, 인류가 만든 가장 거대한 불기둥이 뉴멕시코주 앨라모고도의 한 사막에서 솟구쳐 올랐다. 400km 떨어진 곳에서도 섬광이 관측될 정도로 어마어마한 폭발이었다.

오펜하이머도 그 현장에 있었다. 16km 떨어진 관측소에서 그 불기둥과 거대한 버섯구름을 보았으며, 공기와 땅으로 전파되는 공포스러운 충격파도 직접 경험했다. 그는 후일 그 광경을 목격하면서 힌두교 경전《바가바드기타》의 이 구절이 떠올랐다고 회상했다. "나는 죽음이요, 세상을 파괴하는 자다."

같은 해 8월 6일 히로시마에, 그리고 3일 후 나가사키에 원자폭탄이 투하됐고 일본은 무조건항복을 선언했다. 두 도시는 철저히 파괴됐으며, 20만 명 이상의 사람들이 목숨을 잃었다. 맨해튼계획에 참여했던 대다수와 마찬가지로, 오펜하이머 또한 죄책감에 시달렸다.

이후 그는 핵무기의 위험성을 적극적으로 알리는 데 앞장섰다. 하지만 냉전시대에 돌입한 미국과 소련의 핵경쟁은 날로 치열해져갔다. 오펜하이머가 수소폭탄 개발에 공개적으로 반대하자, 반공주의 매카시선풍이 휩쓸던 미국은 그를 청문회에 불러냈고, 결국 그는 모든 공직에서 물러나야만 했다.

핵무기 개발을 둘러싼 과학의 윤리 문제와, 그에 참여했던 과학자들의 기구했던 삶은 오늘날에도 잊어서는 안 되는 인류의 아픈 역사다.

DNA의 구조를 알아내다(1953)

노벨상도 운이 있어야 탄다

유전정보는 DNA에 담겨 있다. DNA는 뉴클레오티드[DNA의 기본단위체로, 인산·당·염기의 세 분자로 구성된다. 그중 염기는 A(아데닌)·G(구아닌)·C(사이토신)·T(티민) 중 한 가지 형태를 취한다]라 불리는 단위체들이 결합해 만들어진 기다란 고분자물질인데, DNA 가닥이 실타래처럼 감기고 서로 응축돼 염색체라는 구조가 된다. 염색체는 세포핵 안에 존재하며, 세포가 분열할 때 그 모습을 드러낸다. 그런데 DNA는 사실 두 가닥의 고분자로 되어 있다. 각각의 DNA에 포함된 4종류의 염기들은 서로 상보적으로 결합하는데, A는 T와, G는 C와 결합하는 것이다. 그러면 수많은 염기쌍들이 형성되면서 두 가닥의 DNA가 연결된다. 이와 동시에 분자들 사이에 작용하는 여러 힘들이 원인이 되어 DNA가 한 방향으로 꼬이면서, 우리가 잘 아는 이중나선 구조가 된다.

20세기 초 DNA가 유전에 있어 핵심이 된다는 사실은 이미 알려져 있었다. 하지만 이것이 어떤 형태의 분자인지는 알지 못했다. 너무 작아서 가시광선으로는 자세히 들여다볼 수 없었기 때문이다. 그렇다면 더 강력한 전자기파를 사용하면 어떨까? 이때 최적의 후보로 등장한 것이 바로 엑스선이다. 엑스선이 분자를 통과하면서 만들어지는 빛의 패턴을 분석해, 그 분자의 구조를 알아내는 방식이었다. 1951년 이 방식으로 또 다른 고분자인 단백질의 분자구조가 밝혀지기도 했다.

케임브리지대의 젊은 두 과학자 왓슨(1928~)과 크릭(1916~2004)은 엑스선을 이용해 DNA 구조를 밝히고자 했다. 그러던 어느 날 둘은 한 장의 엑스선 사진을 보게 된다. 다른 연구팀이 DNA를 찍은 것이었는데, 당시까지 가장 잘 나온 사진이었다. 그 패턴을 살피던 왓슨은 DNA가 이중나선의 형태여야 한다는 사실을 직감했다. 이후 왓슨과 크릭은 이중나선 구조의 DNA 모형을 완성하고, 1953년 〈네이처〉에 자신들의 연구 결과를 발표했다. 그리고 그 공로로 1962년 노벨생리의학상을 수상했다.

앞서 왓슨에게 영감을 준 DNA의 엑스선 사진은, 런던 킹스칼리지의 로절린드 프랭클린(1920~1958)이 이끌던 연구팀이 찍은 것이었다. 프랭클린 또한 엑스선을 이용해 DNA 구조를 연구하고 있었는데, 문제는 그녀의 동의 없이 왓슨이 사진을 봤다는 점이다. 그 일이 없었다면, 왓슨과 크릭보다도 프랭클린이 먼저 영광의 주인공이 되지는 않았을까? 안타깝게도 프랭클린은 1958년 37세의 젊은 나이로 세상을 떠났다. 사인은 난소암. 수많은 엑스선 실험을 하다가 생긴 병이었다. 비록 노벨상은 받지 못했지만, DNA 구조를 밝히는 데 크나큰 기여를 한 그녀 또한 많은 이들이 기억해주었으면 한다.

269 수

과학의 생각

생명의 외계 기원설

우리의 고향은 지구가 아니다?

생명의 기본단위는 세포다. 핵·미토콘드리아 등 여러 소기관을 갖추고, DNA와 같은 유전물질을 포함해야 최소한의 생명활동이 가능하기 때문이다. 따라서 생명의 기원을 알고자 한다면, 세포가 언제 어디서 시작됐는지를 알아야 한다.

이와 관련해 처음 등장한 학설은 조금 특이하다. '세포가 외계(外界)에서 유입됐다'고 주장한 것인데, 1903년 노벨화학상을 수상한 스웨덴 화학자 스반테 아레니우스(1859~1927)가 이 특이한 주장의 주인공이다. 그는 화학자였지만 다방면에 관심이 많았고, 특히 우주와 생명의 기원에 대한 연구에도 많은 노력을 기울였다.

그는 세포처럼 복잡한 체계는 지구상에서 저절로 만들어지는 것이 매우 어려우므로, 외계에서 미생물이 지구로 날아와 오늘날 생명의 기원이 됐다고 주장했다. 그리고 그 미생물을 모든 생명의 씨앗이란 의미에서 '판스페르미아(panspermia)'라고 불렀다.

제임스 왓슨과 함께 DNA 구조를 발견한 프랜시스 크릭 또한 생명의 외계 기원설을 지지했다. 그는 저서《생명 그 자체》에서 지구 생명체들의 DNA 구조가 서로 비슷한 점을 근거로, 외계에서 보내진 미생물이 지구의 바다에 도착하면서 생명이 시작됐다고 주장했다.

그에 따르면 생명체들이 모두 비슷한 구조의 DNA를 갖는 것은, 진화과정에서 어떤 병목지점이 있었다는 강력한 증거다. 즉 동일한 구조의 DNA를 지닌 일부 소수 개체군이 오늘날 생명의 조상이 됐다는 것인데, 이런 병목현상이 지구 자체에서 일어났다기보다는 외계로부터 생명의 씨앗이 유입됨으로써 일어났다고 보는 것이 더 가능성 있다고 주장했다. 외계에서 단일한 개체 또는 소수 개체의 미생물이 지구로 보내지는 과정을 일종의 병목현상이라 본 것이다. 그리고 이런 미생물들이 우주공간을 안전하게 건너오려면, 아마도 무인우주선을 탔을 것이라는 SF소설 같은 이야기를 덧붙이기도 했다.

하지만 이런 주장에는 2가지 문제점이 있다. 첫째, 외계로부터 세포가 유입된 직접적인 증거가 없다는 점이다. 둘째, 설령 외계에서 세포가 유입됐다 할지라도, 그 유입된 세포의 기원에 대한 문제는 여전히 남는다는 점이다(그 외계의 세포는 또 어디서 왔는가?).

《마이크로코스모스》

(린 마굴리스·도리언 세이건)

1+1은 2가 아니다

생명은 언제 어떻게 탄생했을까? 누군가는 외계 기원설을 주장했고, 또 다른 누군가는 지구에서 화학적으로 진화했다고도 했다. 아쉽게도 아직까지 정확한 답은 모른다. 하지만 생명이라 불릴 만한 최초의 것이 '세포'라는 점에 대해서는, 대부분 의견이 일치한다. 세포는 세포막으로 둘러싸여 있으면서 그 안은 세포질로 가득 차 있다. 세포질은 세포의 생명활동과 관련된 여러 종류의 물질들을 의미하는데, 그중에서도 핵심은 단백질과 핵산(DNA, RNA)이다.

세포는 생각보다 복잡하다. 특히 세포 안에 별도의 핵을 가진 '진핵세포'는 더욱 그렇다. 진핵세포는 핵을 비롯해 여러 소기관들을 갖고 있다. 이들 소기관은 각기 맡은 역할이 있는데, 예를 들어 핵은 유전정보를 갖고 있고, 미토콘드리아는 세포가 활동하는 데 필요한 에너지를 생산한다. 골지체는 세포 내 물질수송과 관련이 있고, 리보솜이란 기관은 단백질 합성에 관여한다.

진핵세포보다 더 단순한 형태인 원핵세포도 있다. 별도의 핵이 없으며 DNA 등이 세포질의 형태로 존재하는 세포인데, 약 40억 년 전 생명이 처음 탄생했을 때는 아마도 원핵세포의 형태였을 것이다. 화학적인 진화를 통해 질소·이산화탄소·암모니아 등의 무기물이 서로 반응해 아미노산 같은 유기물이 탄생했고, 이 유기물들이 다시 단백질이나 DNA 같은 더 복잡한 형태의 고분자가 됐으며, 비슷한 시기에 만들어진 막 구조물로 둘러싸이면서 원핵생물이 됐다.

하지만 그다음이 문제다. 진핵세포의 복잡성을 고려한다면, 원핵세포에서 진핵세포로의 자연스러운 진화가 잘 그려지지 않는 것이다. 린 마굴리스(1935~2011)는 그녀의 아들 도리언 세이건(1959~)과 함께 이와 관련한 매우 과감한 주장을 제기한다. 서로 다른 종류의 원핵세포들이 공생하면서 진핵세포가 탄생했다는 것이다. 처음에는 서로가 서로에게 도움을 주는 관계였다가, 차츰 핵·미토콘드리아·리보솜 등의 전문화된 소기관으로 분화해 나갔다는 주장이다. 이를 '공생 진화설'이라 한다.

'진화'라 하면 보통은 치열한 경쟁의 이미지를 떠올리곤 한다. 하지만 린 마굴리스는 적어도 초기 진화의 단계에서는 경쟁보다는 공생이 더 주된 역할을 했을지도 모른다고 말한다. 1과 1이 더해져 2 이상이 된 것이다.

271 금

= 신기한 과학 발명품 =

레이저

차곡차곡 같은 빛을 쌓아서 만든다

현대전에서 가장 위협적인 무기 중 하나는 드론인데, 이에 대응하기란 만만치 않다. 기존의 값비싼 대공방어무기를 사용하는 것이 매우 비효율적이기 때문이다. 그래서 등장한 것 가운데 하나가 레이저 요격무기다. 강력한 레이저를 쏘아서 드론을 격추시키는 방식인데, 한 번 발사하는 데 2달러 정도 든다고 하니 저렴한 편이다. 비단 무기만이 아니라, 용접과 통신, 또한 라식수술 같은 의료현장에서도 레이저는 널리 활용된다.

레이저(Laser)란 'Light Amplification by the Stimulated Emission of Radiation', 즉 '유도방출에 의한 빛의 증폭'의 줄임말이다. 빛은 빛인데 '증폭', 그러니까 세기를 더 강화시켰다는 의미다. 그리고 이 빛은 일반적인 빛이 아니라 '유도방출'에 의한 것이다. 하나하나 그 의미를 살펴보자.

원자는 그 중심에 원자핵이 있고, 주위에 전자들이 분포하고 있다. 그런데 전자들이 가질 수 있는 에너지 수준은 몇 가지로 정해져 있다. 임의적인 값을 갖지는 않는다는 말이다. 마치 계단처럼 불연속적으로 에너지가 나뉘어 있는 것이다. 이때 일부 전자들이 더 높은 에너지 수준으로 올라간다면, 다시 원래 위치로 돌아오면서 빛의 형태로 에너지를 방출한다. 이를 '자연방출'이라 한다.

그런데 어떤 경우는 높은 에너지 수준에서 전자들이 오래 머무는 경우가 있다. 이때 일정한 파장의 빛이 자극을 주면 전자들은 그것과 동일한 파장의 빛을 내놓으면서 낮은 에너지 수준으로 돌아간다. 이 현상을 '유도방출'이라 한다.

레이저의 소재로는 루비가 많이 사용되는데, 높은 에너지 수준에서 전자들이 안정적으로 오래 머무르는 특성이 있기 때문이다. 먼저 루비에 에너지를 가해 전자들을 높은 에너지 수준으로 올려놓으면(이 과정을 '펌핑pumping'이라 하며 고에너지의 빛을 쏘아주는 방법 등이 있다), 그중 일부 전자가 낮은 에너지 수준으로 되돌아가면서 그 에너지 차이만큼 빛을 내놓는다. 그러면 이 빛은 이웃의 다른 루비원자들을 자극해서 유도방출을 일으킨다. 루비의 양옆은 거울이 설치되어 거울 사이를 빛들이 왕복하면서 유도방출이 연이어 일어난다. 그리고 이렇게 생성된 동일한 파장의 빛들이 서로 겹쳐지면서 에너지는 점점 더 강화된다. 이를 '증폭' 현상이라 한다.

이때 한쪽 거울은 빛을 부분적으로 투과시킬 수 있는 반투명 거울이어서, 내부에서 만들어진 빛의 일부가 그곳을 통해 외부로 방출되면 레이저가 된다.

오래된 기름이 좋지 않은 이유

물과 열은 기름을 산패시킨다

아내의 호출이 왔다. 매장이 바쁘니 얼른 나와서 도우라는 명령이다. 오늘의 임무는 돈카츠를 튀기는 일인데, 주말이라 그런지 주문이 쉴 새 없이 밀려든다. 오늘 하루 돈카츠만 200장은 넘게 튀긴 것 같다. 그래서 그런지 팔이 쑤셔온다. 사실 돈카츠를 튀기느라 힘든 것만은 아니다. 정말 힘들었던 일은 중간중간 튀김기 안의 기름을 휘저으며 불순물을 제거하고, 기름을 교체하는 일을 반복했던 것이다.

튀김 요리에 있어 기본 중 기본은 기름 관리다. 특히 돈을 받고 음식을 파는 입장이라면 더욱 신경 써야만 한다. 기름을 오래 사용하면 산패라는 현상이 발생해, 몸에 좋지 않은 성분들이 만들어지기 때문이다. 물론 요리의 품질도 엉망이 된다.

산패란 기름이 분해되면서 산화물을 만드는 경우를 말한다. 오래된 기름은 색이 탁해지고 불쾌한 냄새가 나면서 점도가 올라가는데, 이는 산패가 진행됐기 때문이다. 산패에는 크게 2가지 경로가 있다. 첫째는 '가수분해성 산화'다. 이는 물이 존재하는 고온의 조건에서 기름이 분해되는 경우인데, 이때 기름을 구성하고 있던 지방산이란 분자들이 분해돼 떨어져 나온다. 이렇게 되면 기름이 제 역할을 할 수 없게 되고, 떨어져 나온 지방산들이 추가적인 반응을 일으키면서 유해한 부산물들이 생겨난다. 문제는 튀김을 할 때 튀김옷 반죽에서 기름으로 다량의 수분이 들어간다는 점이다. 따라서 너무 오래 사용된 기름은 새것으로 교체가 필요하다.

두 번째는 '자동산화'라 불리는 경로인데, 열에 의해 기름의 일부가 산소와 반응해 과산화물이라는 끈적한 물질로 변하는 경우다. 과산화물은 다시 여러 단계의 반응들을 거치면서 다양한 부산물들을 만들어낸다. 처음 산화를 통해 과산화물이 생성된 이후 자동적으로 그다음 반응들이 이어져서 자동산화란 명칭이 붙었다. 오래 사용한 기름이 끈적거리는 이유는 과산화물의 점도가 높기 때문이다. 아무래도 튀김은 고온에서 진행될 수밖에 없기에, 이 자동산화 또한 피하기 어렵다.

기름의 산패를 원천적으로 막을 방법은 없다. 다만 기름 속에 떠다니는 찌꺼기를 재빨리 제거만 해도 기름의 생명을 연장하는 데 큰 도움이 된다. 하지만 무엇보다 중요한 것은 오래 사용돼 변색되거나 점도가 높아지거나 불쾌한 냄새가 난다면, 즉시 새 기름으로 교체해야 한다는 점이다.

〈프로메테우스〉(2012)

우리 DNA는 외계인의 것?

2085년 인류의 기원에 대한 고고학적 증거가 발견된다. 전혀 교류가 없던 고대 원시문명의 유적지들에서, 당시 기술로는 관측 불가능한 별자리가 동일하게 묘사돼 있던 것이다. 고고학자들은 이를 인간의 창조주가 보낸 초대장이라 추정한다. 그리고 그 증거가 가리키는 지점으로 가기 위한 탐사대가 꾸려진다. 그들이 타고 갈 탐사선의 이름은 '프로메테우스'.

그리스신화에서 프로메테우스는 제우스에게 불을 빼앗긴 인간들을 가엽게 생각했다. 그래서 몰래 불을 훔쳐 인간에게 주었다. 그 일로 프로메테우스는 바위산에 묶인 채 매일 독수리에게 간을 쪼아 먹히는 벌을 받게 된다. 그가 인간을 특별하게 생각한 이유는, 바로 그가 인간의 창조주였기 때문이다. 탐사선 프로메테우스는 인류의 창조주를 찾아가는 여정을 상징하는 이름이다.

5년간의 여정 끝에 도착한 미지의 행성에서 탐사대는 외계문명의 흔적과 외계인의 유해들을 발견한다. 그런데 놀랍게도 외계인의 DNA는 인간의 그것과 유사했다. 때마침 냉동상태의 외계인이 발견되고, 탐사대는 그를 해동시켜 소통하고자 한다. 하지만 그 외계인은 인간을 적대시하며 공격하기 시작한다. 인간들은 이제 생존을 위해 외계인, 그리고 정체모를 또 다른 생명체들과의 처절한 싸움을 벌인다. 화려한 액션도 볼거리지만, 무엇보다도 이 영화의 가치는 우리 인류의 오래된 질문을 다뤘다는 점이다. '도대체 우리는 어디서 왔을까?'

생명의 기원에 관한 학설은 크게 2가지로 구분된다. 첫째는 지구에서 자체적으로 탄생했다는 학설이다. 지구상의 단순한 물질들이 서로 반응해 점점 더 복잡한 물질이 생성되고, 종국에는 생명의 기본물질이라 할 수 있는 단백질·DNA 등이 합성됐으며, 그러다 어느 순간 세포가 출현했다는 설명이다.

두 번째는 이 영화의 모티브가 된 학설인데, 생명이 미생물 형태로 우주에서 기원했다는 것이다. 이 설명의 지지자들은 세포와 같은 복잡한 구조물이 자연에서 저절로 생겨나는 것이 거의 불가능에 가깝다고 주장한다.

아쉽게도 아직까지는 무엇이 옳은지 알지 못한다. 이 영화에서도 명백한 답이 주어지지 않는다. 다만 도입부에 이런 장면이 나온다. 지구에 도착한 한 외계인이 어떤 액체를 마신다. 그러자 그의 몸이 분해되면서 물속으로 흩어지는데, 이후 그곳에서 DNA가 다시 재조합된다. 생명이 먼 우주에서 기원했다는 암시일 것이다.

274 월

과학자의 말

로절린드 프랭클린

과학과 매일의 삶은 분리될 수도 없고, 분리돼서도 안 된다

1953년 〈네이처〉에 900자 분량의 짧은 논문이 하나 실렸다. 저자는 제임스 왓슨과 프랜시스 크릭이라는 두 젊은 과학자였다. 하지만 내용의 무게는 논문의 분량과 비례하지 않았다. 최초로 DNA의 이중나선 구조를 규명했기 때문이었다. 이들은 그 공로로 1962년 노벨 생리의학상을 수상했다.

당시 〈네이처〉에는 왓슨과 크릭의 논문 말고도 또 하나의 중요한 논문 한 편이 실려 있었다. DNA의 엑스선회절 사진을 발표한 논문이었는데, 왓슨과 크릭의 주장을 뒷받침해줄 중요한 증거자료였다. 해당 논문의 저자는 로절린드 프랭클린이라는 여성 과학자였다.

그녀는 1951년 영국 런던 킹스칼리지의 모리스 윌킨스(1916~2004)가 이끌던 연구팀에 합류했다. 당시 윌킨스는 DNA 구조에 대해 연구하고 있었는데, 프랭클린은 엑스선회절을 통해 DNA 구조를 분석하는 일을 맡았다. 회절이란 빛과 같은 파동이 장애물을 만나면 돌아 나가는 현상을 말한다. 햇빛을 가리는 나뭇잎의 가장자리가 선명하지 않은 이유도 이 회절 때문이다. 마찬가지로 엑스선도 DNA와 부딪히면 회절이 발생한다. DNA 구조가 규칙적이라면 그 회절 패턴에서 어떤 규칙을 찾을 수 있었고, 이를 수학적으로 해석하면 DNA 구조를 알 수 있었던 것이다.

1952년 5월의 어느 날 프랭클린은 마침내 DNA 구조를 해석할 만한 사진을 얻게 된다. 하지만 다른 바쁜 연구로 인해 잠시 조사를 미뤄두고 있었는데, 왓슨과 친분이 있던 윌킨스가 프랭클린의 허락 없이 그 사진을 왓슨에게 보여주고 만다. 왓슨은 곧 사진의 가치를 알아보았다. DNA가 이중나선 구조임을 깨달은 그는 동료 크릭과 함께 서둘러 논문을 작성해 〈네이처〉에 투고한다. 일설에는 사진 증거가 없었던 왓슨과 크릭이, 프랭클린이 논문을 게재하는 때를 노려 동시에 게재했다고도 하나 확실치는 않다.

어쩌면 DNA 구조를 규명하는 데 가장 큰 역할을 했지만, 프랭클린은 노벨상을 수상하지는 못했다. 1958년 난소암으로 인해 37세라는 젊은 나이에 요절하고 말았기 때문이다. 그는 아버지에게 보내는 한 서신에서 이렇게 썼다. "과학과 매일의 삶은 분리될 수도 없고, 분리돼서도 안 됩니다. 과학은 저에게 진실, 경험, 그리고 실험에 기반한 설명을 해줍니다." 그녀가 과학을 얼마나 진심으로 대했는지 알 수 있는 말이다. 비록 생전에는 마땅한 영광을 누리지 못했지만, 2003년 영국 정부는 '로절린드 프랭클린상'을 제정해 매년 업적이 탁월한 여성 과학자에게 이 상을 수여하고 있다.

스탠리 밀러(1930~2007)의 실험

생명은 지구에서 저절로 탄생했는가?

다윈은《종의 기원》을 통해 모든 생물이 진화의 과정을 거쳐왔다고 주장했다. 그런데 여기서 의문이 하나 생긴다. 진화의 과정을 거슬러 올라가 만나게 될, 최초의 생명이라 불릴 만한 것은 어떻게 생겨났을까?

이와 관련해 제시된 학설 하나는 '화학 진화설'이다. 지구 내에서 화학적인 진화과정을 거쳐 생명이 탄생했다는 것인데, 처음 이런 주장을 펼친 사람은 소련의 생화학자 오파린(1894~1980)이다. 그는 1936년 발간한《생명의 기원》에서 수소·메탄·암모니아·수증기 등 무기물로 가득 찬 원시 지구에서 아미노산 등의 유기물이 합성되고,* 이 유기물이 다시 반응해 단백질 등의 고분자가 만들어진 이후, 알려지지 않은 과정을 거치면서 생명이 탄생했다고 주장했다.

하지만 그의 주장은 세간의 큰 관심을 끌지는 못했는데, 당시만 하더라도 아미노산은 오로지 생체 내에서만 만들어질 수 있다고 믿었기 때문이다. 그런데 1953년 이런 믿음을 산산히 무너트리는 놀라운 실험 결과 하나가〈사이언스〉에 발표된다.

시카고대의 스탠리 밀러는 스승인 해럴드 유리(1893~1981)와 함께 독창적인 실험장치를 고안한다. 원시 대기의 성분이라 추정되는 수소·메탄·암모니아·수증기 등을 채우고 고압 전류로 인공방전, 즉 인공번개를 치게 한 것이다. 사실 이들은 당시 오파린의 가설에 대해 모르고 있었다. 그렇게 며칠이 지나자 물이 고여 있던 실험장치 바닥에 붉은색 물질들이 쌓이기 시작했다.

이 물질을 분석하자 놀랍게도 푸마르산·글리신·알라닌 등 단백질을 구성하는 여러 종류의 아미노산이었다. 아미노산이 생체 밖에서 무기물로부터 합성될 수 있음을 최초로 증명한 것이다. 이를 통해 오파린의 가설은 다시금 주목받았다.

하지만 그렇다고 원시 지구에서 자체적으로 생명이 탄생했음을 완전히 증명한 것은 아니다. 생명의 기본이 되는 아미노산 같은 물질이 저절로 만들어질 수는 있지만, 생명의 기본단위인 세포가 어떻게 만들어졌는지는 입증되지 못했기 때문이다. 여러 소기관들이 상호작용하는 세포는 마치 작은 우주와도 같은데, 이것이 만들어지는 일은 아미노산 같은 작은 물질들이 만들어지거나 또는 이것들이 결합해 단백질과 DNA가 되는 일과는 비교할 수 없을 정도로 복잡할 것이 분명하다. 언젠가 그 비밀이 명확하게 밝혀지는 날이 오기를 기대해본다.

---

* 오늘날처럼 산소가 풍부한 환경에서는 유기물이 쉽게 분해될 것이라고 그는 생각했다.

276 수

과학의 생각

생명이 탄생한 후보지

얕은 바다 아니면 심해?

오파린의 가설과 밀러의 실험에 따르면, 생명이 탄생하기 위한 기본재료인 아미노산 같은 유기물은 공기 중에서도 만들어질 수 있다. 하지만 이 유기물이 여러 단계의 반응을 거쳐 단백질·DNA와 같은 더 복잡한 화합물이 되기 위해서는 전혀 다른 환경이 필요했을 것이다. 이를 위해서는 첫째로 물과 같은 유동성 환경이 필요하다. 단순한 물질들이 서로 반응해 더 복잡한 물질로 변환되기 위해서는, 우선 그 물질들이 서로 만나야 한다. 두 손이 마주쳐야 손뼉도 칠 것이 아닌가. 컵에 담긴 물은 고요해 보인다. 하지만 실상은 다르다. 물분자들이 끊임없이 움직이고 있는 것이다. 물에 분산된 유기물들은, 물분자의 운동에 따라 이리저리 운동하며 서로 부딪힐 기회를 갖게 된다. 두 번째로 중요한 것은 온도다. 화학반응이 일어나려면 에너지가 필요한데, 온도가 너무 낮으면 충분한 에너지를 얻을 수 없다.

이 2가지를 고려한다면, 복잡한 화합물이 만들어질 후보지 중 하나는 온대나 열대의 얕은 바다 근처 물웅덩이다. (다윈도 한 편지에서 암모니아·인산염·빛·열·전기 등이 존재하는 '따뜻한 작은 연못'에서 처음 생명체가 생겨났을 것이라 주장하기도 했다. 아마 오파린과 밀러도 여기서 영감을 받았을 것이다.) 그 시나리오는 다음과 같다. 대기 중에서 합성된 유기물질이 빗물 등을 통해 바다로 유입된다. 그리고 얕은 바다 근처에 물웅덩이가 생기면서 바다와 분리된다. 높은 기온으로 인해 웅덩이의 물이 증발하면, 물속 유기물의 농도는 점차 높아진다. 그러면 유기물들이 서로 충돌해 반응할 확률이 높아지고, 더 복잡한 물질들이 탄생하기 시작한다. 아마도 이때 세포막과 비슷한 막 구조도 형성되면서, 막으로 둘러싸인 부분은 물질의 농도가 더 높아졌을 것이다.

다음으로 생각할 수 있는 후보지는 심해의 열수 분출공이다. 해저에서 마그마의 영향 등으로 뜨거운 물이 솟아오르는 구멍이다. 이 열수에는 해저 광물에서 유래하는 메탄·암모니아 등의 성분이 많이 포함돼 있다. 이것들은 유기물을 합성할 수 있는 원료가 된다. 게다가 열수의 온도는 수백℃ 이상이 되니 반응이 더 활발하게 일어날 수 있는 조건이다. 한편 이 열수에는 금속성분이 많이 포함돼 있는데, 금속은 화학반응이 잘 일어나도록 촉진하는 역할을 할 수 있다.

온대나 열대의 얕은 바다인지, 아니면 심해의 열수 분출공인지에 대한 확실한 증거는 없다. 아직까지는 둘 다 가설일 뿐이다. 물론 이 두 곳 모두 아닐 수도 있다. 지구상 전혀 다른 곳에서 생명이 기원했을 수도 있고, 어쩌면 저 먼 우주에서 왔을 수도 있다.

《해저 2만 리》(쥘 베른)

또 다른 미지의 세계, 심해

어느 날 프랑스의 해양생물학자 '피에르 아로낙스' 교수는 미 해군 함정 USS 링컨호로부터 긴급한 요청을 받는다. 미지의 해양생물을 탐사하는 데 동행해달라는 내용이었다. 얼마 전부터 정체불명의 물체를 목격했다는 이야기가 들려오기 시작했고, 이 물체와 선박이 충돌한 사례도 여러 차례 보고됐기 때문이다. 아로낙스 교수는 이미 언론에서 이 물체가 아마도 일각고래일 것이라 주장한 바 있었다.

오랫동안 별다른 수확이 없던 링컨호 앞에 마침내 정체불명의 괴생물체가 등장한다. 그리고 이어지는 사투, 하지만 링컨호는 큰 피해를 입고 아로낙스 교수와 몇몇 일행은 물에 빠진다. 그런데 링컨호를 공격한 상대는 생물체가 아니라 첨단기술이 집약된 잠수함이었다. '네모'라는 이름의 함장이 이끄는 잠수함의 이름은 '노틸러스호'. 아로낙스 교수 일행은 노틸러스호에 구출돼 네모 함장과 함께 바닷속 모험을 떠난다.

지구의 2/3는 바다로 둘러싸여 있다. 하지만 여전히 바다는 우리에게 낯선 존재다. 심해로 들어갈수록 더 그런데, 저 우주만큼이나 접근이 쉽지 않기 때문이다. 그런데 사실 빛이 거의 닿지 않는 심해에도 다양한 생물들이 존재한다. 특히 열수 분출공이라 불리는 곳은 생명을 위한 오아시스 같은 곳이다. 해저 지각 아래 마그마에서 가열된 뜨거운 물이 분출되는 곳으로, 높은 수압으로 인해 그 온도가 수백℃에 달할 정도다. 차가운 심해에서 에너지 공급원이 되는 것이다.

뜨거운 물만 나오는 것은 아니다. 지하 광물에서 용출된 각종 원소들은 해저 환경을 더욱 풍성하게 만든다. 특히 다량으로 뿜어져 나오는 '황(S)'은 미생물의 양분이 되는데, 빛이 없어 광합성을 하지 못하는 미생물들은 이 황을 이용해 '화학합성'을 해서 에너지를 얻는다. 그리고 이 미생물들을 기반으로 나름의 심해 생태계가 운영된다.

열수 분출공이 해양생물에게만 유용한 것은 아니다. 열수 분출이 멎은 곳은 오랫동안 지하에서 분출된 유용한 성분들이 퇴적돼 금·은·구리 외에도 각종 희유금속*의 광물 덩어리가 형성돼 있기 때문이다. 우리나라를 비롯한 세계 각국이 여기에 주목하고 있다.

이제는 바다에 대해서도 많은 관심을 가져야 한다. 저 먼 우주로 나가기에 앞서, 우리 삶의 터전에 대한 이해가 먼저일 것이기 때문이다.

---

* 산출량이 아주 적은 금속으로 니켈·코발트·크로뮴·망가니즈·타이타늄 등이 있다.

잠수함

얼마나 오랫동안 잠수할 수 있는가?

잠수함이 가라앉는 원리는 아르키메데스가 '유레카'를 외치게 했던 부력, 그리고 그와는 반대 방향인 중력과 관련이 있다. 물속의 물체는 부력과 중력이 균형을 이루고 있는 상태다. 그런데 이때 물체의 밀도가 높아지면 중력이 더 강해지면서 물체는 더 깊이 가라앉는다. 잠수함은 밀도를 조절하기 위해 함 내에 '밸러스트'라는 일종의 물탱크를 설치한다. 잠수함이 물 위로 뜰 때는 펌프를 이용해 여기에 밀도가 낮은 공기를 채워두고, 잠수할 때는 밀도가 높은 물을 채워 넣는다.

그런데 초기의 잠수함은 이름 그대로 '함', 즉 배였다. 단지 잠수하는 특성이 부가됐을 뿐이었다. 다시 말해 장시간 잠수하는 것이 힘들었다. 그 이유는 산소 부족이다. 승조원을 위한 산소도 그렇지만, 더 중요한 것은 잠수함의 내연기관 엔진도 산소를 필요로 한다는 사실이다. 잠항 시에는 배터리의 전력을 사용하는데, 이 배터리를 충전시키려면 때때로 엔진을 돌려야 한다. 이를 위해서라도 자주 물 밖으로 나와야만 했다.

이를 위해 개발된 것이 '공기불요 시스템'이다. 예를 들어, 제2차세계대전 직전 독일은 과산화수소를 이용한 디젤엔진을 개발했다. 과산화수소를 분해하면 발생하는 산소를 이용하는 방식이었다. 하지만 아직 충분한 양의 잠수함을 확보하지 못해 고민이던 독일은 이 새로운 기술을 본격적으로 활용할 여유가 없었고, 결국 종전 시까지 실전에 배치하지는 못했다.

현재 대부분의 재래식 잠수함은 잠항 시에 주로 수소연료전지를 사용한다. 수소와 산소를 반응시켜, 물과 함께 전기를 생산하는 방식이다. 물론 가장 확실한 방식은 원자로를 탑재하는 것이다. 이론상 얼마든지 공기 없이 잠항이 가능하기 때문이다.

최초의 잠수함은 네덜란드 출신 발명가 코르넬리스 드레벨(1572~1633)이 1620년 영국 해군을 위해 만들었다고 전해진다. 나무로 선체를 만들고, 기름을 먹인 가죽으로 둘러 방수처리를 한 이 잠수함은 템스강 수심 3m 아래에서 노를 저어 3km 정도를 이동했다고 한다. 하지만 본격적으로 사용되지는 않았다. 아마도 성능이 기대에 못 미쳤기 때문이었던 것 같다.

실전 기록이 있는 첫 잠수함은 미국독립혁명 중인 1775년 제작된 터틀호다. 발명가 데이비드 부슈널(1740~1824?)이 오크로 빈 통을 만들고 그 주위를 강철 밴드로 둘러 수압을 견딜 수 있도록 했는데, 한 사람이 겨우 들어갈 정도의 크기였다. 하지만 펌프를 이용해 물을 넣고 뺌으로써 잠수 깊이를 조절할 수 있었고, 수동식이기는 하지만 프로펠러도 달려 있었다. 터틀호는 영국 군함에 몰래 접근해 폭발물을 부착하는 임무를 부여받았으나 실패했다.

279 토

과학자의 주방

순간의 선택이 중요한 기름

기름의 발연점을 체크하자

얼마 전 한 발명가를 만났다. 기름 사용량을 획기적으로 줄인 튀김기라 자신 있게 소개하는 제품을 이리저리 살펴보니 핵심은 기름 정제에 있었다. 사용하는 기름을 수시로 정제해 불순물을 최대한 제거해주면서, 기름의 산패를 지연시키는 원리였다. 산패란 기름의 산화 등으로 더 이상 사용할 수 없는 상태에 이른 것을 말한다. 산화는 쉽게 말해 산소와 반응하는 것인데, 그 과정에서 몸에 해로운 물질들이 만들어진다.

기름은 지방성분이 대부분인데, 지방은 글리세롤이라는 분자에 지방산이라는 기다란 사슬 형태의 분자 3개가 결합돼 만들어진다. 이 결합 부위는 산소의 공격에 취약하다. 따라서 산화에 의해 지방산이 떨어져 나오는데, 그러면 기름의 품질이 낮아진다. 게다가 이렇게 떨어져 나온 일부 지방산은 재차 산소와 반응해 과산화물이라고 하는 갈색의 점성 있는 물질로 변한다. 오래된 기름이 탁해지고 끈적해지는 것은 바로 이 물질 때문이다.

기름의 산패는 튀김에서 특히 잘 일어난다. 고온에서 가열하다보니 산화반응이 촉진되고, 식재료에서 흘러나오는 수분도 이런 산화를 더 가속화시키기 때문이다. 그래서 산화를 통해 생성되는 불순물을 최대한 제거해주고, 수시로 산패의 정도를 측정해 기준치를 초과하면 과감히 폐기해야 한다. 그런데 이에 앞서 신경 써야 할 것이 있으니, 바로 올바른 기름의 선택이다.

온도를 점차 높이다보면 기름 표면에서 연기가 스멀스멀 솟아나는 것을 볼 수 있다. 이때의 온도를 그 기름의 '발연점'이라 하는데, 연기가 나는 지점이란 뜻이다. 연기의 정체는, 기름이 산화돼 분해되면서 나오는 물질이다. 시판되는 해바라기유의 발연점은 227℃, 대두유는 232℃ 정도다. 일반적인 튀김 온도인 170℃에 비해서는 높은 편이니 열에 매우 안정적이라 할 수 있다. 식품산업에서 주로 쓰이는 팜유도 232℃나 되니, 산화에는 강한 편이다.

하지만 발연점이 낮은 기름은 주의해야 한다. 예를 들어 압착식의 전통 방식으로 만든 올리브유의 발연점은 160℃에 불과한데, 이 기름으로 장시간 튀김을 하다보면 산화가 일어나는 것을 피할 수 없다. 따라서 압착식 올리브유는 튀김보다는 샐러드와 같은 요리에 더 적합하다.*

모든 요리가 다 그렇듯 사용되는 식재료, 도구 등을 선택할 때 소홀히 할 것은 없다. 순간의 선택이 중요한 결과를 초래할 수도 있으니 말이다.

---

* 다만 정제과정을 거쳐 지방 성분 이외의 물질을 제거한 올리브유는 발연점이 200℃ 이상으로 튀김에 사용 가능하다.

〈스타트렉〉(1979)

창조주가 있다면 그에게 무엇을 물어볼까?

영화의 배경은 23세기의 미래, 과학기술의 발전으로 인류는 우주의 시대를 열고 외계 지적 생명체와 자유롭게 교류하는 데까지 나아갔다. 그런데 어느 날, 지구 연방에 비상이 걸린다. 82AU 크기의 전자구름으로 뒤덮인 지름 76km의 거대한 비행체가 지구를 향해 오고 있기 때문이다. 참고로 1AU는 지구와 태양까지의 거리다. 이에 전설적인 우주선 엔터프라이즈호의 급파가 결정되고, 지금은 제독으로 승진한 '커크'가 다시 선장을 맡는다. 워낙 중대한 사안이라 제독이 직접 나선 것이다.

이 미확인 물체는 지구로 오는 과정에서 방해되는 것들은 모두 무자비하게 파괴해버린다. 게다가 그 어떤 통신수단에도 응답하지 않는다. 엔터프라이즈호도 예외는 아니어서 무차별 공격을 받기 시작하는데, 다행히도 커크의 오랜 친구인 '스팍'이 이 비행체와의 교신에 성공한다. 지금은 사용하지 않는 예전 방식, 즉 전파를 이용한 것이다. 그러자 공격은 멈추고 비행체는 자신의 내부로 엔터프라이즈호를 끌어들인다. 이 거대 비행체는 자신을 '비저'라 불렀다.

커크 선장과 대원들은 본격적인 탐사를 위해 엔터프라이즈호에서 하선한다. 그리고 잠시 후 그 중심부에 도착하는데, 그곳에서 커크 선장은 'Vger(비저)'란 명판이 붙은 물체를 발견한다. 그런데 뭔가 이상한 점을 느낀 그가 명판에 수북히 쌓인 먼지를 털어내자, 숨겨진 글자들이 드러나며 비행체의 진짜 정체가 밝혀진다. 그것은 바로 300년 전 지구에서 우주로 보낸 탐사선 '보이저(Voyger) 6호'였던 것이다.

보이저호는 우주를 떠도는 중간에 어떤 기계행성의 도움으로 한 단계 더 높은 수준으로 업그레이드됐다. 그리고 오랫동안 정보들을 축적하는 과정에서 서서히 의식이 깨어났다. 그런 보이저호가 처음 떠올린 질문은 이랬다. '나는 누구인가? 나는 어떻게 태어났을까?' 그래서 보이저는 자신이 가진 정보를 총동원해, 자신의 창조주가 있음직한 지구를 찾아오고 있었다.

저 머나먼 우주를 바라보며 우리 또한 비슷한 질문을 던진다. 다만 우리에겐 보이저가 가진 정도의 정보는 없다. 우리의 창조주에 대해 아는 바가 전혀 없는 것이다. 어쩌면 창조주는 애초부터 없었을지도 모른다. 지구에서 우연히 탄생한 생명이 오랜 진화를 거쳐 우리가 됐다는 뜻이다. 그런데 만에 하나 우리의 고향이 지구가 아니라면? 만약 그렇다면 우리 또한 보이저가 그랬듯이 우리의 창조주를 찾아 나설 것이다. 보이저는 자신이 갖지 못한 인간의 마음에 대해 알고 싶어 했다. 인간은 자신의 창조주에게 무엇을 물어보게 될까?

281 월

과학자의 말

요한 볼프강 폰 괴테

과학과 시는 다시 친구로 만나게 될 것이다

《젊은 베르테르의 슬픔》《파우스트》 등으로 유명한 독일 문학의 거장 괴테는 과학자이기도 했다. 그는 식물과 동물의 비교형태학·색채학·지질학·기상학 등 다양한 분야를 연구했고, 이와 관련해 많은 기록을 남겼다. 그런데 그의 연구는 동시대 과학자들과 비교해서 조금 다른 면이 있었다.

그가 활동하던 18세기 유럽을 지배하던 사상은 '기계론적 자연관'이었다. 이는 자연을 마치 하나의 기계처럼 바라보는 관점으로, 자연의 모든 과정은 기계의 부품들이 서로 맞물려 돌아가듯 필연적 인과법칙을 따른다고 봤다. 17세기 근대과학혁명을 대표하는 뉴턴의 '만유인력의법칙'은 인과법칙의 한 예다.

근대 이전의 사람들은 자연 또한 인간과 마찬가지로 어떤 신성(神性)을 지닌 하나의 살아 있는 유기체로 간주했다. 하지만 기계론자들은 자연에서 신성을 제거하고, 인간 이성의 힘으로 그 원리를 파악하고 지배할 수 있는 대상으로 격하시켰다. 그리고 자연을 무자비하게 해체하기 시작했다. 인과법칙을 따르는 하나의 기계와도 같다면, 각 부분들의 합은 곧 전체가 될 것이기 때문이다. 부분들의 단순성을 이해하면, 복잡한 전체도 이해할 수 있다고 본 것이다.

괴테는 이런 환원주의에 거부감을 느꼈다. 그는 저서 《자연과학론》에서 이렇게 기술한다. "생명이 있는 자연계에서는 전체와 관련되지 않은 것은 하나도 없다." 자연에서 생명을 빼앗고 마치 기계의 부품들처럼 낱낱이 해체하는 상황에 반대하며, 유기적인 자연으로의 회복을 강조한 것이다. 그가 생각하기에 자연에서 '1+1'은 '2 그 이상의 것'이었다. 기계론은 자연의 구성요소들 간의 유기적 상호관계를 놓치고 있다는 것이 괴테의 생각이었다.

여기에 문인으로서의 상상력이 더해지며, 그만의 독특한 자연관이 형성되었다. 그는 이렇게 말하기도 했다. "과학은 시로부터 발생했다. 시대가 변함에 따라 과학과 시는 더 높은 수준에서 친구로 만나게 될 것이다." 그는 과학과 문학이 함께해야, 하나의 완전한 자연관을 형성할 수 있다고 믿었다. 과학의 창문만으로는 자연의 진짜 모습을 다 볼 수 없다고 생각했던 것이다.

기계론적 자연관은 과학의 발전에 큰 기여를 했지만 분명 한계는 있다. 오늘날 우리를 괴롭히고 있는 기후온난화, 환경오염 등의 문제들이 모두 기계론적 자연관과 밀접한 관련이 있기 때문이다. 어쩌면 인간과 자연 모두를 하나로 아우르고자 한 괴테의 자연관으로부터 현대의 당면한 문제들을 해결할 실마리를 발견할 수 있지는 않을까?

최초의 인공위성(1957)

거인이 해야 할 일은 아직 남아 있다

1957년 10월 4일 인류가 만든 물체가 최초로 우주공간에 진입했다. 소련이 쏘아 올린 인공위성 스푸트니크였다. 4개의 기다란 안테나가 인상적인 무게 83kg, 지름 58cm인 알루미늄으로 만든 구형의 위성이었으며, 지구로 기계음을 송신할 수 있는 단순한 기능만 있었다. 스푸트니크는 러시아어로 '동반자'란 뜻이다. 3개월간 지구궤도를 돈 스푸트니크는 대기권에 진입하며 불타 없어졌다.

사실 인공위성 계획을 먼저 발표한 것은 1955년 미국이었다. 하지만 소련이 선수를 쳤고, 소련과의 과학기술 경쟁에서 앞서 있다고 자신하던 미국은 큰 충격에 빠졌다. 만약 소련의 발표가 사실이라면, 소련은 미국까지 직접 핵공격을 가할 수 있는 대륙간탄도유도탄을 보유하게 되었음을 의미했다. (스푸트니크를 실어 나른 최초의 대륙간탄도유도탄 R-7은 1957년 8월 21일 시험발사에 성공했다.) 즉 소련과 미국의 우주 경쟁은 단순히 누가 먼저 우주에 갔느냐 하는 문제가 아닌, 생존이 달린 문제였던 것이다.

소련은 한 달 후인 11월 3일 초보적인 관측이 가능한 스푸트니크 2호를 발사했다. 이번엔 승무원으로 '라이카'라는 이름의 개도 태웠다. 살아 있는 생명체가 최초로 우주를 여행한 것이다. 하지만 라이카는 안타깝게도 지구로 귀환하진 못했다.

사람들은 이 일련의 사건을 '스푸트니크 쇼크'라 불렀다. 제2차세계대전을 승리로 이끌며 자만심에 빠져 있던 미국이 경각심을 갖게 된 충격적인 경험이었기 때문이다. 다급해진 미국은 위성 발사를 서둘렀다. 불안한 국민들을 조금이나마 안심시켜야 했던 것이다. 그리고 1958년 1월 31일 미국 최초의 위성인 익스플로러 1호를 발사하는 데 성공했다. 하지만 이것으로 끝이 아니었다. 경쟁은 이제 막 시작되었을 뿐이었다. 우주개발을 전담할 기구인 NASA가 설립된 것은 그해 10월 1일이었다.

1941년 12월 7일은 미국 역사상 가장 치욕적인 날로 기록된다. 일본 해군의 진주만공격으로 막대한 피해를 입은 것이다. 그날을 계기로 잠자던 거인이 깨어났다. 그리고 그 거인은 마침내 복수에 성공했다. 하지만 거인에게는 아직 해야 할 일이 남아 있었다. 스푸트니크호는 이 사실을 말해주고 있었다. 거인은 이제 우주로 나아가야 한다고.

283 수

과학의 생각

생물의 특징은 무엇인가?

영원할 수 없는 존재의 선택지

생성된 모든 것들은 사라져야만 한다. 우리와 같은 생물도 그렇지만, 무생물 또한 크게 다르지 않다. 단단한 바위도 시간이 지나면 깨어지고 부서져 티끌이 된다. 영겁의 세월을 지나면 티끌마저도 작은 입자들로 분해되면서 서서히 소멸된다. 이렇듯 생물과 무생물은 서로 비슷한 처지인 듯하지만, 자세히 살펴보면 중요한 차이점이 있다. 그것은 바로 생물이 수행하는 '자기복제'와 '대사'다.

모든 생물은 자기 세포 안에 유전정보를 담고 있다. 이 정보를 이용해 단백질 같은 생명활동에 필요한 물질을 생산하는데, 이때 정보를 저장하고 있는 것이 DNA다. DNA가 후손에게 전달되는 과정을 자기복제라 하며, 이는 생물의 첫 번째 특징이 된다.

하지만 이것만으로 생물을 정의하기에는 뭔가 부족한 점이 있다. 무생물의 경우도 이와 비슷한 현상이 발견되기 때문이다. 대표적인 예로 '바이러스'가 있다. 바이러스는 평소에는 무생물이라 불러도 좋을 정도로 생명활동의 흔적이 없다. 그렇지만 숙주를 만나면, 그 숙주의 자기복제 시스템을 이용해 자기복제를 진행한다. 숙주에겐 병이 진행되는 과정이다.

그러나 바이러스에겐 일반적인 생물에게는 있는, 중요한 한 가지 특징이 없다. 그것은 '대사'라 불리는 과정이다. 대사는 먹고 마시고 배설하며, 여기서 얻은 에너지로 다양한 활동을 하는 모든 작용을 뜻한다.

대사는 크게 2가지 작용으로 나눌 수 있다. 섭취한 음식물을 분해해 에너지를 얻는 '이화작용(catabolism)'과 그 에너지를 이용해 몸을 구성하는 새로운 물질들을 생성하는 '동화작용(anabolism)'이다. 우리 몸은 이 2가지 작용을 통해 낡은 것을 새것으로 교체하면서 생명을 연장한다.

플라톤의 《티마이오스》에 따르면, 태초에 제작자(demiurgos)가 이 우주를 창조할 때 이데아의 영원성(永遠性)을 완벽하게 재현할 수 없었기에, 다소 불완전하기는 하지만 수(數)에 따라 질서 있게 움직이도록 했고, 이를 통해 시간(크로노스chronos)이 탄생했다고 한다. 따라서 시간 안에 사는 우리와 같은 존재는 영원할 수 없으며, 언젠가는 사라져야만 한다. 그럼에도 불구하고 생물은 영원성을 꿈꾸기에 자신의 흔적이나마 남기는 전략을 택한 것은 아닐까? 그 전략이 바로 '자기복제'이고 '대사'인 것이다.

《가이아》(제임스 러브록)

지구와 우리는 하나다

기원전 8세기경 헤시오도스(?~?)의 《신통기》에 따르면 '태초에 혼돈인 카오스가 있었고, 그다음 대지인 가이아가 있었다'. 가이아는 대지의 여신이면서 대지 그 자체를 의미하기도 한다. 또한 가이아는 만물의 어머니인 창조의 신이란 이미지도 갖고 있다. 실제로 그리스 신화에 등장하는 신들과 거인족은 모두 그녀의 후손이다.

영국의 과학자이자 발명가인 제임스 러브록(1919~2022)은 우리 지구를 설명하면서 오래된 신화 속 인물인 가이아를 다시 등장시켰다. 만물을 창조하고 그것을 보듬어주는 어머니 가이아처럼, 지구 또한 우리에게 그런 존재라는 사실을 깨달았기 때문이다.

러브록은 1960년대 미국 캘리포니아공대 제트추진연구소에서 화성의 생명체 탐사 프로젝트에 참여하고 있었다. 그는 태양계에서 유일하게 생명이 있는 지구와, 나머지 행성들은 대기의 조성부터 확연히 다르다는 사실에 큰 의구심을 품게 되었다. '왜 지구에만 유독 산소가 많이 분포할까?'

사실 산소는 화학적으로 매우 불안정한 물질이다. 공기 중에 놓인 철은 금세 녹슨다. 산소와 결합해 산화가 되기 때문이다. 이처럼 산소는 그대로 존재하기보다는, 산화라는 반응을 거쳐 다른 물질과 결합된 상태가 돼버린다. 그럼에도 전체 공기의 21%를 차지하는 산소의 비율은 화학적인 관점에서는 잘 설명되지 않는다. 러브록은 그 원인이 지구와 생명체 간의 긴밀한 상호작용 때문이라 주장한다.

38억 년 전 최초의 생명이 탄생했을 때만 해도 지구에는 산소가 거의 없었다. 하지만 광합성을 할 수 있는 미생물들이 등장하면서 점차 산소가 늘어나 일정한 수준이 되었다. 그런데 산소의 농도가 너무 높아지면, 땅속 미생물들이 메탄을 내놓으면서 다시 그 비율을 적정하게 맞춘다. 비단 산소 농도만이 아니라 바닷물의 염도 등도 일정한 수준으로 유지되는데, 이 또한 생명체의 활동과 밀접한 관련이 있다.

러브록에 따르면 지구는 생물권·대기권·토양권·해양권까지 모든 것이 상호작용하는 하나의 복합체이며, 마치 살아 있는 생명처럼 스스로를 조절하며 균형을 맞춰나간다. 지구는 우리 생명체가 살아가는 단순한 집 이상의 의미가 있는 것이다. 우리는 지구 그 자체이며, 지구는 또한 우리인 것이다. 그의 이러한 생각을 '가이아이론'이라 한다.

반도체

거추장스러운 진공관을 대체하다

반도체는 '도체'와 '부도체'의 중간 정도의 성질을 갖는 물질을 말한다. 도체는 전기전도성이 높아 전기가 잘 흐르는 데 반해, 부도체는 전기전도성이 0에 가까워 전기가 흐르지 않는다. 반도체는 원래 부도체에 가까워 전기가 흐르지 않지만, 여기에 불순물을 첨가하거나 빛·열 등 외부 조건의 변화를 주면 전기가 잘 흐르는 특성을 갖게 된다.

반도체의 재료로 가장 많이 쓰이는 실리콘(Si, '규소'라고도 한다)의 경우 인(P), 붕소(B) 같은 불순물을 첨가하면(이를 '도핑'이라 한다) 전기전도성이 높아진다. 165일에 살펴본 바와 같이 실리콘원자는 가장 외각에 4개의 전자를 갖는다. 원자들은 이 최외각전자들을 상호공유하면서 결합하는데, 그렇다면 실리콘원자들 사이로 끼어 들어가 결합하기 위해서는 마찬가지로 4개의 최외각전자가 필요하다. 그런데 인은 그 전자들이 5개다. 실리콘원자와 결합한 후에도 1개가 남는데 이를 '자유전자'라하며, 이 전자로 인해 전기가 흐른다.

반대로 붕소는 최외각전자가 3개에 불과하다. 따라서 실리콘원자들과 결합할 때 전자가 1개 모자라게 되는데, 이처럼 전자가 비어 있는 자리를 '정공(hole)'이라 부른다. 정공은 외부에서 전자를 받아들이려는 성질이 강한데, 이로 인해 전기가 흐르게 된다.

전류는 보통 '전자들의 흐름'이라 말하지만, '정공들의 흐름'이라 말할 수도 있다. 정공을 이웃에 있는 전자가 채우면, 그 이웃에는 다시 정공이 생기고, 또 그 이웃에서 전자가 이동해 이 정공을 채우는 식으로 진행되기 때문이다. 다시 말해 전자의 흐름과 반대 방향으로 정공이 흐른다고 할 수 있는 것이다. 그래서 정공을 음(negative)전하를 띤 전자와 반대인, 양(positive)전하를 띤 입자처럼 설명하기도 한다. 인이 첨가된 경우를 'n형 반도체'라 하고, 붕소가 첨가된 경우를 'p형 반도체'라 하여 구분하는데, 전기를 실어 나르는 것이 전자인지 아니면 정공인지에 따른 명칭이다.

일반적으로 반도체라 하면, 이 특이한 성질의 물질을 지칭하기보다는 이 물질로 만들어지는 부품, 즉 반도체소자를 의미하는 경우가 많다. 예를 들어 가장 핵심적인 부품인 트랜지스터는 p형 반도체와 n형 반도체를 적절하게 접합시킨 후 회로를 연결해 만드는데, 스위칭 기능과 증폭 기능을 동시에 수행할 수 있다. 앞서 등장했던 거대한 진공관의 기능을 대신할 수 있는 것이다.

286 토

── 과학자의 주방 ──

잘 익은 바나나의 비밀

숙성속도를 자유자재로 조절하다

충분한 시간을 거쳐 자연의 힘을 이용해 더욱 풍부한 맛과 향을 얻어내는 조리법은, 앞서 등장했던 발효 외에 숙성(aging)이라는 것도 있다. 발효가 효모 등과 같은 외부 미생물의 대사작용을 이용한다면, 숙성은 식재료에 자체 포함된 효소인 일종의 생체촉매가 관여하는 반응이다. 이 효소의 주된 기능은 식재료를 구성하는 탄수화물·단백질·지방 등의 고분자물질을 더 작은 물질로 분해하는 것이다. 이 작은 물질들은 맛을 내는 정미성분, 향을 내는 향성분 등이 대부분이다. 따라서 오랜 시간 숙성을 거치면 풍미가 더 좋아진다. 대표적인 예로 육류의 숙성을 들 수 있는데, 도축 후 사후경직이 일어난 육류를 저온에서 일정 시간 숙성시키면, 육류 안 효소의 작용으로 단백질이 분해돼 아미노산·펩타이드 등과 같은 더 작은 물질들이 만들어진다.

모든 식재료는 자신 안에 다양한 효소들을 포함하고 있다. 효소는 주변 환경에 민감하게 반응하기 때문에, 관련 조건을 조절하면 효소에 의한 숙성속도도 조절할 수 있다. 대표적으로 온도를 들 수 있다. 육류의 숙성은 보통 저온에서 이루어지는데, 이는 부패를 방지하면서도 서서히 풍부한 맛과 향성분들을 만들기 위함이다.

과일도 숙성이 충분히 진행돼야 단맛이 풍부해진다. 문제는 숙성이 완료되면 과일의 조직이 물러져 보관이나 이동에 어려움이 많다는 점이다. 그래서 아직 다 익지 않은 상태로 수확해 이동 중에 숙성시키며, 그 속도를 인위적으로 조절한다. 예를 들어 바나나는 숙성되기 전에 수확해 신속하게 이동시킨 후 도착지 부근에서 '에틸렌가스'를 사용해 급속하게 숙성시킨다.

에틸렌가스는 과일이 숙성하는 과정에서 자연적으로 방출되는 물질인데, 아직 익지 않은 이웃의 다른 과일이 숙성하게끔 자극하는 역할도 한다. 에틸렌가스가 과일 안에 있는 아밀라아제라는 효소를 활성화시키기 때문이다. 아밀라아제는 탄수화물을 분해해 당류를 만든다. 따라서 에틸렌가스를 사용하면 바나나의 숙성을 가속시켜, 빠른 시간 안에 더 달게 만들 수 있는 것이다. 한편 에틸렌가스는 바나나 안의 펙티나아제라는 효소 또한 활성화시킨다. 이 효소는 세포벽을 구성하는 펙틴이라 불리는 단단한 조직을 분해해 바나나의 식감을 더 부드럽게 만든다.

참고로 에틸렌가스는 원유를 가공할 때 제일 처음 만들어지는 기본물질 중 하나다. 반응성도 매우 좋아서 이를 활용하면 플라스틱·고무 등과 같은 다양한 제품을 만들 수 있는데, 이 때문에 '석유화학의 쌀'이라 불리기도 한다.

〈히든 피겨스〉(2016)

우리는 단순히 컴퓨터가 아니다

1957년 10월 4일 소련이 인공위성 스푸트니크를 쏘아 올리자 미국은 큰 충격에 빠졌다. 적어도 과학기술에 있어서만큼은 훨씬 더 앞서 있다는 자신감이 와르르 무너진 순간이었다. 미국도 허겁지겁 위성 개발에 나서 이듬해인 1958년 익스플로러 1호를 성공적으로 발사했다. 그리고 NASA를 설립하고 본격적인 우주 경쟁에 돌입했다. 비록 위성에서는 뒤처졌지만, 유인 우주비행분야에선 그러지 않기 위해 미국은 총력을 기울였다. 그렇게 탄생한 것이 머큐리계획이다.

영화 〈히든 피겨스〉는 이 머큐리계획에 참여한 흑인 여성 3명의 이야기를 담고 있다. 이들은 NASA에서 일하던 '컴퓨터'들이었다. 원래 컴퓨터란 과학자나 엔지니어를 보조해 복잡한 계산을 대신해주는 사람을 지칭하는 명칭이었다. 하지만 이들은 단순한 보조 역할에 만족하지 않았다. 우주선 궤도를 최종 계산하는 핵심임무를 맡기도 했고, NASA에 도입된 첨단 컴퓨터를 관리하는 프로그래머가 되었으며, 흑인 여성 최초의 엔지니어로 변신하기도 했다. 영화의 제목대로 오늘날 NASA를 있게 한 숨은 영웅들이었던 셈이다.

하지만 당시 이들의 하루하루는 차별과 무시로 고단하기만 했다. 주인공 중 하나인 '캐서린 존스'는 '왜 중요한 회의마다 지각하냐'며 질책하는 상사 '해리슨'에게 '유색인종은 이 건물 안 화장실을 쓸 수 없어 800m나 떨어진 곳으로 가야한다'며 울분을 토하기도 한다.

이 숨은 영웅들의 활약에도 불구하고 최초의 유인 우주비행이란 타이틀도 소련에 빼앗기고 만다. 1961년 4월 12일 소련의 유리 가가린(1934~1968)은 인류 최초로 우주를 비행한 사람이 되었다. 미국은 그로부터 1년 후인 1962년 2월이 돼서야 유인 우주비행을 시작했다. 하지만 미국은 결코 포기하지 않았고, 1969년 마침내 달에 최초로 인류의 발자국을 남김으로써 우주를 향한 여정에 큰 전환점을 마련하게 된다.

영화에서 해리슨은 '유색인종 전용 화장실'이란 팻말을 거칠게 뜯어내면서 이렇게 말한다. "NASA에서는 누구나 똑같은 색의 오줌을 눈다." 진리만을 추구하는 과학에 편견이 설 자리는 없다. 과학은 장애 유무도, 인종도, 국적도 그 어떤 것도 신경 쓰지 않는다. 과학의 문은 누구에게나 공평하게 열려 있기 때문이다. 그래서 과학이 좋다.

아이작 아시모프

그거 재미있네

《2001 스페이스 오디세이》의 작가 아서 클라크(1917~2008), 《스타십 트루퍼스》의 작가 로버트 하인라인(1907~1988)과 함께 'SF문학의 3대 거장'이라 불리는 아이작 아시모프는 500권이 넘는 저작을 남긴 것으로도 유명하다. 비단 SF소설만이 아니라 경제·역사·생물학 등 그 분야도 매우 다양했다. 심지어 무신론자이면서 《성경》 해설서를 집필하기도 했다. 그는 '글쓰기 대신에 대통령이 되라고 하면, 그냥 죽어버리겠다'라고 말할 정도로 타고난 작가였다.

수많은 작품 가운데 특히 유명한 것은 단편집 《아이, 로봇》으로 대표되는 '로봇 시리즈'다. 그의 세계관에서 로봇은 더 이상 '일을 대신하는 노예(로봇의 어원은 320일 참고)'가 아니었다. 그는 언젠가 인간과 비슷한 지각 능력을 갖춘 로봇이 등장하리라 예상했다. 그런 로봇과 인간은 어떻게 공존해야 할까? 그의 작품에서 큰 골격을 이루는 '로봇 3원칙'은 이와 같은 고민의 과정에서 탄생했다. 1942년 단편소설 〈런어라운드〉에서 처음 발표한 이 원칙은 다음과 같다.

첫째, 로봇은 인간에게 위해를 가해서는 안 되며, 인간의 위험을 간과해서도 안 된다. 둘째, 로봇은 인간의 명령을 따라야 한다. 단 제1원칙에 위배되는 경우는 예외로 한다. 셋째, 제1원칙과 제2원칙에 위배되지 않는 한, 로봇은 스스로를 지켜야 한다.

얼핏 보면 로봇에게 인간의 충실한 보호자 역할을 부여한 것 같지만, 이것만으로는 완벽하지 않다고 그는 생각했던 모양이다. 실제로 그의 작품에서는 이 원칙을 자의적으로 해석하는 '인간다운' 로봇들이 등장하기도 한다. 더구나 만약 로봇이 인간보다 월등한 존재가 된다면, 이 3원칙만으로 충분할 것인가? 1987년 아시모프는 제0원칙을 추가한다. '로봇은 인류에게 해를 끼쳐서는 안 되며, 인류가 위험에 처할 때 대처하지 않아 인류가 해를 입게 해서는 안 된다.'

미래 인류는 어떤 모습으로 살아가게 될까? 혹시 유능한 로봇들에게 주도권을 내주고 그들에게 의존하는 신세로 전락하지는 않을까? 부디 미래에도 인류가 여전히 가치 있는 존재로 남기를 바란다.

아시모프는 이런 말을 남겼다. "과학에서 새로운 발견을 알리는 가장 신나는 표현은 '유레카'가 아니라 '그거 재미있네'다." 진정으로 과학을 재미있어했던 대가다운 표현이다.

289 화

우주의 과거를 들여다보다

뜨거웠던 초기 우주의 빛을 관측하다

1964년 벨연구소에 근무하던 아노 펜지어스(1933~)와 로버트 윌슨(1936~)은 전파망원경의 잡음을 제거하기 위해 노력했지만 번번이 실패했다. 전파망원경에 있던 새집이나 새똥이 원인일 것이란 생각에, 망원경을 깨끗이 청소하기도 했지만 잡음은 여전했다.

전파망원경은 우주에서 날아오는 전파를 수신하는 장치다. 별 등 천체에서 방출되는 전파를 분석함으로써, 그 천체에 관한 여러 정보를 알 수 있다. 빛을 모아 먼 곳의 물체를 눈으로 보는 망원경과는 그 원리가 다르지만, 어쨌든 먼 곳의 물체를 관측하는 장치이니 전파망원경이란 이름이 붙었다.

다시 두 과학자의 이야기로 돌아가, 아무리 해도 잡음을 없애지 못해 고민하던 두 사람은 불현듯 가능성 하나를 떠올렸다. 그 잡음이 사실은 잡음이 아니라, 우주 전체에서 수신되는 전파일 수 있다는 사실이었다. 그렇다면 우주 전체에 널리 퍼져 있는 이 전파의 정체는 무엇일까?

'우주가 팽창한다'는 허블 그리고 르메르트의 발견 이후, 우주의 기원에 관한 빅뱅이론이 널리 받아들여졌다. 팽창 중인 우주의 시간을 거꾸로 돌리면, 초기 우주는 아주 작은 크기로 줄어든다. 그 작디작은 공간 안에 우주를 구성하는 물질과 에너지가 꽉 차 있으니 초고온·초고밀도 상태다. 이때 갑자기 폭발하듯(빅뱅) 우주가 팽창했다는 것이 '빅뱅이론'이다.

달구어진 쇠가 벌겋게 빛을 토해내듯 뜨거운 초기 우주는 강렬한 빛을 발산했다. 하지만 우주라는 공간이 급격하게 팽창하면서 그 빛은 점차 약해져갔다. 한마디로 식어간 것인데, 그러다 마침내 전파망원경으로만 관측될 정도로 약한 전파가 되었다. 행운의 두 과학자가 발견한 것의 정체는 바로 이것이었다.

사실 이 전파는 우리도 쉽게 관측할 수 있다. 예전에 사용하던 아날로그TV를 켜면 방송 신호가 잡히기 전에 '지지직' 하는 신호가 먼저 수신되는데, 이것의 정체가 식어버린 우주의 빛이다. 두 과학자는 1978년 노벨물리학상을 수상했다. 우리 우주가 아주 작은 빽빽하고 뜨거운 공간에서 시작해, 지금처럼 거대한 우주로 팽창해왔음을 말해주는 강력한 증거를 발견한 공로를 인정받았기 때문이다.

위대한 과학적 발견은 때로는 이처럼 우연한 기회에 이뤄지기도 한다. 물론 그 기회를 알아차릴 수 있는 충분한 준비가 돼 있어야 함은 당연하겠지만 말이다.

290 수

과학의 생각

RNA 세계 가설

닭이 먼저냐, 달걀이 먼저냐?

생물의 특징은 앞서도 설명한 바와 같이 '자기복제'와 '대사'다. 유전정보를 담고 있는 DNA는 자기복제의 핵심물질이고, 대사과정에서는 단백질이 중요하다. 단백질은 효소라고도 불리는 일종의 생체촉매로서 자기복제를 포함한 여러 반응에 관여하는데, 만약 이것이 없다면 세포 내 물질과 에너지의 흐름은 일어나지 않는다. 여기서 어려운 문제가 하나 있다. 생물의 탄생에서 DNA가 먼저일까, 아니면 단백질이 먼저일까?

DNA가 먼저 생겼다면, 이후 DNA의 정보를 이용한 여러 생명활동들이 어떻게 진행될 수 있는지에 대한 의문이 제기된다. DNA는 유전암호를 포함하고 있는 일종의 설계도에 불과해, 복제를 직접 수행하거나 대사활동을 할 수 있는 능력이 없기 때문이다. 건물의 설계도만으로는 저절로 건축이 진행되지 않는 것과 같은 이치다. 단백질이 먼저 생겼다 하더라도, 문제는 여전하다. 단백질에는 유전정보가 없어서 자기복제가 불가능하고, 단백질이 만들어지기 위해서라도 그 설계도인 DNA가 있어야 하기 때문이다. 닭이 먼저냐, 달걀이 먼저냐의 문제다.

그런데 이 문제는 새로운 제3의 존재를 등장시키면 해결의 실마리가 보인다. 바로 DNA와 매우 비슷한 구조를 가진 RNA가 그것이다. 구조가 비슷하니 설계도로서 기능할 수 있는데, 실제로 RNA는 세포 내에서 DNA의 유전정보를 복사해 운반하는 역할을 수행하며, 일부 바이러스의 경우 RNA가 DNA의 역할을 대신하고 있기도 하다(140일 참고). 그런데 과연 RNA가 단백질처럼 효소로서도 기능할 수 있을까?

미국 생화학자 토머스 체크(1947~)와 시드니 올트먼(1939~)은 마침내 그와 같은 기능의 RNA들을 발견한다. 이 새로운 유형의 RNA는 그 자체에 유전정보를 저장하면서, 여러 생체반응에 관여하는 효소로서도 기능한다. 그리고 이 과정에서 단백질도 생성된다. 설계도인 DNA와 효소인 단백질의 역할을 모두 대행할 수 있는 것이다. 두 사람은 그 공로를 인정받아 1989년 노벨화학상을 수상했다.

현재의 주류학설은 '다양한 기능을 가진 RNA가 처음에는 설계도와 효소의 역할을 동시에 수행하다가, DNA와 단백질이 등장한 이후 이들에게 그 기능을 각각 넘겨주었다'는 추정이다. RNA보다 훨씬 더 안정한 구조를 갖는 DNA는 유전정보를 보관하는 데 더 적합하고, 훨씬 더 다양한 구조를 형성할 수 있는 단백질은 촉매로서 더 적합하기 때문이다. 이러한 주장을 'RNA 세계 가설'이라 하는데, 여기서 'RNA 세계'란 DNA와 단백질이 등장하기 이전, 스스로 자기복제가 가능한 RNA들이 번성했던 시기를 말한다.

《진화의 키, 산소 농도》(피터 워드)

산소 농도의 변화가 우리를 만들었다

설악산을 오르며 마시는 공기는 도심과는 전혀 다르다. 도심의 산소 농도는 평균 20.5%인데 반해 이곳은 21.5%라 한다. 고작 1% 차이라 말할지도 모르지만, 몸이 느끼는 차이는 이보다 훨씬 더 크다. 아마존강 유역은 그 농도가 23%에 달한다. 과연 지구의 허파라 불릴 만하다.

미국 고생물학자 피터 워드(1949~)도 이 산소 농도에 주목했다. 하지만 그의 관점은 '지역적'이 아니라 '시간적'이었다. 지금으로부터 약 6억 4000만 년 전 최초의 동물인 해면(sea sponge)이 지구에 등장했다. 그때 이후 지금까지 산소 농도는 10~30% 사이를 오르내렸다. 그리고 그 변화에 따라 지구상에서 여러 동물종들의 번성과 멸종이 반복되었다.

첫 번째 큰 변화는 '석탄기'라 부르는 약 3억 년 전에 일어났다. 이 시기 지구는 육상식물들이 번성하면서 산소 농도가 30%에 이르렀다. 이러한 고산소 환경은 거대 동물의 탄생으로 이어졌는데, 폭이 70cm가 넘는 '메가네우라'라는 거대 잠자리가 대표적이다.

하지만 2억 5000만 년 전 대규모 화산폭발 등으로 산소 농도가 급격히 낮아지면서 대규모 멸종이 일어나는데, 이른바 '페름기 대멸종'이라 부르는 사건이다. 이후 지구는 다시금 저산소 환경으로 돌아갔다. 하지만 누군가에게는 이 위기가 곧 기회가 되었다. 효율성이 뛰어난 허파를 가진 동물들의 세상이 된 것이다. 이들은 이후 1억 년 이상 지구를 지배할 공룡의 조상이었다.

인간의 허파는 양방통행이다. 들숨과 날숨이 한 통로를 오가다보니, 신선한 공기와 호흡을 거친 탁한 공기가 서로 섞일 수밖에 없다. 하지만 공룡의 허파는 그 앞뒤로 '기낭'이라 부르는 2개의 공기주머니를 갖추고 있다. 한 공기주머니는 공기를 받아들이고, 다른 주머니는 공기를 내뱉는 방식의 일방통행으로 호흡의 효율을 높인다. 이 방식은 오늘날 조류도 이용한다.

그런데 6500만 년 전, 이번에는 하늘에서 재앙이 시작되었다. 지름 10km에 이르는 소행성이 지구에 떨어지며 공룡이 멸종한 것이다. 이후 산소 농도는 다시금 높아지기 시작했다. 그리고 거대한 동물들이 사라진 지구는 작은 포유류들의 세상이 되었다. 이들은 비록 효율성이 낮은 허파를 지녔지만 고산소 환경에서는 큰 무리 없이 진화를 이어갔고, 그 과정에서 우리 인류도 탄생했다고 피터 워드는 주장한다.

전기냉장고

액체가 기체가 되면 온도가 내려간다

사막을 횡단하는 상인들에게 필수적인 것은 무엇보다 낙타다. 낙타는 물 없이도 300km 이상을 이동할 수 있으며, 넓은 발바닥은 무른 사막에 최적화돼 있다. 게다가 혹에 저장된 지방은 극한 환경에서 요긴하게 쓸 수 있는 비상식량이다. 그런데 이 낙타만큼 중요한 것이 또 있으니, 바로 양가죽으로 된 물통이다.

양가죽 물통에 담긴 물은 뜨거운 사막 날씨에도 불구하고 의외로 차가움을 잘 유지한다. 양가죽에는 눈에 보이지 않지만 미세한 구멍들이 많이 존재하기 때문이다. 이 구멍들로 인해 물이 아주 소량이긴 하지만 조금씩 새어 나오는데, 이 물이 서서히 증발하는 과정에서 물통의 온도가 낮아진다. 액체가 증발해 기체가 되려면, 주변의 열을 흡수해야 하기 때문이다. 이렇게 흡수되는 열을 '기화열'이라 한다.

주방의 필수품인 냉장고도 이 원리와 관련이 있다. 냉장고는 크게 압축기·응축기·팽창밸브·증발기의 4가지 부분으로 구성된다. 압축기는 일종의 전기모터로 냉매를 순환시키는 역할을 한다. 또 하나의 중요한 역할은, 응축기에 있는 냉매가스를 압축시키는 것이다. 냉장고 뒷면에 있는 구불구불한 검은 관들을 응축기라 하는데, 이곳에서는 압축된 냉매가스가 액체로 응축되는 현상이 일어난다. 그리고 이 과정에서 외부로 열을 빼앗긴다. 상대적으로 열이 더 많은 기체가 액체로 되려면, 주변으로 열을 발산해야 하기 때문이다. 기화열과는 반대 과정인 셈이다.

응축기에서 차가운 액체로 바뀐 냉매는 팽창밸브(또는 모세관)라 불리는 아주 가는 관을 통과한 후, 냉장고 안에 있는 증발기로 분무된다. 좁은 관을 지나다가 갑자기 공간이 넓어지기 때문에 냉매의 압력도 낮아진다. 그런데 낮은 압력에서는 냉매의 끓는점이 낮아져, 증발이 잘 일어난다. 따라서 증발기로 넘어온 액체상태인 냉매가 외부의 열을 빼앗아, 다시 가스상태로 변하는 현상이 일어난다. 양가죽 물통에서 일어난 현상과 동일한 것이다. 그리고 이 과정에서 냉장고 내부의 온도가 내려간다.

냉매는 증발이 잘 일어나는 물질을 사용한다. 과거에는 한때 프레온가스라 불리던 염화불화탄소를 사용했지만, 오존층 파괴의 주범임이 밝혀진 이후로는 다른 대체물질들이 개발되었다. 오늘날과 같은 원리의 냉장고는 1862년 스코틀랜드 인쇄업자 제임스 해리슨(1816~1893)이 에테르라는 물질을 냉매로 해서 처음 발명했다.

293 토

과학자의 주방

공기를 잘 섞어주자

공기도 맛있는 요리의 재료다

영화 〈찰리와 초콜릿공장〉(2005)에 등장하는 초콜릿공장은 보는 이로 하여금 감탄을 자아내게 한다. '어떻게 저런 상상을 할 수 있지?' 이 공장은 자동화된 기계들, 긴 벨트컨베이어와 그 주위로 도열한 사람들이 있는, 우리에게 너무나도 익숙한 풍경의 공장이 아니다. 일단 근로자들부터 남다르다. 주인공 '윌리 웡카'가 여행 중 우연히 만난 '움파루파'라는 키 작은 종족이 고용돼 일하고 있다. 이들은 공장 내에 위치한 거대한 산을 오르며 초콜릿에 쓸 재료들을 구하고, 만들어진 초콜릿을 테스트하기 위해 대포에 넣고 하늘로 쏜다. 또 공장을 관통하는 거대한 초콜릿 강을 배를 타고 이동하기도 한다.

그런데 요리를 좋아하는 사람으로서 무엇보다 눈길이 가는 것은, 강과 이어진 초콜릿 폭포다. 찰리는 이 폭포가 부드러운 초콜릿의 비결이라 자랑한다. 그의 설명에 따르면, 액상의 초콜릿이 폭포가 돼 떨어지는 과정에서 공기와 잘 섞이기 때문이다. 이때 섞이는 공기의 양과 공기입자의 크기는 초콜릿의 최종적인 식감을 좌우한다.

머랭의 바삭거리는 식감도 공기 때문이다. 계란 흰자와 설탕을 1대1로 섞고 한참 휘저어 주면 거품이 만들어지면서 공기를 머금게 돼 가벼우면서도 부피감 있는 반죽이 만들어지는데, 이를 오븐에 구우면 맛있는 머랭이 완성된다.

공기는 아이스크림의 부드러움도 책임진다. 아이스크림을 만들려면 먼저 원료를 강제로 휘저어 공기가 포함되게 하고, 그런 다음 이를 급속 냉동시킨다. 이때 공기로 인해 늘어난 부피 변화를 '오버런(over-run)'이라 한다. 예를 들어 아이스크림 원료의 부피를 100이라 했을 때 공기가 포함돼 그 부피가 150이 되었다면, 오버런이 50%인 것이다. 보통 소프트 아이스크림의 경우 오버런이 100% 내외인데, '아이스크림 반, 공기 반'인 셈이다.

초콜릿·아이스크림·계란 등에는 단백질과 지방이 풍부한데, 이 물질들은 포집성과 탄력성을 갖는다. 다시 말해 무언가를 내부에 안정적으로 가둘 수 있다는 뜻이다. 공기 방울도 그중 하나다. 원래 뭉쳐 있던 단백질과 지방의 고분자들이 물리적인 휘저음으로 풀어지게 되고, 그 풀어진 틈 사이로 공기 방울이 들어가 자리를 잡게 되는 원리다. 그러고 보면 아무 맛도 없는 공기가 맛있는 요리의 재료가 된다는 사실이 참 신기하기만 하다.

〈유로파 리포트〉(2013)

유로파에 생명이 산다?

목성에는 모두 79개의 위성이 존재한다. 그중 가장 주목받는 위성은 아마도 '유로파'일 것이다. 그곳에는 액체상태의 물이 존재할 가능성이 매우 높기 때문이다.

그렇다면 유로파에도 지구처럼 생명이 존재할 가능성이 있을까? 일단 액체상태의 물은 풍부하니 생명에 필수적인 요건 하나는 충족된다. 그런데 문제는 태양에서 너무 멀어, 태양에너지를 이용할 수 없다는 점이다. 유로파의 평균온도는 영하 170℃ 정도로, 표면 대부분은 두께 15~25km에 달하는 얼음층으로 덮여 있다. 그런데 그 아래에는 액체상태의 물이 풍부하게 존재한다. 그 깊이만 최대 150km 정도로 추정되는데, 그렇다면 지구의 바다보다도 2배 더 많은 양이다.

매우 추운 환경이지만 액체상태의 물이 존재할 수 있는 이유를 과학자들은 조석력에서 찾는다. 지구에서 밀물과 썰물이 주기적으로 발생하는 원인인 조석력은, 지구에 작용하는 달의 인력이 주된 원인이다. 목성과 유로파의 경우도 이와 비슷한데, 다만 목성의 질량이 지구의 약 318배에 이를 정도로 엄청나게 크기 때문에 유로파에 작용하는 조석력 또한 매우 크다. 바로 이 조석력으로 인해 유로파의 내부 구성물질들이 활발하게 움직이면서 만들어내는 마찰열이 액체상태의 물이 존재할 수 있는 원인일 것으로 추정된다.

유로파에 대해 설명한 이유는 영화 〈유로파 리포트〉가 그곳에 존재할지도 모를 생명체를 찾아 떠난 탐사대의 이야기를 담고 있기 때문이다. 오랜 여정 끝에 탐사선은 유로파의 두꺼운 얼음층 위에 착륙하는데, 예상보다 더 역동적인 유로파의 환경을 맞게 된다. 강력한 조석력으로 인해 얼음층들이 흔들리고 깨지면서, 그 틈으로 물이 뿜어져 나와 위험한 상황에 놓인 것이다. 이외에도 통신 두절 등 여러 재난이 닥치면서 탐사대는 절체절명의 위기에 빠지게 된다.

유로파의 환경에 대한 예측이 정확하다면, 그곳 바다에는 생명체가 존재할 가능성이 높다. 실제로 영화의 마지막에 미지의 생명체가 등장하는데, 탐사선의 CCTV에 잠시 찍힌 그것은 문어의 형상을 하고 있다. 하지만 유로파의 생명체가 우리와 같은 고도의 지적 생명체일 것 같지는 않다. 강한 조석력으로 인해 매우 역동적인 환경에서는, 고도의 문명이 탄생할 수 없을 것이기 때문이다. 그러고 보면 우리 지구는 매우 운이 좋다. 생명이 탄생할 조건을 갖추었을 뿐만 아니라, 그 생명이 계속 진화해 마침내 고도의 문명을 이룰 수 있을 정도로 안정적인 환경 또한 갖추고 있기 때문이다.

295 월

과학자의 말

리처드 파인먼(1918~1988)

물리학이 아니라, 사랑이 가장 중요하다.

1965년 노벨물리학상 수상, 원자폭탄 제조를 위한 맨해튼계획 참여, 베스트셀러 작가. 이것만으로도 그는 충분한 유명세를 치렀지만, 그 외에도 여러모로 대중의 관심을 한몸에 받았던 인물이다. 보통의 과학자들과는 다른 생각과 행동을 보였기 때문이다. 그는 물리학자면서 남미의 전통악기인 봉고 연주자이기도 했고, 고대 마야 문서의 해독 전문가로도 유명했다. 3번의 결혼과는 별도로 여인들과의 스캔들도 종종 터져 나왔다.

그중에서도 대중에게 강한 인상을 준 계기는, 1988년 우주왕복선 '챌린저호' 폭발사고의 원인을 규명하기 위해 꾸려진 '로저스위원회'에서 했던 활동이다. 다른 위원들 대다수가 관련 문서를 검토하거나 책임자급의 사람들을 소환해 조사하는 등 통상적인 방식으로 문제에 접근했지만, 파인먼은 현장 실무자들을 일일이 찾아다니며 의견을 청취했다.

그리고 마침내 문제의 원인을 밝혀냈다. 로켓 부스터의 이음매에 끼워서 밀봉상태로 만들어주는 얇은 고무링(O-ring)이 발사 당시 낮은 온도에 탄력성을 잃으면서 가스 누출이 일어났던 것이다. 문제의 원인을 규명한 것도 훌륭했지만, 대중에게 사실을 전달하는 방식도 대단했다. TV로 생중계되던 조사위원회의 발표 자리에서 그는 작은 고무링을 8자 모양으로 꼰 후 얼음물에 넣었다 꺼내는 일을 반복했다. 그러자 고무링은 원래의 둥그런 모양으로 완전히 돌아가지 못했다. 낮은 온도로 인해 탄력성을 잃은 것이다. 대중은 이 간단한 실험만으로도 사고의 원인을 제대로 이해할 수 있었다.

그는 일도 열심히 했지만, 사랑에 있어서도 그 누구보다 진지했다. 특히 첫사랑을 향한 애틋함은 많은 이들을 감동시켰다. 그는 대학교 3학년 때 첫사랑 알린과 약혼했는데, 안타깝게도 그녀가 결핵 판정을 받는다. 파인먼은 부모의 반대도 무릅쓰고 알린과 결혼했지만, 1945년 27세의 나이로 그녀는 세상을 뜨고 만다. 파인먼은 고인이 된 아내에게 보내는 편지를 이렇게 끝맺었다. "추신: 이 편지를 부치지 못한 것을 용서해주시오. 나는 당신의 새로운 주소를 모른다오."

파인먼은 이런 말도 남겼다. "물리학이 중요한 것이 아니다. 사랑이 가장 중요하다."

달에 발을 딛다(1969)

달에 가기로 한 것은 쉬워서가 아니라 어렵기 때문이다

쥘 베른의 소설《지구에서 달까지》에서 미국 대포 클럽 사람들은 거대한 프로젝트를 기획한다. 300m의 거대한 대포를 제작해 달까지 사람을 쏘아 보낸다는 것이다. 포탄 내부에는 충격완화장치, 공기공급장치 등도 장착된다. 하지만 지구로 다시 돌아올 계획은 없다. 달에는 외계인도 살 만큼 공기가 풍부하리라 믿기 때문이다.

발사 장소로 선택된 곳은, 1969년 아폴로11호가 발사됐던 NASA의 케네디우주센터가 위치한 곳이기도 한 플로리다. 우주인 3명을 태운 포탄은 성공적으로 발사되지만, 달에 착륙하지는 못하고 달을 도는 궤도에 갇혀버리고 만다.

이보다 더 오래된 전설도 있다. 16세기 중국 명나라의 관리였던 완후는 달에 가고 싶었다. 그는 하인들에게 작은 화약 로켓 수십 개를 자신이 앉은 의자에 부착하고 불을 붙이도록 했다. 요란한 폭발음이 나고 자욱한 안개가 사방으로 퍼졌다. 그런데 안개가 걷힌 후 그 자리엔 아무것도 없었다. 사람들은 그가 달로 갔다고 믿었다.

소설과 전설 속에서나마 사람들은 달에 가고 싶어 했다. 우주에서 가장 가까운 달을 어느 정도 현실적인 목표로 보았던 것이다. 그리고 1969년 드디어 이 목표가 이루어졌다. 아폴로 11호가 달에 착륙하며 인류가 최초로 달에 발을 디딘 것이다. 그 최초의 인물은 닐 암스트롱(1930~2012)이었다. 그는 발을 디딘 순간 이렇게 말했다. "한 인간에게는 작은 걸음이지만 인류에겐 커다란 도약이다."

사실 이 걸음은 달을 향한 오래된 소망 때문만은 아니었다. 1957년 스푸트니크 쇼크로 촉발된 우주개발 경쟁에서 소련을 어떻게든 이겨야만 하는 미국의 현실적인 목표도 있었다. 최초의 인공위성과 최초의 우주 발사 생명체(1957), 최초의 우주인 탄생(1961) 등 이미 '최초'라는 수식어는 모두 소련에 빼앗긴 터였다. 미국은 역전을 위한 한 방이 필요했다.

1962년 존 F. 케네디(1917~1963) 대통령은 휴스턴에 있는 라이스대학에서 이렇게 말했다. "우리는 달에 가기로 결정했습니다. 우리는 60년대가 끝나기 전에 달에 가서 새로운 일을 하기로 했습니다." 그는 그날 연설에서 이런 말도 했다. "우리가 달에 가기로 한 것은 쉬워서가 아니라 어렵기 때문입니다." 모름지기 큰 도약을 위해서는 원대한 꿈이 필요한 것이다.

297 수

과학의 생각

지적 설계론

시계는 솜씨 좋은 시계공이 만들었다

해변가를 거닐다 반짝이는 것을 발견했다. 원형의 금속 케이스에 투명한 유리판이 덮혀 있고, 그 안쪽에는 바늘 2개가 있다. 바늘의 한쪽 끝은 원의 중심에 같이 물려 있고, 원의 가장자리에는 숫자들이 쓰여 있다. 잠시 후 발견자는 화들짝 놀란다. 바늘이 째깍째깍 소리를 내며 움직였기 때문이다.

요즘 시계를 보고 이처럼 놀라는 사람은 없을 테니, 하나의 가정을 덧붙여보겠다. '발견자는 태어나서 한 번도 시계를 본 적이 없다.' 그렇다면 이제 그에게 질문을 던져보자. "이 시계는 어떻게 탄생하게 되었을까?" 2가지 답이 가능할 것이다. 첫째, '자연에서 저절로 만들어졌다'. 둘째, '기술 좋은 누군가가 설계하고 만들었다'.

이 이야기는 영국의 신부이자 철학자인 윌리엄 페일리(1743~1805)가 1802년 저술한 《자연신학》을 바탕으로 꾸며본 이야기다. 그는 동시대 뉴턴의 과학적 발견에서 깊은 감명을 받았는데, 우주가 마치 정교한 기계처럼 명확한 원리에 따라 작동한다는 점에 근거해서 신이 어떤 목적을 위해 우주를 창조했음이 틀림없다고 생각했다.

자, 그렇다면 시계의 발견자는 앞선 질문에 어떻게 답할까? 그가 시계를 한 번도 본 적이 없다고 가정하더라도, '이 복잡한 물건이 저절로 생겨나지는 않았을 것'이라고 답할 가능성이 높을 것이다.

그렇다면 우리와 같은 생명체는 어떨까? 이 정교하고 복잡한 체계는 어떻게 탄생했을까? 생명체의 복잡성은 시계보다 더하면 더했지 결코 덜하지 않을 텐데, 시계의 복잡성을 근거로 누군가가 시계를 창조했다고 한다면 생명체 또한 그러해야 하지 않을까?

윌리엄 페일리에 따르면, 매우 복잡하지만 정교하게 운동하는 우주는 저절로 생겨난 것이 아니라 지적 설계자에 의해 창조되었다. 그에게 이 지적 설계자는 바로 '신'이었다. 그는 앞서 언급한 시계의 예를 들면서, 시계에는 시계공이란 설계자가 있듯 우주에도 지적 설계자가 있어야 한다고 주장했다.

과학에서 '진화론'이 도입된 이후, 이에 반대하는 사람들의 주장은 주로 이 '지적 설계론'에 근거를 두고 있다.

298 목

《생물과 무생물 사이》(후쿠오카 신이치)

자기복제와 동적평형

생물이라고 하면 가장 많이 떠오르는 단어는 아마 DNA일 것이다. 기다란 두 가닥의 고분자가 이중나선 구조를 이루는 이 물질에는 유전정보가 담겨 있다. 그리고 생물은 이 정보를 이용해 자기 자신을 복제한다. 그렇다면 이런 '자기복제'는 생물의 가장 큰 특징 중 하나일 것이다. 단 이것만으로 생물을 다 설명할 수는 없다. 왜냐하면 무생물 또한 자기복제를 할 수 있기 때문이다. 일본 분자생물학자 후쿠오카 신이치(1959~)는 바이러스를 예로 들면서 이 문제에 대해 논한다. 그가 관찰한 바이러스들은 지나치다고 생각될 정도로 정돈된 모양이었다. 기하학적으로 매우 대칭인 아름다움을 지녔으며, 같은 종류의 바이러스는 그 크기와 모양이 거의 동일했다. 그러나 생물에서 발견되는 '개성'은 전혀 없어서 그는 바이러스가 무생물이라고 봤다.

신이치의 의견을 더 자세히 살펴보자. 바이러스는 영양 섭취나 호흡과 같은 생명활동이 없다. 이 정도면 그냥 무생물로 정의해도 될 듯하지만, 문제는 바이러스가 자기복제를 한다는 점이다. 비록 숙주에 기생하면서 그것의 생명활동을 이용해 자기복제를 하지만 말이다. 어쩌면 바이러스는 생물과 무생물의 중간 어디쯤에 있는 존재일지도 모른다. 실제로 이 문제에 관해서는 아직도 논란이 많다. 그런데 신이치는 그 자체로 어떠한 생명력도 느껴지지 않는 바이러스는 생물이 아니라고 규정한다. 그래서 그는 생물의 정의에 개념이 하나 더 추가돼야 한다고 말한다. 그것은 바로 '동적평형'이다.

생물의 동적평형을 최초로 밝힌 사람은 생화학자 루돌프 쇤하이머(1898~1941)다. 그는 일반 질소(N-14)보다 질량이 무거운 중질소(N-15)*가 포함된 특정 아미노산을 섞은 사료를 어른 쥐에게 사흘 동안 먹인 후 체내의 잔존 여부를 확인했다. 중질소는 자연에서 극미량이 존재하므로 보통의 경우 체내에서 검출되지 않는다. 그런데 투입된 중질소 가운데 56.5%가 쥐의 체내에서 단백질의 구성원소가 돼 있었다. '성장이 멈춘 성체의 경우 먹이를 분해하면서 얻어지는 에너지 이외에는 추가물질의 흡수가 필요 없을 것'이라는 기존의 통념과 달리, 성체 또한 외부로부터 꾸준히 새로운 물질을 받아들이고 있었던 것이다.

생물의 구성요소들은 고정돼 있지 않다. 오래된 요소는 폐기되고 새로운 요소가 그 자리를 메꾸는데, '들어오고 나감'이라는 동적인 활동이 이루어지지만 양방향이 평형을 이루고 있다. 생물은 자기복제 이외에 동적평형의 개념 또한 포함해야 한다고 신이치는 말한다.

* 일반 질소가 양성자 7개와 중성자 7개로 구성되는 것과 달리, 중질소는 양성자 7개와 중성자 8개로 구성된다.

통조림

나폴레옹에게 스팸이 있었다면?

'군대는 위장으로 행군한다'라는 말을 했을 정도로 나폴레옹은 병참을 매우 중시했다. 과거에는 군대가 현지에서 식량 등을 징발하는 방식으로 전쟁을 수행했지만, 나폴레옹은 오늘날과 같은 병참 개념을 본격 도입했다. 각지에 보급소를 설치하고 운송수단을 배치해 상시적인 병참이 가능하도록 한 것이다. 이는 그가 한동안 전 유럽을 석권할 수 있었던 요인이기도 했다. 한편 오늘날 병참의 필수품인 통조림도 그와 관련이 있다.

1795년 프랑스 정부는 오래 보존할 수 있는 전투식량을 개발하는 사람에게 거액의 상금을 지급하겠다는 공고를 내걸었고, 많은 이들이 도전했다. 작은 과자점을 운영하던 니콜라 아페르(1752?~1841)도 그중 한 명이었다. 그는 오랜 실험 끝에 1804년 유리병에 음식물을 담고 고열로 가열한 후 코르크 마개로 밀봉하는 방식을 고안했다. 가열한 음식은 오래 보존이 가능하다는 경험을 토대로 한 아이디어였다. 이후 그의 병조림은 프랑스 해군에 납품되어 긍정적인 평가를 받기도 했다. 그리고 1810년 제조공정 공개를 조건으로 나폴레옹으로부터 최종 상금을 받았다(나폴레옹은 1799년 쿠데타를 통해 실권을 장악했다).

하지만 그의 방식은 상업적으로 성공하지는 못했다. 유리병이어서 쉽게 깨진다는 치명적인 단점이 있었기 때문이다. 오늘날과 같은 형태의 통조림은 나폴레옹의 숙적이던 영국에서 처음 등장했다. 기계공 피터 듀랜드(1766~1822)는 홍차와 같은 차를 담는 양철통에 착안해, 병 대신 양철통에 음식을 담고 가열한 후 뚜껑을 밀봉하는 개선된 방식을 고안해 1810년 특허를 취득했다. 1812년에는 최초의 통조림공장이 설립되기도 했다. 하지만 양철통의 제작과 밀봉을 위한 납땜을 일일이 수작업으로 진행하다보니 단가가 높아 대중화는 더디기만 했다.

나폴레옹은 병참으로 성공했지만, 마치 운명의 장난처럼 병참으로 인해 몰락하고 만다. 1812년 50만 명이 넘는 대군을 몰고 러시아를 침공한 나폴레옹은 모스크바를 점령하는 데는 성공했지만, 혹한과 길어진 병참선 문제를 극복하지 못했다. 결국 30만 명 이상의 희생을 치른 나폴레옹의 군대는 서둘러 퇴각해야만 했다.

이후 통조림은 양차 세계대전을 거치면서 발전을 거듭했다. 그중에서도 가장 유명한 것이 1937년 출시돼 제2차세계대전 때 연합군의 전투식량으로 보급된 스팸이다. 만약 나폴레옹에게도 스팸이 있었다면 어땠을까? 전쟁의 승리까지는 몰라도 그처럼 비극적인 결말은 피할 수 있지 않았을까?

300 토

과학자의 주방

생선 비린내를 잡아라

대립되는 성질은 서로를 상쇄시킨다

바닷물고기는 특유의 비린내가 있다. 잡은 후 조금만 지나도 불쾌한 냄새가 생겨나는데, 이는 생선 내부에 존재하는 '트리메틸아민옥사이드(TMAO)'라는 물질 때문이다. 이 물질은 바닷물고기가 받는 삼투압을 줄이는 역할을 한다. 세포 내부에 이 물질이 녹아 있으면서 농도를 높여주어, 바깥쪽 바닷물과의 농도 차이를 줄이는 것이다. 만약 농도 차이가 크다면 삼투현상에 의해 세포로부터 물이 바깥으로 빠져나가고 말 것이다. 물론 TMAO 이외에도 아미노산 등 여러 물질들이 세포 내에 녹아 있으면서 삼투압을 조절한다.

그런데 TMAO는 생선이 죽은 직후 번식하는 세균이나 생선 자체의 효소에 의해 트리메틸아민(TMA)이란 물질로 전환된다. 문제는 TMA가 비린내의 주원인이란 점이다. 생선은 낮은 온도에서 서식한다. 생체활동도 낮은 온도에 적합하게 돼 있는데, 생선에 기생하는 세균이나 효소의 활동 또한 마찬가지다. 따라서 아무리 저온에서 보관해도 육류나 가금류에 비해 불쾌한 냄새가 더 많이 생길 수밖에 없다.

이 비린내를 제거하려면 일단 물로 깨끗이 씻어야 한다. TMA가 물에 잘 녹아 나오기 때문이다. 하지만 일단 요리로 완성되면 물로 씻을 수는 없으니 다른 방법을 찾아야 하는데, 이때 '중화(中和)반응'을 이용한다. 산성물질과 염기성물질이 서로 반응하면 각각의 성질을 잃어버려서 '중화'라는 이름이 붙었다. 염기성물질인 TMA에 산성물질을 반응시키면 TMA의 성질을 중화시킬 수 있다. 즉 비린내도 없어지는 것이다. 생선구이, 생선회 등에 레몬즙이나 식초를 뿌리는 것도 이런 이유에서다.

오늘날처럼 김치냉장고가 널리 보급되기 전에는 김치를 오래 보관하면 너무 시어버리는 것이 큰 문제였다. 이때 사용했던 방법이 김치통 안에 계란껍데기를 함께 넣어두는 것이었다. 계란껍데기의 주성분은 탄산칼슘($CaCO_3$)이란 염기성물질이다. 이 물질과 김치가 익으면서 나오는 산성물질이 중화반응을 하면, 김치의 신맛이 어느 정도 잡히게 된다.

불로 물을 끄듯, 대립되는 성질은 서로를 상쇄시킬 수 있다. 그리고 이 원리를 이용하면 요리의 품질 또한 더 좋아질 수 있다.

〈아폴로 13〉(1995)

중력이 있어도 무중력이 될 수 있다

1970년 4월 11일 3명의 우주비행사를 태운 아폴로 13호가 발사되었다. 1969년 최초로 달 착륙에 성공한 아폴로 11호, 그리고 그 뒤를 이은 12호에 이어 이번에도 달 착륙이 목표다. 그런데 달궤도 진입을 앞둔 바로 그 순간, 커다란 굉음이 들려왔다. 로켓의 산소탱크 하나가 폭발해버린 것이었다. 이대로라면 달 착륙은 말할 것도 없고 지구로의 안전한 귀환도 장담할 수 없다.

구조대가 올 수도 없고, 충분한 수리장비도 없는 절망적인 상황이지만 NASA와 우주비행사들은 고군분투한다. 지상에 남아 있던 동일한 형태의 우주선을 분해하면서, 당면한 문제를 하나하나 해결하기 시작한다. 우주선 안의 물건들만으로 고장난 공기여과장치를 수리하기도 하고, 얼마 남지 않은 전류로 우주선을 재가동시키는 도저히 불가능해 보이는 과제를 해결하기도 한다.

이 실화를 바탕으로 한 영화 〈아폴로 13〉은 매우 사실적인 묘사로도 유명하다. 실제로 NASA에서 관련 장비들을 빌려와 촬영했다고도 한다. 무엇보다 인상적인 것은 영화에 등장하는 장면들 가운데 상당 부분을 특수효과나 컴퓨터그래픽이 아니라 실제 무중력상태에서 촬영했다는 점이다. 정말로 우주공간에 촬영장을 만들기라도 했다는 것일까?

무중력상태란 말 그대로 중력이 없는 상태다. 그런데 이런 상태가 되기 위해서 반드시 지구의 중력권에서 멀리 벗어날 필요는 없다. 중력이 작용하는 곳에서도 충분히 무중력상태를 재현할 수 있는데, 중력과 반대 방향으로 같은 크기의 힘을 작용시켜 중력을 상쇄시키면 된다. 예를 들어보겠다. 앞서 185일에서도 등장했던 엘리베이터 실험인데, 이번에는 잘 올라가던 엘리베이터의 줄이 끊어지는 상황을 상정해보자. 설상가상으로 안전장치도 작동하지 않는다. 이제 엘리베이터는 중력을 받으면서 자유낙하하는데, 엘리베이터 안의 사람은 이상한 현상을 경험한다. 자유낙하와 반대 방향으로 작용하는 관성력에 의해 중력이 상쇄되면서 마치 무중력상태처럼 되는 것이다.

물론 이런 시도는 너무 위험하다. 자유낙하를 멈출 수 없기 때문이다. 그래서 실제로는 커다란 비행기를 이용한다. 높은 고도로 올라간 비행기가 잠시 엔진을 끄고 자유낙하를 하는 것이다. 그러면 비행기 내부에서는 잠시나마 무중력상태를 재현할 수 있다. 끔찍한 추락사고가 일어나지 않도록 일정한 고도에 이르면 다시 엔진을 가동시켜 비행을 재개한다. 이 영화도 NASA의 무중력 실험기 내부를 마치 우주선처럼 개조한 후 자유낙하 비행을 하면서 촬영했다고 한다.

우장춘(1898~1959)

길가의 민들레는 밟혀도 꽃을 피운다

우장춘 박사는 꽤 오랫동안 '씨 없는 수박'을 만든 과학자로 알려졌다. 하지만 이는 사실과 다르다. 이 수박은 1943년 일본의 기하라 히토시(1893~1986) 박사가 처음 개발한 것으로, 이를 국내에 도입하는 과정에서 잘못 알려진 것이다. 그런데 다른 한편으로 보면, 이런 오해가 생길 만큼 우 박사에 대한 국민적 기대가 대단했음을 알 수 있다.

우장춘 박사는 1950년 대한민국 정부의 요청을 받고 귀국한 해외 과학자였다. 그는 일본으로 이주한 조선인 아버지와 일본인 어머니를 두었고, 도쿄제국대학에서 농학박사를 받은 후 일본 농림성 산하기관에서 오랫동안 육종 업무에 종사했다. 어찌 보면 일본인에 더 가까운 그였지만 조국의 부름에 흔쾌히 응했다. 비단 가난한 조국에 대한 연민 때문만은 아니었다. 그는 자신이 갚아야 할 큰 빚이 있다고 생각하고 있었다.

그의 아버지 우범선(1857~1903)은 '을미사변(1895)'으로도 알려진 '명성황후(1851~1895) 시해 사건'의 가담자 가운데 한 명이다. 당시 그는 조선군 훈련대의 제2대대장을 맡은 무관이었지만, 일본군과 내통해 군인들이 궁궐에 침입할 수 있도록 도움을 주었다. 조국에 대한 반역행위를 한 것이다. 이 사건 이후 그는 일본으로 도망쳤고, 그곳에서 가정을 꾸렸지만 몇 년 후 한 조선인에게 암살당했다.

아버지의 친일반역행위는 우장춘 박사에게 평생 지우지 못할 큰 죄의식을 갖게 했다. 조선인으로서 갖은 박해를 받았음에도 끝까지 자신의 성씨를 버리지 않은 것도 그렇고, 가난한 조국의 요청을 뿌리칠 수 없었던 것 또한 그런 이유 때문이었다. 비록 그가 씨 없는 수박이라는 신기한 농작물을 처음 개발하지는 않았지만, 해방 직후 대한민국이 당면한 식량부족 문제를 해결하는 데 그 누구보다 앞장섰다. 당시 외국에 전량 의존하고 있던 주요 작물의 종자를 국내에서도 자체적으로 생산할 수 있도록 했고, 미래의 학자들과 기술자들을 양성하는 일에도 많은 노력을 기울였다.

우장춘 박사는 이런 말을 남겼다. "길가의 민들레는 밟혀도 꽃을 피운다." 일본에서는 차별과 박해를 받았고, 조국에서는 반역자였던 아버지 때문에 죄책감을 내려놓을 수 없었지만, 그는 자신의 사명을 묵묵히 수행했다. 그리고 힘들게 피운 꽃을 조국을 위해 바쳤다.

303 화

= 세상을 바꾼 과학 사건 =

머치슨 운석(1969)

생명은 우주로부터 왔는가?

1969년 호주의 머치슨이란 작은 마을에 운석이 떨어졌다. 100kg 정도 되는 운석이 낙하하는 과정에서 수백 개의 조각들로 부서지면서 흩어졌는데, 그 성분을 분석하는 과정에서 놀라운 사실이 밝혀졌다. 운석 안에는 수많은 종류의 분자들이 존재했는데, 그 가운데 단백질의 기본단위이기도 한 아미노산 분자들 또한 포함돼 있었다. 이후 분석기술의 발전과 더불어 발견된 아미노산의 수는 점차 더 늘어나 2020년을 기준으로 총 96종에 이른다.

사실 이전에도 운석에서 유기물이 발견되었다고 보고된 적은 있었으나, 대부분 낙하 후 시간이 지나 지구에서 오염되면서 나타난 결과였다. 하지만 머치슨 운석의 경우는 낙하한 즉시 보관처리 및 분석이 이루어져 오염의 가능성이 매우 낮으리라 보고 있다.

머치슨 운석의 나이는 46억 년이 조금 넘어 우리 태양계와 비슷하다. 과학자들은 이 운석이 아주 오랫동안 우주공간을 가로질러 오면서, 우주에 널리 퍼져 있던 유기물들이 달라붙었으리라 추정하고 있다. 만약 그렇다면 지구상의 생명도 이와 같은 유기물로부터 기원했을지도 모르는 일이다.

앞서 1953년 스탠리 밀러가 원시 지구에서 무기물로부터 아미노산의 합성이 가능했음을 실험으로 입증한 바 있다. 그렇다고 생명의 기원을 지구라 확실히 말할 수 있는 것은 아니다. 머치슨 운석은 또 다른 이야기를 하기 때문이다.

물론 유기물의 유입이 곧 생명의 시작을 의미하지는 않는다. 생명의 기본단위인 세포가 출현하려면, 유기물의 단계에서 넘어야 할 산이 여전히 많기 때문이다. 하지만 유기물이 외계에서 유입될 수 있다면, 세포 또한 같은 경로로 유입될 수 있지 않을까? 또 외계 세포의 유입은 없었더라도 외계 유기물에서 지구의 세포가 유래했다면, 그 기원을 외계로 봐도 되는 것은 아닐까?

예로부터 사람들은 떨어지는 운석, 즉 별똥별을 보며 소원을 빌었다. 우연히 목격된 뜻밖의 사건이니 특별한 의미를 부여하고 싶었던 것이다. 그런데 사실 1년 동안 지표면에 도달하는 운석들은 그 수가 1만 7000개나 된다고 한다. 그리 특별한 이벤트는 아닌 셈이다. 그래도 이 이방인은 우리에게 특별하다. 어쩌면 저 먼 곳 우리의 고향으로부터 온 손님일지도 모르기 때문이다.

304 수

과학의 생각

눈먼 시계공

눈먼 시계공도 시계를 만들 수 있다

1986년 영국 진화생물학자 리처드 도킨스는 "만약 복잡한 물건에 반드시 설계자가 있어야 한다면, 그 설계자는 '눈먼 시계공'임이 틀림없다"라고 주장했다. 앞서 윌리엄 페일리가 주장했던 '지적 설계론'을 정면으로 비판한 것이다.

그런데 눈먼 시계공이 어떻게 시계를 만들 수 있을까? 눈이 온전하다면 시계 하나쯤은 거뜬히 만들 수 있겠지만, 눈이 멀었다면 시계 조립은 엉망이 될 것이다. 하지만 그 시계공에게 필요한 시간이 충분히 주어지고, 무모해 보이는 시도라도 지속적으로 수행된다면 언젠가는 정상적인 시계 하나쯤은 만들 수도 있다. 확률적으로 희박하기는 하지만 가능성이 아주 없지는 않기 때문이다.

정확한 확률을 알아보기 위해 구체적인 예를 들어보겠다. 원숭이에게 'monkey'라는 단어를 타자로 치게 하는 실험이다. 이 단어는 6개의 알파벳으로 되었고 알파벳은 모두 26자이니, 무작위로 타자기를 두드려 단어를 완성할 확률은 $1/26^6$, 대략 1/3억의 확률이다.

그렇다면 원숭이 3억 마리 중 하나는 아무렇게나 타자를 쳐도 'moneky'라는 글자를 완성할 수 있다. 만약 시간이 충분히 주어진다면 더 많은 원숭이가 작업을 완성할 수 있고, 투입된 원숭이들이 더 많다면 완성작도 더 많이 나올 것이다. 아니 어쩌면 더 긴 문장을 완성하고 책을 쓸 수 있을지도 모른다.

이 사고실험은 프랑스 수학자 에밀 보렐(1871~1956)이 1913년 발표한 논문을 바탕으로 각색한 것이다. 그는 '100만 마리의 원숭이가 매일 10시간씩 타자를 쳐도, 프랑스 국립도서관의 방대한 책 모두를 정확하게 칠 수는 없을 듯하다. 하지만 확률의 법칙은 깨지지 않는다'라고 했다. 현실적으로는 불가능해 보이지만, 확률적으로는 불가능하지 않다는 뜻이다.

이 실험을 통해 알 수 있는 사실은, 시계의 경우에도 만약 눈먼 시계공의 수가 충분히 많고 그들에게 필요한 시간이 주어지기만 한다면, 완전한 시계를 만들어낼 확률이 0은 아니라는 것이다. 그렇다면 진화과정에서 지적 설계자가 관여할 이유는 없다. 분자들이 이리저리 반응해 유기물을 합성하고, 그 유기물들이 생명의 기본이 되는 DNA·단백질 같은 고분자물질이 되고, 최종적으로는 세포를 거쳐 복잡한 생명으로 나아가는 여정에는 오직 '우연'만 있었을 뿐이다.

305 목

과학자의 서재

《미토콘드리아》(닉 레인)

작지만 큰 힘을 지닌 미토콘드리아

'박테리아에서 인간으로, 진화의 숨은 지배자'라는 부제가 붙은 이 책은 제목 그대로 미토콘드리아에 관한 책이다. 세포 안의 작은 소기관에 불과한 미토콘드리아를 놓고 무슨 이처럼 거창한 부제를 붙였나 싶지만, 이 작은 존재의 역할을 알게 된다면 절로 고개를 끄덕일 수밖에 없을 것이다. 미토콘드리아는 하나의 세포에 평균적으로 300~400개 정도 존재하는 소기관으로 이중막 구조이며, 세포활동에 필요한 에너지를 ATP라는 화합물 형태로 만드는 역할을 수행한다. 우리 몸은 ATP가 분해되면서 방출하는 에너지를 사용하기에, 미토콘드리아는 일종의 발전소인 셈이다.

그런데 미토콘드리아는 다른 소기관과 큰 차별점이 하나 있다. 그것은 바로 자체 DNA를 갖고 있다는 점이다. 이는 1970년 린 마굴리스가 주창한 공생 진화설의 중요한 근거가 된다. 이에 따르면 미토콘드리아는 원래 독립적인 호기성세균, 즉 산소로 호흡하는 세균이었는데 다른 세포에 흡수돼 공생하게 되었고, 이후 시간이 지나면서 점차 독립성을 잃고 하나의 소기관이 되었다. 참고로 식물세포의 엽록체는 시아노박테리아라는 광합성 세균이 그 기원이라 한다.

미토콘드리아의 능력은 세포의 진화에 있어 매우 중요했다. 산소 호흡은 그렇지 않은 에너지 생산에 비해 효율이 더 높은데, 예를 들어 무산소 환경에서의 발효에 비해 그 효율이 9배나 더 높다. 게다가 이 에너지 발전소가 내부에 있으니 외부에서 에너지를 흡수하기 위해 표면적을 늘려야 할 필요성도 없어졌다. 따라서 세포의 규모가 더 커질 수 있었던 것이다. 이러한 규모의 확장은 어떤 장점이 있을까? 《생명이란 무엇인가》의 저자 에르빈 슈뢰딩거에 따르면 작은 입자들을 모아놓으면 대부분은 정해진 규칙에 따라 운동하지만, 그중 일부는 규칙에서 벗어난다. 그러한 예외성의 비율은 입자 수의 제곱근에 반비례하는데, 예를 들어 입자 수가 100개면 1/10, 입자 수가 1만 개면 1/100의 비율로 오류가 발생한다. 따라서 세포를 구성하는 입자의 수가 많아야, 즉 세포가 충분한 규모를 가져야 오류가 거의 없는 생명활동이 가능해진다. 미토콘드리아는 이를 가능하게 했다. 미토콘드리아가 없었다면 '소우주'라고도 불리는 정교한 구조의 세포는 탄생하지 못했을 것이다.

미토콘드리아의 중요성은 이뿐만이 아니다. 세포들이 자체적으로 충분한 에너지 생산이 가능해지면서, 필요한 에너지를 얻기 위해 서로를 잡아먹을 필요성이 없어졌다. 그러자 점차 세포들 간의 협력관계가 형성되기 시작했다. 우리와 같은 다세포생물은 그런 과정에서 탄생했다.

306 금

= 신기한 과학 발명품 =

반도체냉장고

조용한 냉장고가 등장하다

냉장고의 압축기를 거치면서 액체상태로 압축된 냉매는 이후 기화하면서 주변의 열을 흡수한다. 그러면 냉장고의 온도가 낮아진다. 그런데 이 압축기가 없는 냉장고가 있다. 소음을 최소화하기 위한 제품인데, 그 원리는 일반 냉장고와 어떻게 다를까?

1834년 프랑스 물리학자 장 펠티에(1785~1845)는 신기한 현상을 발견한다. 서로 다른 종류의 금속을 맞붙여놓고 전압을 걸어주자, 그 전류의 방향에 따라 접점 부위에서 발열 또는 냉각현상이 일어난 것이다.

금속원자는 가지고 있던 전자를 얻거나 잃으며 전기적 성질을 띠는 이온화가 발생한다. 그런데 그 정도는 상대적으로 차이가 있다. 예를 들어 철과 구리를 비교하면 철은 전자를 내놓으려는 경향이 더 크다. 따라서 이 두 금속을 맞붙여놓으면 철에서 구리 방향으로 전자가 이동한다. 그러면 상대적으로 철은 양극(+), 구리는 음극(-)의 관계가 된다.

그런데 여기에 전압을 걸어주어 구리에서 철로 전류가 흐르게 한다면, 그 전류의 방향이 역이 된다. 왜냐하면 전류는 양극에서 음극으로 흐르기 때문이다. 이는 마치 폭포의 아래에서 위로 물을 끌어올리는 것과도 같아서 에너지가 필요하다. 그러면 그 과정에서 주변으로부터 열에너지를 흡수하게 되는데, 이때 냉각효과가 발생한다. 전류의 방향을 반대로 하면, 이번에는 물이 위에서 아래로 떨어지는 것과 같으니 에너지를 방출하면서 발열효과가 나타난다. 이런 현상을 '펠티에효과'라고 한다.

와인냉장고나 찬물정수기는 이 현상을 이용한 제품이다. 일반 냉장고의 필수부품인 압축기가 없으니 당연히 소음도 거의 없다. 그런데 실제 제품에서는 냉장효율을 높이기 위해 구리판에 n형 반도체와 p형 반도체 수십 개를 빼곡하게 박아놓은 형태의 열전소자(열에너지와 전기에너지의 변환을 행하는 반도체소자)를 사용한다. 앞서 285일에서도 설명했지만 n형 반도체는 전자들이 풍부하고, p형 반도체는 정공들이 풍부하다.

그렇다면 n형 반도체는 음극, p형 반도체는 양극이 된다. 그리고 이에 대응해 n형 반도체와 접한 구리판 부근은 양극, p형 반도체와 접한 구리판 부근은 음극의 관계가 상대적으로 성립한다. 이때 만약 n형 반도체에는 양극, p형 반도체에는 음극을 연결해 전압을 걸어주면 전류의 방향이 역이 된다. 그러면 펠티에효과에 의해 반도체와 구리판의 접점에서 냉각효과가 발생한다.

307 토

과학자의 주방

유전자조작식품(GMO)

식량문제 해결의 구원자인가, 아닌가

2017년 강원도 태백에서 열릴 예정이었던 유채꽃 축제가 갑자기 취소되었다. 활짝 핀 유채꽃들 사이에서 GMO 양성반응을 보인 유채가 대량으로 발견되었기 때문이다. 유채꽃밭은 갈아엎어졌고 유채는 전량 소각되었다.

조사 결과 2016년부터 중국에서 GMO 유채가 밀반입돼 여러 곳에서 재배되고 있었다. 이 유채는 미국의 종자기업 몬산토가 제초제에 대한 내성을 키우기 위해 유전자 '변형'을 가한 종자였다. 식품재료로 수입은 가능하지만 재배는 금지돼 있는데, 다른 식물과 이종교배되면 국내 생태계를 교란시킬 우려가 있기 때문이다. 이 사건으로 소비자들 사이에 GMO의 안전성에 대한 관심이 높아졌다.

최초의 GMO 식품은 1994년 미국의 생명공학 연구개발사 칼젠이 개발한 일명 '무르지 않는 토마토'라 알려져 있다. 토마토가 익기 시작하면 '폴리갈락투로나아제(PG)'라 불리는 효소가 생성되는데, 이 효소는 식물의 세포벽을 구성하는 펙틴질 고분자의 결합을 끊어내는 작용을 한다. 따라서 처음에는 단단했던 육질의 토마토가 익어갈수록 점차 물러지는 현상이 나타난다.

토마토의 DNA에는 이 PG효소와 관련된 유전자가 있어, 그 유전정보를 토대로 RNA가 합성되고, 그 RNA가 효소를 생산한다. 그런데 칼젠은 이 RNA와 결합할 수 있는 또 다른 RNA를 합성하는 유전자를 인공적으로 만들고, 이를 식물세포에 침투할 수 있는 박테리아(아그로박테리움)의 DNA에 담아 토마토 씨앗을 감염시켰다. 이 박테리아는 자신의 DNA를 식물의 DNA에 삽입시키는 능력이 있다. 이제 토마토는 PG효소 생산 RNA 이외에 이 RNA와 결합해 봉쇄하는 또 다른 RNA까지도 합성하게 되어, PG효소 생산이 원천적으로 봉쇄된다. '무르지 않는 토마토'는 이렇게 만들어졌지만, 맛이 없어서 시장에서 곧 사라지고 말았다.

현재는 GMO 식품이 우리 생활 깊숙이 자리 잡아가고 있다. 예를 들어, 우리가 수입하는 콩과 옥수수의 95%는 제초제에 대한 내성을 강화시킨 GMO 농산물이다. 그러면 강력한 제초제를 사용해 잡초 등은 고사시키더라도 곡물은 안정적으로 키울 수 있다.

그런데 GMO 식품의 유해성 여부를 둘러싼 논쟁이 활발하다. 식량 증대에는 분명히 기여하지만, 안전성에 대한 의문이 남기 때문이다. 2019년 퓨리서치센터에서 실시한 설문에 따르면, 미국 소비자의 절반 정도는 GMO가 건강에 해로울 것이라고 답했다고 한다. 과학계에서는 대체로 GMO가 유해하지 않다는 입장이지만, 소비자의 불안은 여전한 것이다.

〈플라이〉(1986)

내 DNA에 뭔가 다른 것이 들어왔다?

일명 형광물고기로 알려진 글로피시는 작은 관상어의 DNA에 산호의 특정 유전자를 삽입해 만든 인공물고기다. 이 유전자는 형광단백질을 만들어내는데, 이로 인해 물고기 또한 산호처럼 밝은 형광색으로 빛난다. 원래는 어두운 석탄 광산의 수질 모니터링을 위해 개발되었지만, 현재는 주로 관상용으로 기른다.

현대 생명공학의 비약적인 발전으로 이와 같은 유전자조작 실험이 다양하게 진행되고 있다. 최근에는 돼지의 DNA에 인간의 질병 관련 유전자를 삽입해서, 질병 치료 연구에 활발히 이용하고 있다. 이렇게 보면 유전자조작의 미래가 밝은 듯하지만, 여전히 우리가 예상할 수 없는 어두운 면 또한 존재한다. 영화 〈플라이〉는 이런 유전자조작의 위험성을 우리에게 경고하는 작품이다.

주인공 '세스 브런들'은 '텔레포트', 즉 순간이동장치를 개발하는 데 성공한다. 물체를 원자단위로 분해한 후 그 정보와 함께 전송하면, 다른 곳에서 그 물체를 다시 조립하는 원리다. 브런들은 동물실험에 성공한 후 자신을 대상으로 인체 실험에 도전한다.

실험은 대성공이지만, 시간이 지나면서 이상한 현상들이 일어나기 시작한다. 브런들의 신체가 매우 유연해지고 엄청난 힘을 갖게 된 것이다. 이 정도라면 나쁠 것이 없겠지만, 문제는 점차 그가 공격적인 성향을 보인다는 것이다. 게다가 몸에서 자꾸 이상한 털들이 자라기 시작한다. 사실 전송 실험을 할 때 파리 한 마리가 장치 안에 들어와 있었다. 그 결과 전송과정에서 브런들이 파리와 혼합되면서, 그의 DNA 안으로 파리의 유전자가 끼어들어온 것이다. 점차 파리 괴물로 변해버린 브런들은 인간성을 상실하고 마침내 비극적인 최후를 맞는다.

유전자조작이 갖는 여러 유용성에도 불구하고 그 위험성이 꾸준히 제기되는 이유는, 그런 조작이 가져올 결과의 전체적인 그림을 우리가 다 보지는 못하기 때문이다. 영화에서처럼 실수가 금세 드러난다면, 이에 대한 대응은 그리 어렵지 않을 것이다. 하지만 유전자조작이 만들어낸 변이가 대를 이어가며 또 다른 변이를 서서히 일으킨다면, 어쩌면 우리도 모르는 사이에 전혀 예상 밖의 치명적인 결과를 마주하게 될지도 모른다.

아인슈타인은 이런 말을 남겼다. "기술의 진보는 마치 병적인 범죄자의 손에 든 도끼와도 같다." 도끼는 유용한 도구인 동시에 위험한 무기이기도 하다. 아인슈타인은 과학기술의 이중성을 걱정했던 것이다. 과연 우리는 이 도끼를 잘 사용할 수 있을까?

309 월

과학자의 말

레오나르도 다빈치(1452~1519)

가장 적게 일할 때 가장 많이 성취한다

〈모나리자〉의 '모나'는 이탈리아어로 유부녀에 대한 경칭이고, '리자(1495~1538)'는 당시 피렌체의 거상 조콘도(1465~1542)의 부인이었다. 〈모나리자〉의 신비한 미소는 사람들의 눈길을 사로잡는데, 2010년 첨단장비로 그림을 분석한 결과 그 비밀이 드러났다. 다빈치가 〈모나리자〉의 눈가와 입가를 수십 번에 걸쳐 얇게 덧칠한 흔적을 발견한 것이다.

이 기법을 '스푸마토'라 한다. 이탈리아어로 '안개'라는 뜻인데, 경계를 흐릿하게 해서 마치 안개 속에 있는 듯한 인상을 주기 때문이다. 눈가와 입가의 경계가 흐릿해지면 우리 뇌는 혼란에 빠진다. 정지했는지 아니면 움직이는지 혼란스러운 것이다. 그래서 〈모나리자〉를 보는 사람은 마치 그림 속 여인이 자신을 향해 신비스러운 미소를 짓는다고 생각하게 된다. 일종의 착시현상을 이용한 셈이다.

비단 눈가와 입가만 그런 것이 아니다. 그림 속 인물의 전체적인 윤곽도 뚜렷하지 않고, 인물의 뒤쪽 배경은 멀어질수록 더 흐려진다. 일종의 원근법을 사용한 것이다. 당시에도 거리가 멀어질수록 그에 비례해 물체를 작게 그리는 선원근법이 활발하게 이용되고 있었지만, 여기에 다빈치는 자신만의 원근법인 이른바 '대기원근법'을 추가했다. 화가이면서 동시에 과학자였던 그는 관찰과 분석 능력이 뛰어났다. 그는 대기의 공기입자들이 산란현상을 일으키며 멀리 있는 물체일수록 흐릿하게 보인다는 현상을 관찰을 통해 알아냈고, 이를 자신의 그림에도 반영했다.

다빈치는 과학분야에서도 상당한 업적을 남겼다. 오늘날의 볼베어링에 해당하는 장치를 설계했고, 잠수함·헬리콥터·탱크·낙하산 등의 설계도를 남기기도 했다. 분명 시대를 앞서간 천재 과학자였다. 하지만 그에게도 단점이 있었는데 바로 '게으름'이었다. 그는 주어진 과업을 시간 내에 완수하지 못하는 경우가 비일비재했다. 어떤 일을 하다가 내팽개치고 다른 일에 새롭게 몰두하는 경우도 많았다. 그래서 그가 그린 많은 설계도는 그야말로 설계도로만 남고, 실제로 작동하는 단계까지 가지 못했다. 사실 〈모나리자〉도 미완성인 상태로 남겨진 작품이다.

너무나도 완벽성을 추구했던 이 천재는 그것을 실현할 시간이 부족했다. 어쩌면 그래서 그의 작품들이 더 특별한 것인지도 모른다. 그는 이런 말을 남겼다. "고상한 천재들은 때때로 가장 적게 일할 때 가장 많이 성취한다. 왜냐하면 그들의 마음은 아이디어와 개념의 완벽성에 사로잡혀 나중에야 형태를 부여하기 때문이다."

인터넷의 출현(1969)

자본주의가 완성한 사회주의의 꿈

1962년 과학자 빅토르 글루쉬코프(1923~1982)는 소련 전역에 데이터센터를 구축해 이들을 전화 네트워크로 연결하는 구상을 했다. 오가스(OGAS)라 불리는 이 프로젝트를 통해 광범위한 지역 간의 실시간 정보 교환 및 처리, 나아가 현금이 필요 없는 전자결제 시스템까지 도입하고자 했다. 그는 오가스로 모든 정보를 효과적으로 관리하고 운용함으로써 소련의 사회주의식 계획경제가 더 효율적이 되리라 주장했지만, 결국 미완의 프로젝트로 남고 말았다.

그런데 사회주의자들의 이 꿈이 먼저 실현된 곳은 엉뚱하게도 자본주의의 중심이라 할 수 있는 미국이었다. 냉전시대 소련과의 핵전쟁 공포에 시달리던 미국은 미래의 핵전쟁에 대비한 계획을 수립하느라 분주했다. 군사정보를 보관하던 중앙서버와 관련해서도 그랬다. 만약 핵공격으로 중앙서버가 파괴되면 어떻게 해야 하는 걸까? 그 대안으로 등장한 것이 분산형 서버와 이들을 연결하는 네트워크의 구축이었다. 이렇게 해서 1969년 구축된 것이 바로 오늘날 인터넷의 전신이라 할 수 있는 '아르파넷(ARPANET)'이다.

초기에는 스탠퍼드대학 연구소 등 4개 연구기관이 참여하는 연구용 네트워크였으나, 이후 점차 많은 대학·기업 등이 참여하면서 다양한 목적으로 이것을 활용하고자 했다. 게다가 다양한 종류의 컴퓨터가 접속하면서 이들 간에 공통된 통신규약(프로토콜)을 재정비할 필요성이 생겼다. 이런 요구에 부응해 미 국방부가 1983년 군사분야는 별도의 네트워크로 분리시키면서, 아르파넷은 오늘날 인터넷의 모습으로 재탄생하게 되었다. 인터넷(Internet)은 여러 네트워크 간의 광범위한 연결을 의미하는 '인터네트워크(Internetwork)'의 줄임말이다.

초기 아르파넷 구축에 핵심역할을 했던 로버트 테일러(1932~2017)는 1968년 자신의 한 논문에 이렇게 썼다. "수년 안에 기계를 통해 인간들이 서로 얼굴을 맞대고 교신하는 날이 올 것이다." 과연 그의 예언대로 오늘날 우리는 인터넷을 통해 지구 곳곳의 사람들과 만난다. 게다가 이를 통해 누구나 쉽게 정보에 접근할 수 있는 정보 대중화의 시대를 맞이했다. 정보의 탈중심화가 이루어진 것이다.

인터넷은 사회주의자들의 꿈에서 시작됐다. 하지만 아이러니하게도 자본주의사회에서 그 꽃을 피웠다.

311 수

과학의 생각

영원한 삶의 가능성

인간이 500살까지 살 수 있다?

영원한 삶에 대한 우리의 오래된 욕망이 헛된 것으로만 보이지 않는 데는 나름의 이유가 있다. 우리 주변에는 실제로도 장수하거나 거의 영원히 사는 것처럼 보이는 생물들이 존재하기 때문이다.

첫 번째 예로는 '나무'를 들 수 있는데, 미국 캘리포니아에는 세계에서 가장 나이가 많은 나무가 살고 있다. '므두셀라'라 불리는 일종의 소나무인데 나이테를 분석한 결과, 나이가 무려 5000년 가까이나 되었다고 한다. 나무의 수명은 이론상 무한하다고 알려져 있다. 하지만 오래 살면 살수록 산불 같은 자연재해나 각종 질병에 노출될 확률이 높아진다. 나무는 '노화에 의해 죽는다'기보다는 '사고와 질병으로 죽는다'고 할 수 있다.

흔히 랍스터라고도 불리는 '바닷가재'의 수명도 생각보다 매우 긴 편이다. 흔히 10년 정도 산다고 알려졌지만, 실제는 100년 이상을 살 수 있다고 한다. 현재까지 발견된 가장 큰 개체의 무게는 20kg 정도였는데, 1년에 약 100g씩 자라는 속도를 감안하면 나이가 무려 200살 이상일 것이라 추정된다.

생명공학을 연구하는 구글의 자회사 칼리코는 인간의 수명을 500살까지 늘리는 것을 목표로 하고 있다. 이곳에서 연구하는 것으로도 유명한 벌거숭이두더지쥐 또한 장수하는 대표적인 동물이다. 보통 3년을 사는 다른 쥐에 비해 그 수명이 10배인데, 이는 사람으로 치면 800살까지 사는 셈이다. 놀라운 점 또 하나는 암과 같은 질병에 걸리지 않으며, 노화 현상도 나타나지 않는다는 것이다. 산소가 적은 지하에서 생활하며 활성산소와 같은 유해 물질에 노출이 적은 점, 호흡이나 심장박동 등의 신진대사가 느린 점 등 또한 장수의 원인으로 지목되지만, 그 밖의 다른 유전적인 요인에 대한 연구도 진행되고 있다.

현재 가장 유망한 연구분야는 '텔로미어'다. 우리 몸은 끊임없이 세포분열을 한다. 낡은 세포를 버리고 새로운 세포로 대체하는 것인데, 문제는 그 과정에서 염색체의 말단 부분이 손상되면서 점점 짧아진다는 점이다. 텔로미어는 염색체의 말단 부분에 있는 일종의 보호장치다. 염색체를 대신해 짧아지면서 염색체를 보호하는 역할을 하는데, 이 텔로미어마저도 일정한 길이 이상으로 줄어들면 세포분열은 멈추게 된다. 그것은 바로 죽음을 의미한다.

그런데 이 텔로미어를 복구시켜주는 효소가 발견되었다. 만약 이 효소를 세포 내에서 꾸준히 생성시킬 수 있다면, 세포의 영원한 분열이 가능해진다. 어쩌면 머지않아 유전자치료를 통해서 손쉽게 영생을 누리게 되는 날이 올지도 모르겠다. 텔로미어에 관한 자세한 내용은 324일에 다시 살펴보도록 하자.

《찻잔 속 물리학》(헬렌 체르스키)

세상은 즐거운 과학 놀이터

아이작 아시모프는 이렇게 말했다. "과학에서 새로운 발견을 알리는 가장 신나는 표현은 '유레카'가 아니라 '그거 재미있네'다." 그런데 학교에서 과학을 '배운' 우리 가운데 정말로 과학이 재미있다고 느낀 사람은 과연 몇이나 될까?

헬렌 체르스키(1978~) 교수는 과학, 특히 물리학이 정말로 재미있는 학문이라 생각한다. 물리학을 알면 온 세상이 놀이터처럼 보일 것이라 말하기도 한다. 그러기 위해서는 답답한 교실, 딱딱한 교과서에서 벗어나 세상 속으로 들어가야 한다. 그녀는 중력·원심력·파장 등 물리학의 여러 개념을 일상생활에서 흔히 마주칠 수 있는 상황에 비유해 설명한다. 그녀는 교실이나 실험실이 아닌 주방·숲·바닷가·욕실 등에서 물리학을 즐긴다.

그 한 예로 회전에 관한 현상이 있다. 먼저 헬렌은 식탁 위에 놓인 작은 찻잔에서부터 이야기를 시작한다. 찻잔에 든 차를 작은 스푼으로 휘저으면 '당연하게도' 소용돌이가 생긴다. 그런데 왜 소용돌이가 생길까? 스푼에 의해 밀려난 액체는 원래 직선운동을 해야 한다. 하지만 좁은 찻잔은 그것을 허용하지 않는다. 벽에 부딪힌 액체는 어쩔 수 없이 벽을 타고 회전운동을 해야만 하는 것이다. 기본이 되는 운동은 직선운동이다. 그런데 이것이 원운동이 되려면 (찻잔의 벽과 같은) 어떤 방해작용이 있어야 한다.

물리학에서 말하는 '구심력'은 바로 이 방해작용 가운데 하나다. 끈으로 묶어서 돌리는 돌멩이나, 지구 주위를 도는 인공위성은 구심력이 있어서 안정적으로 원운동을 할 수 있다. 그런데 만약 (티스푼을 더 강하게 저어주듯) 돌멩이나 인공위성이 너무 빨리 돌면 끈이 끊어지고, 지구의 중력을 이겨내면서 바깥으로 튕겨 나간다. 이처럼 바깥으로 향하는 힘이 바로 '원심력'이다. 혈액에 들어있는 작은 적혈구는 이 원심력으로 분리한다. 원심분리기로 혈액을 빠른 속도로 회전시키면, 원심력이 커지면서 혈액에서 적혈구들이 회전반경의 바깥쪽으로 밀려나기 때문이다.

이처럼 작은 찻잔 속 소용돌이에서도 물리법칙을 발견할 수 있다. 그리고 그 법칙은 저 먼 우주나 첨단과학기술분야로까지 연결된다. 그러고 보면 세상은 정말 즐거운 과학 놀이터인 셈이다. 일상에서 과학의 원리를 발견하며 '그거 재미있네!'라고 말하는 사람들이 더 많아졌으면 좋겠다.

313 금

= 신기한 과학 발명품 =

크리스퍼 유전자 가위

맞춤형 인간이 곧 탄생한다?

GMO에 대해 다룬 307일에서 박테리아를 이용해 외부의 다른 DNA 일부를 세포 내로 '삽입'해 유전자조작을 일으키는 경우를 설명했다. 그런데 오늘 소개하고자 하는 기술은 이와는 조금 다르다. DNA 사슬 가운데 목표로 하는 유전자 부위를 찾아 정밀하게 잘라내 '편집'하는 기술이다. 이때 사용되는 가위를 '유전자 가위'라 하는데 현재 가장 많이 사용되는 것은 '크리스퍼(CRISPR)'라 불리는 가위다. 지난 2020년 노벨화학상의 주제이기도 했다.

이 가위는 크게 2가지 구성품으로 이루어진다. 첫 번째 구성품은 DNA를 자르는 역할을 하는 '캐스-9'라 불리는 일종의 단백질 효소다. 이 효소에는 두 번째 구성품이 결합돼 있는데, 정확히 어디를 잘라야 할지 알려주는 '가이드 RNA'다. 인공적으로 합성되는 이 RNA는 DNA의 긴 사슬 가운데 원하는 위치의 (약 20개의) 염기들과 맞춤식으로 결합할 수 있도록 설계된다. 먼저 '가이드 RNA'가 DNA 이중사슬을 마치 지퍼를 열듯 벌리고 들어가 DNA의 일정 부위와 결합하면, 그다음은 캐스-9가 나설 차례다. 가이드 RNA가 결합된 부위의 DNA를 일정한 위치에서 끊어내는 것이다.

사실 유전자 가위로 절단하는 것 이외에도 DNA는 자연적으로도 훼손되는 경우가 많다. 만약 이를 방치하면 생명활동에 큰 지장이 있기에, 생명체는 이를 복구하는 메커니즘을 자체적으로 갖고 있다. 유전자 가위가 인위적으로 자른 DNA 또한 마찬가지다. 그런데 이런 복구과정에서 자연적으로 변이가 발생한다. 그러면 그 부분의 유전자 기능이 달라진다.

예를 들어 2020년 일본의 사나텍시드라는 회사가 억제성 신경전달물질인 가바(GABA)의 함량이 높은 방울토마토를 개발했다. 토마토는 자체적으로 가바의 양을 조절하는 효소를 생산하는데, 그 생산과 관련된 유전자를 크리스퍼 가위를 통해 억제한 것이다. 가바는 혈압을 낮추고 불면증에 효과가 있다고 알려져 있다.

이 기술은 외부의 다른 유전자 삽입 없이 자연적인 복구 메커니즘을 이용한다는 점에서 대중의 거부감이 덜한 편이다. 하지만 자연적인 변이가 아니라 원하는 방식으로 유전자 편집을 완벽하게 할 수 있는 기술이 등장한다면 어떨까? 2019년 DNA 일부를 정확히 절단하고 여기에 새로운 DNA 조각을 삽입하는 '프라임에디터기술'이 개발됐다. 더 정확한 편집이 가능해진 것이다.

어쩌면 머지않아 '유전자 맞춤형 인간'이 탄생할지도 모른다. 그러니 지금부터라도 우리가 새롭게 맞닥뜨릴 윤리적인 문제 또한 고민해봐야 하지 않을까?

314 토

과학자의 주방

유해물질, 어디까지 허용할 것인가?

딜레이니 조항의 딜레마

1937년 미국 사회를 큰 충격에 빠트리는 한 사건이 발생한다. 마센길이라는 제약회사가 기존에 항생제로 사용되던 '술파닐아미드'라는 물질을 액상 형태로 제조해 판매하기 시작했는데, 이 약을 사용한 환자들이 100여 명이나 사망한 것이다. 문제의 원인은 술파닐아미드를 녹이는 데 사용한 '디에틸렌글리콜(DEG)'이라는 물질에 있었다. 현재 부동액으로 사용되는 이 물질에 독성이 있었던 것이다. 물론 당시 마센길은 이런 사실을 알지 못했고, 관련 법률의 미비로 독성검사도 생략한 채 제품을 출시하고 말았다.

이 사건 이후, 신제품 출시 전 동물실험 등을 의무화하고 그 자료를 FDA에 제출하도록 하는 '미국연방식품의약품화장품법'이 1938년 통과되었다. 1958년에는 당시 미국 하원 의원이던 제임스 딜레이니(1901~1987)의 이름을 딴 수정조항이 추가되었다. 암을 유발할 수 있는 식품첨가물, 농약 등이 소량이라도 들어간 모든 제품은 FDA에서 승인받을 수 없도록 한 내용이다. 소비자의 안전을 염려한, 어찌 보면 당연한 조치였다.

그런데 나날이 발전하는 분석화학기술로 인해 예전에는 검출되지 않았던 극미량의 물질들이 검출되기 시작했다. 1950년대의 기술 수준으로는 1μg(마이크로그램), 즉 1/100만g 정도가 검출 한계였지만, 오늘날은 1pg(피코그램), 즉 1/1조g까지도 검출이 가능하니, 무려 100만 배나 더 정밀해진 것이다. 그러다보니 식품산업계뿐 아니라 소비자들의 불만까지 점차 커지기 시작했다. 심지어 천연물질로만 만들어진 제품도 이 조항을 피할 수 없을 지경이었다. 이에 1988년 미국 환경보호청은 전미(全美)과학협회의 권고를 토대로 '무시할 수 있는 위험'이라는 개념을 도입한다. 비록 잔류 농약이 발암물질이더라도 위해를 미치지 않을 정도의 극미량이면 사용을 허가할 수 있다는 것이다.* 그리고 1996년 이 개념을 토대로 유해물질의 안전성 조사·관리에 중점을 둔 '식품품질보호법'이 제정되면서 딜레이니 조항에서 농약이 삭제됐다.

과학기술의 발전으로 예전이라면 몰랐을 유해요인을 사전에 발견할 수 있게 된 것은 분명 큰 진전이다. 하지만 그로 인해 과도하게 걱정할 필요는 없다. 다만 그 양을 안전한 범위 내에서 관리하는 것이 현재로서는 합리적인 대처방안이다. 물론 그렇다고 '모르는 게 약이다'는 생각으로, 감시의 눈을 소홀히 해서도 안 될 것이다.

---

* 70세까지 살면서 100만 명당 1명 이하로 해당 농약으로 암이 발생하는 경우를 지칭한다.

〈은하수를 여행하는 히치하이커를 위한 안내서〉(2005)

삶도 과학도 매 순간 충실하게 즐기자

어느 날 지구가 갑자기 파괴되고 만다. 은하들을 연결하는 우회도로 건설을 위해 그 중간에 놓인 지구가 우주 건설업자들에 의해 제거된 것이었다. 하지만 주인공 '아서 덴트'는 히치하이킹을 통해 다른 우주선을 얻어 타면서 아슬아슬하게 위기의 순간을 벗어난다. 그리고 기상천외한 우주로의 모험을 떠난다. 풍자와 위트가 넘치는 유쾌한 영화이지만, 전달하고자 하는 메시지는 꽤 묵직하다. 삶의 의미에 대해 고민하도록 만들기 때문이다.

영화에 등장하는 '깊은 생각'은 거대한 슈퍼컴퓨터다. 한 손으로 턱을 괴어 커다란 머리를 받치고 앉아 있는 이 컴퓨터는 그 자리에서 무려 750만 년 동안이나 '삶, 우주, 모든 것의 질문에 대한 궁극적인 답'을 연산을 통해 찾고 있었다. 그러던 어느날 마침내 그가 입을 연다. 환호하는 수많은 관중들을 향해 그가 내놓은 답은 다름 아닌 '42'였다.

왜 하필 42인가? 42는 도대체 어떤 의미인가? 영화 속 그 누구도 그 의미를 몰랐다. 문제는 원작 소설가인 더글러스 애덤스(1952~2001)도 모른다는 것이다. 그는 한 인터뷰에서 그저 우연히 떠오른 숫자였다고 고백하기도 했다. 허탈해하는 관중들을 향해 '깊은 생각'은 이런 말을 덧붙인다. "온전한 의미를 모르는 불완전한 질문에는 답할 수 없다." 질문이 불완전하니 제대로 된 답이 나올 수 없다는 의미였을까?

그래서 만들어진 두 번째 슈퍼컴퓨터가 바로 이 지구다. 지구의 임무는 '삶, 우주, 모든 것에 대한 올바른 질문'에 대해 생각하는 것이었다. 그리고 지구상에 사는 존재들은 그와 같은 연산과정에서 생겨난 것들이었다. 그런데 하필이면 그 생각을 끝내기 5분 전에 우주 건설업자들이 지구를 파괴해버린 것이다.

지구의 나이는 무려 46억 년에 이른다. 그 오랜 세월 동안 지구와 그곳에 살고 있는 존재들은 이 궁극적인 질문을 찾아왔다. 우리 인간들 또한 그중 하나다. 비록 찰나의 유한한 삶을 살지만, 우리의 삶 또한 궁극의 질문을 찾는 기나긴 여정 가운데 일부였던 셈이다. 어쩌면 광대한 우주의 먼지만도 못한 존재인 우리가 그런 질문을 온전히 이해하는 것이 애당초 불가능한지도 모른다. 궁극적인 답을 찾는 것은 더욱 그렇다. 그러나 여정으로서 우리 삶의 의미는 여전히 충분하다. 비록 궁극에 이르지는 못하겠지만 삶의 순간순간 최선을 다해야 하는 이유일 것이다.

궁극적인 답을 찾는 과학 또한 우리 삶과 크게 다르지는 않다. 궁극의 답은 물론, 그를 위한 궁극의 질문 또한 잘 모르기 때문이다. 그렇다면 과학 또한 매 순간 최선을 다하면 충분할 것이다. 과학 그 자체를 충실하게 즐기자는 말이다.

스티븐 호킹

삶이 지속되는 한 희망은 있다

1974년 한 이론이 세간의 관심을 끌었다. 블랙홀에서도 무언가 빠져나온다는 내용이었는데, 블랙홀이 모든 것을 다 빨아들인다고 알고 있던 사람들은 의아할 수밖에 없었다. 이를 주장한 사람은 영국의 젊은 물리학자 스티븐 호킹이었다.

양자역학에 의하면, 양의 에너지를 가진 입자와 음의 에너지를 가진 입자가 무(無)의 세계에서 순간적으로 동시에 생성될 수 있다. 여기서 양의 에너지 입자는 우주에 실제로 존재하는 입자를 말하며, 음의 에너지 입자는 이 실제 입자와 만나면 즉시 소멸하는 가상의 존재다. 그런데 블랙홀 가장자리에서 생성된 입자들 가운데 일부 음의 에너지 입자가 블랙홀로 빨려들어가고, 양의 에너지 입자는 그곳을 벗어날 수 있다. 우주에는 양의 에너지 입자만 존재하니 반대의 경우는 일어나지 않는다고 본다. 그러면 마치 양의 에너지가 블랙홀에서 빠져나오는 것처럼 보이는데, 이를 '호킹복사'라 한다. 그리고 블랙홀 바깥의 관찰자에게는 블랙홀이 에너지를 점점 잃어 그 크기가 줄어드는 것처럼 보인다.

그런데 당시 이 이론만큼이나 사람들의 관심을 끈 것이 또 하나 있었으니, 그것은 바로 스티븐 호킹의 지병이었다. 안타깝게도 그는 루게릭병을 앓고 있었는데, 운동신경세포만 선택적으로 사멸해 초기에는 몸의 근육이 서서히 약해지다가 결국에는 호흡근의 마비로까지 이어지는 병이었다.

그는 옥스퍼대드를 거쳐 케임브리지대학원에서 우주론을 연구하던, 건강하면서도 영민한 청년이었다. 그런데 1963년 어느 날 저녁 스케이트를 타다 넘어지고는 좀처럼 일어나지 못했다. 당시에 부쩍 몸에 힘이 없고 움직임이 점차 느려지기는 했지만, 대수롭지 않게 여겼었다. 하지만 그날은 무언가 달랐다. 급히 병원으로 옮겨진 그는 루게릭병을 진단받는다. 게다가 남은 예상 수명은 고작 2년. 21세 청년에겐 그야말로 청천벽력과도 같은 일이었다.

하지만 그는 포기하지 않았다. 근육이 점차 마비돼 휠체어에 앉게 되고, 글을 쓸 수도 책장을 넘길 수도 없게 됐지만 자신의 두뇌만으로 박사학위까지 따냈다. 다행히도 병은 매우 천천히 진행됐지만, 나중에는 눈동자의 움직임을 읽는 컴퓨터로만 소통할 수 있는 상태가 됐다. 그래도 그는 더 열정적으로 연구하고, 대중과 더 적극적으로 소통했다. 그는 이렇게 말했다. "삶이 아무리 고달프더라도 성공할 가능성은 있다. 삶이 지속되는 한 희망이 있기 때문이다." 50년 가까이 죽음과 절망의 공포를 이겨내고 삶의 희망을 증명해온 호킹 박사는 지난 2018년 3월 14일, 76세의 나이로 눈을 감았다. 참고로 이날은 아인슈타인의 생일이기도 하다.

인슐린의 대량생산(1978)

인간에게 축복, 돼지에게도 축복

20세기 초만 하더라도 당뇨는 사망 선고나 다름없었다. 특히 췌장의 이상으로 발생하는 1형 당뇨가 그랬는데, 분비되는 인슐린이 부족해 식사 후 늘어난 혈액 내 포도당을 세포까지 제대로 운반하지 못하고 세포의 기능 이상을 초래했다. (이에 반해 2형 당뇨는 인슐린 분비는 정상이나 세포의 인슐린 저항성이 증가해 인슐린 작용이 원활하지 않는 경우로, 식이요법·운동요법·혈당강하제 복용 등으로 관리한다.)

인슐린의 존재와 그 기능은 1921년 캐나다 생리학자 프레더릭 밴팅(1891~1941)에 의해 처음으로 밝혀졌다. 하지만 문제점이 하나 있었는데, 당시만 해도 돼지와 같은 다른 동물의 췌장에서 인슐린을 뽑아내야만 했던 것이다. 당뇨 환자 1명을 위해 수십 마리의 돼지가 희생돼야 했는데, 그 비용도 비용이지만 인체의 거부반응, 바이러스 감염 문제와 더불어 윤리적인 문제 또한 무시할 수 없었다.

그런데 1970년대가 되자 돌파구가 마련된다. DNA를 원하는 위치에서 자를 수 있는 '제한효소'라 불리는 가위, 작은 DNA 조각들을 서로 붙일 수 있는 '리가아제'라는 접착제가 발견되면서 유전자재조합기술이 급격히 발전한 것이다.

DNA는 크게 2가지 역할을 한다. 유전정보를 후대에 전달하는 정보의 저장고이기도 하지만, 생명활동에 필요한 다양한 물질을 합성하기 위한 정보도 갖고 있다. 우리 몸의 세포는 이 정보를 이용해 필요한 물질을 만든다.

과학자들은 대장균에 주목했다. 대장균은 매우 빠른 속도로 번식하고, '플라스미드'란 비교적 단순한 고리 모양의 DNA를 갖고 있기 때문이다. 1973년 미국 유전학자 스탠리 코언(1935~)과 허버트 보이어(1936~)는 대장균의 플라스미드를 자르고, 여기에 포도상구균의 DNA 조각을 끼워 넣는 데 성공했다. 최초의 인공적인 재조합 DNA가 만들어진 것이다.

허버트 보이어가 공동 창업자로 참여한 생명공학기업 제넨텍은 1978년 이 기술을 인슐린 생산에 이용하기로 했다. 이를 위해 먼저 대장균의 플라스미드를 자르고, 인슐린의 합성정보가 담긴 인간 DNA의 조각을 끼워 넣었다. 그러자 대장균이 번식하면서 인슐린이 엄청난 양으로 생산됐다.

생명공학을 이용한 인슐린의 대량생산은 인류에게 분명 큰 축복이다. 또한 안타까운 희생을 피할 수 있게 된 돼지들에게도 그렇지 않을까?

318 수

과학의 생각

우리가 영원히 살지 못하는 이유

필멸의 삶은 우리의 선택이다

지난 60년간 평균수명은 20년이나 연장됐다. 그리고 이제는 수명을 최대한 연장하는 데 관심이 모아지고 있다. 앞서 설명한 텔로미어를 활용하거나 장수 관련 유전자를 활성화하는 등의 방식이 연구 중이다. 그런데 여기서 문득 의문이 하나 생긴다. 왜 우리 인간은, 아니 거의 모든 생물은 '불멸'이 아닌 '필멸'의 운명을 갖게 됐을까?

일부에서는 필멸이 진화과정에서 얻어진 특징이라고 주장한다. 다시 말해 '생명은 필멸이어야 한다'는 공식이 반드시 성립하는 것은 아니라는 뜻이다. 생명 진화에 있어서 핵심은 '경쟁'을 통한 '자연선택'이다. 모든 생명은 생존을 위해 치열하게 경쟁하고, 그들 가운데 환경에 가장 잘 적응한 것들만이 자연에 의해 선택된다. 그렇다면 '필멸의 운명'이 '자연선택'된 이유는 무얼까?

1977년 뉴캐슬대학의 토머스 커크우드(1951~) 교수가 발표한 '마모이론'에 따르면 생명은 하나의 기계와도 같아서 시간이 지나면 마모될 수밖에 없는데, 끊임없는 세포분열만이 이런 마모를 복구할 수 있다. 그런데 여기서 생명은 2가지 선택지를 놓고 고민한다. 모든 에너지를 오로지 나의 세포분열에만 쏟아부을 것인가? 아니면 일부는 후손을 위해 남길 것인가?

영생이나 장수를 원한다면 첫 번째 선택지를 택해야겠지만, 문제는 종의 차원에서는 좋은 선택이 아닐 수 있다는 것이다. 내 몸의 세포만 지속적으로 복구하다보면 후손을 남길 수 없는데, 자칫하면 종이 절멸할 위기에 놓일 수 있다. 다양한 변이를 가진 후손들이 존재해야만 환경 변화에 대응할 수 있기 때문으로, 자연선택에 따라 적합한 변이가 살아남아 종을 이어나갈 것이다. 이런 변이는 DNA 복제과정에서 일정한 확률로 오류가 발생하기 때문이며, 이것이 후손에게 유전된다.

이런 이유로 생명은 필멸을 택했다. 물론 종에 따라 얼마나 사는지의 차이는 있다. 예를 들어 개는 대략 10년, 인간은 80년, 거북은 200년 정도로 알려져 있다. 이런 차이는 종의 번영을 위해, 자신에 대한 투자와 후손에 대한 투자가 각각 어느 정도여야 할지에 대해 최적의 선택을 한 결과다. 하지만 세부적인 전략은 다를지라도 큰 전략은 동일하다. 다양한 후손을 남겨서 만일을 대비하는 것이다.

《스마트 스웜》(피터 밀러)

개미는 영리하지 않지만, 개미 집단은 영리하다

개미 집단에 여왕개미가 있기는 하지만 그녀는 통치하지 않는다. 다만 알을 낳을 뿐이다. 그렇다면 집단은 누가 이끄는가? 놀랍게도 이 집단에는 리더가 없다. 하지만 집단은 매우 효율적으로 운영된다. 이처럼 리더가 없이도 효율적으로 운영되는 무리를 두고 '스마트 스웜(smart swarm)'이라 부른다. 피터 밀러는 이 무리가 갖는 특성을 '자기 조직화' '지식의 다양성' '간접 협동' '적응 모방'으로 구분한다.

먼저 외부의 통제나 지시 없이도 조직 내부에서 자연스럽게 변화가 일어나는 '자기 조직화'의 사례는 개미 집단에서 두드러진다. 각각의 개미에게는 구체적인 과업이 부여되지 않는다. 다만 단순한 규칙에 따라 행동할 뿐인데, 예를 들어 먹이를 찾아 나선 일단의 개미들이 돌아오면 이들과 접촉한 개미들은 그들이 알려주는 방향으로 나간다. 개미들이 더 빨리 돌아올수록 더 많은 개미들이 그 방향으로 나가고, 그러면 먹이를 물어올 확률도 높아진다.

꿀벌 집단의 경우 여러 방향으로 나갔다 돌아온 벌들은 자신이 발견한 정보를 춤을 통해 다른 개체들에게 알리는데, 자신이 생각할 때 만족할 만한 정보일수록 춤이 더 격렬해진다. 더 격렬한 춤은 더 많은 개체들의 관심을 끌고, 더 많은 벌들을 그 정보가 있는 곳으로 유도한다. 벌들이 가져오는 다양한 지식을 집단이 이용하는 것이다. 이런 특성이 바로 '지식의 다양성'이다.

한편 흰개미의 집짓기 실력은 놀랍기만 하다. 무려 4년 이상이 걸리는 과정을 통해 매우 거대한 흙기둥을 세우는데, 이 집에 대한 청사진은 존재하지 않는다. 다만 각각의 개미들이 앞선 개미가 흙을 토해낸 곳에 다시 흙을 토해낼 뿐이다. 다시 말해 흰개미들은 서로 직접 협동하는 것이 아니라, 집이라는 구조물을 통해 '간접 협동'을 이끌어낸다.

마지막 특징인 '적응 모방'은 수백 마리가 함께 비행하는 참새 무리를 관찰하면 발견할 수 있다. 어떻게 그 많은 새가 충돌사고 한 번 없이 안전하게 비행할 수 있을까? 각각의 참새는 주변에 있는 5~6마리의 행동에 주의하며 그들을 모방할 뿐이다. 그런 모방의 효과가 일사불란한 전체 군집 비행으로 나타난다.

오늘날 우리 사회가 더 복잡해지고 다원화되면서, 집단지성의 중요성이 점차 커지고 있다. 비록 작은 미물이긴 하지만, 이들 스마트 스웜에게도 배울 점이 많아 보인다.

로봇

일하는 노예로만 머물 것인가?

진짜 인간을 만들고 싶었던 '로숨 박사'의 뒤를 이어 그의 아들은 더 저렴하고 단순한 방식으로 만능로봇을 발명했다. 이 로봇이 대량생산되면서 인류는 노동으로부터 해방됐으나, 노동하지 않는 인류는 곧 쇠퇴하게 됐고, 로봇들의 반란으로 인해 결국 인류문명은 종말을 고한다. 이는 1920년 체코 극작가 카렐 차페크(1890~1938)가 쓴《로숨의 유니버설 로봇》이란 희곡의 내용이다. 로봇(robot)이란 단어는 이 작품에서 처음 등장한다. 체코어로 강제노동 또는 고된 일을 뜻하는 로보타(robota)가 어원으로, 인간을 위해 대신 일하는 인조인간을 의미한다. 그렇다면 로봇은 언제 처음 등장했을까?

그리스신화에는 미노스문명의 중심지인 크레타섬을 방어하는 청동 거인 '탈로스'가 나온다. 대장장이 신 헤파이스토스가 만든 이 거인은 침략자들에게 큰 돌을 던지기도 하고, 자신의 몸을 벌겋게 달궈 침략자들의 배를 태워버리기도 했다. 탈로스는 인류가 기록한 최초의 로봇으로, 오늘날의 산업용 로봇보다 더 로봇의 정의에 가깝다. 인간을 닮은 외형에 스스로 판단하는 능력도 있었던 것으로 보이기 때문이다. 아쉽게도 그보다 한참 후에 등장한 로봇들은 제한된 동작을 반복하는 자동기계에 불과했다. 주로 오락용으로 만들어진 이 기계들은 '오토마타'라 불리며, 18세기 유럽에서 큰 인기를 끌었다.

오늘날 가장 많이 사용되는 산업용 로봇은 1961년 제너럴모터스가 최초로 도입했다. 국제로봇연맹에 따르면 2021년을 기준으로 '로봇 밀도'가 가장 높은 국가는 한국이다. 로봇 밀도란 인구 1만 명당 로봇의 수를 뜻하는데, 한국은 1000대이고 뒤를 이어 싱가포르(670), 일본(399), 독일(397) 순이었다. 한국은 전자산업과 자동차산업에서 로봇의 활용도가 높기 때문에 이런 결과가 나왔다.

이제 로봇은 한 단계 더 진화를 준비하고 있다. 2022년 10월 일론 머스크(1971~)가 이끄는 테슬라는 자신들의 로봇인 '옵티머스'의 프로토타입을 공개했다. 인간의 일을 대신하게 될 이 로봇에 인공지능기술을 접목해 학습·판단 능력을 부가할 계획도 밝혔다. 만능로봇이 비로소 등장하는 셈이다.

《로숨의 유니버설 로봇》에서는 인간이 거의 다 사라져버리자 로봇 또한 멸종 위기에 처한다. 로봇을 만들 로숨의 지식도 함께 사라졌기 때문이다. 하지만 인간과 더 가깝게 만들어진 마지막 두 로봇 '프리무스'와 '헬레나'에게서 삶에 대한 의지, 사랑 그리고 희생정신과 같은 '인간성'이 발견된다. 이들이 아담과 이브라 칭해지며 희곡은 끝난다. 과연 인류의 자리를 로봇이 완전히 대신할 날이 올 것인가?

가공육이 먹음직스러운 이유

식품첨가제의 명과 암

햄, 소시지 같은 가공육에는 여러 식품첨가제들이 사용되는데, 이 때문에 건강에 좋지 않다고 생각하는 사람들이 많다. 특히 최근에 주목받는 것은 '아질산나트륨'이란 첨가제다.

아질산나트륨은 지방의 산화와 유해한 세균의 번식을 막아 가공육의 보존기간을 늘리는 데 사용되는 일종의 보존제다. 이를 사용하지 않은 가공육의 경우 유통기한이 10일 내외인데 비해, 아질산나트륨을 첨가하면 30일 이상으로 늘리는 것이 가능하다. 보다 안전한 식품 섭취에 큰 도움을 주는 물질인 것이다. 그런데 다양한 종류의 식품보존제 가운데 굳이 아질산나트륨이 가공육에 빠지지 않고 등장하는 데는 또 다른 이유가 있다.

아질산나트륨은 고기의 단백질을 구성하는 아미노산 일부와 반응을 잘 일으키는데, 이를 통해 고기 단백질의 구조를 더욱 치밀하게 만들어준다. 구조가 치밀해지면 씹었을 때 더욱 쫄깃한 식감을 느낄 수 있고, 육즙 또한 잘 보존할 수 있다. 뽀득뽀득한 식감을 강조하기 위해 '뽀득'이란 단어를 제품명에 넣는 경우도 있다.

아질산나트륨의 장점은 단지 식감만이 아니다. 시각적으로도 훨씬 맛있게 보이도록 해준다. 아질산나트륨이 고기에 포함된 미오글로빈이나 헤모글로빈 단백질과 결합하면 불그스름한 색상을 띠는데, 눈으로 보기에 고기가 매우 신선하다는 느낌을 준다. 정육점에서 붉은색 조명을 사용하는 이유도 여기에 있다. 아질산나트륨이 일종의 발색제 역할을 하는 셈인데, 만약 이것이 없다면 가공육은 (고기를 가열하면 나타나는) 회색에 가까운 색을 보일 것이다. 그러면 아무래도 시각적인 선호도가 떨어질 수밖에 없다.

그런데 이처럼 다재다능한 물질이 왜 유해하다고 여겨질까? 실제로 WHO는 아질산나트륨을 발암물질로 규정하고 있기는 하다. 아질산나트륨이 단백질에서 분해돼 나온 아민이란 화합물과 결합하면 '니트로소아민'이 합성되는데, 이것이 DNA의 손상 등을 야기한다고 알려졌기 때문이다. 하지만 실제로 니트로소아민이 생성되는 비율은 매우 적다. 가공육을 너무 많이 먹지만 않는다면 큰 문제는 없다는 뜻이다.

그래도 걱정된다면 가공육을 절단한 다음 따뜻한 물에 30분 정도 담가두는 방식을 추천한다. 아질산나트륨은 물에 잘 녹아 나오기 때문이다.

〈바이센테니얼 맨〉(1999)

인간의 가장 중요한 특징

2005년, 한 가정에 가사도우미 로봇이 배달된다. 가족들은 이 로봇에게 '앤드루'라는 이름을 지어준다. 그런데 여느 로봇처럼 성실하게 일하던 그에게 무언가 이상한 점이 발견된다. 지적 호기심 같은 인간의 특징이 조금씩 보이기 시작한 것이다.

로봇 제작사는 이물질로 인한 신경회로의 오류 때문일 것이라며 교환을 권하지만, 그의 주인은 이를 거절한다. 그리고 앤드루의 인간다운 면을 더 키워주고자 한다. 조금씩 인간을 닮아가던 앤드루는 예술적인 감성까지도 보인다. 창의적인 공예품도 만들기 시작하자 주인은 앤드루의 이름으로 계좌를 개설해주고, 공예품을 팔아 벌어들인 수익을 소유할 수 있도록 해준다. 나중에는 세상에 도움이 되는 여러 훌륭한 발명들을 하기도 한다.

시간이 흘러 앤드루는 큰 부자가 되고, 자신의 권리를 인정받아 자유롭게 살아간다. 하지만 그에게는 여전히 이루지 못한 꿈이 하나 남아 있다. 바로 완전한 인간이 되는 것이다. 그는 큰돈을 들여 인간처럼 외형을 꾸미기도 하고, 내부의 전자부품들을 인공장기로 교체하면서 점차 인간을 닮아간다.

앤드루는 자신을 인간으로 인정해달라는 탄원을 수차례 법원에 제출하지만 번번이 거절당한다. 인간의 가장 중요한 특징인 '죽음'이 없다는 이유 때문이다. 이에 그는 스스로 죽음을 택하기로 한다. 자신을 서서히 노화되게끔 개조한 앤드루는 마침내 늙어서 죽음에 이른다. 그리고 죽음을 통해 그토록 원하던 인간의 자격을 인정받는다. 그의 나이는 200세, 가장 오래 산 인간이 됐다. 참고로 '바이센테니얼 맨'은 200년을 산 사람을 뜻한다.

거의 영생에 가까운 삶을 사는 일부 생명도 있기는 하지만, 우리를 포함한 생명 대다수는 필멸의 운명을 갖고 태어난다. 스스로를 계속 수선하며 영생을 누리는 것이 아니라, 언젠간 반드시 죽어야 할 운명을 택한 것은 다양한 후손들을 남기기 위함이다. 그렇게 함으로써 만에 하나 일어날 수 있는 급격한 환경 변화에도 일부는 살아남기를 바라는 것이다. 나보다는 '우리'라는 종의 번영을 위해, 우리 스스로 선택한 전략인 셈이다.

앤드루는 굳이 죽음을 택할 필요는 없었다. 하지만 완전한 인간이 되고 싶었던 그는 스스로 자신의 운명을 결정했다. 우리 종이 스스로 필멸의 운명을 선택한 것처럼 말이다.

콘라트 로렌츠(1903~1989)

과학에서 진실이란 더 나은 가설을 향한 길을 여는 데 유효한 가설이다

오스트리아 동물학자 콘라트 로렌츠는 의사인 아버지의 뜻에 따라 의학을 전공해 의학박사가 됐지만, 다시금 동물학을 공부해 1933년 동물학박사가 됐다.

1935년 로렌츠는 자신을 동물학자로서 유명하게 만든 실험을 기획한다. 오리알들을 두 그룹으로 나누어 한 그룹은 어미 오리가 품어 부화시키고, 나머지 그룹은 인공장치로 부화시킨 것이다. 그리고 자신이 인공적으로 부화시킨 새끼 오리들의 어미인 것처럼 행동했다. 그러자 새끼 오리들은 로렌츠를 진짜 어미처럼 따르기 시작했다. 바로 옆에 진짜 생물학적인 어미가 있는데도 그랬다. 새끼 오리에게 로렌츠가 어미로서 '각인'된 것이다. 이를 '각인효과'라 한다.

이런 효과가 일어나려면 일정한 시간 내에 부모로 인식돼야 하는데, 오리의 경우는 15시간 정도였다. 물론 새끼 오리들에게 얼굴을 보인다고 바로 각인효과가 생기는 것은 아니었다. 진짜 어미인 것처럼 행동해야만 했는데, 그래서 그는 새끼 오리들과 같이 밥도 먹고 잠도 자고 호수에서 함께 헤엄치기도 했다.

각인효과는 다른 동물들에서도 관찰된다. 하지만 로렌츠가 실험한 새끼 오리만큼이나 즉각적이고 강력하지는 않다. 그 이유는 무엇일까? 오리는 일명 '조숙류(早熟類)'에 속한다. 태어날 때부터 깃털이 있고 곧바로 걸을 수 있는 경우를 말하는데, 거위나 기러기 등도 조숙류에 해당한다. 태어난 직후 어미를 따라 능동적으로 무리생활을 해야 하므로, 재빨리 어미를 파악하는 것이 이들에게는 매우 중요하다. 그래서 강력한 각인효과를 갖도록 진화한 것이다.

이에 반해 제비·비둘기 등 한동안 깃털이 나지 않고 걸을 수도 없어서 부모로부터 먹이를 완전히 의존하는 '만숙류(晩熟類)', 이와 비슷하게 장시간 부모에게 의존하는 대부분의 포유류는 각인효과가 그리 강하게 나타나지는 않는다.

로렌츠는 이런 말을 남겼다. "과학에서 진실이란 더 나은 가설을 향한 길을 여는 데 가장 적합한 현재의 유효한 가설로 정의된다." 과학자에게 유연한 사고는 필수다. 오늘은 진실로 받아들여지는 것이 내일은 틀린 것으로 드러날 수도 있기 때문이다. 과학자는 각인효과 같은 선입견에 사로잡히지 않고, 끊임없이 회의하며 진리를 좇아야 한다.

텔로머레이스의 발견(1984)

영생의 비밀을 풀 실마리를 발견하다

2009년 노벨생리의학상은 엘리자베스 블랙번(1948~), 캐럴 그라이더(1961~), 잭 쇼스택(1952~)에게 돌아갔다. 이들의 업적은 '세포가 분열할 때 유전정보가 담긴 염색체가 어떻게 퇴화를 방지하면서 완벽하게 복제될 수 있는지'에 대한 생물학계의 큰 의문을 푼 것이었다. 이들은 텔로미어와 텔로머레이스를 발견하고 그 기능을 규명해냈다.

세포가 분열함과 동시에 염색체는 자기복제를 시작하는데, 이때 염색체의 끝부분이 완전히 다 복제되지 않는다. 이대로라면 염색체는 세포가 분열하면 할수록 점점 더 짧아질 수밖에 없는데, 이때 텔로미어가 구세주로 등장한다. 염색체의 말단 부위를 지칭하는 텔로미어는 염색체를 대신해 자신이 짧아지면서 염색체의 소중한 유전정보를 보호한다. 그런데 이 텔로미어마저도 일정한 길이 이상으로 줄어들면 염색체는 더 이상 복제되지 못하고 세포분열이 멈추는데, 이는 곧 세포의 죽음을 의미한다.

이전에도 세포분열의 한계는 알려져 있었다. 1961년 미국 생물학자 레너드 헤이플릭(1928~)은 인간의 피부세포를 인공적으로 배양하며, 세포분열을 관찰하는 실험을 진행했다. 이 실험에서 그는 배양 조건을 아무리 이상적으로 설정해도, 세포분열이 약 70회 정도 일어난 이후에는 세포가 사멸해버리는 현상을 발견했다. 이를 '헤이플릭 한계'라고도 하는데, 이 또한 텔로미어와 밀접한 관련이 있음이 밝혀진 것이다. 여기서 과학자들은 생각했다. '만약 텔로미어의 파괴속도를 지연시킬 수 있다면 세포의 분열이 조금 더 많이 일어날 것이고, 그러면 수명을 연장할 수도 있을 것이다.' 1984년 드디어 돌파구가 마련되는데, 엘리자베스 블랙번 등이 텔로미어를 합성하는 효소인 텔로머레이스를 발견한 것이다. 이 효소는 짧아진 텔로미어를 지속적으로 복구하는 역할을 수행한다.

사실 텔로머레이스는 우리에게도 익숙한 존재다. 비록 세포분열 초기이기는 하나 생식세포나 줄기세포에는 풍부하게 존재하기 때문이다. 하지만 이후 여러 종류의 조직세포들로 분화되고 난 후 정상세포에서는 거의 생성되지 않는다. 이와 관련된 유전자가 비활성화되는 것이다. 그런데 암세포는 예외다. 다른 정상세포와는 달리 텔로머레이스가 꾸준히 만들어지는 암세포는 사멸하지 않고, 꾸준히 세포분열을 하며 퍼져나간다.

만약 이 텔로머레이스가 정상세포에서도 꾸준히 생성된다면, 영생의 꿈이 불가능한 것만은 아니게 된다. 실제로 블랙번 교수가 초기에 연구했던 '테트라히메나'라는 단세포 동물은 텔로머레이스가 꾸준히 생성되기 때문에 늙지도 죽지도 않는다. 앞서 장수하는 생물로 소개한 랍스터의 비결 또한 바로 이 텔로머레이스에 있다.

325 수

과학의 생각

우주의 나이는 얼마인가?

6000살이 아니다

17세기 아일랜드 대주교 제임스 어셔(1581~1656)는 천지창조 이후 일어난 일들에 관한 《성경》 내용을 토대로 우주의 나이를 합산했다. 그랬더니 우주가 창조된 날이 정확하게 기원전 4004년 10월 23일이었다. 우주의 나이가 대략 6000살이라 주장한 것이다.

18세기 들어 지질학과 화석학이 발전하면서 과학자들은 지구의 나이가 수천 년보다는 훨씬 더 많으리라 생각하기 시작했지만, 확실한 증거는 없었다. 그런데 19세기 말 방사능이 발견되면서 상황은 급격하게 달라졌다. '방사성연대 측정'이라는, 암석의 나이를 비교적 정확하게 측정할 수 있는 방법이 개발된 것이다. 그렇게 해서 지구의 나이는 약 46억 년까지 소급돼 올라갔다. 그렇다면 우주의 나이 또한 이보다는 더 많아야 하지 않을까?

우주의 나이를 계산하기 위해서는 지구의 나이를 계산하는 것과는 전혀 다른 방법이 필요했다. 그 해결책은 1929년의 위대한 발견으로 제시됐다. 윌슨산천문대의 허블이 우주가 팽창한다는 사실을 발견한 바로 그 사건이다. 허블이 관측한 바에 의하면 은하들은 서로 멀어져가고 있었다. 더 멀리 떨어진 은하일수록 더 빠르게 멀어져갔는데, 이는 은하의 후퇴속도가 거리에 비례함을 의미했다. 이런 관계가 성립하는 이유는 우주라는 공간 자체가 팽창하기 때문이다. 이를 허블의법칙(또는 허블-르메트르의 법칙)이라 하며, 식으로는 다음과 같이 표현된다.

$$V = H \times r$$

여기서 V는 은하의 후퇴속도이고, r은 그 은하까지의 거리다. 그리고 H는 일종의 비례상수인데, 이를 '허블상수'라고도 한다. 어떤 은하까지의 거리와 그 은하가 멀어지는 속도를 안다면, 그 은하가 그 거리까지 멀어진 시간(즉, 우주의 나이)을 계산할 수 있는 것이다. 이는 허블상수의 역수(t=r/V=1/H)에 해당하는 값이다.

당시 허블이 이런 방식으로 계산한 우주의 나이는 약 20억 년이었다. 현재 우리가 알고 있는 값보다 훨씬 작았는데, 그 이유는 은하까지의 거리를 실제보다 더 가깝게 측정한 오류 때문이었다. 당시 관측기술의 한계였다. 현재 가장 정밀한 관측으로 계산한 우주의 나이는 137억 7000만 년, 대략 138억 년이다. 이제 우주의 나이는 알게 됐지만, 아직도 우리가 모르는 것들이 많다. 예를 들어, '138억 년 이전에는 무엇이 있었는가?' '우리 우주는 언제까지 존재할 것인가?' 같은 의문은 아직까지 명확히 규명되지 않았다.

《볼츠만의 원자》(데이비드 린들리)

과학에 자유를!

오늘날은 원자의 존재를 당연하게 받아들인다. 하지만 '실증'이 있기 전에도 원자의 존재를 가정하고 이론을 전개한 과학자들이 있었다. 그중 대표적인 인물이 오스트리아 물리학자 루트비히 볼츠만(1844~1906)이다. 이 책 《볼츠만의 원자》는 그의 전기이자 그가 정립한 통계열역학에 대한 역사책이기도 하다.

열역학은 '열'과 '일'에 관한 학문이다. 열은 곧 에너지이고, 그 에너지는 일을 하는 데 사용할 수 있다. 현재 문명을 지탱하는 화석연료, 원자력에너지 또한 이 열역학의 지배를 받는다. 그런데 물질의 열적 현상들은 어떻게 기술하고 이해할 수 있을까? 볼츠만은 이를 위해 '원자'라는 개념을 이용한다. 물질이 원자들로 이루어져 있다는 가설을 전제로 출발하는 것이다. (현대의 원자설은 1803년 돌턴이 처음 제시했다.)

볼츠만은 원자라는 이 작은 입자들이 만들어내는 현상이 바로 열과 일로 나타난다고 설명한다. 그에 따르면, 열이란 물질을 구성하는 원자들의 운동에너지가 커지는 현상이다. 기체나 액체의 경우는 이리저리 움직이고, 고체의 경우는 제자리에서 진동을 한다. 그리고 그 에너지가 옆으로 전달되면서 열이 흐른다. 이 열이 갖는 에너지는 다양한 방식을 통해 일로 전환된다.

비록 눈에 보이지 않을 정도로 작고 무수히 많은 입자를 다루지만, 그렇다고 이들 각각에 대해 알 필요는 없다. 단지 전체 입자들의 통계적인 현상만을 파악하면 되기 때문이다. 이처럼 미시세계 입자들의 통계적인 운동과 거시세계의 열과 일이란 현상을 연결하는 학문을 통계열역학이라 한다.

그런데 볼츠만과 통계열역학이 걸어온 길이 그리 순탄하지만은 않았다. 19세기 말 당시의 주류 사상인 '실증주의'에 따르면 (당시로서는) 실체도 없는 원자를 가정한다는 것은 도저히 받아들일 수 없었기 때문이다. 소심했던 볼츠만은 자신의 이론을 두고 펼쳐지는 끊임없는 논쟁에 점점 지쳐갔다. 그래서일까? 그는 1906년 휴가차 방문한 이탈리아에서 목을 매 자살하고 만다.

그는 실체의 규명을 전제로 한 엄격한 과학적 방법론에 맞서 싸웠다. 연역적인 추론과 반증의 가능성만으로도 성공적인 이론이 가능함을 보인 것이다. 그 덕분에 과학은 좀더 자유를 갖게 됐다.

327 금

= 신기한 과학 발명품 =

합성고무

탄성이 만들어지는 비밀

천연고무는 고무나무에 상처를 내면 흘러나오는 유액(라텍스)을 굳혀서 만든다. 고무는 천연 고분자물질 가운데 하나다. 확대해보면 기다란 섬유 모양의 고분자 사슬이 지그재그 형태로 응축돼 있고, 이 사슬들이 서로 엉켜 있는 모양이다. 이것을 잡아당기면 엉킨 사슬들이 풀어지고, 지그재그 형태의 사슬이 직선 형태가 되면서 늘어났다가, 힘이 사라지면 다시 원래 형태로 돌아가면서 탄성을 보인다. 하지만 천연고무를 가열하면 탄성이 약해지고 흐물흐물해진다. 이는 열에 의해 고분자들의 엉킴이 풀어지면서 고분자들 간에 작용하던 결합력이 약해졌기 때문이다.

이런 단점을 개선한 사람은 미국 발명가 찰스 굿이어(1800~1860)다. 그는 고무의 성질을 개선하기 위해 매우 다양한 실험들을 진행했는데, 1840년 황을 첨가하면 천연고무의 열적 안정성이 높아진다는 사실을 발견했다. 이를 '가황처리'라 부르는데 두 고분자 사슬들 사이에 놓인 황원자들이 두 사슬과 각각 결합해 가교, 즉 일종의 다리를 만든다. 그러면 마치 사다리와 같은 모양이 되는데, 무수히 많은 고분자 사슬들 사이에 이런 가교가 생기면 전체적으로는 마치 3차원 형상의 그물과 같은 모양이 된다. 이 가교들은 고무의 탄성을 더 크게 만들 뿐만 아니라, 고온에서 안정성을 높이는 효과도 있다.

문제는 이 인조고무의 생산이 천연고무에 의존하기 때문에, 생산량이 그리 많지 않다는 것이었다. 늘어나는 수요에 비해 공급이 턱없이 부족해지자, 합성물질만으로 고무를 만들고자 하는 시도가 이어졌다. 마침내 1907년 독일 화학자 호프만(1866~1956)은 '이소프렌'이라는 물질을 서로 결합시켜 고분자인 '폴리이소프렌'을 합성하는 데 성공한다. 폴리이소프렌은 천연고무와 동일한 구조를 갖는 물질이다. 즉 천연고무를 인공적인 방법으로 만들어낸 것이다. 이후 석유화학산업의 발전과 함께 여러 합성물질들을 이용한 다양한 종류의 합성고무들이 개발된다.

한편 탄성 있는 섬유인 '스판덱스'는 고무와는 조금 다른 원리로 탄성을 만들어낸다. '디올'과 '이소시아네이트'라는 두 종류의 물질이 결합한 긴 사슬 모양의 고분자인데, 디올로 구성된 부분은 신축적인데 비해 이소시아네이트로 구성된 부분은 다소 경직돼 있다. 이 두 성질이 조화되면서 탄성이 나타난다. 스판덱스는 1959년 듀폰이 처음으로 상업화에 성공했다.

328 토

과학자의 주방

염기성식품이 몸에 좋은가?

모든 식품은 다 몸에 좋다, 적당히 먹는다면

시중에 염기성 또는 알칼리라는 이름이 붙은 제품들이 많이 보인다. 그만큼 염기성이 몸에 좋다고 생각하는 사람들이 많은 것이다.

염기는 산과 대비되는 과학 용어다. 사람을 생물학적으로 남자와 여자로 분류할 수 있듯 물질 또한 산과 염기로 분류할 수 있는데, 일반적으로 산은 수소이온(H^+)을 내놓는 물질을 말한다. 황산(H_2SO_4), 질산(HNO_3)과 같은 화학물질, 식재료 중에는 레몬, 오렌지처럼 신맛 나는 과일이 산의 성질을 갖는다. 이에 반해 염기는 수산화이온(OH^-)를 내놓는 물질로, 수산화나트륨(NaOH)과 같은 화학물질, 식재료 중에는 시금치 등이 있다.

주의할 점은 '산성식품' '염기성식품'은, 앞서 말한 산과 염기의 분류와는 다소 다르다는 점이다. 예를 들어, 레몬은 산성이지만 염기성식품에 해당한다. 이런 차이는 식품이 우리 몸에서 소화과정을 거치기 때문이다. 소화란 섭취한 음식물을 분해하고, 세포에서 산소를 이용해 연소시켜 에너지를 얻는 과정이다.

따라서 식품을 산성식품 또는 염기성식품으로 분류하기 위해서는 식재료 그 자체가 아니라, 연소됐을 때 최종적으로 남는 물질의 성질을 살펴봐야 한다. 실제로도 식재료를 불에 태우고 남은 재를 분석하는 방식으로 산성과 염기성을 구분한다. 우리 몸의 소화과정을 실험실에서 구현해, 식재료가 실제로 우리 몸에 영향을 주는 단계에서의 성질을 파악하는 것이다.

이렇게 하면 레몬은 식재료 그 자체로는 산성이지만, 이것을 태우고 남은 물질들은 염기성을 띤다. 레몬과 같은 과일에는 미네랄성분이 많은데, 이 미네랄성분이 수분과 만나면 염기성을 띠기 때문이다. 예를 들어, 칼륨(K)은 염기성인 수산화칼륨(KOH)이 된다.

하지만 이런 분류와는 별도로 염기성은 몸에 좋고 산성은 몸에 나쁘다는 생각에 명확한 과학적인 근거는 없다. 흔히 우리 몸이 약염기성이기 때문에 염기성식품이 좋다고 말하는 경우가 많은데, 우리 몸은 일정하게 균형을 유지하려는 '항상성'이 있다. 즉 산성식품이나 염기성식품을 먹는다고 몸이 산성이나 염기성으로 갑자기 변하지는 않는다. 만약 그렇게 쉽게 변한다면 생명유지가 힘들 것이기 때문이다. 따라서 산성이든 염기성이든 골고루 균형 잡힌 식사를 하는 편이 건강에는 더 좋을 것이다.

〈패신저스〉(2016)

나 홀로 동면에서 깨어난다면?

1977년 발사된 보이저 1호는 약 40년이 지난 2012년 드디어 태양계를 벗어나 다른 별들을 향한 여정을 본격적으로 시작했다. 하지만 남아 있는 여정에 비하면 지금까지의 시간은 그저 찰나일 뿐이다. 우리 태양계에서 가장 가까운 항성은 '프록시마켄타우리'다(프록시마는 라틴어로 '가장 가까운'이란 뜻이다). 가깝다고 표현하지만 실제 거리는 무려 40조 km에 달한다. 우주에서 허용하는 최고 속도인 (아인슈타인의 상대성이론에 따르면 빛보다 빠른 물체는 없다) 광속으로 달려도 4.2년이 걸린다. 현재 6만km/h인 보이저 1호의 속도라면 약 8만 년 후에나 이곳에 도착하리라 예상된다.

더 먼 별을 향해 특정한 항성계에 속하지 않는 공간인 성간을 가로지른다면, 그 거리와 시간은 우리의 상상을 훌쩍 뛰어넘는다. 먼 미래 저 광활한 우주로 여행을 떠날 인류가 해결해야 할 가장 큰 문제는 바로 시간이다. 우리는 찰나의 시간을 사는 존재이기 때문이다. 〈패신저스〉는 인간의 수명보다 우주여행에 더 긴 시간이 필요하다는 점에 착안한 작품이다.

영화 속 5000여 명의 인원이 탑승한 우주선 아발론호는 새로운 식민지 행성인 '터전2'를 향해 여행 중이다. 최신 핵융합로를 탑재한 우주선은 매우 빠른 속도를 자랑한다. 그 덕분에 단 120년이면 그 행성에 도달할 수 있다. 하지만 인간들에겐 이 시간 또한 너무 길다. 그래서 이 우주선에는 동면장치가 설치돼 있다. 일부 동물들이 그런 것처럼 인간을 동면상태로 만드는 장치다.

곰은 겨울철에 자신의 체온을 5℃까지 떨어트리고, 평소 대사량의 1/4 수준만을 유지한다. 그럼에도 근육의 양이나 골밀도에는 큰 변화가 없다. 자연적인 동면의 정확한 메커니즘은 아직도 베일에 싸여 있다. 하지만 이것이 규명된다면, 인공적인 동면장치를 만드는 일 또한 불가능하지는 않을 것이다.

여행이 시작되고 30년쯤 흐른 어느 날 '짐 프레스턴'이 갑자기 동면에서 깨어난다. 그것도 홀로. 우주선이 운석과 충돌하면서 발생한 시스템 오류 때문이었다. 당황한 짐은 다시 동면에 들기 위해 여러 수단을 강구하지만 모두 실패한다. 엄청난 고독감에 시달리던 그는 평소 관심이 있던 '오로라'라는 여인을 동면에서 깨우고 만다.

이 영화는 주인공 짐과 오로라의 사랑과 갈등 그리고 희생에 관한 이야기다. 오로라는 나중에 모든 진실을 알게 되지만, 다시 동면에 들어가지 않고 그와 함께 남기로 한다. 수십 년 후 동면에서 깨어난 사람들은 우주선에 심어진 커다란 나무와 아름답게 꾸며진 정원을 보고 놀란다. 짐과 오로라는 그렇게 그들의 여행을 마쳤다.

스티븐 제이 굴드 ②

과학혁명은 인간의 교만함에 사망 선고를 내렸다

《과학혁명의 구조》를 쓴 미국 과학사학자 토머스 쿤에 따르면 사회나 경제분야와 마찬가지로 과학 또한 여러 번의 혁명적 변화를 통해 발전해왔다고 한다. 그는 이를 '패러다임'의 전환으로 설명했는데, 기존 과학의 사고방식이 폐기되고 새로운 것이 주류로 자리 잡는 과정을 의미한다.

최초의 과학혁명은 16세기 '코페르니쿠스 혁명'이라고도 불리는 지동설의 등장이다. 폴란드 성직자 코페르니쿠스는 당시의 지배적인 믿음이었던 지구중심설, 즉 천동설에 대해 의문을 품었다. 그는 우주의 중심이 지구가 아니라 태양이어야만 천체의 운행이 더 아름답게 표현될 수 있다고 생각했다. 지구와 그곳에 사는 우리의 특별한 지위를 내려놓아야 할 순간이 온 것이다.

그 뒤를 이어 또 한 번의 혁명이 일어난다. 뉴턴으로 대표되는 17세기 '근대과학혁명'이다. 뉴턴은 자신이 발견한 만유인력의법칙을 통해, 지상에서의 운동뿐 아니라 천체의 운동까지도 동일한 법칙의 지배를 받는다는 사실을 밝혔다. 이후 사람들은 우주가 정교한 시계와도 같다고 생각하게 된다. 복잡해 보이지만, 우주라는 시계는 몇 가지 단순한 법칙에 의해 움직일 뿐이다. 물론 그 우주에 속한 지구와 우리들 또한 법칙에서 벗어날 수는 없다.

가장 최근의 일이라면, 20세기 초 등장한 양자혁명이 있다. 원자 크기 이하인 미시세계에서는 결정론에 바탕을 둔 기존의 물리법칙들이 적용되지 않으며, 오로지 우연과 확률만이 지배한다는 생각은 세상을 바라보는 우리의 관점을 크게 바꾸어버렸다. 양자역학에 따르면 우주는 무(無)의 세계에서 우연히 탄생했는데, 그렇다면 우리 존재 또한 단지 우연의 산물일 뿐이다.

미국 진화생물학자 스티븐 제이 굴드는 이렇게 말한다. "중요한 과학혁명들의 유일한 공통된 특징은, 인간이 우주의 중심이라는 기존의 신념을 차례로 부숨으로써 인간의 교만함에 사망 선고를 내렸다는 점이다."

과학혁명의 단계마다 우리는 차츰 겸손해졌다. 우주의 중심이 더 이상 지구가 아니라는 사실, 우리의 존재가 그다지 특별할 것이 없다는 사실, 나아가 이 모든 것이 단지 우연의 산물일 수도 있다는 사실을 깨달았기 때문이다.

우주의 지도를 그리다(1989)

균일하면서도 불균일한 우주

미국 메릴랜드주에 위치한 고더드우주비행센터는 세계 최초로 액체연료 로켓을 개발한 로버트 고더드(1882~1945) 박사를 기리기 위해 그의 이름을 붙였다. 1989년 11월 18일 이곳에서 NASA가 제작한 위성 '코비'가 발사됐다. 코비는 우주에서 날아오는 전파신호를 관측하는 임무를 맡았다.

앞서 1964년 펜지어스와 윌슨은 지상의 전파망원경으로 우주에서 날아오는 전파신호를 관측했다. 아주 작았던 초기 우주가 지금처럼 거대하게 팽창하면서, 처음엔 뜨거웠던 (3000℃) 우주의 빛이 차츰 식어(영하 270℃) 마침내 전파가 돼 우주공간을 날아다니고 있었던 것이다.

우주에 있는 코비는 지구 대기의 영향을 받지 않아서 전파신호를 더 정밀하게 관측할 수 있었다. 그런데 관측자료가 차츰 쌓이면서 매우 흥미로운 사실이 밝혀졌다. 우주의 온도가 모든 방향으로 균일한 듯하면서도 장소에 따라 미세하게나마 차이가 있었던 것이다. 과연 이 차이는 무엇을 의미할까?

3차원의 지구를 2차원 평면에 펼쳐 그린 지도처럼, 코비가 관측한 우주공간의 모습(정확히는 우주의 온도 분포)을 2차원 평면에 나타내보자. 온도가 상대적으로 높은 지역은 붉게, 낮은 지역은 푸르게 표현하면 전체적으로 울긋불긋한 모양이 된다. 온도가 높은 곳은 에너지와 물질이 상대적으로 더 많은 곳이다. 이와 반대로 온도가 낮은 곳은 에너지와 물질의 양이 상대적으로 적다. 우주가 팽창할 때 아주 미세하나마 이런 불균일이 생긴 것인데, 이 미세한 차이가 아주 큰 차이를 만들어냈다.

앞서 255일에서 설명한 것처럼 우주는 무에서의 양자적 요동으로부터 생겨났다. 그 요동의 상태가 급팽창하면서 공간과 에너지, 그리고 물질이 생긴 것이다. 그렇다면 지금 우리가 보고 있는 우주의 미세한 온도 차이는 우주가 시작되기 직전 혼란스러웠던 요동의 모습이 확대된 것이다. 너무나도 작은 세계의 불균일이 이 광대하면서도 다채로운 우주를 만들었다. 만약 그 요동이 전혀 다른 모습이었다면 어땠을까? 분명 우리 우주의 모습은 지금과는 전혀 달랐을 것이다.

332 수

과학의 생각

무질서가 질서를 만들다

먼저 혼돈이 있었고, 그다음 대지가 있었다

'요동'은 어지러울 정도로 무질서한 움직임을 말한다. 앞서 무의 세계에서 발생한 양자적 요동으로 어떻게 우주가 탄생했는지를, 돈을 빌리고 갚는 과정에 비유해 설명한 바 있다. 그런데 실제 우주의 탄생은 그보다는 훨씬 더 복잡한 과정이었을 것이다.

10^{-35}m 정도 되는 초극미의 공간은 아무것도 없는 텅 빈 진공 같아 보이지만, 실제로는 에너지의 변동이 매우 심하게 일어나는 아주 혼란스러운 곳이다. 앞서 돈의 비유를 다시 들어보자면, 자잘한 채권채무관계가 수없이 많이 형성되는 상황이다.

무에서의 양자적 요동은 공간과 물질 그리고 에너지가 생성되는 계기가 됐다. 그리고 우주 생성기의 복잡하면서도 다양한 요동들은 우주를 매우 다채롭게 만들었다. 작은 공간에서의 요동은 질서 정연함과는 거리가 먼, 그야말로 무질서한 상태였기 때문에 우주라는 전체 공간에 물질이 불균일하게 분포하는 결과를 만들었다.

그리고 밀도가 상대적으로 높은 부분을 중심으로 인력이 작용하면서 더 많은 물질들이 모였다. 물질의 밀도가 높은 부분이 물질 덩어리의 성장을 위한 일종의 씨앗 역할을 한 셈이다. 이렇게 형성된 물질 덩어리들은 은하를 형성했고 그 은하 안에서 수천억 개의 별들이 형성됐다. 우주를 뜻하는 '코스모스(cosmos)'는 질서를 의미하지만, 사실 질서는 '혼돈(chaos)'이라는 무질서에서 탄생한 것이다.

그렇다면 우주에는 미세하게나마 그 차이의 흔적이 남았을 것이다. 1989년 NASA에서 쏘아 올린 위성 코비가 촬영한 사진은 이런 흔적을 보여주고 있다. 에너지가 상대적으로 많아 온도가 높은 부분은 붉게, 에너지가 적어 온도가 낮은 부분은 푸르게 표현돼 있는데, 붉은 부분은 현재 별들과 은하들이 가득 찬 공간, 푸른 부분은 상대적으로 물질이 적게 분포한 공간이 됐다.

기원전 8세기경 헤시오도스는 우주에 대해 이렇게 말했다. "태초에 혼돈인 카오스가 있었고, 그다음 대지인 가이아가 있었다." 대지는 이 세상을 의미하므로, 그것이 탄생하기 이전은 혼돈상태였다는 뜻이다. 한편, 고대 그리스에서 카오스는 텅 빈 공간을 의미하기도 했다. 먼 고대에 질서를 낳은 무질서를 이미 예언했다는 사실이 그저 놀랍기만 하다.

《위대한 설계》

(스티븐 호킹·레오나르드 믈로디노프)

위대한 설계가 반드시 지적일 필요는 없다

이 책《위대한 설계》에서 스티븐 호킹은 이렇게 말한다. "철학은 이제 죽었다. 철학은 현대 과학의 발전, 특히 물리학의 발전을 따라잡지 못했다. 지식을 추구하는 인류의 노력에서 발견의 횃불을 들고 있는 자들은 이제 과학자들이다." 그는 다른 저서《시간의 역사》에서도 철학자 비트겐슈타인(1889~1951)의 '철학에 남겨진 유일한 일이란 언어의 분석뿐이다'라는 말을 인용해, 철학의 한계를 지적한다. 스티븐 호킹에 따르면 오늘날 철학은 '우주는 어떻게 탄생했는가?'와 같은 근본적인 질문을 더 이상 다루지 않기 때문이다.

과거의 과학자들은 우주가 '무엇'인지 알아내느라 너무 바쁜 나머지 그것이 '왜' 존재하는지 질문할 틈이 없었다. 하지만 오늘날의 과학자들은 상황이 다르다. 그동안 축적된 지식과 수학·기술의 발전은, 과학자들이 '왜'라는 질문에 좀더 다가설 수 있는 길을 열어주었기 때문이다. 그런데 이 과정에서 종교와의 충돌은 불가피하다. 종교 또한 이 질문을 다루기 때문이다.

과학의 눈으로 우주를 바라보면 절로 감탄이 나온다. 어떻게 이처럼 정교한 존재가 생겨났을까? 아인슈타인은 그의 조수 에른스트 슈트라우스(1922~1983)에게 이렇게 말한 적이 있다고 한다. "신이 우주를 창조할 때 선택의 자유가 있었을까?" 만약 우주의 조건들이 아주 사소하게 달라졌더라면 우리는 탄생할 수 없었기 때문이다.

어떤 사람들은 이 우주가 전능한 신의 지적 설계에 따라 존재하게 됐다고 주장한다. 하지만 스티븐 호킹의 생각은 다르다. 우주가 '위대한 설계'임은 분명하지만, 그렇다고 '지적인 설계'는 아닐 것이기 때문이다.

양자역학에 따르면 무(無)의 공간에서 무언가가 생겨나는 일이 가능하다. 예를 들어, 순간적으로 양의 에너지와 음의 에너지가 생겨나는 것이다. 이 둘이 합해지면 소멸돼 다시 무로 돌아간다. 그런데 만약 소멸이 유예된다면 어떨까? 그렇다면 양의 에너지는 물질이 되고, 음의 에너지는 공간이 되는 일이 가능할 것이다. 우주는 그렇게 태어났다.

무에서 양의 에너지와 음의 에너지가 발생하는 일은 그야말로 우연적이다. 그런 무에서 탄생한 우주 또한 우연의 산물이지 않을까? 그러나 한편으론 우리의 탄생을 가능케 했으니, 분명 위대한 산물이기도 하다.

LED

빛이 나는 반도체

1879년 에디슨의 백열전구는 본격적인 전기조명의 시대를 열었다. 하지만 전기에너지의 90%가 열로 소비될 만큼 효율이 그리 높지 않았다. 이후 등장한 형광등은 그 효율을 획기적으로 높였으나, 수은을 포함한다는 치명적인 단점이 있었다. 이때 혜성처럼 등장한 것이 바로 LED, 즉 빛을 내는 반도체다. 백열전구에 비해 80% 이상 에너지를 절약할 수 있으며, 그 수명도 무척이나 길다. 물론 수은의 걱정도 없다.

1907년 헨리 조지프 라운드(1881~1966)는 영국 무선전신사 마르코니에서 무선통신 장비를 연구하고 있었다. 당시 그의 연구 주제는 기존 진공관을 대신할 반도체물질에 관한 것이었다. 그런데 탄화규소(SiC) 반도체의 전기적 특성을 연구하던 중 이 반도체에서 빛이 발생하는 현상을 발견한다. LED 개발의 가능성이 제시된 것이다.

LED는 'p형 반도체'와 'n형 반도체'를 접합해 만든다. 앞서 285일에 설명했던 것처럼, p형 반도체는 전자가 들어갈 공간, 즉 '정공'이 풍부한 상태이고, 반면에 n형 반도체는 자유롭게 움직이는 '전자'가 풍부한 상태다. 이 두 반도체를 접합시킨 후 전류를 흘려주면, 전자와 정공이 서로 반대 방향으로 이동해 결합하게 된다. 그리고 이 과정에서 전자와 정공의 에너지 차이만큼의 에너지가 외부로 방출되는데, 이 차이를 적절하게 조절하면 원하는 빛의 형태로 에너지를 내보내게 할 수 있다.

이때 사용되는 반도체는 초기에 사용되던 실리콘(Si)이나 저마늄(Ge) 기반의 '단원소 반도체'가 아니라, 질화갈륨(GaN), 갈륨비소(GaAs), 갈륨인(GaP), 갈륨비소인(GaAsP) 등과 같이 2가지 이상의 원소들을 혼합한 '화합물 반도체'다. 혼합 비율과 첨가물질에 따라 전자와 정공의 에너지 차이를 미세하게 조절할 수 있기 때문이다.

처음 만들어진 LED는 1962년 제너럴일렉트릭에 근무하던 닉 홀로니악 주니어(1928~2022)가 개발한 적색 LED다. 이후 황색·주황색·녹색 등 새로운 LED들이 차례로 개발됐으나, 모두 파장이 긴 빛에 머물렀다. 하지만 조명으로 이용되는 백색광이 되기 위해서는 짧은 파장을 갖는 청색 LED 개발이 시급했다. 백색광은 녹색·적색·청색의 삼원색이 모두 함께 더해질 때 만들어지기 때문이다.

1993년 마침내 질화갈륨을 기반으로 청색 LED가 상용화된다. 나카무라 슈지(1954~) 등 3명의 일본 과학자들은 그 공로로 2014년 노벨물리학상을 수상했다. 빛의 삼원색을 모두 구현할 수 있게 되면서 LED조명의 시대가 비로소 열렸다.

계란을 잘 삶는 법

기본에 충실해야 훌륭한 요리다

요리 실력을 테스트할 때 계란을 삶아보게 한다는 말을 요리사에게 들은 적이 있다. 너무 단순해 요리라 할 것도 없어 보이지만 그 단순한 일에도 얼마나 정성을 다하는지, 또 기본을 지키는지 살펴본다는 뜻이다. 사실 계란 하나를 삶는 과정에도 신경 써야 할 것들이 의외로 많다.

가장 먼저 좋은 계란을 선별해야 한다. 계란의 신선도를 판별하는 방법 중 하나는 식염수에 담궈보는 것이다. 만약 계란이 신선하다면 바닥에 가라앉지만 신선도가 떨어질수록 위로 뜨기 때문이다. 수면 위로 올라오거나 수면 가까이 위치한 계란은 먹기에 적당하지 않으니 주의해야 한다. 계란 안에는 공기가 차 있는 공간이 일부 있는데, 이 부분은 시간이 지날수록 그 부피가 점점 커지는 경향이 있다. 공기가 차지하는 공간이 커질수록 계란의 비중은 점점 작아지니, 식염수에 쉽게 떠오르게 된다.

삶는 시간에 따라 계란의 상태가 달라지니 시간도 잘 체크해야 한다. 부드러운 반숙이라면 5분 내외, 단단한 완숙이라면 10분 내외로 강불에서 조리한다. 그냥 지켜보기만 해도 무방하지만, 숟가락 등으로 계란을 한 방향으로 살살 굴려주면 노른자가 한가운데 놓인 예쁜 모양이 된다. 끓는 물에 식초나 소금을 넣어주기도 하는데, 그러면 흰자의 단백질이 더 단단한 구조가 돼, 식감도 좋아지고 껍질도 잘 까진다.

계란을 다 삶았으면 잠시 찬물에 담가둔다. 그러면 온도가 낮아져 수축현상이 일어나는데, 단단한 껍질보다는 안쪽의 흰자에서 더 많이 일어난다. 그렇게 껍질과 흰자의 간격이 벌어지면서 껍질이 더 쉽게 까진다. 그런데 찬물에 담그는 것은 또 다른 긍정적인 효과를 주기도 한다.

삶은 계란을 흰자와 노른자로 분리해보면 노른자의 겉표면이 검푸르게 변한 것을 발견할 수 있다. 계란 흰자의 단백질은 다양한 아미노산들로 구성돼 있다. 그중 시스테인과 같은 아미노산은 황(S)을 포함하고 있는데, 가열되는 과정에서 분해돼 황화수소(H_2S)가 발생한다. 이 황화수소는 안쪽, 즉 노른자 표면으로까지 확산돼 노른자에 포함된 철과 반응해 황화철(FeS)을 만드는데, 이 물질이 검푸른색의 원인이 된다. 그런데 삶은 계란을 찬물에 담가두면 황화수소의 확산속도가 느려지기 때문에, 노른자 표면으로까지 침투하는 것을 방지할 수 있다. 말 그대로 노란색의 먹음직스러운 노른자를 얻을 수 있는 것이다.

336 일

〈콘택트〉

만약 우리뿐이라면 엄청난 공간 낭비다

천체물리학자인 주인공 '엘리'는 지난 수년간 외계신호를 찾는 데 전념하고 있다. 하지만 성과는 없었고 조만간 연구를 중단해야 할 바로 그때, 지구로부터 26광년 떨어진 베가성으로부터 아주 강한 신호가 수신된다. 그녀가 그토록 애타게 찾던 외계의 신호였다.

그런데 그 신호는 1936년 베를린올림픽 당시 히틀러의 연설장면이었다. 오래전 지구에서 송출된 방송신호를 베가성의 누군가 다시 지구로 보낸 것이다. 하지만 그게 다가 아니었다. 거기에는 암호화된 수만 장의 문서 또한 같이 첨부돼 있었다. 어렵사리 암호를 해독한 엘리는 그것이 어떤 수송장치의 설계도란 사실을 알아낸다. 그리고 정부를 설득해 그 장치의 제작에 나서도록 한다. 여러 우여곡절 끝에 수송장치가 완성돼 엘리가 직접 탑승한다. 높은 곳에 매달린 탑승기가 장치 안에서 낙하하자 엘리는 순식간에 베가성에 도달한다. 외계인이 전해준 설계도는 사실 웜홀들을 통과하는 장치였다.

웜홀은 두 공간을 연결하는 가상의 통로다. 마치 사과를 먹은 벌레가 만들어놓은 구멍과 같다고 해서 이런 이름이 붙었다. 사과의 한쪽 면에서 반대쪽 면으로 가려면 둘레를 따라 이동해야 한다. 하지만 이 면들 사이에 벌레가 만든 구멍이 있다면, 이동거리는 훨씬 짧아진다. 일종의 지름길인 셈이다.

베가성에 도착한 엘리는 그곳에서 어릴 적 돌아가신 아버지를 만난다. 사실은 외계인들이 그녀의 기억에서 추출해 복원해낸 아버지의 환영이었다. 외계인들은 이런 방식으로 지난 수억년 동안 다른 외계문명들과 소통해왔던 것이다. '계속 나아가라'는 외계인의 마지막 말을 뒤로하고 엘리는 지구로 귀환한다. 그런데 지구에서 엘리의 탑승기는 단지 수초간 장치 내에서 낙하했을 뿐이었다. 엘리의 녹화장치에 18시간 동안의 녹화기록이 있기는 했지만, 오직 잡음만이 있었다. 사람들은 엘리가 경험한 것을 믿지 않았다. 시간이 흘러 천문대를 찾은 학생들 앞에 선 엘리는 이런 말을 한다. "만약 우리뿐이라면 이 우주는 엄청난 공간 낭비다." 오래전 아버지가 자신에게 했던 말이다.

영화에서처럼 또 다른 지적 생명체와 접촉하는 방식은 아마도 전파일 것이다. 최초의 상업적 라디오 방송이 1920년 시작됐으니, 빛의 속도로 나아가는 전파는 지금쯤 100광년 거리의 우주에 우리의 흔적을 남겼을 것이다. 하지만 지름 10만 광년인 우리 은하의 일부도 벗어나지 못했다. 반대로 우리가 또 다른 누군가의 흔적을 발견할지도 모른다. 만약 그들의 역사가 아주 오래됐다면 그 가능성은 더 커진다. 물론 그렇다고, 그들이 지금도 여전히 존재한다는 보장은 없다.

337 월

과학자의 말

칼 세이건

창백한 푸른 점

미국 천문학자 칼 세이건은 자신의 저서《창백한 푸른 점》에 수록된 한 장의 사진을 보며 이렇게 썼다.

> 다시 이 빛나는 점을 보라. 그것은 바로 여기, 우리 집, 우리 자신인 것이다. 우리가 사랑하는 사람, 아는 사람, 소문으로 들었던 사람, 그 모든 사람은 그 위에 있거나 또는 있었던 것이다. 우리의 기쁨과 슬픔, 숭상되는 수천의 종교, 이데올로기, 경제이론, 사냥꾼과 약탈자, 영웅과 겁쟁이, 문명의 창조자와 파괴자, 왕과 농민, 서로 사랑하는 남녀, 어머니와 아버지, 앞날이 촉망되는 아이들, 발명가와 개척자, 윤리 도덕의 교사들, 부패한 정치가들, '슈퍼스타', '초인적 지도자', 성자와 죄인 등 인류의 역사에서 그 모든 것의 총합이 여기에, 이 햇빛 속에 떠도는 먼지와 같은 작은 천체에 살았던 것이다.*

그 사진은 1977년 발사된 보이저 1호가 보내온 사진이었다. 1990년 기나긴 여정 끝에 마침내 명왕성을 지나치면서 저 멀리 떨어진 고향별 지구를 찍은 것이었는데, 사진 속 지구는 그야말로 작은 점에 불과했다. 자세히 보아야 그 푸르스름한 빛을 볼 수 있을 정도로 작디작은 점. 칼 세이건은 우리 지구를 그렇게 '창백한 푸른 점'이라 불렀다.

암흑이 지배하는 광활한 우주공간은 그야말로 경외심을 느끼게 한다. 그동안 지구에서 일어났던 모든 사건, 존재했던 모든 인물의 그 대단한 이야기들이 우주의 광활함 앞에서는 그야말로 찰나의 순간이자 티끌에 불과함을 깨닫게 되는 것이다.

오래전 그리스비극의 핵심주제는 인간의 '오만함'과 그에 따른 '천벌'이었다. 인간이 오만함에 빠져 본연의 위치를 망각하면 그만 눈이 멀어버린다. 그러면 자기 자신을 파멸로 이끌 치명적인 실수를 저지를 수밖에 없는데, 이것이 바로 그 오만함에 대해 내려진 천벌이다. 고대 그리스인들은 이를 경계하고자 자신들의 비극에 그 교훈을 담았다.

과학 또한 이런 교훈을 우리에게 전하고 있다. 과학은 우리 본연의 위치가 어디인지 정확히 깨닫게 해주기 때문이다. 더 이상 우리는 우주의 중심이 아니다. 게다가 이 광활한 우주에선 하나의 티끌에 불과할 뿐이다. 그리고 우리의 존재조차 어쩌면 우연의 산물일지도 모른다.

---

* 칼 세이건,《창백한 푸른 점》, 현정준 옮김(사이언스북스, 2001), 26쪽

인간 게놈 프로젝트(1990)

내 몸의 설계도를 그리다

두 가닥의 DNA가 서로 평행하게 마주 보면서 일정한 간격으로 결합해, 마치 사다리와 같은 모양을 만듦과 동시에 한쪽 방향으로 꼬여서 이중나선 구조가 된다. 두 DNA 사슬 간의 결합 부위, 즉 4가지 염기들이 서로 결합해 만들어지는 염기쌍들 가운데 일부의 염기서열에 유전정보가 담긴다. 글자들을 나열하면 하나의 완결된 문장이 되듯, 염기들의 나열방식에 따라 하나의 완결된 유전정보가 되는 것이다.

그렇다면 이 염기서열을 읽어내면, 인간의 유전정보를 완벽하게 해독할 수 있게 된다. 1990년 이런 원대한 목적을 위해 전 세계 과학자들이 뜻을 모았다. '인간 게놈 프로젝트'가 출범한 것이다.

게놈(genome)이란 유전자(gene)와 염색체(chromosome)를 합성한 신조어로 우리말로는 '유전체'라 한다. 1920년 독일 식물학자 빙클러(1877~1945)가 처음 사용했는데, 오늘날에는 DNA에 들어있는 염기서열 전체를 의미한다. 인간의 경우 모두 23쌍의 염색체가 있고 그 염색체 안에 DNA가 촘촘히 말려 있다. 그리고 이 DNA에 담긴 염기서열은 정보를 담고 있는 '암호화 서열'과 그렇지 않은 '비암호화 서열'로 구분되며, 하나의 유전자는 이 암호화 서열들이 여러 개 모여서 만들어진다.

2003년 프로젝트가 완결되자, DNA에서 유전자가 차지하는 비율은 대략 2%, 그 개수는 약 2만 개임이 밝혀졌다. 당초 예상보다 훨씬 적은 수치였는데, 약 1만 4000개의 유전자를 가진 초파리와 비교해 2배도 되지 않았다. 사실 유전정보에서 유전자의 개수만 중요한 것은 아니다. 언제 어디에서 어떤 유전자가 어떤 순서로 이용되는지 또한 중요하며, 그런 정보 또한 게놈에 포함돼 있다. 인간을 인간답게 하는 것은 바로 이 모든 정보다.

2022년 4월, 미국을 중심으로 한 국제 과학자 컨소시엄인 '텔로미어 투 텔로미어(T2T)'는 과학저널 〈사이언스〉를 통해 중대한 발표를 한다. 게놈 지도를 100% 완성했다는 것이다. 사실 2003년 프로젝트가 종료되고 공개된 지도에는 약 15%가 공백이었는데, 당시 분석기술의 한계였다. 2019년 추가적인 분석을 통해 그 공백을 8%까지 줄였다가, 마침내 해독을 완료한 것이다.

아직 이 추가된 부분에 대해서는 더 많은 연구가 필요하지만, 어쨌든 완전한 설계도를 확보하게 된 것만큼은 분명하다. 이 설계도를 바탕으로 언젠가는 불치의 유전병을 모두 극복하는 날이 오기를 기대해본다.

339 수

과학의 생각

우주는 얼마나 큰가?

우주가 138억 광년보다 더 큰 이유

과학자들이 추정하는 우리 우주의 나이는 138억 년이다. 그렇다면 우주에서 가장 오래된 빛은 138억 년 전에 생겨났을 것이니, 빛의 속도를 고려한다면 현재 그 빛이 이동해온 가장 먼 거리는 138억 광년이다. 우주가 모든 방향으로 균등하다고 한다면, 관측자를 중심으로 반지름이 138억 광년인 커다란 구가 현재 빛이 도달할 수 있는 가장 먼 거리가 된다.

하지만 실제 우주의 크기는 이보다 훨씬 더 크다. 그동안 우리 우주가 급속하게 팽창해왔기 때문이다. 초기의 우주는 아주 작은 공간 안에 수많은 물질과 에너지들이 응축돼 있었는데, 이런 상태를 빅뱅우주라 한다. 이 빅뱅우주가 팽창하면서 현재와 같은 우주가 됐다. 심지어 우주는 지금도 팽창하고 있으며 그 속도는 점점 더 빨라지고 있다.

그런데 우주의 팽창속도는 관측자로부터의 거리에 비례해 더 빨라진다. 공간 자체가 팽창하기 때문인데, 이에 대해서는 앞서 247일에 설명한 바 있다. 심지어 일정 거리 이상에서는 이런 속도 증가가 누적되면서, 빛의 속도를 넘어서기도 한다. 아인슈타인의 상대성 이론에 따르면 빛보다 빠른 물질은 없지만, 공간의 팽창속도에는 아무런 제한이 없기 때문이다.

다시 초기의 빅뱅우주로 돌아가본다면 138억 년 전 가장 오래된 빛이 출발했던 지점들은 초기에는 관측자와 아주 가까웠다. 하지만 우주가 팽창하기 시작하면서 그 거리는 점점 더 멀어졌는데, 멀리 떨어진 지점들일수록 더 빨리 멀어져갔다. 그래서 어떤 지점들은 그 거리가 138억 광년 이상이 되고 말았다. 지금까지의 138억 년이란 시간 동안 빛이 이동할 수 있는 거리보다 더 멀리 밀려난 것이다.

우주의 팽창속도를 고려하여 과학자들이 추정한 결과, 가장 멀리까지 밀려난 지점들까지의 거리는 대략 465억 광년이다. 그렇다면 관측자를 기준으로 반지름이 465억 광년인 구를 그려볼 수 있는데, 바로 이 구가 과학자들이 말하는 '관측 가능한' 우주이다. 이런 이름이 붙은 이유는 그곳까지의 모든 지점들은 (비록 멀어지고는 있지만) 그곳을 출발한 빛이 여전히 우리를 향해 날아오고 있기 때문이다. 하지만 그중에는 아무리 시간이 흘러도 볼 수 없는 빛들도 있다. 빛보다 더 빠르게 멀어지는 곳의 빛은 아무리 달려도 계속해서 멀어지기 때문이다.

그렇다면 여기서 궁금증이 하나 생긴다. 현재 관측 가능한 우주인 465억 광년 너머에는 무엇이 있을까? 아마도 우주라는 공간은 여전히 존재하겠지만 아쉽게도 그 정확한 모습은 알 수 없다.

《잃어버린 게놈을 찾아서》(스반테 페보)

우리 안의 네안데르탈인

2022년 노벨생리의학상의 영광은 독일 막스플랑크연구소의 스반테 페보(1955~) 박사에게 돌아갔다. 오랫동안 불가능하다고 생각됐던 네안데르탈인의 게놈을 분석하고, 새로운 고대인류인 데니소바인을 처음 발견한 공로를 인정받은 것이다. 분명 고생물학자이지만 그의 주무대는 유적지가 아니라 실험실이다. 그는 첨단장비를 이용해 DNA를 분석하고 이를 통해 과거를 들여다본다.

스반테 페보는 현생인류의 기원에 관심이 있었다. 이와 관련해 그전까지는 크게 2가지 가설이 대립하고 있었는데, 그중 '다지역 기원설'은 200만 년 전 호모에렉투스가 아프리카에서 각 지역으로 흩어진 뒤 지역별로 현생인류로 진화했다고 설명한다. 이에 따르면 북경원인은 중국인의 선조이고, 네안데르탈인은 유럽인의 선조가 된다. 이에 반해 '아프리카 기원설'은 현생인류가 10만 년에서 20만 년 사이에 동아프리카에서 전 세계로 퍼져나갔으며, 그 과정에서 이종교배 없이 네안데르탈인 등의 다른 고인류를 완전히 대체했다고 설명한다.

오랜 시도 끝에 1996년 스반테 페보는 약 4만 년 전 네안데르탈인의 뼛조각에서 미토콘드리아 DNA를 얻는 데 성공한다. 그리고 'PCR기법'으로 379개의 염기쌍이 지닌 염기서열을 해독해냈다. 그 결과 네안데르탈인의 DNA는 호모사피엔스의 것과 분명한 차이가 있었다. 이는 기존의 '아프리카 기원설'을 뒷받침하는 결과였지만, 보다 더 확실한 결론을 내리기 위해서는 핵 안의 DNA를 분석해야만 했다.

미토콘드리아 DNA의 염기쌍은 1만 6000개에 불과하지만, 핵 DNA는 30억 개에 달한다. 게다가 미토콘드리아 DNA는 모계를 통해서만 유전되지만, 핵 DNA는 부와 모 양쪽에서 전달된다. 이런 점을 고려한다면, 만약 호모사피엔스와 네안데르탈인이 실제로 이종교배를 했다면 그 흔적은 핵 DNA에서 발견될 확률이 훨씬 더 높다.

2009년 스반테 페보의 연구팀은 네안데르탈인의 핵 DNA를 추출하고, 그것의 게놈 분석을 완료한다. 그런데 그들은 전혀 예상 밖의 결과를 마주하게 된다. 각 지역의 현대인들과 네안데르탈인의 염기서열을 비교한 결과, 비록 아주 적기는 하지만 네안데르탈인의 흔적을 발견한 것이다. 이는 현생인류가 아프리카에서 기원하기는 했지만, 이후 아프리카 바깥에서 만난 그의 사촌뻘인 네안데르탈인과 이종교배 후 전 세계로 흩어졌음을 의미했다. 비로소 현생인류의 기원에 관한 의문이 완전히 풀리게 된 것이다. 스반테 페보는 이렇게 외쳤다. "현대인에게 정말로 네안데르탈인의 피가 섞여 있다. 이럴수가!"

341 금

= 신기한 과학 발명품 =

PCR기법

범인은 반드시 그 흔적을 남긴다

인간의 세포핵 안에는 23쌍의 염색체가 있다. 이들 염색체에는 마치 실타래처럼 감긴 DNA가 응축돼 있는데, 세포 하나의 것들만 모두 펴서 그 길이를 합하면 대략 2m에 이른다. 그런데 DNA는 특이하게도 이중나선 구조를 하고 있다. 두 가닥의 DNA가 염기쌍들에 의해 연결되면서 뒤틀린 구조인데, 인간의 경우 이 염기쌍의 수가 무려 30억 개나 된다. 그리고 그 염기쌍들이 만드는 염기서열 가운데 일부에 유전정보가 담긴다. 이러한 염기서열들이 여러 개 모인 것을 유전자라 부른다.

종마다, 개인마다 유전정보는 차이가 나기 때문에 DNA의 염기서열을 분석하면 그와 관련된 정보를 얻을 수 있다. 하지만 DNA의 양이 충분치 않거나(예를 들어, 세균·바이러스 시료), 오랜 시간이 지나 훼손된 경우(예를 들어, 고고학의 시료)는 정확한 분석에 어려움이 따른다. 이 경우 박테리아 내에 그 DNA를 삽입하고 박테리아를 증식시켜 DNA를 복제하는 방법이 사용됐는데, 매우 비효율적이었다. 그래서 등장한 것이 바로 PCR기법이다. 1985년 미국 화학자 캐리 멀리스(1944~)가 개발한 이 기법의 원리는 다음과 같다.

먼저 DNA를 94℃로 가열해 DNA를 단일 가닥으로 분리시킨다. 다음 54℃ 정도로 온도를 낮추고 '프라이머'라는 합성물질을 DNA에 결합시키는데, 이 물질은 새로운 DNA가 복제되는 시작점을 지정한다. 마지막으로 37℃에서 프라이머가 붙은 DNA를 원본 틀로 하여 DNA를 구성하는 단위체인 뉴클레오티드가 '중합효소'의 도움을 받아 서로 결합하면서 복제가 시작된다. 여기서 '중합'이란 작은 단위체들이 결합해 더 큰 분자량을 갖는 화합물, 즉 고분자가 되는 반응을 말한다.

한 번의 중합이 완료되면 다시 과정을 반복한다. 그러면 DNA의 양이 늘어나는데, 이를 '증폭'이라고 한다. 40번 반복하면 하나의 단편 DNA가 약 1조(2^{40}) 개의 복사본을 만든다. 중합효소(Polymerase)를 이용해 연쇄(Chain) 반응(Reaction)을 일으키므로, 이 기법을 PCR이라 부른다. 초기에는 중합효소가 열에 약해 중간에 과정을 잠시 멈추고 효소를 다시 넣어야 했으나, 이후 열에 강한 효소가 개발되면서 전 과정이 자동화됐다. 캐리 멀리스는 그 공로를 인정받아 1993년 노벨화학상을 받았다.

지난 2019년 32년간 장기 미제사건으로 남아 있던 화성 연쇄살인사건의 용의자를 경찰이 지목했다. 과거 증거물에 남아 있던 미량의 DNA를 PCR기법으로 분석할 수 있었기 때문이다.

맛있는 무거움

무쇠솥 뚜껑이 하는 역할

도로변 작은 식당에 왔다. 각종 약재를 넣어 건강한 기운이 듬뿍 담긴 백숙에 닭육수로 끓여낸 누룽지죽, 거기에 더해 각종 반찬이 상 가득 차려진다. 요리를 음미하며 주인장의 솜씨에 찬사를 보내던 중, 문득 잊고 있던 또 다른 공헌자가 생각났다. 육중한 몸집을 자랑하는 바로 저 무쇠솥이다.

가해지는 열이 강할수록 요리는 더 부드러워지고 맛도 좋아진다. 그런데 문제는 물의 끓는점이 100℃라는 점이다. 하지만 물을 사용하면서도 100℃ 이상으로 조리 가능한 방법이 하나 있다. 바로 압력을 높이는 것이다.

물이 끓는 현상은 액체상태의 물이 기체상태의 수증기로 활발하게 변하는 과정이다. 보통의 경우라면 100℃ 정도에서 이런 현상이 일어나지만, 만약 공기의 압력이 크다면 더 높은 온도가 필요하다. 액체인 물이 기체인 수증기가 돼 공기 중으로 날아가려면, 공기가 내리누르는 커다란 압력을 이겨내야 하기 때문이다. 한마디로 더 많은 열에너지가 필요한 것이다.

이와 같은 원리를 이용한 조리기구가 바로 압력솥이다. 최초의 압력솥은 1681년 프랑스 과학자 드니 파팽(1647~1712?)이 발명했는데, 육류를 매우 높은 고온에서 가열하면서 뼈까지 푹 고아 진한 육수를 만들기 위해서였다고 한다. 이후 다른 요리들에도 활용됐는데, 미국식 프라이드치킨의 대명사 KFC가 성공한 비결도 바로 이 압력솥에 있다. 압력솥으로 튀기면 조리시간도 단축되고 치킨의 육질 또한 훨씬 더 부드러워지기 때문이다. 1960년대 이전만 하더라도 프라이드치킨을 주문하면 조리하는 데 30분 이상이 소요됐다고 한다.

일반 가정에서 사용하는 압력밥솥의 경우는 일반적인 조리방식보다 약 2배의 압력이 가해진다. 이 정도면 물의 끓는점이 120℃까지 올라가는데, 그러면 요리가 더 맛있어질 수밖에 없다. 무쇠솥도 이와 비슷한 원리다. 무쇠로 만들어져 엄청 무거운 뚜껑이 내부의 수증기가 빠져나가는 것을 막아 솥 안의 압력을 높여준다.

식당 사장님이 이제는 너무 힘에 부친다며 업소용 압력솥을 마련해야겠다고 말한다. 그것도 좋겠다고 맞장구치기는 했지만 내심 아쉬움을 감출 수 없다. 분명 주인장의 수고로움은 덜어주면서 맛있는 백숙이 만들어지겠지만, 그래도 많은 이들을 이곳까지 이끌었던 팔팔 끓는 커다란 솥의 정겨움은 사라질 테니까 말이다.

〈쥬라기 공원〉(1993)

공룡의 DNA를 발견할 수 있을까?

1985년 개발된 'PCR기법'은 고생물학에 일대 전기를 마련해주었다. 이른바 'DNA 고고학'이 시작된 것인데, 이제 남은 문제는 온전한 DNA 시료를 확보하는 일이었다.

사실 DNA는 우리가 생각하는 것보다 훨씬 더 약하다. 시간에 따라 끊임없이 변형되기 때문인데, 화학적으로 변하기도 하고 자연 방사선에 의해 훼손되기도 하며 생체 내의 효소에 의해 분해되기도 한다. 살아 있는 상태라면 몸의 수선작용으로 이내 복구되겠지만, 생명활동이 멈췄다면 사정은 완전히 달라진다. 지금까지 밝혀진 바에 따르면 수만 년 이상 지난 시료는 아주 작은 DNA 단편조차 남기지 않으며, 아주 특별한 조건이라도 수십만 년을 넘지는 못한다.

PCR기법이 활용되던 초창기에 오래된 DNA 시료를 확보하는 방법으로 주목받은 것이 바로 '호박'이다. 나무의 송진이 굳어 화석화된 일종의 보석인데, 그 안에 작은 곤충이나 동물의 형체가 오랫동안 보존되는 경우가 있었다. DNA 훼손의 주요 원인인 물과 산소가 차단됐으니, 작은 단편 DNA라도 존재하리라 기대한 것이다. 1992년 미국 자연사박물관 연구팀이 호박 안에 보존된 약 3000만 년 전 흰개미의 DNA가 지닌 염기서열을 분석했다고 발표하기도 했는데, 나중에서야 잘못된 분석으로 밝혀졌다. 이와 같은 혼란은 대부분 한참 후 호박 내로 침입한 미생물의 DNA를 오인했거나, 아니면 실험과정에서 발생한 DNA 오염 때문이었다.

하지만 소설과 영화의 상상력에 한계란 없다. 1990년 소설가 마이클 크라이튼(1942~2008)은 호박 속에 갇힌 수천만 년 전의 모기에서 공룡의 DNA를 추출하는 데 성공한 것으로 묘사한다. 모기가 공룡의 피를 빨아 먹었다는 설명이다. 이 DNA를 기초로 오래전 멸종한 공룡들이 부활한다. 그리고 사람들이 이들을 직접 볼 수 있는 신개념 테마파크 '쥬라기 공원'이 개장한다. 하지만 늘 그렇듯이 인간의 실수는 큰 재앙을 불러오고, 공룡들이 탈출한 쥬라기 공원은 통제 불능상태에 빠지고 만다. 이 소설은 1993년 스티븐 스필버그(1946~) 감독의 영화로 재탄생했다.

분자생물학의 급격한 발전을 지켜본 대중들은 이 영화를 결코 허구로 받아들이지 않았다. 조만간 실현될 미래로 본 것이다. 현재의 기술은 1980년대보다 훨씬 더 진보했다. 하지만 다행히도 아직까지는 공룡의 DNA를 실제로 얻었다는 이야기가 들려오지는 않는다.

스티브 잡스(1955~2011)

다른 사람의 삶을 사느라 인생을 낭비하지 마라

태어나자마자 친부모에게서 버림받은 스티브 잡스는 폴 잡스와 클라라 잡스 부부에게 입양됐다. 그리 넉넉한 형편은 아니었지만, 잡스 부부는 아들을 지극정성으로 키웠다. 부부는 평생 모은 돈을 대학 학비로 쓸 만큼 아들에 대한 기대가 남달랐다. 잡스가 다니던 대학을 중퇴하고 허름한 집 창고에서 창업을 한다고 했을 때도, 원망과 질책보다는 그를 더 적극적으로 응원했다고 한다.

그렇게 탄생한 애플은 1976년 개인용 컴퓨터 애플1을 선보였고, 1984년 매킨토시를 출시하며 승승장구한다. 하지만 스티브 잡스는 내부의 권력다툼에 밀려 1985년 경영에서 물러나게 된다. 이때 그가 잠시 몸담은 곳이 바로 애니메이션회사 픽사다. 이곳에서 잡스는 최초로 100% 컴퓨터그래픽 애니메이션인 〈토이 스토리〉(1995)를 내놓으며 그야말로 공전의 히트를 친다.

이후 그는 다시 애플로 복귀한다. 당시 애플은 적자에 허덕이고 있었고 노련한 구원투수가 필요했기 때문이다. 스티브 잡스가 복귀한 애플은 다시금 혁신의 성지로 떠오른다. 2001년 아이팟, 2007년 아이폰, 2010년 아이패드를 내놓으며 세계의 트렌드를 이끌어갔다. 무엇보다도 그가 이끈 스마트폰의 대중화는 우리 삶을 크게 변화시켰다. 우리는 깨어 있는 시간의 대부분을 스마트폰과 함께하며 정보를 얻고 소통하고 여가를 보낸다.

이처럼 우리 시대 혁신의 아이콘으로 추앙받는 그였지만, 안타깝게도 2003년 췌장암 진단을 받고 만다. 당시 의사는 살날이 몇 개월 남지 않았다는 사실상 사망 선고를 했지만, 아주 운이 좋게도 수술이 가능한 경우여서 그는 조금이나마 더 오래 살 수 있었다. 그는 이런 경험을 2005년 스탠퍼드대학 졸업 축사에서 털어놓는다. 개인사를 공개하는 것을 극도로 꺼리던 그의 성향을 고려할 때 매우 이례적인 일이었는데, 젊은 학생들에게 꼭 전달하고 싶은 메시지가 있었기 때문일 것이다. 그는 이런 말도 덧붙였다. "당신의 삶은 유한하다. 그러니 다른 사람의 삶을 사느라 인생을 낭비하지 마라."

스티브 잡스는 지난 2011년 10월 세상을 떠났다. 그리고 자신의 양부모가 묻힌 실리콘밸리의 한 작은 사립 추모공원에 잠들었다. 죽음은 분명 두려운 일이다. 하지만 그 죽음이 부여하는 삶의 유한함은 우리가 더 충실한 삶을 살아내야 할 이유가 될 것이다.

345 화

= 세상을 바꾼 과학 사건 =

복제 양 돌리의 탄생

신의 영역에 발을 딛다

1996년 영국 애든버러대학 로즐린연구소의 이언 윌멋(1944~), 키스 캠벨(1954~2012) 박사 연구팀은 그동안 불가능하다고 여겼던 동물의 복제에 성공했다. 최초의 복제 양 돌리가 탄생한 것이다.

동물의 탄생은 생식세포인 난자와 정자가 수정하면서 시작된다. 수정란(배아)은 수일 후 '배아줄기세포'라 불리는 원시세포가 되면서 다양한 종류의 세포들로 분화돼간다. 이 과정을 통해 태아는 몸을 형성해 세상 밖으로 나온다. 그런데 돌리는 완전히 다른 방식으로 태어났다. 이미 분화가 다 끝난 세포, 즉 몸을 구성하는 체세포에서 태어났기 때문이다.

연구팀은 다 자란 암양의 유방에서 젖샘을 구성하는 체세포의 핵을 분리한 후, 다른 암양의 핵을 제거한 난자에 이식해 복제 수정란을 만들고(이를 핵치환기술이라 한다) 전기충격을 가해 세포분열을 일으켰다. 그리고 이를 다른 대리모 암양의 자궁에 이식해 아기 양을 탄생시켰다. 어머니와 DNA가 완전히 동일한 복제된 생물의 등장이었다.

돌리 이후 소를 비롯해 수십 종의 복제 동물을 만드는 데도 성공하며 생명공학은 비약적인 발전을 이뤘다. 하지만 무엇보다도 주목할 만한 성과는 '유도만능줄기세포(iPS cell)'의 발견이다. 줄기세포란 여러 종류의 조직으로 분화할 수 있는 미분화세포를 말하는데, 수정란에서 유래하는 '배아줄기세포'와 우리 몸의 분화된 조직 내에 있으면서 특정 조직으로 분화가 가능한 '성체줄기세포'로 구분된다. 특히 배아줄기세포는 어떤 조직으로든 분화가 가능해 만능줄기세포라고도 부르는데, 유도만능줄기세포는 체세포에 특정한 유전자를 삽입하는 방식으로 체세포의 역분화를 유도해 다시 배아줄기세포처럼 만든 것이다.

이 줄기세포를 이용하면 환자 자신의 체세포를 이용하기 때문에 면역거부반응이 없는 이식용 장기를 생산할 수도 있으며, 그 밖에도 다양한 치료에 활용될 수 있다. 2006년 일본 교토대 야마나카 신야(1962~) 교수는 인간의 피부세포에 특정한 유전자를 도입해 유도만능줄기세포를 만드는 데 처음으로 성공했고, 그 공로로 2012년 노벨생리의학상을 수상했다.

돌리의 탄생은 그동안 신의 영역으로만 생각됐던 생명의 깊숙한 비밀 속으로 우리가 한 걸음 더 다가섰음을 의미했다. 어쩌면 헉슬리의《멋진 신세계》에서처럼 복제된 인간의 대량생산이 조만간 가능해질지도 모른다. 물론 그에 따른 윤리적인 문제는 별도로 하더라도 말이다.

346 수

과학의 생각

암흑물질

우주의 대부분은 보이지 않는다

1933년 스위스 물리학자 프리츠 츠비키(1898~1974)는 수많은 은하들이 모여 있는 은하단의 전체 질량을 2가지 방식으로 계산하고 있었다.

첫 번째는 은하단 내에서 각 은하의 회전속도를 측정하고, 이를 통해 은하단 전체의 질량을 간접적으로 구하는 것이다. 회전하는 물체는 바깥쪽으로 원심력을 받는다. 그런데도 은하들은 바깥으로 이탈하지 않고 안전하게 회전운동을 하고 있다. 그 이유는 원심력을 상쇄할 수 있는 어떤 힘이 작용하기 때문인데, 그 힘의 정체는 바로 각 은하를 붙잡고 있는 은하단 전체의 중력이다.

그렇다면 은하의 회전속도가 빠를수록 (그 이탈을 막기 위해) 중력 또한 더 커야만 한다. 따라서 은하의 회전속도를 측정하면 은하단 전체의 중력을 계산할 수 있고, 이를 이용해 은하단 전체의 질량을 추정할 수 있다. 만유인력의법칙에 따르면, 중력은 거리의 제곱에 반비례하고 질량에는 비례하는 힘이기 때문이다.

두 번째 방식은 은하들의 밝기를 기준으로 질량을 구하는 것이다. 은하를 구성하는 별들은 일반적으로 더 밝을수록 질량이 더 크다. 따라서 은하 전체의 밝기를 측정하면 그 전체 질량을 추정할 수 있고, 이를 더하면 전체 은하단의 질량도 추정이 가능하다.

그런데 놀랍게도 두 방식의 결과값은 큰 차이를 보였다. 츠비키는 이렇게 결론을 내렸다. "은하단에는 눈에 보이는 물질보다 400배나 더 많은, 보이지 않는 물질이 있다." 그는 이 미지의 물질을 암흑물질이라 명명했다. 하지만 그의 이 급진적인 가설을 학계는 수용하지 않았다.

그렇게 한참의 시간이 지난 1960년대 미국 천문학자 베라 루빈(1928~2016)은 동료 켄트 포드(1931~)와 함께 카네기연구소에서 안드로메다은하의 움직임을 관찰하고 있었다. 그런데 예상과는 달리 은하 외곽에 있는 별들의 회전속도가 중심부의 별들과 비슷한 수준이었다. 별들이 집중된 중심부에서 멀어질수록 중력이 줄어드는데도, 그렇게 빠른 속도로 별들이 운동하는 것은 전혀 뜻밖이었다. 그 속도라면 별들은 은하 밖으로 이탈해야 할 정도였다. 그런 이탈을 막는 추가적인 힘이 작용하는 것이 분명했다. 루빈은 그 원인으로 오래전 츠비키가 언급했던 암흑물질의 존재를 떠올렸다. 이후 그녀는 꾸준한 관측을 통해 관련 증거들을 확보했고, 암흑물질이 하나의 이론으로 자리 잡는 데 큰 기여를 한다.

오늘날의 정밀한 관측에 의하면, 이 우주에는 우리가 알고 있는 물질에 비해 5배나 더 많은 암흑물질이 존재한다고 한다. 우주의 대부분은 그야말로 정체를 알 수 없는 암흑인 셈이다.

347 목

과학자의 서재

《빌 게이츠, 기후재앙을 피하는 법》

(빌 게이츠)

과학기술자의 기후재앙 대처법

빌 게이츠(1955~)에 따르면 매년 510억t의 온실가스가 배출된다고 한다. 510억t은 얼마나 많은지 감도 오지 않는 수치인데 '개인이 이를 위해 할 수 있는 일이 있을까?'라는 의문이 들기도 한다. 그래서 그는 분야별로 구체적이고 실현 가능한 수준에서 대안책이 진행돼야 한다고 주장한다. 과학과 기술을 신뢰하는 그가 제시한 대안 몇 가지는 다음과 같다.

① 수소는 화석연료를 대체할 수 있는 친환경 연료전지의 핵심성분이다. 수소는 태양광 발전단지 등에서 일으킨 전기로 만들 수 있으며, 이를 압축가스 형태나 다른 형태로 저장해 연료전지에 넣어 필요할 때마다 사용할 수 있다.

② 전 세계 10억 마리에 달하는 소를 사육하면서 배출되는 메탄가스는 온실효과의 4%를 차지한다. 소의 장내에서 메탄가스 생성을 억제하는 성분을 추가한 합성사료를 사용하거나, 교차교배를 통해 메탄가스를 적게 배출하는 소의 품종으로 개량하는 방식도 있다.

③ 이산화탄소가 대기에 배출되기 전에 빨아들이는 탄소포집저장기술이 있다. 이 기술은 탄소 제로를 달성하는 데 매우 중요한 요소이지만, 현재의 기술로는 너무 많은 에너지가 필요하다. 이산화탄소 흡수력이 뛰어난 신소재 개발 등 앞으로 더 많은 혁신이 요구된다.

④ 인간이 고기를 먹지 않는다면 문제는 간단하지만, 현실적으로는 가능하지 않다. 그 대안으로 식물성 재료로 만든 고기가 있다. 또 이와는 달리 실험실에서 직접 고기를 '기르는' 방법도 있다. '배양육' '세포 기반 고기' '청정 고기' 등으로 불리는데, 살아 있는 동물에서 줄기세포를 추출해 배양한 뒤 근육조직으로 분화하도록 유도하는 것이다.

⑤ 지구공학적인 접근방식들도 있다. 과학자들은 지구로 도달하는 햇빛의 양을 1% 정도 줄인다면 현재의 지구온난화를 완화할 수 있다고 생각한다. 이를 위해 지름이 1/몇백만 cm 정도로 작은 미세한 입자를 대기 상층부에 살포해 햇빛을 분산시킨다. 역사적으로 슈퍼화산이 분출한 후 화산재에 의해 지구의 평균온도가 하강하는 사례들이 있었는데, 그 원리를 이용하는 것이다.

⑥ 구름을 표백하는 것도 햇빛을 차단하는 방법이다. 염수(salt spray)를 구름에 뿌려 더 희게 만들면, 햇빛을 반사시켜 지구를 더 시원해지게 만들 수도 있다. 하지만 이런 지구공학적 방식들은 매우 광범위한 영향을 미치기 때문에, 먼저 전 지구적인 공감대가 형성돼야 할 것이다.

이외에도 더 다양한 방법들이 있으나 어디까지나 과학기술자의 대안일 뿐이다. 여러분은 어떤 실천 가능한 대안을 가지고 있는지 궁금하다.

제임스웹 망원경

태초의 빛을 보다

2022년 1월 25일 제임스웹 우주망원경이 1개월간의 여정 끝에 목표지점에 도착했다. 1990년 발사돼 30년 가까이 활동한 허블망원경을 대체할 차세대 망원경이다. 이 망원경의 주임무는 우주 초기 제1세대 별과 생명체가 있을 외계행성을 찾는 것이며, 이를 위해 다음과 같은 특징을 갖췄다.

첫째, 장착된 반사경은 그 직경이 6.5m에 이른다. 이는 2.4m인 허블망원경의 약 2.7배이며, 면적으로는 대략 7.3배(2.7×2.7)다. 허블에 비해 빛을 모으는 능력, 즉 집광력이 7.3배에 달하는 셈인데, 더 어두운 곳도 선명하게 볼 수 있다는 의미다.

둘째, 허블이 자외선·가시광선·근적외선을 관찰하는 일종의 다목적 망원경인데 비해, 제임스웹은 적외선에 특화됐다. 이는 초기 우주의 모습을 관찰하는 데 적합하기 때문이다. 우주는 팽창 중이다. 공간이 팽창하면 그 공간을 가로지르는 빛 또한 파장이 길어진다. 가시광선인 빛이 점차 파장이 긴 적외선으로 변화되는 것이다. 제일 처음 생성된 제1세대 별이나 은하에서 방출된 빛은 지금은 거의 적외선으로 변했다. 한편 적외선은 파장이 길어 먼지와 같은 방해물을 잘 타고 넘는다. 가시광선으로는 뿌옇게 보이는 곳도 적외선으로는 더 선명하게 볼 수 있다. 게다가 생명이 존재할 만한 행성은 지구처럼 온도가 높지 않을 텐데, 그러면 가시광선보다는 적외선을 더 많이 방출하게 된다. 이 적외선을 분석하면 대기의 조성을 알 수 있고, 그를 통해 생명의 존재 가능성을 판단할 수 있다.

셋째, 허블은 지구로부터 약 600km 떨어져 있지만, 제임스웹 망원경은 그 거리가 무려 150만km다. 지구에서 방출되는 적외선으로 인한 방해를 줄이려는 목적도 있지만, 또 하나의 이유가 더 있다. 그 위치가 이른바 '라그랑주점'이라 불리는 곳으로서, 태양을 중심으로 공전하는 물체의 원심력이 태양과 지구의 중력과 상쇄되면서 물체가 안정적으로 고정될 수 있기 때문이다.* 또한 지구가 태양빛을 가려주는 위치이고, 망원경이 태양과 지구를 등지고 그 반대쪽을 향하고 있어서 더 정밀한 관측이 가능하다.

2022년 7월 11일 이례적으로 백악관에서 제임스웹의 첫 사진이 공개됐다. 130억 년 전 은하들의 모습이었는데, 바이든 대통령은 이날을 '과학기술과 인류 전체를 위한 우주탐사에 있어 역사적인 순간'이라 평가했다.

---

* 라그랑주점은 모두 5곳(L_1~L_5)이 있으며, 그중에서 제임스웹 망원경은 태양과 지구를 연결한 가상의 직선에서 지구 바깥쪽에 있는 지점(L_2)에 위치한다.

349 토

과학자의 주방

라면이 꼬불꼬불한 이유

안전하게 보관하고 빨리 익힌다

인스턴트 라면의 면은 일반적으로 유탕면이다. 기름에 넣고 튀긴 면이란 뜻인데, 밀가루 반죽으로 만들어 바로 사용하는 생면이나 건조시켜 사용하는 건면에 비해 몇 가지 장점이 있다.

첫째, 기름을 사용해 튀겼기 때문에 열량이 높아진다. 물론 다이어트에는 큰 걸림돌이 될 수도 있다. 둘째, 이미 조리가 완료된 상태이기 때문에 2차 조리를 신속하게 끝낼 수 있다. 보통 건면을 사용하면 익히는 데 10분 이상이 소요되지만, 인스턴트 라면의 경우 대략 3분 정도면 조리를 끝낼 수 있다.

마지막 세 번째 장점은 면의 표면에 무수히 많은 다공질이 형성된다는 점이다. 밀가루 반죽에 포함된 수분이 고온으로 튀기는 과정에서 수증기가 돼 빠져나가는데, 액체상태에서 기체상태가 되면 대략 1700배 정도로 부피가 팽창한다. 따라서 면의 겉면과 내부에 수분이 있던 공간은 전보다 훨씬 더 커진 (그러나 여전히 우리 눈에는 아주 작게 보인다) 구멍들이 형성된다.

이 구멍들은 크게 2가지 역할을 하는데, 먼저 조리과정에서 뜨거운 물을 흡수해 면을 더 빨리 익게 만든다. 그리고 또 하나의 역할은 이른바 '면치기'와 관련이 있다. 면을 후루룩 빨아들이면 더 맛있게 느껴지는 것은 그 과정에서 국물이 함께 들어오기 때문인데, 유탕면의 다공질 구조는 면이 국물을 잘 붙잡을 수 있도록 도움을 준다.

그런데 여기서 궁금증이 하나 생긴다. 왜 유탕면의 면은 꼬불꼬불한 형태를 하고 있는 것일까? 건면처럼 길쭉한 형태로 튀기면 안 되는 것일까? 여기에는 2가지 이유가 있다.

첫째, 보관의 편리성 때문이다. 종이로 둘둘 말아놓은 건면을 다루어본 사람들은 알겠지만, 기다란 면은 잘 부서진다. 길이 방향으로는 단단할지 몰라도 측면으로 작용하는 힘에는 약하기 때문이다. 1차원 형태의 한계인 셈이다. 이에 반해 꼬불꼬불하게 쌓아놓은 면은 3차원 구조를 갖기 때문에, 모든 방향의 힘에 대해 안정성을 지닌다. 유통과정에서 제품의 손상을 최소화할 수 있는 장점이 있는 것이다.

두 번째 이유는 유탕면의 장점으로 계속 강조돼온 조리시간의 단축이다. 유탕면 자체가 이미 빠른 조리에 유리한 특성이 있지만, 이 면을 3차원 구조로 만들어놓으면 그 특성을 더 강화할 수 있다. 꼬불꼬불한 면들 사이로 뜨거운 물이 순환하면서, 면을 빠르면서도 고르게 익히기 때문이다.

〈아일랜드〉(2005)

인간 복제를 언제까지 금지할 수 있을까?

영화 속 지구는 생태학적인 재앙에 의해 대부분 황폐화됐고, 살아남은 소수의 사람들은 격리시설에 모여 살아가고 있다. 그런데 이곳은 그야말로 유토피아다. 물질적으로 풍요로워 더 이상 노동을 할 필요도 없고, 첨단기술로 매일같이 철저하게 건강관리도 받는다. 하지만 그렇더라도 좁은 시설에 오래 갇혀 있다보면, 결국에는 답답함을 느낄 수밖에 없을 것이다.

다행히도 이들이 시설을 벗어날 기회는 있다. 지구상에서 유일하게 인간의 거주가 가능한 '아일랜드'란 곳이 존재하기 때문이다. 하지만 이곳에는 선택된 소수만 이주할 수 있다. 그래서 주기적으로 추첨이 이루어진다. 아일랜드로 갈 '행운의' 사람들을 선발하는 행사인데, 어찌 보면 무료할 수 있는 시설에서의 생활에 큰 활력소가 되고 있다.

주인공 '링컨'은 어느 날부터 자꾸 악몽에 시달린다. 분명 자신의 경험은 아니지만 너무나도 생생한 꿈을 반복적으로 꾸는 것이다. 점차 자신과 이곳 시설에 대한 의문이 들기 시작한 링컨은 금지된 구역에 몰래 들어가보는데, 그곳에서 깜짝 놀랄 만한 광경을 목격하고 만다. 얼마 전 추첨으로 뽑힌 행운의 남자가 장기를 적출당하는 수술을 받고 있었던 것이다.

사실 이곳 사람들은 모두 복제 인간이었다. 진짜 인간의 장기를 복제할 목적으로 만들어진 존재였고, 장기가 필요하면 적출한 후 폐기될 운명이었던 것이다. 지구의 오염, 유토피아 같은 피난처, 아일랜드까지 모두가 다 허구였다. 링컨은 또 다른 복제 인간인 '조던'과 시설을 탈출해 자신의 원형이 됐던 인간을 찾아 나선다.

1996년 영국에서 복제 양 돌리가 태어났다. 다 자란 암양의 체세포의 핵을 다른 양의 난자의 핵과 치환해 복제 수정란을 만들고 전기충격을 가해 세포분열을 일으킨 후, 이를 또 다른 대리모 양의 자궁에 이식하는 방식이었다. 이전까지 수정란을 인공적으로 쪼개어 인위적으로 쌍둥이를 만드는 시도가 성공한 바 있으나, 다 자란 성체를 복제한 것은 이때가 처음이었다. 아직까지는 성공률도 낮고, 수명 단축 등 해결해야 할 문제도 많지만, 조만간 인간 복제도 현실이 될 가능성이 높다.

현재는 윤리적인 문제를 들어 대부분 국가가 인간 복제를 법으로 금지하고 있다. 하지만 기술의 발전을 언제까지 법으로만 막을 수 있을까? 〈아일랜드〉는 복제 인간이 출현했을 때 어떤 디스토피아가 펼쳐질 수 있는지 우리에게 보여준다. 인간 복제의 윤리적 문제에 대한 진지한 고민이 필요한 시점이다.

351 월

과학자의 말

빌 게이츠

세상은 불공평하다. 거기에 익숙해져라

1975년 어느 날 하버드 법대에 다니고 있던 빌 게이츠를 친구 폴 앨런(1953~2018)이 찾아온다. 그의 손에는 얼마 전 MITS에서 출시한 개인용 컴퓨터 알테어 8800의 광고 전단지가 들려 있었다. 당시는 최초의 개인용 컴퓨터인 켄백-1이 1971년 출시되고, 알테어 8800이 상업적으로 성공하면서 개인용 컴퓨터의 개념이 움트던 시기였다. 그날 이후 둘은 의기투합해 프로그래머가 작성한 언어를 컴퓨터의 기계어로 변환시켜주는 프로그램을 완성한다. 그리고 MITS의 허락을 받아 이를 '알테어 베이직'이란 이름으로 판매했고, 이후 마이크로소프트를 창업하게 된다. 마이크로소프트는 개인용 컴퓨터를 의미하는 '마이크로컴퓨터'와 그것의 작동에 필요한 '소프트웨어'의 합성어였다.

그런데 얼마 지나지 않아 천재일우의 기회가 찾아온다. 1980년 어느 날 거대 컴퓨터기업인 IBM이 자사의 컴퓨터 운영체제 개발을 의뢰해온 것이다. 그렇게 해서 탄생한 것이 바로 '엠에스-도스'다. 그런데 빌 게이츠는 당시로서는 매우 파격적인 방식으로 IBM과 계약을 체결한다. 소프트웨어의 저작권을 일괄적으로 넘기지 않고, 판매량에 따라 일정 비율의 로열티를 받기로 한 것이다. 소프트웨어를 단지 컴퓨터의 한 구성품 정도로만 인식한 IBM은 큰 실수를 했고, 마이크로소프트는 반대로 큰 기회를 잡았다. 이후 개인용 컴퓨터가 급격하게 확산하면서 마이크로소프트는 급성장한다.

하지만 마이크로소프트를 상징하는 소프트웨어는 누가 뭐래도 윈도 시리즈다. 컴퓨터 구동을 위해 프로그램 언어를 직접 입력하는 방식이 아니라, 오늘날처럼 화면의 그래픽 인터페이스를 통한 직관적인 방식의 운영체제인 윈도는 1985년 처음 출시됐다. 그런데 그보다 2년 앞선 회사가 있었으니 바로 애플이었다. 애플과 마이크로소프트는 이 문제를 두고 저작권 소송을 벌이기도 했다.

이 과정에서 빌 게이츠는 이렇게 비아냥거렸다고 한다. "우리 둘에겐 제록스란 부유한 이웃이 있었어. 나는 텔레비전을 훔치려고 그 집에 들어갔다가, 당신이 먼저 훔쳤다는 것을 발견했을 뿐이야." 애플 또한 제록스에서 그래픽 인터페이스에 대한 아이디어를 훔쳤다는 사실을 언급한 것이었다.

한발 늦기는 했지만 윈도는 훨씬 더 빠르게 시장을 점유해나갔다. 애플이 자사 제품에서만 작동하는 '명품'을 추구했다면, 빌 게이츠는 호환성이 높고 저렴한 운영체제를 공급한다는 자신만의 전략을 펼쳤다. 그는 이런 말도 남겼다. "세상은 불공평하다. 거기에 익숙해져라." 그의 이런 현실주의적인 자세가 오늘날의 마이크로소프트를 만들었다.

352 화

= 세상을 바꾼 과학 사건 =

점점 더 빨리 팽창하는 우주(1998)

무언가 우주를 계속 팽창시킨다?

1929년 허블은 팽창하는 우주의 직접적인 증거를 발견했다. 이전만 해도 우주는 팽창도 수축도 하지 않으면서 현재 상태 그대로 머물러 있다는 '정적우주론'이 주류였지만, 우주를 바라보는 관점에 큰 변화가 생긴 것이다. 그런데 또 한 번의 놀라운 발견이 우리를 기다리고 있었다.

1998년 미국 솔 펄머터(1959~) 연구팀과 호주 브라이언 슈밋(1967~) 연구팀은 각각 독립적으로 우리 우주가 가속 팽창하고 있다는 관측 결과를 발표했다. 멀리 떨어진 은하의 거리를 측정하자, 예상했던 값보다 더 크게 나온 것이다. 이는 우주의 팽창속도가 점점 더 빨라졌음을 암시한다. 솔 펄머터, 브라이언 슈밋, 그리고 슈밋 연구팀의 일원인 애덤 리스(1969~)는 그 공로로 2011년 노벨물리학상을 수상했다.

이전까지만 해도 우주가 팽창하기는 하지만, 우주에 존재하는 물질들의 중력 때문에 결국 그 팽창속도가 느려질 것으로 예측했다. 질량이 있는 물질들 사이에는 서로 끌어당기는 중력이 작용하는데, 이 중력이 우주가 팽창하는 힘에 대한 일종의 저항력으로 작용하리라 생각했기 때문이다. 하지만 관측 결과는 전혀 다른 진실을 보여주었다.

연구 결과에 따르면 태초에 무의 세계에서 급격한 팽창(인플레이션)으로 시작된 우주는 이후 일정한 속도로 팽창하다가, 약 70억 년 전쯤부터 그 속도가 갑자기 빨라지기 시작했다. 그런데 무엇 때문에 속도가 갑자기 빨라진 것일까?

그 원인으로 지목되는 것이 바로 '암흑에너지'다. 암흑이란 말이 붙은 것은 그 정체를 알 수 없기 때문이다. 적어도 현재 우리의 기술로는 그렇다. 암흑에너지는 기존에 우리가 알고 있던 물질, 그리고 에너지와는 그 성질이 확연히 다르다. 보통의 물질과 에너지는 앞서 말한 것처럼 서로 끌어당기는 중력이 작용하지만, 암흑에너지는 그와는 정반대로 공간을 밀어내는 척력을 만든다.

우주를 구성하는 모든 물질과 에너지 가운데 암흑에너지가 차지하는 비중은 73%에 이른다고 한다. 그야말로 우주의 대부분을 우리는 잘 알지 못하는 것이다. 우주의 팽창속도가 점점 더 빨라진다는 사실도 놀랍지만, 그보다 우리의 무지가 더 놀랍다. 과학의 새로운 발견은 우리의 어깨를 으쓱하게도 하지만, 또 한편으론 우리를 더 겸손하게 만드는 것 같다.

암흑에너지

무언가 공간을 팽창시키는 힘이 있다

우리 우주는 보통의 물질에 비해 5배 정도 더 많은 암흑물질이 있다. 따라서 우리가 눈으로 보는 것보다 우주는 훨씬 더 무겁다. 그렇다면 우리 우주의 미래는 암흑물질의 정확한 양에 의해 좌우된다고 해도 과언이 아닐 것이다. 우주에 물질이 많으면 많을수록, 중력에 의해 수축하려는 경향 또한 강해지기 때문이다.

암흑물질의 양이 우주가 팽창하는 힘을 억제할 만큼 많지는 않다면, 우주는 지금처럼 계속해서 팽창할 것이다. 하지만 그 양이 우주의 팽창을 억제할 수 있을 정도로 충분하다면, 우리 우주는 언젠가 다시 수축하게 될지도 모른다. 초기 빅뱅우주로 돌아가는 것인데, 이런 상황을 '빅크런치'라 부르기도 한다.

다행히도 지금까지 계산한 결과에 따르면, 암흑물질의 양이 우주의 팽창을 억제할 수 있을 정도는 아니라고 한다. 따라서 우주는 앞으로도 계속 팽창하리라 보는 견해가 지배적이다. 한편 우주가 다시 수축하지는 않겠지만, 물질들 사이에 작용하는 중력으로 인해 우주가 팽창하는 속도가 점차 줄어들 거라 예상할 수 있다. 중력이 일종의 저항력으로 작용하는 셈이다. 그런데 전혀 뜻밖의 사실이 밝혀졌다. 놀랍게도 우리 우주가 점점 더 빨리 팽창하고 있는 것이다! 1998년 미국 솔 펄머터 연구팀과 호주 브라이언 슈밋 연구팀은 우리 우주가 가속 팽창한다는 사실을 발표했다. 이에 따르면 대략 70억 년 전쯤 우주의 팽창이 가속화되기 시작했는데, 현재는 약 15% 정도 그 속도가 빨라졌다고 한다.

우주라는 공간에 보통 물질과 암흑물질만이 존재한다면 결코 일어날 수 없는 일이다. 분명 우리가 알지 못하는 또 다른 어떤 존재가 공간을 팽창시킨다고밖에 생각할 수 없는데, 과학자들은 이와 같은 미지의 존재를 '암흑에너지'라 부른다. 암흑물질처럼 관측이 불가능하니 이런 명칭이 붙었는데, 이 미지의 에너지는 (중력이 작용하는) 보통의 물질이나 에너지와는 달리 공간을 팽창시키는 척력이 작용한다. 앞서 94일에서도 설명했던 빈 공간에서의 음의 에너지 또한 이 암흑에너지의 후보 가운데 하나다.

아마도 처음 급팽창(인플레이션)한 직후에는 아직 물질의 밀도가 높아, 팽창속도가 줄어들었을 것이다. 하지만 공간이 계속 팽창하면서 물질의 밀도가 점차 낮아지자 공간을 채우고 있는 암흑에너지에 의해 팽창속도는 다시 빨라지게 되었을 것이라 추정된다. 현재까지의 정밀한 관측에 의하면 우주에는 보통 물질이 4%, 암흑물질이 23%, 암흑에너지가 73%라고 한다.

《1984》(조지 오웰)

빅 브라더가 실제로 등장할까?

신용카드는 오늘날 주요한 지불수단 가운데 하나다. 일부 국가에서는 스마트폰을 이용한 더 간편한 결제방식이 보편화되고 있다. 바야흐로 현금이 필요 없는 사회로의 전환이 빠르게 일어나고 있는 것이다. 하지만 그런 과정이 쉽게 이루어진 것만은 아니다. 특히 개인의 프라이버시를 중요하게 생각하는 유럽의 경우, 신용카드의 도입에도 꽤 오랜 시간이 걸렸다. 전자결제는 필연적으로 개인의 정보를 제3자에게 제공하는 과정이 필요하기 때문이다. 가장 보수적인 독일의 경우 2018년이 돼서야 신용카드 결제율이 현금을 앞서기 시작했다.

독일인들이 이처럼 개인정보 노출에 민감한 이유는 그들의 아픈 역사에서 찾을 수 있다. 히틀러의 나치스와 동독의 공산정권에 의해 강압적인 통치를 받은 기억이 있기 때문이다. 이들 전체주의 권력은 개인의 프라이버시를 무시했고, 마구잡이로 수집한 정보를 활용해 개인들을 통제하고 권력을 유지했다. 참고로 프라이버시는 '사람의 눈을 피한다'는 뜻의 라틴어 'privatue'에서 유래했다.

《1984》의 가상국가 오세아니아의 사정도 이와 비슷하다. 영국사회주의당이 지배하고 있는 오세아니아의 최고 권력자는 빅 브라더(big brother)라 불리는 수수께끼의 인물이다. 거리 곳곳에 붙어 있는 '빅 브라더는 모든 것을 지켜보고 있다'라는 포스터의 글귀처럼, 그는 국민 개개인의 정보를 수집해 일상생활을 통제한다. 이를 위해 가정마다 '텔레스크린'이란 장치가 의무적으로 설치돼 있는데, 오늘날의 텔레비전과 비슷한 외형이지만 정보를 전달하는 기능 이외에 정보를 수집하는 기능도 갖추고 있다. 일종의 CCTV이기도 한 것이다.

주인공 '윈스턴'은 '진리부(Ministry of Truth)'에 근무하면서 당을 위한 선전물을 작성하고 배포하는 일을 한다. 그와 동시에 전체주의에 반감을 가지고 체제 전복을 시도하는 집단에 동조하는데, 결국 모진 고문과 세뇌 끝에 다시 체제에 순응하게 된다.

이 소설은 소련의 모습을 풍자했다고 알려져 있다. 하지만 왠지 오늘날과 같은 인터넷과 빅데이터 시대의 또 다른 단면인 듯한 인상을 지울 수 없다. 물론 아직까지 모든 정보를 관장하는 빅 브라더가 등장한 것은 아니지만, 미래에도 계속 그럴지는 의문이다.

m-RNA 백신

바이러스와 싸우는 인류의 신무기

인류는 문명이 탄생했을 때부터 바이러스와의 전쟁을 치러왔다. 최근 들어서는 그 규모가 점차 커지고 있는데, 14세기경 유럽을 중심으로 유행한 흑사병은 세계적으로 1억 명 이상의 목숨을 앗아갔다. 그리고 20세기 초 발병한 스페인독감은 최대 5000만 명 이상의 사망자를 냈다. 당시 한창 진행되던 제1차세계대전보다도 더 큰 희생이었다. 2023년 현재의 상황도 크게 다르진 않다. 의료기술의 발달로 사망률은 낮아졌지만, 사회경제적인 피해는 그야말로 막대하다.

하지만 다행히도 우리에게는 방어용 무기가 하나 있다. 그것은 바로 백신이다. 우리 몸이 바이러스에 대해 면역을 갖도록 하는 것인데, 현대적인 의미의 백신은 1880년 루이 파스퇴르가 처음 만들었다. 닭 콜레라를 예방하기 위한 백신이 바로 그 시초다. 백신은 인공적인 면역을 주기 위해 생체에 투여하는 '항원'의 하나로, 살아 있는 균에 조작을 가해 독소를 약화시키거나 균을 죽게 해 만든 주사약을 의미한다.

외부물질에 해당하는 항원이 생체 내로 들어오면 우리 몸은 이를 억제하는 물질인 '항체'를 만들어낸다. 그런데 이런 반응은 일시적이지 않고 몸에 기억돼, 다음 공격 시에 더 빨리 대응할 수 있게 된다. 이를 '항원항체반응'이라 하는데, 기존 백신은 이 반응을 일으키기 위해 병의 원인인 바이러스를 직접 이용했다.

그런데 최근 코로나19 사태를 계기로 등장한 새로운 백신은 기존 백신과는 전혀 다른 작동방식을 갖는다. 이 백신의 이름은 'm-RNA 백신'이다. '전령(messenger) RNA'라고도 불리는 이 물질은 유전정보를 담고 있는 DNA에서 정보를 복사해, 이를 세포 내에 있는 리보솜이란 기관으로 전달하는 역할을 한다. 리보솜에서는 그 정보를 이용해 생체활동에 필요한 단백질을 합성한다.

m-RNA 백신은 이처럼 단백질 합성에 관한 정보를 저장할 수 있는 m-RNA의 능력을 이용한다. 그리고 그 정보는 코로나19 바이러스 표면에 있는 울퉁불퉁한 단백질, 즉 스파이크 단백질의 일부 조각에 관한 정보다. 이 정보를 담아 인공적으로 합성한 m-RNA가 체내에 투입되면 일부 세포가 그 정보를 이용해 스스로 스파이크 단백질 조각(항원)을 만들고, 이 조각이 체내의 항원항체반응을 일으켜 우리 신체는 면역을 얻게 된다.

m-RNA 백신의 최대 장점은 신속함이다. 병원체의 유전정보만 알면 기존에 만들어놓은 m-RNA 플랫폼에 그 정보를 반영해 신속하게 생산이 가능하기 때문이다. 이 때문에 새로운 바이러스 변이에도 빠르게 대처할 수 있었다.

육식의 종말?

대체육과 배양육 이야기

제러미 리프킨의 저서《육식의 종말》은 우리가 단순히 맛있는 고급 식재료로만 알고 있었던 소고기의 숨겨진 비밀들을 자세히 풀어놓는다. 소와 인간이 어떻게 오늘날과 같은 관계를 형성하게 됐는지에 관한 역사 이야기부터 시작해, 현대식 산업화된 사육방식의 여러 문제들 또한 다룬다. 사료를 재배하느라 정작 곡물 생산량은 줄어들어, 특히 저소득 국가가 큰 타격을 입었다. 그리고 소의 사육은 사막화의 확산·열대우림의 파괴·담수 고갈·메탄 등 지구온난화 가스 방출의 직접적인 원인이기도 하다.

WHO에 따르면 매해 전 세계 고기 소비량은 대략 3억t 이상이며, 인구증가와 개발도상국의 식습관 변화에 따라 향후 40년간 그 소비량은 2배로 늘어나리라 예상한다. 앞서 리프킨이 주장했던 문제들이 더욱 심각해질 수밖에 없는 것이다. 그렇다면 이를 해결하기 위해서는 육식을 멈추거나 줄이는 방법밖에는 없는 것일까? 다행히도 이를 위한 2가지 대안이 존재한다.

첫 번째 대안은 식물성 재료를 사용해 진짜 고기와 유사하게 만든 인공고기인 '대체육'이다. 주로 콩이나 밀가루의 단백질을 사용하는데, 문제는 아무래도 맛과 식감이 조금 아쉬울 수밖에 없다는 점이다. 그래서 지금까지는 주로 채식주의자들 위주로 소비해왔다. 하지만 최근 이런 단점을 극복한 식품들이 속속 등장하고 있는데, 대표적으로 지난 2011년 창업한 임파서블푸드의 대체육을 들 수 있다.

산소를 운반하는 단백질로도 유명한 헤모글로빈은 콩과식물의 뿌리에 공생하는 뿌리혹박테리아에도 많다. 임파서블푸드는 여기서 관련 유전자를 추출한 다음 맥주 효모의 DNA에 삽입했다. 그리고 그 효모를 배양해 헤모글로빈을 대량으로 생산하고, 이것을 이용해 대체육을 만들었다. 이 식품은 실제 고기처럼 육즙이 흐르고, 고기와 비슷한 맛을 구현했다고 평가받는다.

클린미트라고도 불리는 '배양육'도 하나의 대안이 된다. 동물의 세포를 배양해 진짜 고기를 만드는 기술인데, 동물복지, 환경오염 등의 문제가 발생하지 않으면서도 진짜 고기의 맛과 식감을 그대로 살릴 수 있다는 장점이 있다. 2013년 네덜란드 기업 모사미트는 세계 최초로 소의 세포를 이용한 배양육 개발에 성공했다. 세포 하나로 약 1만kg의 고기를 생산할 수 있다고 하는데, 소 150마리면 전 세계 수요를 모두 충족시킬 수 있다. 하지만 문제는 가격이다. 처음 만들어진 소고기 패티 한 장은 그 가격이 무려 3억 2000만 원이었다고 한다. 물론 기술의 발전에 따라 가격은 점차 내려가리라 예상된다.

〈가타카〉(1997)

나는 돌아갈 여지를 남기지 않았다

'제롬 모로우'는 '가타카'라는 회사에 소속된 우주비행사다. 뛰어난 신체 조건을 갖춘 우주비행사들 가운데서도 단연 돋보이는 존재다. 그도 그럴 것이 그는 가장 우수한 유전자만을 갖고 태어났기 때문이다. 그런데 사실 제롬 모로우의 진짜 이름은 '빈센트'다.

빈센트는 어릴 때부터 우주비행사를 꿈꿨지만 자신의 유전자로는 그럴 수가 없었다. 영화 속 미래 세상에서는 유전자에 따라 직업과 신분이 결정된다. 유전자를 분석하면 개인의 능력을 포함한 거의 모든 것을 예측할 수 있기 때문이다. 그래서 자연수정이 아닌 유전자 조작을 통한 인공수정방식으로 출생하는 아이가 점차 늘어나고 있다. 반면 빈센트는 자연수정으로 태어났고, 유전적 결함으로 고도근시에 예상수명도 31세에 불과하다.

하지만 그는 꿈을 포기하고 싶지 않았다. 그래서 브로커를 통해 우수한 유전자를 지녔으나 불의의 사고로 하반신마비가 된 제롬 모로우의 인생을 대신 살게 된 것이다. 주기적으로 진짜 제롬이 제공해주는 머리카락, 소변 등 생체조직으로 회사에서 불시에 실시하는 유전자 검사도 잘 피해갈 수 있었다.

그러던 그에게 큰 위기가 닥친다. 자신의 동생이자 형사인 '안톤'이 회사 내에서 벌어진 다른 범죄를 수사하기 위해 가타카를 방문한 것이다. 안톤은 제롬의 정체를 의심하게 되고, 빈센트는 마침내 안톤에게 비밀을 털어놓는다. 그리고 안톤에게 어릴 적 했던 수영시합을 다시 해보자고 제안한다.

폭풍이 몰아치는 바다에서 안톤은 이내 시합을 포기하고 돌아가려다 익사할 위기에 빠진다. 빈센트는 그런 그를 구조해 물 밖으로 데리고 나온다. 어릴 적 시합에서도 빈센트는 안톤을 이긴 적이 있다. 사실 안톤은 빈센트와는 달리 유전자조작을 통해 우수한 유전자를 갖고 태어났다. 선천적으로 우월한 안톤을 빈센트는 2번이나 이긴 것이다. 그는 안톤에게 자신이 이길 수 있었던 비결을 말한다. "나는 돌아갈 여지를 남기지 않았다."

빈센트는 우월한 유전자를 갖지 못했지만, 강한 의지와 정신력으로 자신의 결점을 극복했다. 그리고 마침내 우주로 나아가는 꿈도 이룬다. 이 영화가 상영되던 1990년대는 인간 게놈 프로젝트가 한창 추진되고 있었다. 그래서 유전자에 관심과 기대가 그 어느 때보다 높았다. 하지만 그와 함께 이런 고민도 생겨났다. '인간의 가치가 유전자로만 평가될 것인가?' 빈센트는 이런 이야기를 우리에게 전한다. '유전자뿐 아니라 우리의 정신적 가치 또한 인간을 정의하는 또 다른 중요한 요인이다.'

358 월

과학자의 말

커털린 커리코(1955~)

실험실에 있을 때면 항상 행복했습니다

2019년 말 전 세계를 강타한 코로나19 사태는 많은 분야의 활동들을 마비시켰다. 하지만 모든 것이 다 그렇지만은 않았다. 일부 산업은 뜻밖의 호황을 맞기도 했는데, 대표적인 것이 의약산업, 그중에서도 백신산업이었다. 각국이 경쟁적으로 백신을 개발하고 확보하기 위해 나서다보니 백신을 개발할 역량이 있는 회사로 막대한 자금이 몰려들었다. 그중에서도 대표적인 회사가 모더나, 화이자, 바이오엔테크였다. (화이자는 바이오엔테크와 공동으로 백신을 개발했다.) 그런데 이들 세 회사는 기존의 제약사들과는 뚜렷하게 다른 특징이 있다. 그것은 바로 'm-RNA 백신'이라는 전혀 새로운 타입의 백신을 개발하고 있다는 점이다. 혜성처럼 등장한 이 m-RNA 백신은 사실 오랜 인고의 시간을 거쳐 탄생했다. 이 백신의 어머니라 불릴 수 있는 과학자 커털린 커리코(1955~)의 인생 또한 그러했다.

커털린 커리코는 헝가리 출신의 과학자다. 그녀가 처음 m-RNA에 관심을 갖게 된 계기는 1976년 대학에서 이에 관한 강의를 들은 것이었다고 한다. 이후 커리코 박사는 보다 더 좋은 환경에서 연구하기 위해 가족과 함께 미국으로의 이주를 결심하지만, 현실은 장밋빛이 아니었다. 펜실베이니아대 재직 시절 연구 성과를 제대로 내지 못해 연구비 지원이 중단되고 교수직을 박탈당하기도 했다. 게다가 암이 발병하면서 고통을 겪기도 했다. 하지만 그녀는 결코 연구를 포기하지 않았다.

다행히도 같은 대학의 면역학자 드루 와이스먼(1959~)과의 공동연구는 그녀에게 큰 힘이 되었다. 이들은 2005년 m-RNA 백신의 원천기술을 개발하는 데 성공하고, 펜실베이니아대는 이를 특허출원한다. 외부의 m-RNA가 주입되면 인체의 면역체계에 의해 파괴되는데, 이를 억제하는 방법을 고안한 것이다.

2010년 설립된 신생기업 모더나와 독일의 이름 없는 회사에 불과하던 바이오엔테크는 이 출원된 기술을 토대로 본격적인 m-RNA 백신 개발에 나선다. 그리고 커리코는 2013년 바이오엔테크에 합류한다. 하지만 문제는 추가로 필요한 막대한 자금을 지원받기가 쉽지 않았다는 점이다. 당시만 해도 이미 잘 작동하는 기존 백신이 있는데, 굳이 새로운 백신을 개발할 필요를 느끼지 못한 것이다. 그런데 코로나19는 뜻하지 않게도 그녀와 두 작은 회사에 큰 기회가 됐다. 갑자기 막대한 자금이 쏟아져 들어왔고 인체를 대상으로 임상시험도 충분히 진행할 수 있었다.

한 인터뷰에서 커리코 박사는 이렇게 말했다. "사람들은 제 인생을 싸움과 고난으로 묘사하곤 합니다. 하지만 저는 항상 행복했습니다. 실험실에 있을 때면 항상 행복했습니다."

재활용 로켓의 등장(2015)

우주여행의 대중화를 앞당기다

2022년 8월 5일 한국 최초의 달궤도 탐사선 '다누리호'가 미국 플로리다주 케이프커내버럴 기지에서 성공적으로 발사됐다. 우리가 당당히 세계 7번째 달 탐사국의 반열에 오른 감격적인 순간이었다. 그런데 그날 세간의 관심을 끌었던 것은 비단 다누리호만은 아니었다. 주인공 못지않은 존재감을 뽐낸 신스틸러는 다름 아닌 팰컨9 로켓이었다.

높이 70m에 달하는 이 로켓은 2단으로 구성돼 있으며, 강력한 힘을 내는 1단에는 모두 9개의 엔진이 장착돼 있다. 이렇게만 설명한다면 다른 경쟁 로켓들과 별 차별성이 없어 보인다. 하지만 이 로켓의 진정한 가치는 재활용기술에 있다. 우주로 발사체를 나른 후 1단 로켓은 자동으로 지구로 귀환하는데, 이 로켓을 이후 여러 번 재활용할 수 있는 것이다.

팰컨9 로켓을 만들고 운용하는 곳은 '스페이스X'로, 전기자동차를 생산하는 테슬라의 CEO이기도 한 일론 머스크가 세운 회사다. 인류가 머지않아 우주로 진출해 다행성(多行星) 종족이 돼야 한다고 믿는 그는 우주여행의 비용을 획기적으로 낮추고자 했다. 그 과정에서 나온 아이디어가 바로 로켓 재활용이었다.

하지만 말처럼 그리 쉽지는 않았다. 임무를 마친 로켓을 제어하면서 정확한 위치에 다시 착륙시키는 일은 매우 고난도의 작업이었다. 어떤 사람들은 이를 '과학이라기보다는 예술에 가깝다'고 표현하기도 했다. 머스크는 수많은 시도와 실패를 경험하고 회사는 파산의 위기에 처하기도 했다. 하지만 2015년 12월 22일, 마침내 로켓 귀환에 성공했다. 앞선 21번의 실패 끝에 거둔 성과였다. 이듬해 4월 8일에는 해상에 띄워둔 바지선에 착륙하는 데도 성공하며 기술개발의 완료를 알렸다.

현재 팰컨9 로켓은 별도의 보수작업 없이도 최대 10회까지 발사가 가능하다고 한다. 다누리호를 실어 날은 로켓은 이번까지 포함해 6번 비행했다고 하니, 앞으로도 4번은 더 사용할 수 있는 것이다. 그렇다면 재활용을 통한 비용 절감은 어느 정도일까?

투자은행 모건스탠리의 분석에 따르면 1kg의 물체를 우주로 쏘아 올리는 비용이 1981년에는 8만 5216달러였지만, 2020년을 기준으로 거의 1/100 수준인 951달러까지 급격하게 줄었다고 한다. 이런 저비용 구조 때문에 스페이스X는 지구 저궤도에 위성 4만 개 이상을 띄우는 '스타링크' 사업을 벌이고 있다. 물론 우리의 달 탐사 계획도 그 혜택을 톡톡히 보았다.

360 수

과학의 생각

인류원리

우리는 주인공이 아니라 단지 조연일 뿐

《은하수를 여행하는 히치하이커를 위한 안내서》의 저자 더글러스 애덤스는 생전에 작은 물웅덩이에 대한 이야기를 했다고 한다. 흔히 '물웅덩이 우화'라 알려진 것인데 그 내용은 다음과 같다.

어느 날 작은 물웅덩이 하나가 잠에서 깨어났다. 잠시 주위를 둘러보던 그는 이렇게 감탄한다. "아! 어쩌면 이리도 내 몸에 딱 맞는 웅덩이가 생겼을까? 누군가 나를 위해 미리 이 웅덩이를 준비한 것이 틀림없어." 그런데 잠시 후 뜨거운 태양빛이 내리쬐기 시작한다. 그는 자신의 몸이 점차 증발하고 있음을 알아챘지만, 그다지 걱정하지 않는다. "모든 것이 나를 위해 준비된 곳이니 다 잘될 거야." 하지만 물웅덩이는 결국 자신이 사라지는 순간 깜짝 놀라고 만다.

이 우주를 보고 있노라면, 우리 또한 물웅덩이와 같은 생각에 빠지기 쉽다. 우리의 존재를 위해 모든 조건들이 미세하게 조정된 듯한 느낌을 받기 때문이다. 예를 들어 우리 지구는 태양을 기준으로 너무 멀지도 너무 가깝지도 않은 위치에 놓여 있다. 소위 '골딜록스 존'이라 불리는 생명 친화적인 영역에 위치하고 있는 것이다. 게다가 공전궤도가 타원이기는 하나 거의 원에 가까워, 태양에서 가장 가까운 근일점과 가장 먼 원일점의 차이가 그리 큰 편이 아니다. 만약 그렇지 않았더라면 어떤 때는 너무 뜨거워 물이 모두 증발해버리고, 또 어떤 때는 너무 추워 물이 모두 얼어버려 도저히 생명이 탄생할 수 없었을 것이다.

지구를 넘어 우주 차원에서도 상황은 비슷하다. 대표적인 예로 앞서 353일에 설명했던 공간을 팽창시키는 힘을 지닌 암흑에너지를 들 수 있다. 만약 이 암흑에너지가 지금보다 조금 더 적었더라면, 우리 우주는 어느 정도 팽창하다가 물질들이 서로 끌어당기는 인력에 의해 다시 수축해버렸을 것이다. 반대로 그 양이 조금 더 많았다면 우주의 팽창속도가 너무 빨라, 별이나 행성 등이 미처 생겨나지도 못했을 것이다. 그러니 이 우주 그리고 지구가 마치 우리를 위해 준비된 듯이 보이는 것이다.

하지만 가련한 물웅덩이가 그랬던 것처럼, 우리를 위해 이 모든 것들이 미세조정됐다는 생각은 단지 우리의 착각이다. 그렇다면 어떤 창조주가 아니라 우리 인류의 존재 그 자체가 이 우주의 조건들을 설명한다고 볼 수 있지 않을까? 1973년 호주 물리학자 브랜든 카터(1942~)는 이런 생각을 '인류원리'라 명명했다.

우리는 이 우주의 주인공임을 자처한다. 하지만 실상은 다양한 우주의 여러 시나리오들 가운데 단 하나에서만 등장하는 조연일 뿐이다. 그것도 오직 찰나의 순간만 존재하는.

361 목

《생명 최초의 30억 년》(앤드루 H. 놀)

착실하게 진화의 단계를 밟아나가다

지금으로부터 약 5억 4000만 년 전, 지질시대 구분으로는 캄브리아기에 갑자기 다양한 형태의 동물들이 출현하기 시작했다. 이 동물들의 화석을 바라보며 다윈은 큰 고민에 빠졌다. 그 이전 시기의 화석이 발견되지 않는다면, 그의 진화론은 창조론자들의 격렬한 공격을 받을 것이 뻔하기 때문이었다. 하지만 다행히도 후대의 과학자들은 캄브리아기 이전의 미화석*들을 발견하는 데 성공했다. 단조롭고 매우 작기는 하지만 그 이전에도 생명은 존재하고 있던 것이다.

캄브리아기에 일어난 생명 대폭발의 원인에 대해서는 여러 학설이 제기됐다. 그중 대표적인 것은 151일에서도 살펴본 '눈의 진화'와 '입(이빨)의 진화'에 관한 것이다. 그런데 이런 대폭발을 보고 있자면 문득 이런 의문이 들기도 한다. 캄브리아기 이전 그 오랜 세월 동안 생명은 어떤 모습이었을까? 또 진화를 위해 왜 그리 오랜 시간이 필요했던 것일까? 미국의 저명한 고생물학자 앤드루 H. 놀(1951~)은 이런 질문을 가슴에 품고 여행을 떠난다. 그런데 그 여행의 시간이 어마어마하다. 무려 30억 년에 이르기 때문이다.

앤드루 박사는 여행의 결과를 이렇게 요약한다. "캄브리아기 이전의 퇴적암들을 살펴보면 도무지 동물의 흔적을 찾을 수 없다. 그러나 현미경으로 보면 상황이 전혀 달라진다. 시아노박테리아, 조류, 원생동물의 미화석이 가득한 것이다. 특히 눈에 띄는 것은 '스트로마톨라이트'인데, 이것은 미생물 군집에 의해 만들어진 암초같이 생긴 암석 구조다. 그러나 무엇보다 폭넓게 분포하는 것은 미생물의 물질대사가 남긴 화학 흔적들이다." 그중 대표적인 것이 바로 산소다.

생명이 출현한 것은 지금으로부터 약 35억 년 전쯤이었는데, 최초의 것은 '원핵생물'이라 불리는 핵이 없는 미생물이었다. 이와 비교해 우리 몸을 구성하는 세포들처럼 핵이 있는 경우는 '진핵생물'이라 한다. 초기의 원핵생물은 얼마 후 광합성하는 능력을 갖게 됐고, 이들이 광합성하면서 만들어낸 산소는 지구에 축적돼 더욱 효율적인 에너지 대사가 가능한 생물로의 진화를 촉진했다. 핵이 있는 진핵생물들은 바로 이때 태어났다.

이 진핵생물은 다시 작은 다세포 동물로 진화했고, 이 동물들은 캄브리아기를 거치면서 급속도로 진화가 일어나면서 확실한 화석 흔적을 남겼다. 그러고 보면 초기 30억 년이란 시간 동안 사실은 착실하게 생명 진화의 단계를 밟아나가고 있었던 것이다.

---

* 현미경으로 관찰되는 아주 작은 화석.

고흡수성 수지

위생을 책임지는 고분자 신소재

고흡수성 수지란 수십 배 이상 되는 물을 흡수할 수 있는 고분자물질을 의미하며, 기존의 면이나 펄프제품에 비해 흡수량을 획기적으로 높일 수 있는 장점이 있어 아기용 기저귀, 여성용 생리대 등 주로 위생산업분야에서 활용된다. 그 밖에도 식품을 저온상태로 유지하는 데 도움을 주는 아이스팩의 주성분도 이 고흡수성 수지다.

고흡수성 수지를 만드는 재료는 다양하지만, 현재는 물과 친한 성질(친수성)이 있는 '아크릴산'이라 불리는 물질을 주로 사용한다. 아크릴산은 그리 크지 않은 분자지만, 이것들이 서로 반응하면 긴 사슬 모양의 거대한 고분자로 변신한다. 수천 개 이상의 아크릴산이 서로서로 손을 잡고 쭉 나열된 모습을 상상하면 된다. 하지만 이 방식만으로는 아직 물을 흡수할 능력이 없다. 이렇게 만들어진 고분자를 물에 넣으면 그냥 풀어질 것이기 때문이다.

따라서 아크릴산 이외에 또 다른 첨가제를 소량 넣어주는데, 이 첨가제는 아크릴산으로 만들어지는 고분자 사슬들과 반응해 두 사슬 사이를 연결하는 역할을 한다. 일종의 연결다리를 만드는 셈이다. 이런 일련의 반응들이 끝나면, 기다란 고분자 사슬들이 서로 엉켜 있으면서 군데군데 짧은 다리로 연결돼 있는 형태가 된다. 마치 3차원 그물과 같은 형상이어서 이를 '망상구조'라 부르기도 한다.

이렇게 만들어진 고흡수성 수지를 물과 접촉시키면, '모세관현상'에 의해 물을 빨아들이기 시작한다. 아주 작은 구멍이나 틈으로 물이 빨려들어가는 현상이다. 한편 고분자 사슬을 구성하고 있는 아크릴산은 물과 만나면 이온화가 되는데, 이 이온들 간의 반발력 또한 많은 양의 물을 흡수하는 데 큰 도움이 된다. 반발력으로 인해 망상구조가 더 크게 확대되며 충분한 공간을 만들기 때문이다.

그렇다고 물이 무한정으로 빨려들어가지는 않는다. 앞서 고분자 사슬들 사이에 형성된 연결다리로 인해 망상구조가 확대되는 데 한계가 있기 때문이다. 만약 이 연결다리가 많으면 흡수되는 물의 양은 적지만 더 안정적으로 물을 가둘 수 있다. 반대로 연결다리가 적으면 흡수되는 물의 양은 많지만 물을 함유한 고흡수성 수지의 물리적 안정성은 낮아져, 약간의 압력에도 물이 새어 나올 수 있다. 따라서 이 연결다리의 밀도를 적당히 조절하는 것이 고흡수성 수지 제조의 핵심이다.

고흡수성 수지는 1974년 미국 농무부에서 처음 개발됐다. 옥수수에서 얻어지는 천연 녹말 고분자에 아크릴로니트릴(AN)이라는 물질을 반응시켜 3차원의 망상구조를 형성한 후, 일련의 화학반응을 통해 아크릴로니트릴을 아크릴산으로 변형시킨 것이다.

맛을 잘 느끼는 사람들

초미각자는 과연 행복할까?

사람마다 각기 능력이 다르다. 어떤 이는 운동을 잘하지만 그림을 못 그리고, 반대로 어떤 이는 그림은 잘 그리지만 운동에 서툴다. 미각에서도 이런 개인적인 편차가 존재한다.

혀의 미뢰나 미각세포의 수에 차이가 있을 수도 있고, 같은 수의 미각세포가 있더라도 그 민감도에서 차이가 있을 수도 있다. 몸의 컨디션에 따라 달라질 수도 있는데, 건강상의 이유로 침의 양이 줄어들면 맛에 대한 민감도 또한 저하된다. 나이가 들수록 맛을 잘 느끼지 못하는 것은 이런 이유 때문이다.

맛에 대한 민감도를 측정하는 방법으로 PTC법이 있다. PTC란 '페닐티오카르바미드'란 화합물의 약자인데, 대부분의 사람들은 이 물질에서 쓴맛을 느끼지만, 대략 25% 정도는 그 쓴맛을 잘 느끼지 못한다고 한다. 한마디로 미맹(味盲)인 것이다.

사실 이 시험법은 우연의 산물이었다. 1931년 듀폰에서 염료 개발을 하던 아서 폭스가 가루상태인 PTC를 실수로 바닥에 쏟았는데, 주변 사람들이 공기 중에 쓴맛이 난다고 불평하는 것을 듣게 됐다. 그런데 정작 자신은 쓴맛을 느낄 수 없었던 것이다. 오늘날에는 미맹 테스트를 할 때 PTC보다는 PROP(프로필티오우라실)이라는 물질이 더 자주 사용되는데, 그 화학구조가 유사하면서도 인체에 대한 안전성은 더 높다고 알려져 있다(갑상선기능항진증의 치료제로도 쓰인다).

'초미각자(supertaster)'란 용어는 1990년대 예일대의 린다 바르토셕(1938~) 교수가 처음 사용했다. 그녀는 사카린을 먹은 사람들 가운데 일부가 쓴맛을 경험한다는 사실을 발견했다. 그리고 이 사람들의 혀에는 다른 사람들보다 더 많은 미뢰가 있으며, PROP를 이용한 테스트에서도 강한 쓴맛을 느낀다는 사실 또한 발견했다. 그녀는 이들을 초미각자라 불렀다.

만화 〈신의 물방울〉의 주인공 '시즈쿠'는 국제적인 와인평론가 아버지를 둔 타고난 초미각자다. 그는 정확한 와인 감별과 와인에 대한 생생한 묘사 능력이 매우 뛰어나다. 한때는 그의 능력이 부럽기도 했지만, 그렇다고 초미각이 항상 좋은 것만은 아닌 듯하다.

초미각자는 설탕과 지방에 민감해 디저트와 같은 음식을 제대로 즐길 수 없다. 게다가 쓴맛을 더 고통스럽게 느끼는데, 짠맛이 이 고통을 덜어주기 때문에 요리에 소금을 더 많이 쓰는 경향도 있다고 한다. 그러고 보면 내가 '중(中)미각자'인 게 다행스럽다.

〈월-E〉(2008)

누가 더 인간다운가?

필립 K. 딕의 소설《안드로이드는 전기양의 꿈을 꾸는가?》의 주제는 '인간다움'이다. 안드로이드를 사냥하는 주인공 릭 데카드는 '인간다움'에 대해 늘 고민한다. 그는 그것의 가장 중요한 요소를 '감정'이라 믿는다. 한편 그는 로봇인 '전기(電氣)양'을 키우는데, 돈을 더 모으면 실제 살아 있는 양을 키울 꿈을 갖고 있다. 반려동물에게서 느끼는 감정을 통해 그는 자신이 인간임을 매 순간 확인하고 있는지도 모른다.

인간이 버리고 떠나버린 황폐화된 지구에 마지막으로 남겨진 청소 로봇 '월-E'도 어느 순간부터 감정이 생긴다. 그는 쓰레기를 줍다가 좋아하는 물건을 발견하면 자신만의 창고에 소중히 보관한다. 오래전의 영화와 음악을 감상하며 마치 오늘날 우리처럼 여가시간을 보내기도 한다. 심지어 그에게는 데카드도 갖지 못한, 살아 있는 애완곤충도 있다. 애완곤충이라기보다는 친구에 더 가까운 그것의 정체는 바퀴벌레다. 월-E는 이 친구가 위기에 처하면 가슴 아파하며 구하려 애쓴다. 그에게 감정이입을 하는 것이다.

월-E는 사랑을 느끼기도 한다. 어느 날 지구를 탐사하러 온 '이바'라는 로봇을 좋아하게 된 것이다. 이쯤이면 월-E와 인간과의 차이점은 그저 그를 구성하는 딱딱한 금속부품밖에는 없어 보인다. 이에 반해 먼 우주에서 수백 년 동안 피난생활을 하고 있는 진짜 인간들은 인공지능의 명령에 따라 수동적으로 살아가는 존재로 전락해 감정도 잘 느끼지 못한다. 그런데 인간다운 로봇 월-E를 만나게 되면서 잊고 지냈던 감정들이 점차 다시 살아난다.

하지만 인간들은 곧 큰 위기에 처하고, 월-E는 자신을 희생하면서까지 그들을 구해낸다. 그의 희생은 인간들이 오래전 잃어버렸던 인간다움에 대해 다시금 생각하는 계기가 됐다. 이제 인간들은 그들의 고향 지구로 귀환한다. 다시 인간답게 살기로 한 것이다. 가족영화답게 다행히도 월-E는 죽지 않고 다시 살아나며 해피엔딩으로 끝난다.

디스토피아적 미래에 대해 너무 많이 읽고 봐서일까. 모처럼 희망적인 따뜻한 영화라 더욱 인상이 남는다. 그런데 문득 이런 궁금증이 든다. 데카드는 월-E를 보고 '인간답다'고 판단할까? 또 여러분이라면 어떤 판단을 내릴 것인지?

365 월

에필로그

여행은 계속돼야 한다

지금까지의 여행은 즐거우셨는지요? 돌이켜보면 꽤 많은 경험을 한 것 같습니다. 오래전 과학이 처음 탄생했을 때부터 현대에 이르기까지 많은 과학자를 만나고 그들의 생각을 들어보았습니다. 과학사에 있어 매우 중요한 사건들의 현장에도 가보았습니다. 그리고 과학이 만든 신기한 발명품들을 살펴보기도 했습니다. 때로는 책과 요리 그리고 영화로도 과학을 만났습니다.

이 여행을 통해 꽤 많은 것들을 알게 되셨으리라 생각합니다. 하지만 무엇보다도 더 큰 성과는 과학을 전체적으로 한번 살펴보았다는 데 있습니다. 물론 모든 걸 다 보여드렸다고는 말씀드릴 수는 없지만, 그래도 꼭 봐야 할 것들은 다 둘러본 셈입니다. 중간중간 여행이 지루해지지 않도록 포함했던 흥미로운 주제들 또한 좋은 경험이 되셨으리라 생각합니다.

여러분이 과학을 전체적으로 조망했고, 과학과 어느 정도 친숙해졌다면 이번 여행은 소기의 목적을 달성한 셈입니다. 과학의 창으로 세상을 바라볼 준비가 되셨을 테니까요. 과학의 창이 필요한 이유는 앞서도 강조했듯이, 이 창이 가장 왜곡이 적고 투명하기 때문만은 아닙니다. 현대를 과학문명의 시대라고도 부릅니다. 우리 주변에 더 이상 과학과 관련이 없는 것을 찾기 어려울 정도죠. 그러니 과학의 창이 아니면 세상을 이해하기 어려운 시대가 되었습니다.

여러분이 지금 보고 계신 과학의 창은 오랜 세월 동안 수많은 사건과 사람을 거치면서 조금씩 만들어져온 작품입니다. 하지만 절대 고정된 형태의 것은 아닙니다. 언제든 더 좋은 창으로 변형이 가능합니다. 게다가 모두가 다 똑같은 형태만 고집할 필요도 없습니다. 사람마다 생각과 모습이 다르듯 그 주인에 따라 창의 형태도 조금씩은 다를 것이기 때문입니다.

특히 과학자가 아닌 일반인이라면 좀더 유연하게 창을 만들어봐도 좋을 것 같습니다. 물론 창의 중심 소재는 과학이 돼야겠지만, 그 밖에 다양한 관점을 함께 섞어보는 것은 어떨까요. 여러분이 좋아하는 것이라면 예술·문학·역사 그 무엇이든 좋습니다. 세상을 훨씬 더 다채롭게 볼 수 있으실 것입니다.

앞서 이 책에서 이런 글귀를 인용한 적이 있습니다. "평범한 교사는 가르치고, 좋은 교사는 설명하고, 훌륭한 교사는 모범을 보이고, 위대한 교사는 격려한다." 이 책은 위대함과는 너무나도 거리가 멀지만, 그래도 여러분께 이런 격려를 드리고 싶습니다. "부디 이 여행을 계속하세요. 더 많은 것을 배우고 그것들로 여러분의 창을 더 좋게 만들어보세요."

또 다른 여행에서 다시 만나 뵙길 기대합니다.

날마다 과학 생각
세상을 합리적으로 이해하는 과학적 사고 습관 365

초판 1쇄 인쇄 2023년 4월 15일
초판 1쇄 발행 2023년 4월 25일

지은이 | 임두원

발행인 | 박재호
주간 | 김선경
편집팀 | 강혜진, 이복규, 허지희
마케팅팀 | 김용범
총무팀 | 김명숙

디자인 | 석운디자인
표지 이미지 출처 | 4am conversations/Shutterstock
교정교열 | 고아라
종이 | 세종페이퍼
인쇄·제본 | 한영문화사

발행처 | 생각정원
출판신고 | 제25100-2011-000320호
주소 | 서울시 마포구 양화로 156(동교동) LG 팰리스 814호
전화 | 02-334-7932 팩스 | 02-334-7933
전자우편 | 3347932@gmail.com

ISBN 979-11-91360-65-3 (03400)